"十四五"职业教育国家规划教材

高等职业教育在线开放课程配套教材

PLC编程与应用

（S7-1200）（第二版）

PLC BIANCHENG YU YINGYONG（S7-1200）

主　编　沈　治
副主编　冷雪锋　蒋金伟　韩迎辉　黄崇富
参　编　申屠美良　周明龙　陈淑春
主　审　张文明

新形态
教材

中国教育出版传媒集团
高等教育出版社·北京

内容提要

本书是"十四五"职业教育国家规划教材，是高等职业教育在线开放课程配套教材。

本书以西门子 S7-1200 为基础，设计了 9 个基础项目和 1 个综合项目，分别是：搭建一个 S7-1200 PLC 系统、设计一个 S7-1200 PLC 系统程序、S7-1200 PLC 的逻辑控制应用、S7-1200 PLC 的顺序控制应用、SIMATIC HMI 精简系列面板的组态与应用、S7-1200 PLC 在自动分拣系统中的应用、S7-1200 PLC 在运动控制系统中的应用、S7-1200 PLC 在过程控制系统中的应用、S7-1200 PLC 在工业通信中的应用、防水卷材柔性码垛控制系统设计。

为了方便教学，本书配套 PPT 课件、微视频、图文、例程、互动练习、虚拟场景等资源，其中部分资源以二维码形式在书中呈现。

本书适合作为高等职业院校机电一体化、电气自动化等专业的教学用书，也可作为相关工程技术人员培训和自学的参考书。

图书在版编目（CIP）数据

PLC 编程与应用：S7-1200 / 沈治主编. -- 2 版.

北京：高等教育出版社，2025.1（2025.8 重印）. -- ISBN 978-7-04
-063673-4

Ⅰ. TM571.61

中国国家版本馆 CIP 数据核字第 2024Z8M809 号

| 策划编辑 | 谢永铭 | 责任编辑 | 谢永铭 田一彤 | 封面设计 | 张文豪 | 责任印制 | 高忠富 |

出版发行	高等教育出版社	**网　址**	http://www.hep.edu.cn
社　址	北京市西城区德外大街 4 号		http://www.hep.com.cn
邮政编码	100120	**网上订购**	http://www.hepmall.com.cn
印　刷	上海叶大印务发展有限公司		http://www.hepmall.com
开　本	787mm×1092mm　1/16		http://www.hepmall.cn
印　张	21.25	**版　次**	2019 年 1 月第 1 版
字　数	557 千字		2025 年 1 月第 2 版
购书热线	010-58581118	**印　次**	2025 年 8 月第 3 次印刷
咨询电话	400-810-0598	**定　价**	49.50 元

本书如有缺页、倒页、脱页等质量问题，请到所购图书销售部门联系调换

配套学习资源及教学服务指南

🎯 二维码链接资源

本书配套微视频、图文、例程、虚拟场景等学习资源，在书中以二维码链接形式呈现。手机扫描书中的二维码进行查看，可随时随地获取学习内容，享受学习新体验。

打开书中附有二维码的页面　　　　扫描二维码　　　　查看相应资源

🎯 在线自测

本书提供在线交互自测，在书中以二维码链接形式呈现。手机扫描书中对应的二维码即可进行自测，根据提示选填答案，完成自测确认提交后即可获得参考答案。自测可以重复进行。

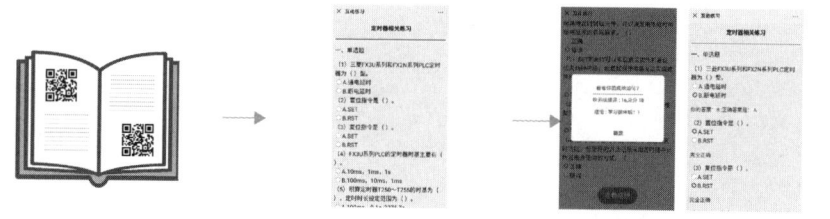

打开书中附有二维码的页面　　　　扫描二维码开始答题　　　　提交后查看自测结果

🎯 在线课程

本书配套高等职业教育在线开放课程，可登录"智慧职教"网站，搜索"电气控制与PLC"，选择常州工业职业技术学院的在线课程进行学习。

🎯 教师教学资源索取

本书配有课程相关的教学资源，例如，PPT课件、应用案例等。选用教材的教师，可扫描下方二维码，关注微信公众号"高职智能制造教学研究"，点击"教学服务"中的"资源下载"，或电脑端访问网址（101.35.126.6），注册认证后下载相关资源。

★如您有任何问题，可加入工科类教学研究中心QQ群：240616551。

二维码资源列表

前　言

本书是"十四五"职业教育国家规划教材,是高等职业教育在线开放课程配套教材。

本书内容涵盖 PLC 控制技术、气动控制技术、触摸屏控制技术、运动控制技术、过程控制技术、网络通信技术等前沿工业电气自动化技术,有机融入技术自信、敬业精神、科技报国等思政内容,全面贯彻党的二十大精神,落实立德树人根本任务,以建设现代化产业体系为发展目标,培养德才兼备的高素质技术技能人才。

本书以项目为载体,突出项目的实用性、可行性和科学性,让学生在做中学、学中做。本书共包含 9 个基础项目和 1 个综合项目,每个项目包括任务准备和若干个任务,具体涉及:明确任务目标、了解控制要求、进行硬件选型、实施电气设计、设计软件编程、开展程序调试等,帮助学生体验构建工程项目的实施全流程。每个任务设计有互动练习,每个项目最后提供有单元测验,以便检测学生对于知识点和技能点的掌握情况,最后通过引入贴近实际的综合项目让学生身临其境地完成工业应用。

本书层次分明,通俗易懂,理论联系实际,具有以下特点:

1. 配套丰富的教学资源,部分资源如微视频、图文、例程、虚拟场景、互动练习等以二维码的形式在教学的知识点旁列示,方便学生利用移动设备随扫随学,其他资源可以通过服务指南页中的联系方式获取。本次修订新增项目任务的虚拟仿真场景并提供资源下载,还原实际工业设备的工作过程,解决在 PLC 学习中"没有设备""用不好""成本高"等难题,打造具有综合性、示范性、先进性的学习体系。书中配套的虚拟仿真软件下载注册后会产生账号,发送账号给 409050471@qq.com,可申请免费使用 2 个月。本书还配套了在线课程,可登录"智慧职教"网站,搜索"电气控制与 PLC",选择常州工业职业技术学院的在线课程进行学习。

2. 实际项目与理论阐述相结合,体现学以致用的理念。本书是校企合作教材,由常州工业职业技术学院、江苏优为智造系统集成有限公司、杭州维讯机器人有限公司共同开发而成,选用的部分项目和任务源自企业案例。

3. 选用西门子公司的新一代小型 S7-1200 PLC,其指令与 S7-1500 PLC 兼容。本次修订将原有编程平台 TIA Portal V14 SP1 升级到 TIA Portal V16,更新了软件操作图示教程,同时升级了所有的案例程序。

4. 本次修订删除了原项目五中的气动控制部分,将气动基础的知识点与其他项目进一步融合;在项目七中新增 SINA_POS 功能块在 SINAMICS V90 伺服系统中的应用,确保教材的前沿性和实用性。

5. 本次修订新增了综合项目：防水卷材柔性码垛控制系统设计，增加了控制分析、电气设计等实践性内容，提升学生的思考能力和解决实际问题的能力。

6. 本书由常州工业职业技术学院沈治担任主编，冷雪锋、蒋金伟、韩迎辉、黄崇富担任副主编，项目一、项目三和项目六中的任务 1、任务 2、和任务 3 由蒋金伟编写，项目二、项目六中的任务准备和任务 4 由冷雪锋编写，项目七和项目九由韩迎辉编写，项目四、项目五、项目八、综合项目由沈治编写，虚拟场景的建设和调试由杭州维讯机器人有限公司的申屠美良完成。参与本书资料收集、资源建设工作的还有重庆工程职业技术学院黄崇富、安徽机电职业技术学院周明龙、河北软件职业技术学院陈淑春。本书的策划工作和统稿工作由沈治完成，常州纺织职业技术学院张文明教授担任本书的主审。

由于编者水平有限，在书中难免存在不妥之处，恳请读者批评指正，读者意见反馈邮箱：409050471@qq.com。

编　者

目　录

项目一　搭建一个 S7－1200 PLC 系统

 项目描述

　　本项目介绍 S7－1200 PLC 系统的组成,包括:CPU 模块、通信模块(CM)、信号模块(SM)和信号板(SB)及各种附件。要求学生掌握根据任务的控制要求选择合适的 S7－1200 PLC 模块,并将选择的模块组成典型的 S7－1200 PLC 硬件系统的能力,为后续学习 PLC 编程打下硬件基础。

任务准备

知识点 1　PLC 的产生与发展

一、PLC 的定义

　　可编程逻辑控制器,简称可编程控制器,英文全称 programmable logical controller,英文缩写为 PLC 或 PC。由于"PC"容易和个人计算机(personal computer)的英文缩写 PC 混淆,所以人们习惯用"PLC"作为可编程控制器的英文缩写。PLC 是一个以微处理器为核心的数字运算操作电子系统,专为工业现场应用而设计,采用可编程的存储器,用以在其内部存储执行逻辑运算、顺序控制、定时、计数和算术运算等操作指令,并通过输入/输出接口(又称 I/O 接口),控制各种类型的机械或生产过程。

二、PLC 的发展概况及发展方向

　　PLC 的诞生是为了满足美国汽车制造业飞速发展的需求。20 世纪 60 年代后期,汽车型号更新速度加快,尽管原先的汽车制造生产线使用的继电器-接触器控制系统具有原理简单、使用方便、部件动作直观、价格便宜等诸多优点,但是它的控制逻辑由元器件的固有布线方式来决定(又称硬接线逻辑),因此变更控制过程缺乏灵活性,不能满足用户快速改变控制方式的要求,无法适应汽车生产更新换代,生产线改造周期迅速缩短的需求。

　　20 世纪 40 年代产生的电子计算机,在 20 世纪 60 年代得到了迅猛发展。虽然当时小型计算机已开始运用于工业生产的自动控制过程中,但由于原理复杂,又需要使用专业的程序设计语言,所以一般的电气技术人员难以掌握和使用。

　　1968 年,美国通用汽车公司设想将继电器-接触器控制系统和计算机的优点有机地结合起来,提出了新型电气控制装置的十点招标要求,其中包含:

（1）系统设计周期短、更改容易、接线简单、成本低；

（2）能把计算机和继电器-接触器控制系统的优点有机地结合起来，但要比计算机简单易学、操作方便；

（3）系统通用性强。

美国数字设备公司(DEC)结合计算机和继电器-接触器控制系统的优点，按上述要求完成了一种新型系统的研制工作，并在美国通用汽车公司的生产线上试用成功，从而诞生了世界上第一台可编程控制器。

1. PLC 发展概况

PLC 自问世以来，经过几十年的发展，在美、德、日等国家已成为重要的产业。其销售额不断上升，生产厂家不断涌现，品种不断翻新，而在产量、产值大幅度上升的同时，价格也在不断下降。

图片：国外 PLC 品牌介绍

2. 当前 PLC 的发展方向

（1）产品规模向大、小两个方向发展。大型 PLC I/O 点数达 14 336 点，配有 32 位微处理器和大容量存储器，支持多 CPU 并行工作，扫描速度极高。小型 PLC 整体结构向小型模块化发展，增加了配置的灵活性，降低了成本。

（2）PLC 在闭环控制过程中的应用日益广泛。

（3）不断加强通信功能。

（4）不断推出新的器件和模块。高档的 PLC 除了主要采用高性能 CPU 以提高处理速度外，还配有带处理器的 EPROM 或 RAM 的智能 I/O 接口模块、高速计数模块、远程 I/O 接口模块等专用化模块。

文本：国产 PLC 品牌介绍

（5）编程工具丰富多样，性能不断提高，编程语言趋于标准化。PLC 的编程工具有各种简单或复杂的编程器及编程软件，采用梯形图、功能图、语句表等编程语言，也有高档的 PLC 指令系统。

（6）发展容错技术。采用热备用或并行的工作方式。

（7）追求软、硬件的标准化。

目前，PLC 在国内的各行业也有着极大的应用，技术含量也越来越高。

3. PLC 的发展趋势

文本：国产 PLC 的崛起与我们的使命

（1）高速度、大容量。为了提高 PLC 的处理能力，就必须要求 PLC 具有更好的响应速度和更大的存储容量。PLC 的扫描速度已成为一个很重要的性能指标。目前，有的 PLC 的扫描速度可达每毫秒一万步左右。

在存储容量方面，有的 PLC 最高可达几十兆字节。为了扩大存储容量，有的生产厂家开始使用磁棒存储器或硬盘。

（2）超大型或超小型。当前中小型 PLC 发展已渐成熟，为了适应市场的不同需求，PLC 开始向多品种方向发展，特别是向超大型和超小型两个方向发展。现已有 I/O 点数达 14 336 点的超大型 PLC，它使用 32 位处理器和大容量存储器，支持多 CPU 并行工作，功能较强。小型 PLC 由整体结构向小型模块化结构发展，这样可以使配置更加灵活。为了满足市场需求，现在部分生产厂家已开发出各种简易、经济的超小型及微型 PLC，其最小配置的 I/O 点数为 8~16 点，以适应单机及小型系统自动控制的需要，如三菱公司的 FX$_{1N}$ 系列 PLC。

（3）大力开发智能模块，加强联网通信能力。为满足各种自动化控制系统的要求，各生产厂家近年来不断开发出各种功能模块，如高速计数模块、温度控制模块、远程 I/O 模块、通信和人机接口模块等。这些带 CPU 和存储器的智能 I/O 模块既扩展了 PLC 的功能，又扩大了

PLC 的应用范围。PLC 的联网通信分为两类：一类是 PLC 之间的联网通信，各 PLC 生产厂家都有自己的专有联网手段；另一类是 PLC 与计算机之间的联网通信，一般 PLC 都有专用通信模块与计算机通信。为了加强联网通信能力，PLC 生产厂家之间也在协商制订通用的通信标准，以便构成更大的 PLC 网络系统。

（4）增强外部故障的检测与处理能力。相关统计资料显示，在 PLC 控制系统的故障中，CPU 故障占 5%，I/O 接口故障占 15%，输入设备故障占 45%，输出设备故障占 30%，线路故障占 5%。前两项共计 20% 的故障属于 PLC 的内部故障，它可通过 PLC 本身的软、硬件实现检测、处理；而其余共计 80% 的故障属于 PLC 的外部故障。因此，PLC 生产厂家都在致力于研究、开发用于检测外部故障的专用智能模块，进一步提高系统的可靠性。

（5）编程语言多样化。在 PLC 系统结构不断发展的同时，PLC 的编程语言也越来越丰富，功能也在不断增加。除了大多数 PLC 使用的梯形图语言外，为了适应各种控制要求，出现了面向顺序控制的步进编程语言、面向过程控制的流程图语言、与计算机兼容的高级语言（如 BASIC、C 语言）等。多种编程语言的并存、互补与发展是 PLC 进步的一种表现。

三、PLC 的主要优点

PLC 主要有以下优点。

（1）编程简单。PLC 的主要编程语言梯形图与传统的继电器-接触器控制系统的线路图有许多相似之处。具有一定电工知识和文化水平的人员，都可以在较短的时间内学会编程的步骤和方法。

（2）可靠性高。PLC 是专门为工业控制而设计的，在设计与制造过程中大量采用了诸如屏蔽、滤波、无机械触点、精选元器件等多种有效的抗干扰措施。因此 PLC 可靠性很高，其平均故障时间间隔达到 20 000 h。

（3）通用性好。PLC 品种多，档次也多，可由各种组件灵活组合成不同的控制系统，以满足不同的控制要求。同一台 PLC 只要改变软件就可满足不同的控制对象或实现不同的控制要求。

（4）功能强。PLC 能进行逻辑、定时、计数和步进等控制，能完成模/数（A/D）转换与数/模（D/A）转换、数据处理和通信联网等任务，具有很强的功能。随着 PLC 技术的迅猛发展，各种新的功能模块不断涌现，PLC 的功能也日益齐全，应用领域也得到了进一步拓展。

（5）体积小、重量轻、易于实现机电一体化。PLC 采用半导体集成电路，因此具有体积小、重量轻、功耗低的特点。

（6）设计、施工和调试周期短。PLC 以软件编程来取代硬件接线，由它构成的控制系统结构简单，安装使用方便，而且先进的 PLC 模块功能齐全，程序的编制、调试和修改也很方便，可大大缩短 PLC 控制系统的设计、施工和投产周期。

四、PLC 应用范围

目前，PLC 已广泛应用于冶金、石油、化工、机械制造、电力、汽车、轻工、环保及文化娱乐等行业，随着 PLC 性价比的不断提高，其应用领域仍将不断扩大。从应用类型看，PLC 的应用大致可归纳为以下几个方面。

1. 开关逻辑控制

利用 PLC 最基本的逻辑运算、定时、计数等功能实现逻辑控制，可以取代传统的继电器-接触器控制系统，用于单机控制、多机群控制、自动生产线控制等，例如机床、注塑机、印刷机械、装配生产线、电镀流水线及电梯的控制等，这是 PLC 最基本的应用，也是 PLC 最广泛的应用领域。

2. 运动控制

大多数 PLC 都可选配驱动步进电动机或伺服电动机的单轴或多轴位置控制模块以实现运动控制，这一功能广泛用于各种机械设备，如对各种机床、装配机械、机器人等进行运动控制。

3. 过程控制

大、中型 PLC 都具有多路模拟量 I/O 接口模块和 PID 控制功能，有的小型 PLC 也具有模拟量输入功能，这些 PLC 可实现模拟量控制，而且具有 PID 控制功能的 PLC 还可构成闭环控制，用于过程控制。这一功能已广泛用于锅炉控制、水处理、酿酒以及闭环位置控制和速度控制等场景。

4. 数据处理

当前的 PLC 都具有数学运算、数据传送、转换、排序和查表等功能，可进行数据的采集、分析和处理，同时可通过通信接口将这些数据传给其他智能装置，如计算机数值控制（CNC）设备，进行数据处理。

5. 通信联网

PLC 的通信包括 PLC 与 PLC、PLC 与上位计算机、PLC 与其他智能设备之间的通信，PLC 系统与通用计算机可直接或通过通信处理单元、通信转换单元相连构成网络，以实现信息的交换，并可构成"集中管理、分散控制"的多级分布式控制系统，满足工厂自动化（FA）系统发展的需要。

知识点 2　PLC 的基本构成及工作原理

一、PLC 的基本构成

可编程控制器的核心是中央处理单元（CPU），在 CPU 的外围配置了相应的接口电路（硬件），在 CPU 中配置了监控程序（软件）。图 1-1 是 PLC 的基本结构框图。

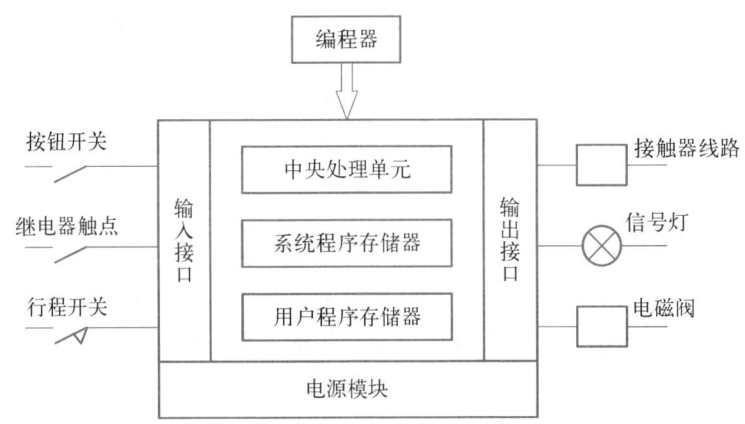

图 1-1　PLC 的基本结构框图

1. 中央处理单元（CPU）

CPU 是 PLC 的核心，起到神经中枢的作用。每台 PLC 至少有一个 CPU，它按 PLC 系统程序赋予的功能接收并存储用户程序和数据,用扫描的方式采集由现场输入装置送来的状态或数据,并存入规定的寄存器中,同时诊断电源和 PLC 内部电路的工作状态及编程过程中的语法错误等。进入运行状态后,CPU 从用户程序存储器中逐条读取指令,经分析后再按指令规定的任务产生相应的控制信号,去控制有关的控制电路。

CPU 的控制器控制 CPU 工作,由它读取指令、解释指令及执行指令,但其工作节奏由振荡信号控制。CPU 的运算器用于进行数字或逻辑运算,在 CPU 的控制器指挥下工作。CPU 的寄存器参与运算,并存储运算的中间结果,它也是在 CPU 的控制器指挥下工作。

CPU 模块的外部表现就是其工作状态的显示、各类接口及设定或控制开关。一般来说,CPU 模块总要有相应的状态指示灯,如电源显示灯、运行显示灯、故障显示灯等。箱体式 PLC 的主箱体也有这些指示灯。CPU 模块的总线接口用于连接 I/O 模板或底板,其内存接口用于安装内存,其外设接口用于连接外部设备,有的 CPU 模块还有通信接口,用于与其他设备进行通信。CPU 模块上还有许多设定开关,可以对 PLC 进行设定,如设定起始工作方式、内存区等。

2. I/O 接口模块

PLC 主要是通过各种 I/O 接口模块与外界联系的。I/O 点数确定模块规格及数量,I/O 接口模块可多可少,但其最大 I/O 接口数量取决于 CPU 所能管理的基本配置的能力,即受底板或机架槽数限制。I/O 接口模块集成了 PLC 的 I/O 接口电路,其输入暂存器反映输入信号状态,输出点反映输出锁存器状态。

3. 电源模块

电源模块的主要用途是为 PLC 各模块的集成电路提供工作电源。有些 PLC 中的电源是与 CPU 模块合二为一的,有些是分开的。同时,有的电源模块还为输入电路提供 24 V 的工作电源。电源按其输入类型可分为 AC 220 V、AC 110 V 和 DC 24 V。

4. 底板或机架

大多数模块式 PLC 都具有底板或机架。从电气角度出发,底板或机架可实现各模块间的联系,使 CPU 能访问底板上的所有模块。从机械角度出发,底板或机架可实现各模块间的连接,使各模块构成一个整体。

5. PLC 的外部设备

外部设备是 PLC 系统不可分割的一部分,分为编程设备、监控设备、存储设备和 I/O 设备四类。

(1) 编程设备。编程设备分为简易编程器和智能图形编程器,用于编程、设定系统功能和参数,还能监控 PLC 及 PLC 所控制的系统的工作状态。

(2) 监控设备。监控设备分为数据监视器和图形监视器,用于直接监视数据或通过画面监视数据。

(3) 存储设备。常见存储设备有存储卡、存储磁带、软磁盘或只读存储器,用于永久性地存储用户数据,使用户数据不丢失,新型 PLC 已开始使用如 EPROM、EEPROM 等新型存储设备。

(4) I/O 设备。I/O 设备用于接收信号或输出信号,常用的有条码读入器、输入模拟量的电位器、打印机等。

6. PLC 的通信联网模块

PLC 具有通信联网的功能,它使 PLC 与 PLC 之间、PLC 与上位计算机以及其他智能设备之间能够交换信息,形成一个统一的整体,实现分散-集中控制。现在几乎所有的 PLC 新产品都有通信联网功能,它不仅和计算机一样具有 RS232 接口,还可通过双绞线、同轴电缆或光纤在几千米甚至几十千米的范围内与其他设备交换信息。

二、PLC 的工作原理

PLC 虽具有微型计算机(以下简称微机)的许多特点,但它的工作方式却与微机有很大不同。微机一般采用等待命令的工作方式,如常见的键盘扫描方式或 I/O 接口扫描方式,有键按下或 I/O 接口动作时,转入相应的子程序,无键按下时则继续扫描。PLC 则采用循环扫描的工作方式,PLC 中的用户程序按先后顺序存放,如 CPU 从第一条指令开始执行程序,直到遇到结束符后又返回第一条指令,如此周而复始不断循环。这种工作方式是在系统软件控制下,顺次扫描各输入点的状态,按用户程序进行运算处理,然后按顺序向输出点发出相应的控制信号。整个过程可分为 5 个阶段:自诊断、通信处理、输入采样、程序执行、输出刷新,其工作过程示意图如图 1-2 所示。

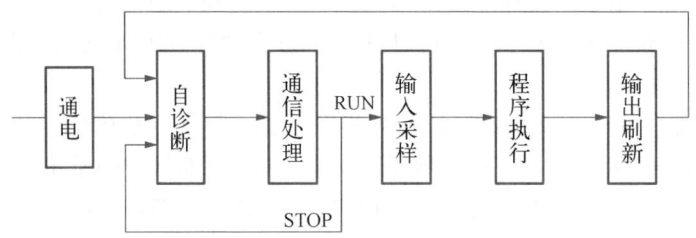

图 1-2　PLC 工作过程示意图

(1) 每次扫描用户程序之前,都先执行故障自诊断程序。自诊断内容包括 I/O 接口模块、存储器、CPU 等,若发现异常情况,则显示报错;若自诊断正常,则继续向下扫描。

(2) PLC 检查是否有与编程器、计算机等的通信请求,若有则进行相应处理,如接收由编程器送来的程序、命令和各种数据,并把要显示的状态、数据、出错信息等发送给编程器进行显示。如果有与计算机等设备的通信请求,也在这段时间完成数据的接收和发送任务。

(3) PLC 以扫描方式依次读取所有输入状态和数据,并将它们存入过程映像区中的相应单元内。输入采样阶段结束后,转入用户程序执行和输出刷新阶段。在这两个阶段中,即使输入状态和数据发生变化,过程映像区中的相应单元的状态和数据也不会改变。因此,如果输入信号是脉冲信号,则该脉冲信号的宽度必须大于一个扫描周期,才能保证在任何情况下该输入信号均能被读取。

(4) PLC 总是按从上到下的顺序依次地扫描用户程序(梯形图)。在扫描每一条梯形图程序时,又总是先扫描梯形图左边由触点构成的控制线路,并按先左后右、先上后下的顺序对由触点构成的控制线路进行逻辑运算,然后根据逻辑运算的结果,刷新该逻辑线圈在系统 RAM 存储区中对应位的状态;或者刷新该输出线圈在过程映像区中对应位的状态;或者确定是否要执行该梯形图所规定的特殊功能指令。

因此在用户程序执行过程中,只有输入点在过程映像区内的状态和数据不会发生变化,而其他输出点和软设备在过程映像区或系统 RAM 存储区内的状态和数据都有可能发生变化,而且排在上面的梯形图,其程序执行结果会对排在下面的用到这些线圈或数据的梯形图起作用;相反,排在下面的梯形图,其被刷新的状态或数据只能在下一个扫描周期才能对排在其上面的梯形图起作用。

(5) 当扫描程序阶段结束后,PLC 进入输出刷新阶段。在此期间,CPU 按照过程映像区内对应的状态和数据刷新所有的输出锁存电路,再经输出电路驱动相应的外部设备。这才是 PLC 的真正输出过程。

PLC 完成这 5 个阶段的时间,称为一个扫描周期。完成一个扫描周期后,PLC 又重新执行上述过程,扫描周而复始地进行。在不考虑第二个因素(通信处理)时,扫描周期 T 的大小为

$$T = (读取一点时间×输入点数) + (运算速度×程序步数) +$$
$$(输出一点时间×输出点数) + 故障诊断时间.$$

显然,扫描周期主要取决于程序的长短,一般的 PLC 在 1 s 内可扫描程序数十次以上,这对于工业设备通常没有扫描影响。但对控制时间要求严格、响应速度要求快的系统,设计人员就应该精确地计算响应时间,精心编排程序,合理安排指令的顺序,以尽可能减少扫描周期造成的响应延时等不良影响。

PLC 与继电器-接触器控制系统的主要区别之一就是工作方式不同。继电器-接触器控制系统是按“并行”方式工作的,也就是说是按同时执行的方式工作的,只要形成电流通路,就可能有几个电器同时动作。而 PLC 是以反复扫描的方式工作的,它是循环地连续逐条执行程序,任一时刻它只能执行一条指令,即 PLC 是以“串行”方式工作的。这种串行工作方式可以避免继电器-接触器控制系统的触点竞争和时序失配问题。

三、PLC 的编程语言

PLC 的用户程序是设计人员根据控制系统的工艺控制要求,通过 PLC 编程语言编制设计的。根据国际电工委员会制订的工业控制编程语言标准(IEC 61131-3),PLC 的编程语言包括梯形图语言(LAD)、指令表语言(IL)、功能模块图语言(FBD)、顺序功能流程图语言(SFC)及结构化文本语言(ST)。

1. 梯形图语言(LAD)

梯形图语言是 PLC 程序设计中最常用的编程语言,它是与继电器线路类似的一种编程语言。由于电气设计人员对继电器-接触器控制系统较为熟悉,因此梯形图语言得到了广泛的应用。

梯形图语言的特点是:与电气操作原理图相对应,具有直观性和对应性;与原有继电器-接触器控制系统相一致,电气设计人员易于掌握。

2. 指令表语言(IL)

指令表语言是与汇编语言类似的一种助记符编程语言,和汇编语言一样由操作码和操作数组成。在无计算机的情况下,适合采用 PLC 手持编程器对用户程序进行编制。同时,指令表编程语言与梯形图编程语言一一对应,在 PLC 编程软件下可以相互转换。

指令表语言的特点是:采用助记符来表示操作功能,具有容易记忆、便于掌握的特点;在手持编程器的键盘上采用助记符表示,便于操作,可在无计算机的场合下进行编程设计;与梯形图有一一对应关系。

3. 功能模块图语言(FBD)

功能模块图语言是与数字逻辑电路类似的一种 PLC 编程语言。它采用功能模块图的形式来表示模块所具有的功能,不同的功能模块有不同的功能。

功能模块图语言的特点是:以功能模块为单位,分析理解控制方案简单容易;功能模块是用图形的形式表达功能的,直观性强,具有数字逻辑电路基础的设计人员容易掌握;对规模大、控制逻辑关系复杂的控制系统,由于功能模块图语言能够清楚表达功能关系,编程调试时间大大减少。

4. 顺序功能流程图语言(SFC)

顺序功能流程图语言是为了满足顺序逻辑控制而设计的 PLC 编程语言。它在编程时将顺序流程动作的过程分成步和转换条件,根据转换条件对控制系统的功能流程顺序进行分配,

一步一步地按照顺序动作。每一步代表一个控制功能任务,用方框表示。在方框内含有用于完成相应控制功能任务的梯形图逻辑。

顺序功能流程图语言的特点是:以功能为主线,按照功能流程的顺序执行,条理清楚、便于理解;避免了梯形图和其他语言不能执行顺序动作的缺陷,同时也避免了用梯形图语言对顺序动作编程时,由于机械互锁造成用户程序结构复杂、难以理解的缺陷;用户程序扫描时间也大大缩短。

5. 结构化文本语言(ST)

结构化文本语言是用结构化的描述文本来描述程序的一种编程语言。它是类似于高级语言的一种编程语言。在大中型的 PLC 系统中,结构化文本语言常用于描述控制系统中各个变量的关系。结构化文本语言主要用于编制其他编程语言较难实现的用户程序。

结构化文本语言的特点是:采用高级语言进行编程,可以完成较复杂的逻辑运算;使用时需要有一定的计算机高级语言的知识和编程技巧,对工程设计人员要求较高,程序直观性和操作性较差。

任务 1　认识 S7 - 1200 PLC 及其相关部件

一、任务目标

1. 了解 S7 - 1200 PLC 的产生、发展及应用。
2. 了解 S7 - 1200 PLC 结构及各模块性能。
3. 会根据具体控制要求对 S7 - 1200 PLC 选型。

二、S7 - 1200 PLC 的产品定位

1. S7 - 1200 PLC 的概述

如图 1 - 3 所示,西门子公司的 SIMATIC 系列 PLC 有 S7 - 400、S7 - 300、S7 - 1500、S7 - 1200、S7 - 200 SMART 等。

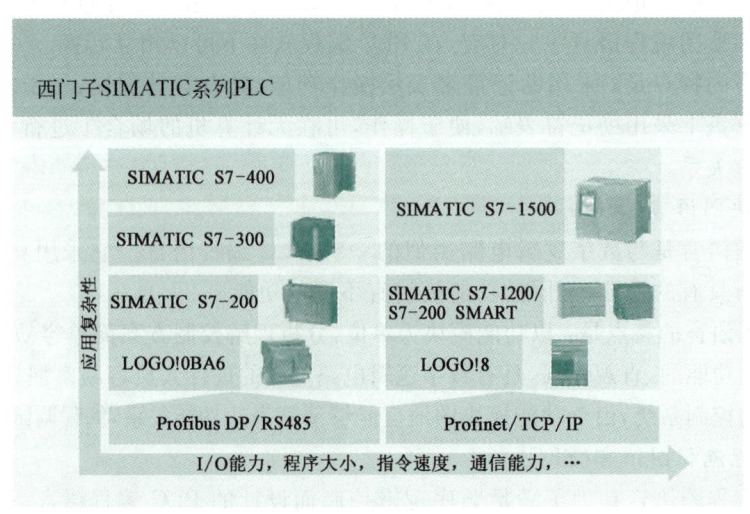

图 1 - 3　西门子 SIMATIC 系列 PLC

不管什么样的性能要求和行业需求,西门子公司总能提供优质的解决方案,这都得益于西门子庞大而全面的产品家族。S7 – 1200 PLC 的定位在原有的 S7 – 200 SMART PLC 和 S7 – 300 PLC 产品之间,它不仅涵盖了 S7 – 200 SMART PLC 的原有功能,还新增了许多功能,可以满足更广泛领域的应用。

2. S7 – 1200 PLC 的主要特点

(1)高度集成的工程组态系统。S7 – 1200 PLC 系统采用 TIA (totally integrated automation)Portal 工程组态软件进行组态和编程。TIA Portal 又称"博途",寓意全集成自动化的入口,是西门子重新定义自动化的概念、平台以及标准的自动化工具平台。TIA Portal 分为 2 部分——STEP 7 与 WinCC,从而实现了过程可视化,使用 TIA Portal 软件可以在同一个工程组态软件中组态 S7 – 1200 PLC 和 SIMATIC HMI 精简系列面板,实现统一编程、统一配置硬件和网络、统一管理项目数据以及对已组态系统测试、试运行和维护等,而且所有项目数据均存储在一个公共的项目文件中,修改后的应用程序数据(如变量)会在整个项目内(甚至跨越多台设备)自动更新。

TIA Portal 软件最基本的应用是利用 S7 – 1200 PLC 通过用户程序来控制系统,并使用 SIMATIC HMI 精简系列面板监视设备的操作过程,其典型应用如图 1 – 4 所示。

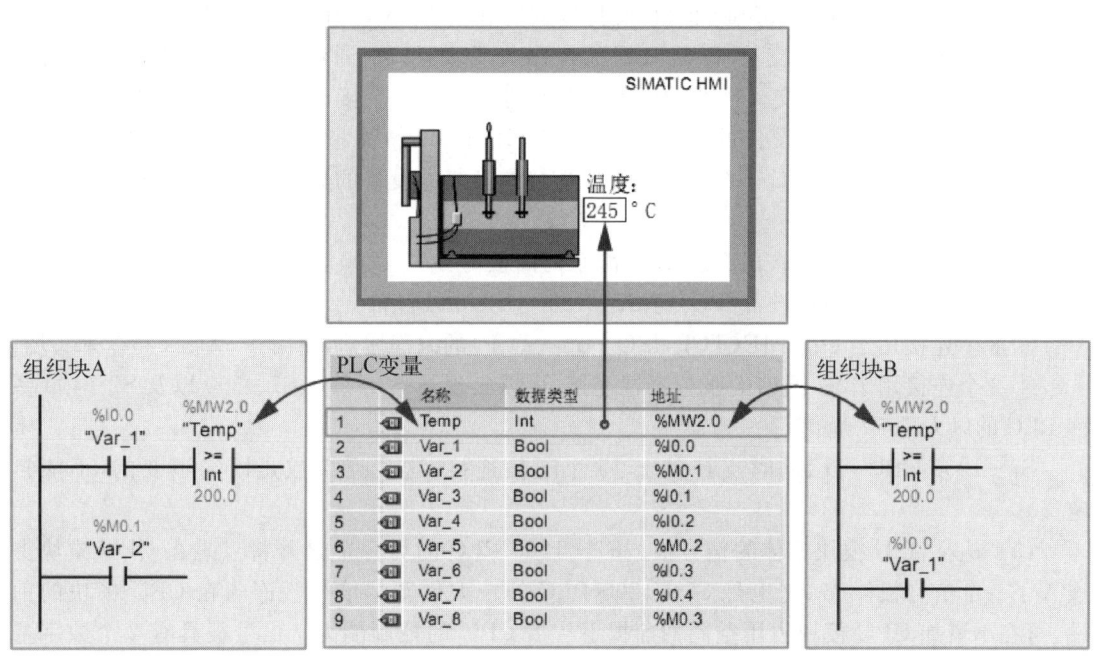

图 1 – 4　TIA Portal 软件典型应用

(2)集成化用户环境。TIA Portal 通过两种不同的视图(Portal 视图和项目视图)营造了友好的集成化用户环境。Portal 视图是面向任务的工具箱视图。项目视图是由项目中所有组件组成的、面向对象的结构化视图,其中包含了各种编辑器,可以用来创建和编辑相应的项目组件。操作时,可以随时使用用户界面左下角的链接,通过鼠标单击切换 Portal 视图和项目视图。在组态期间,视图也会根据正在执行的任务类型自动切换。在 Portal 视图中,可以概览某个自动化项目中的所有任务,可以借助面向任务的编辑器进行工程组态。在项目视图中,整个项目按层级结构显示在项目树中,可以快速直观地调用所有的编辑器、参数和项目数据,以便进行面向对象的工程组态。保存项目时,无论打开了哪个视图和编辑器,整个项目都会被保存下来,这样可以高效地完成工程组态任务。

(3) 集成可视化控制。S7 - 1200 PLC 通过 Profinet 接口与 SIMATIC HMI 精简系列面板无缝集成,两者间通过集成的 Profinet 接口进行物理连接,两者间的通信连接可以集中定义,实现在同一个项目中的组态和编程。人机界面可以直接使用 S7 - 1200 PLC 的变量。变量的交叉引用确保了项目各个部分及各种设备中变量的一致性,可以统一在 PLC 变量表中查看或更新。从应用方面来看,SIMATIC HMI 精简系列面板处于现场操作和控制的核心位置,根据需要可完成控制系统上层的现场操作和管理,并可上传控制数据。

如果在不同 PLC 的多个组织块中及 HMI 画面中使用了过程变量,则可以在程序中的任意位置创建或修改该变量。项目中的变量可以在 PLC 变量表中定义,也可以在 HMI 画面的编辑器中定义,还可以通过 PLC 输入和输出的链接来定义。所有已定义的 PLC 变量都列在 PLC 变量表中,并可在表中进行编辑。

(4) 集成 Profinet 接口。S7 - 1200 PLC 的一个显著特点是在 CPU 模块上集成了一个工业以太网 Profinet 接口,使得编程过程、调试过程、PLC 和人机界面的操作、运行及与第三方设备的通信均可采用工业以太网进行。Profinet 的物理接口支持的 RJ45 端口,数据传输速率为 10~100 MB/s。

S7 - 1200 PLC 集成 Profinet 接口,支持以太网和基于 TCP/IP 的通信标准,支持 S7 通信的服务器(Server)端通信,支持 TCP/IP、ISO - on - TCP 和 S7 通信协议,支持电缆交叉自适应,因此,标准的或是自动交叉网线的以太网线都可以用于这个接口。使用这个通信接口可实现 S7 - 1200 CPU 与编程设备的通信、与 SIMATIC HMI 精简系列面板的通信以及与其他 S7 - 1200 CPU 之间的通信。S7 - 1200 PLC 支持与第三方设备的通信,支持最多 15 个以太网节点连接,包括:

① 3 个连接用于 SIMATIC HMI 精简系列面板与 S7 - 1200 CPU 的通信;

② 1 个连接用于编程设备(PG)与 S7 - 1200 CPU 的通信;

③ 8 个连接用于 Open IE(TCP,ISO - on - TCP)的编程通信,使用 T - block 指令来实现;

④ 3 个连接用于 S7 通信的服务器端连接,可以实现与 S7 - 200、S7 - 300 以及 S7 - 400 系列 PLC 的以太网 S7 通信。

S7 - 1200 CPU 可以同时支持以上 15 个通信连接,这些连接数是固定不变的,不能自定义。

(5) 嵌入 CPU 模块本体的信号板。S7 - 1200 PLC 的另一个显著特点是在 CPU 模块上嵌入了一个信号板(SB),这也是 S7 - 1200 PLC 的一大创新。信号板嵌入在 CPU 模块的前端,可在不增加 CPU 模块占用空间的前提下扩展 CPU 的控制能力。信号板具有 2 个数字量 I/O 接口或者 1 个模拟量输出接口。

(6) 内置多种存储器。S7 - 1200 PLC 的 CPU 内置 50 KB 工作存储器、1~2 MB 装载存储器和 2 KB 保持性存储器,用户程序和用户数据的存储空间可变。另外,CPU 还可选用 SIMATIC 存储卡,它可作为外部装载存储器,也可作为程序卡,以便将程序传输至多个 CPU,还可以用来存储各种项目文件或更新 S7 - 1200 PLC 系统的固件。S7 - 1200 PLC 将保留的数据自动存储在装载存储器中,最多可建立 2 048 B 的保持存储区。S7 - 1200 PLC 的可选存储卡有 2 MB 和 24 MB 两种,可用于存储用户程序和数据、系统数据、文件和项目。

(7) 集成高速输入/输出。S7 - 1200 PLC 集成了 6 个高速计数器(3 个 100 kHz 和 3 个 30 kHz)、2 个脉宽调制输出(PWM)和 2 个脉冲串输出(PTO),输出脉冲序列最高频率为 100 kHz。

高速计数器可用于精确监视增量编码器、频率计数或对过程事件进行高速计数和测量。高速脉冲输出可用作 PTO 或 PWM。当组态成 PTO 时,将输出最高频率为 100 kHz、占空比为 50% 的高速脉冲,可用于步进电动机或伺服驱动器的开环速度控制和定位控制。当组态成 PWM 时,将生成一个具有可变占空比的固定周期输出,可用于控制电动机速度、阀位置或加热元件的占空比。PTO 与 PWM 的功能组态十分简单,通过一个轴工艺对象和通用的 PLCopen 运动功能块即可实现,支持绝对、相对运动和在线改变速度的运动控制,支持找原点和爬坡控制。

（8）具有 PID 控制功能。S7－1200 PLC 集成了 16 个 PID 控制回路,这些回路是支持自适应的快速功能块,且支持 PID 自动调节功能,可以自动计算最佳的调整增益值、积分时间和微分时间,具有图形显示结果和错误或报警显示。这些控制回路可以通过一个 PID 控制器工艺对象和 TIA Portal 中的编辑器进行组态。TIA Portal 中包含的 PID 调试和观测控制面板,简化了控制回路的调节过程,在不熟悉 PID 参数如何调整的情况下,也可把工艺参数控制到所需标准。对于单个控制回路,它除了提供自动调节和手动控制方式,还提供调节过程的图形化趋势图。

（9）具有库功能。通过库功能可以使设计人员在同一个项目和其他已有项目中调用或移植使用项目的组成部分,如硬件配置、变量及程序等。设备和定义的功能可以重复使用,可以将已有项目移植到库中,以便重复使用。代码块、PLC 变量、PLC 变量表、中断、HMI 画面、单个模块或完整站等元素可存储在本地库和全局库中。通过全局库可轻松实现项目之间的数据交换。

三、S7－1200 PLC 的选型

S7－1200 PLC 系统主要由 S7－1200 PLC、SIMATIC HMI 精简系列人机界面和 TIA Portal 工程组态软件组成。S7－1200 PLC 主要由 CPU 模块、通信模块(CM)、信号模块(SM)、信号板(SB)及各种附件组成。通过 S7－1200 PLC 集成的 Profinet 接口可直接与编程器(PG)、精简系列面板或其他第三方设备相连,还可使用 RS485 或 RS232 通信模块进行点对点通信。S7－1200 PLC 系统的硬件结构如图 1－5 所示。

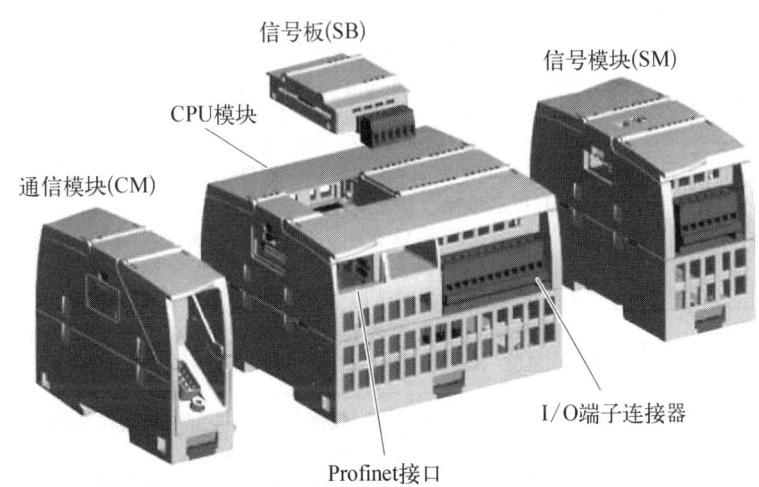

图 1－5　S7－1200 PLC 系统的硬件结构

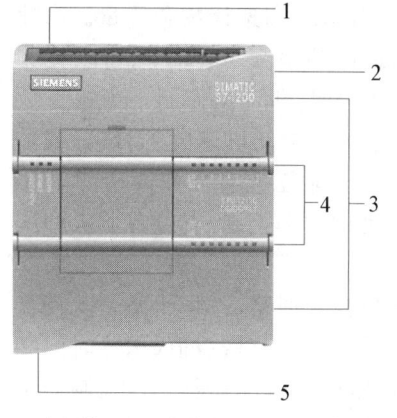

1—电源接口；2—存储卡插槽(上部保护盖下面)；3—可拆卸用户接线连接器(保护盖下面)；4—板载 I/O 的状态 LED；5—Profinet 连接器(CPU 的底部)。

图 1－6 CPU 模块

1. CPU 模块

CPU 模块将微处理器、集成电源、I/O 电路、内置 Profinet 接口、高速运动控制 I/O 接口模块以及板载模拟量输入接口组合到一个设计紧凑的外壳中，从而形成功能强大的控制器，如图 1－6 所示。在用户程序下载后，用户还可通过 CPU 实现监控、强制等在线功能。CPU 根据用户程序逻辑监控输入并更改输出，用户程序可以包含逻辑运算、计数、定时、复杂数学运算以及与其他智能设备的通信。

S7－1200 PLC 目前有 5 款 CPU，它们是 CPU 1211C、CPU 1212C、CPU 1214C、CPU 1215C 和 CPU 1217C。在电源和 I/O 信号的类型方面，除了 CPU 1217C 只有 1 种类型以外，其余 4 款 CPU 各有 3 种类型。5 款 CPU 本机自带数字量、模拟量的 I/O 点数有所差异，S7－1200 PLC 的 CPU 模块基本情况见表 1－1。

表 1－1　S7－1200 PLC 的 CPU 模块基本情况

CPU 型号	电源和 I/O 信号的类型	基　本　情　况
CPU 1211C	AC/DC/Relay	(1) 50 KB 集成程序/数据存储器、1 MB 装载存储器。 (2) 布尔量操作执行时间为 0.08 μs。 (3) 板载集成 I/O 接口：6 个数字量输入漏型/源型(IEC 类型 1 漏型)、4 个数字量输出(继电器触点或 MOSFET)、2 个模拟量输入。 (4) 可扩展 3 个通信模块和 1 个信号板。 (5) 数字量输入可用作 100 kHz 的 HSC、DC24 V 数字量输出可作为 100 kHz 的 PTO 或 PWM
	DC/DC/DC	
	DC/DC/Relay	
CPU 1212C	AC/DC/Relay	(1) 75 KB 集成程序/数据存储器、1 MB 装载存储器。 (2) 布尔量操作执行时间为 0.08 μs。 (3) 板载集成 I/O 接口：8 个数字量输入漏型/源型(IEC 类型 1 漏型)、6 个数字量输出(继电器触点或 MOSFET)、2 个模拟量输入。 (4) 可扩展 3 个通信模块、2 个信号模块和 1 个信号板。 (5) 数字量输入可用作 100 kHz 的 HSC，DC24 V 数字量输出可作为 100 kHz 的 PTO 或 PWM
	DC/DC/DC	
	DC/DC/Relay	
CPU 1214C	AC/DC/Relay	(1) 100 KB 集成程序/数据存储器、4 MB 装载存储器。 (2) 布尔量操作执行时间为 0.08 μs。 (3) 板载集成 I/O 接口：14 个数字量输入漏型/源型(IEC 类型 1 漏型)、10 个数字量输出(继电器触点或 MOSFET)、2 个模拟量输入。 (4) 可扩展 3 个通信模块、8 个信号模块和 1 个信号板。 (5) 数字量输入可用作 100 kHz 的 HSC、DC24 V 数字量输出可作为 100 kHz 的 PTO 或 PWM
	DC/DC/DC	
	DC/DC/Relay	
CPU 1215C	AC/DC/Relay	(1) 125 KB 集成程序/数据存储器、4 MB 装载存储器。 (2) 布尔量操作执行时间为 0.08 μs。 (3) 板载集成 I/O 接口：14 个数字量输入漏型/源型(IEC 类型 1 漏型)、10 个数字量输出(继电器触点或 MOSFET)、2 个模拟量输入、2 个模拟量输出。
	DC/DC/DC	

续　表

CPU 型号	电源和 I/O 信号的类型	基　本　情　况
CPU 1215C	DC/DC/Relay	(4) 可扩展 3 个通信模块、8 个信号模块和 1 个信号板。 (5) 数字量输入可用作 100 kHz 的 HSC、DC24 V 数字量输出可用作 100 kHz 的 PTO 或 PWM
CPU 1217C	DC/DC/DC	(1) 150 KB 集成程序/数据存储器、4 MB 装载存储器。 (2) 布尔量操作执行时间为 0.08 μs。 (3) 板载集成 I/O 接口：14 个数字量输入漏型/源型(IEC 类型 1 漏型)、10 个数字量输出(MOSFET)、2 个模拟量输入、2 个模拟量输出。 (4) 可扩展 3 个通信模块、8 个信号模块和 1 个信号板。 (5) 数字量输入可用作 100 kHz 的 HSC、DC24 V 数字量输出可用作 100 kHz 的 PTO 或 PWM

注：Relay 表示继电器输入/输出。

2. 通信模块(CM)

S7 – 1200 PLC 的 CPU 最多可以添加 3 个通信模块，支持 Profibus 主从站通信，RS485 和 RS232 通信模块为点对点的串行通信提供连接及 I/O 连接主站。对通信模块的组态和编程采用了扩展指令或库功能、USS 驱动协议、Modbus RTU 主站和从站协议，它们都包含在 TIA Portal 工程组态软件中。通信模块(CM)如图 1 – 7 所示，S7 – 1200 PLC 各通信模块基本情况见表 1 – 2。

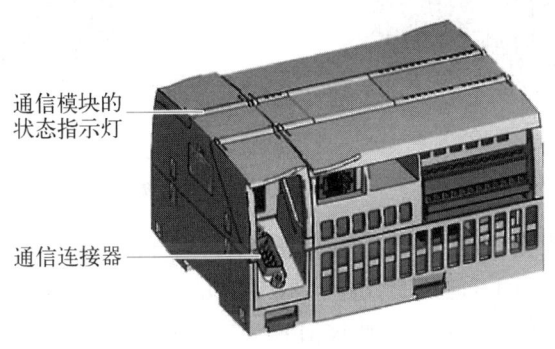

通信模块的状态指示灯

通信连接器

图 1 – 7　通信模块(CM)

表 1 – 2　S7 – 1200 PLC 各通信模块基本情况

型　　号	通信方式	基　本　情　况
CM 1241	RS485/422	用于 RS485 点对点通信模块，电缆最长 1 000 m
CM 1241	RS232	用于 RS232 点对点通信模块，电缆最长 10 m
CSM 1277	紧凑型交换机模块	用于以总线型、树状或星状拓扑结构，将 S7 – 1200 PLC 连接到工业以太网
CM 1243 – 5	Profibus DP 主站模块	通过使用 Profibus DP 主站通信模块 CM 1243 – 5，可以和下列设备通信： ● 其他 CPU　　　　● 编程设备 ● 人机界面　　　　● Profibus DP 从站设备

型　号	通信方式	基　本　情　况
CM 1243 - 5	Profibus DP 从站模块	可以作为一个智能 DP 从站设备与任何 Profibus DP 主站设备通信
CP 1242 - 7	GPRS 模块	通过使用 GPRS 通信处理器 CP 1242 - 7,可以与下列设备远程通信: ● 中央控制站　　　　　　● 其他的远程站 ● 移动设备(SMS 短消息)　● 编程设备(远程服务) ● 使用开放用户通信(UDP)的其他通信设备

3. 信号模块(SM)和信号板(SB)

S7 - 1200 PLC 的信号模块(SM)和信号板(SB)也称输入/输出(I/O)接口模块,它是 CPU 模块与生产过程信号相连的接口。设计人员可根据现场生产过程及检测信号选择各种用途的 I/O 接口模块。信号模块(SM)和信号板(SB)如图 1 - 8 所示。

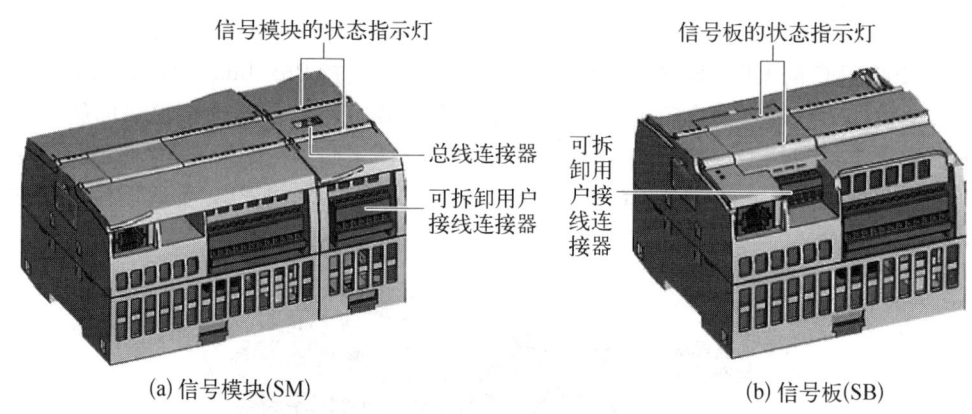

（a) 信号模块(SM)　　　　　　　　　　（b) 信号板(SB)

图 1 - 8　信号模块(SM)和信号板(SB)

S7 - 1200 PLC 可根据具体需要选用带有 8 个、16 个和 32 个 I/O 通道的信号模块。信号模块安装在 DIN 标准导轨上,通过总线连接器与相邻的 CPU 或其他模块连接。在只需少量 I/O 接口的情况下,可以使用信号板。通过信号板可以对 S7 - 1200 PLC 进行扩展,而不增加所需安装空间。需要时,信号模块安装在 CPU 模块的右侧,使信号模块的总线连接器伸到 CPU 中,即为信号模块建立了机械连接和电气连接。S7 - 1200 PLC 信号模块和信号板的基本情况见表 1 - 3 和表 1 - 4。

表 1 - 3　S7 - 1200 PLC 信号模块的基本情况

模块类型	型　号	接口类型	基　本　情　况
数字量信号模块	SM 1221	8×DC24 V 输入	(1) 8 个输入端、额定电压 DC24 V、额定电流 4 mA、IEC 类型 1 漏型。 (2) SM 总线电流消耗 105 mA
	SM 1221	16×DC24 V 输入	(1) 16 个输入端、额定电压 DC24 V、额定电流 4 mA、IEC 类型 1 漏型。 (2) SM 总线电流消耗 130 mA

续 表

模块类型	型 号	接口类型	基 本 情 况
数字量信号模块	SM 1222	8×继电器输出	(1) 8 个继电器输出端、额定电压 DC5～30 V/AC5～250 V、最大电流 2 A、灯负载 30 W(DC)/200 W(AC)。 (2) SM 总线电流消耗 120 mA
	SM 1222	8×DC24 V输出	(1) 8 个晶体管输出端、额定电压 DC24 V、最大电流 0.5 A、灯负载 5 W。 (2) SM 总线电流消耗 120 mA
	SM 1222	16×继电器输出	(1) 16 个继电器输出端、额定电压 DC5～30 V/AC5～250 V、最大电流 2 A、灯负载 30 W(DC)/200 W(AC)。 (2) SM 总线电流消耗 135 mA
	SM 1222	16×DC24 V输出	(1) 16 个晶体管输出端、额定电压 DC24 V、最大电流 0.5 A、灯负载 5 W。 (2) SM 总线电流消耗 140 mA
	SM 1223	8×DC24 V输入/ 8×继电器输出	(1) 8 个输入端、额电电压 DC24 V、漏型/源型(IEC 类型 1 漏型)。 (2) 8 个继电器输出端、额定电压 DC5～30 V/AC5～250 V、最大电流 2 A、灯负载 30 W(DC)/200 W(AC)。 (3) SM 总线电流消耗 145 mA
	SM 1223	8×DC24 V输入/ 8×DC24 V 输出	(1) 8 个输入端、额定电压 DC24 V、漏型/源型。 (2) 8 个晶体管输出端、额定电压 DC24 V、最大电流 0.5 A、灯负载 5 W。 (3) SM 总线电流消耗 145 mA
	SM 1223	8×DC24 V输入/16×继电器输出	(1) 8 个输入端、额定电压 DC24 V、漏型/源型。 (2) 16 个继电器输出端、额定电压 DC5～30 V/AC5～250 V、最大电流 2 A、灯负载 30 W(DC)/200 W(AC)。 (3) SM 总线电流消耗 180 mA
	SM 1223	16×DC24 V输入/ 16×DC24 V 输出	(1) 16 个晶体管输入端、额定电压 DC24 V、漏型/源型。 (2) 16 个晶体管输出端、额定电压 DC24 V、最大电流 0.5 A、灯负载 5 W。 (3) SM 总线电流消耗 180 mA
模拟量信号模块	SM 1231	4×模拟量输入	(1) 4 个模拟量输入端，可选输入类型有：±10 V、±5 V、±2.5 V、0～20 mA，转换精度为 13 位。 (2) 支持差动输入
	SM 1231	AI4×16 位热电偶输入	(1) 4 个热电偶输入端、热电偶类型为：J、K、T、E、R&S、N、C、TXK/XK(L)。 (2) 电压±80 mV(80 mV 时对应 27 648)，转换精度为 15 位加符号位
	SM 1231	AI4×16 位热电阻输入	(1) 4 个热电阻输入端，热电阻类型为：J、K、T、E、R&S、N、C、TXK/XK(L)。 (2) 热电阻输入，输入值范围 0～27 648，转换精度为 15 位加符号位

模块类型	型　号	接口类型	基　本　情　况
模拟量 信号模块	SM 1232	2×模拟量输出	2 个模拟量输出端,输出类型有±10 V(转换精度为 14 位) 或 0～20 mA(转换精度为 13 位)
	SM 1234	4×模拟量输入/ 2×模拟量输出	(1) 4 个模拟量输入端,可选输入类型有：±1.0 V、±5 V、 ±2.5 V、0～20 mA,转换精度为 13 位。 (2) 2 个模拟量输出端,可选输出类型为±10 V 或 0～20 mA,转换精度为 14 位。 (3) 支持差动输入

表 1－4　S7－1200 PLC 信号板的基本情况

模块类型	型　号	接口类型	基　本　情　况
数字量输 入/输出	SB 1223	2×DC24 V 输入/ 2×DC24 V 输出	(1) 2 个输入端、额定电压 DC24 V、漏型/源型(IEC 类型 1 漏型)。 (2) 2 个晶体管输出端,额定参数为 DC24 V、0.5 A、5 W(继 电器触点或场效应晶体管)。 (3) 可作为最大 30 kHz 的附加 HSC
数字量输 入信号板	SB 1221	4×DC24 V 输入	4 个输入端、额定电压 DC24 V、源型
数字量输 出信号板	SB 1222	4×DC24 V 输出	(1) 4 个晶体管输出端,额定参数为 DC24 V、0.1 A、0.5 W (场效应晶体管)。 (2) 可作为最大 200 kHz 的脉冲输出
热电偶和 热电阻模 拟量输入 信号板	SB 1231	AI1×16 位 热电偶输入	(1) 1 个热电偶输入端,热量偶类型为：J、K、T、E、R&S、N、 C、TXK/XK(L)。 (2) 电压±80 mV(80 mV 时对应 27 648),转换精度为 15 位 加符号位
		AI1×16 位 热电阻输入	(1) 1 个热电阻输入端,热电阻类型为：J、K、T、E、R&S、N、 C、TXK/XK(L)。 (2) 热电阻输入,输入范围为 0～27 648,转换精度为 15 位 加符号位
模拟量输 入信号板	SB 1231	AI1×12 位	1 个模拟量输入端,可选输入类型有：±10 V、±5 V、±2.5 V、 0～20 mA,转换精度为 11 位加符号位
模拟量输 出信号板	SB 1232	AQ1×12 位	1 个模拟量输出端,输出类型为±10 V(转换精度为 12 位) 或 0～20 mA(转换精度为 11 位)

　　4. 附件

　　S7－1200 PLC 除了 CPU 模块、通信模块(CM)、信号模块(SM)和信号板(SB),还有各种附件。这些附件包括了输入模拟器、存储卡、电源模块、SIMATIC HMI 精简系列面板等,这些附件的基本情况见表 1－5。

表 1 - 5　S7 - 1200 PLC 附件的基本情况

类　型	型　号	基　本　情　况
输入模拟器	SIM 1274(8 通道)	用于 1211C/1212C,拥有 8 个输入开关
	SIM 1274(14 通道)	用于 1214C,拥有 8 个输入开关
存储卡	SIMATIC MC ＊MB	2 MB/12 MB/24 MB/256 MB/2 GB 存储卡
电源模块	PM 1207	(1) 额定输入为 AC115 V 或 AC 230 V。 (2) 额定输出为 24 VDC/2.5 A
SIMATIC HMI 精简系列 面板	SIMATIC KTP400 Basic PN4.3" 16 位色显示器	(1) 480 像素×272 像素、16 位色、触摸屏＋4 个功能键。 (2) 横向/纵向模式。 (3) Profinet 以太网端口
	SIMATIC KTP700 Basic PN/DP 7" 16 位色显示器	(1) 800 像素×480 像素、16 位色、触摸屏＋8 个功能键。 (2) 横向/纵向模式。 (3) DP 型号接口:MPI/Profibus DP。 (4) PN 型号接口:Profinet 以太网端口
	SIMATIC KTP900 Basic PN9" 16 位色显示器	(1) 800 像素×480 像素、16 位色、触摸屏＋8 个功能键。 (2) 横向/纵向模式。 (3) Profinet 以太网端口/USB 接口
	SIMATIC KTP1200 Basic PN/DP 12" 16 位色显示器	(1) 1 080 像素×800 像素、16 位色、触摸屏＋10 个功能键。 (2) 横向/纵向模式。 (3) DP 型号接口:MPI/Profibus DP。 (4) PN 型号接口:Profinet 以太网端口

四、练习与提高

1. S7 - 1200 PLC 系统的主要特点有哪些?

2. S7 - 1200 PLC 主要由哪些模块组成?

互动:项目一任务 1 随堂练习

任务 2　S7 - 1200 PLC 的安装与拆卸

一、任务目标

1. 了解 S7 - 1200 PLC 拆装的注意事项。

2. 掌握 S7 - 1200 PLC 各模块的安装与拆卸步骤。

3. 会根据具体控制要求安装一个 S7 - 1200 PLC 系统。

二、安装前的准备

S7 - 1200 PLC 采用了简易的安装形式,使用户能够直接在面板上或标准导轨上安装 S7 -

1200 PLC,并可垂直或水平安装,安装时的注意事项如下。

(1) S7 - 1200 PLC 硬件系统属于开放式系统,必须安装在控制柜、控制箱或者室内,只有经过授权的人员才可对其进行调试。

(2) S7 - 1200 PLC 硬件系统安装时,要与高压、高热、强电磁干扰设备隔离。

(3) S7 - 1200 PLC 采用自然冷却方式,因此要确保其安装位置的上、下部分与邻近设备之间至少留出 25 mm 的空间,并且 S7 - 1200 PLC 与控制柜外壳之间的距离至少为 25 mm,如图 1 - 9 所示。

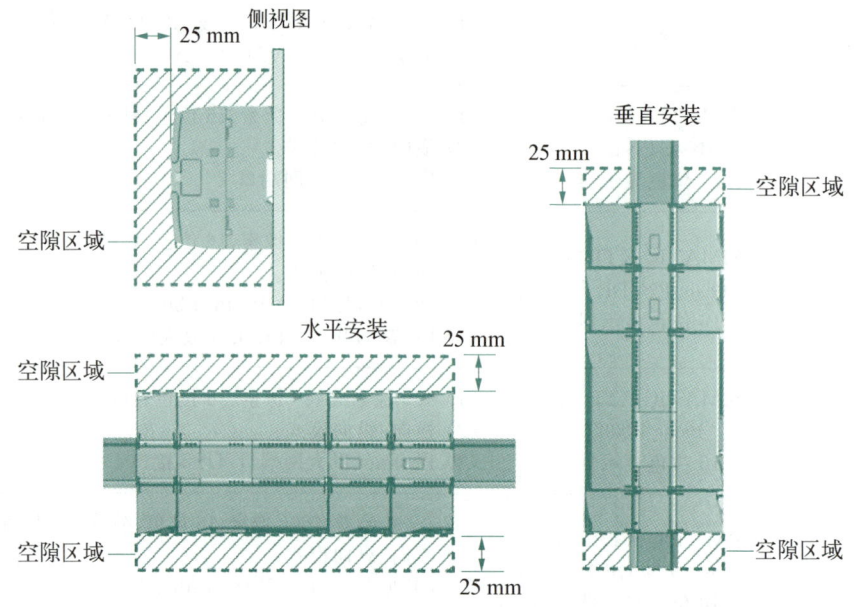

图 1 - 9   S7 - 1200 PLC 的安装空间要求

(4) 当采用垂直安装方式时,PLC 允许的最大环境温度要比水平安装方式降低 10℃,并且要确保 CPU 被安装在最下面。

(5) 电源的处理。S7 - 1200 PLC 的 CPU 有一个内部电源,为 CPU、信号模块、信号板、通信模块供电,同时也为用户提供 DC24 V 电源。

CPU 可为信号模块、信号板、通信模块提供 5 V 直流电源,不同的 CPU 能够提供的功率是不同的。在硬件选型时,用户需要计算所有扩展模块的功率总和,检查此数值是否在 CPU 能提供的功率范围之内,如果超出则必须更换容量更大的 CPU 或减少扩展模块数量。

S7 - 1200 PLC 的 CPU 也为信号模块的 24 V 输入接口、继电器输出模块或其他设备提供电源(被称作传感器电源)。如果实际负载超过了此电源的功率,则需要增加一个外部 24 V 电源。此电源不可与 CPU 提供的 24 V 电源并联,并且建议将所有 24 V 电源的负端连接到一起。用户可以在 S7 - 1200 PLC 技术手册中查询关于传感器电源的功率参数。

如果需要将 S7 - 1200 PLC 系统中多个 24 V 电源输入端互连,就需要用一个公共电路连接多个公共端。例如:当设计的电路为"非隔离"时,CPU 的 24 V 电源供给、信号模块继电器的 24 V 电源供给、非隔离模拟量输入的 24 V 电源供给是互连的。所有的非隔离的公共端必须连接到同一个外部参考点上。

S7 - 1200 PLC 的 CPU、信号模块、通信模块都支持面板式和导轨式两种安装方式,使用模块上的导轨夹具可以将模块固定到导轨上,这个夹具也提供了可使用螺钉进行面板式安装的螺孔,这个螺孔的内径是 4.3 mm。

S7 - 1200 PLC 系统设备的安装尺寸如图 1 - 10 所示,安装尺寸参数见表 1 - 6。

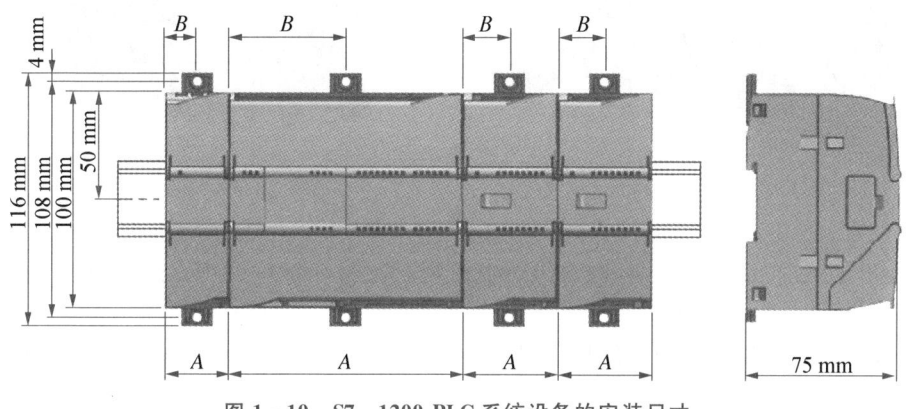

图 1 - 10   S7 - 1200 PLC 系统设备的安装尺寸

表 1 - 6   安装尺寸参数

设 备		宽度 A	宽度 B
CPU	CPU 1211C 和 CPU 1212C	90 mm	45 mm
	CPU 1214C	110 mm	55 mm
信号模块	8 点和 16 点直流和继电器模块(8I,16I,8Q,16Q,8I/8Q)、2 点和 4 点模拟量模块(4AI,4AI/4AQ,2AQ)	45 mm	22.5 mm
	32 点继电器模块(16I/16Q)	70 mm	35 mm
通信模块	CM 1241 RS232 和 CM 1241 RS485	30 mm	15 mm

三、安装和拆卸 S7 - 1200 PLC

1. 安装和拆卸 CPU

(1) CPU 硬件由微处理器,以及集成的电源模块、输入电路、输出电路组成。

(2) 如图 1 - 11 所示,在 DIN 导轨上安装 CPU 的步骤如下。

① 安装标准导轨。

② 把 CPU 顶部挂到导轨的上端。

③ 拔出 CPU 底部的 DIN 导轨夹具。

④ 旋转 CPU 到导轨上的合适位置。

⑤ 把 CPU 底部的 DIN 导轨夹具推回到合适位置。

(3) 拆卸 CPU 的步骤如下。

① 拆除 CPU 前,先确保 CPU 上没有连接任何设备或者电源。

② 如果有信号模块连接到 CPU 上,应先断开总线连接,把螺丝刀放在信号模块的顶端滑块上,然后往下按并向右滑动,这样就可完全断开信号模块与 CPU 总线的连接。

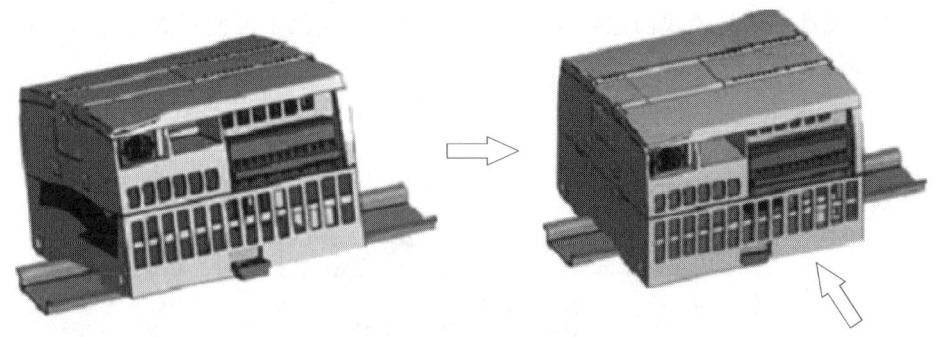

图 1 - 11　安装 CPU 的步骤

③ 拉出 CPU 上的导轨夹具,使 CPU 到合适位置,即可断开 CPU 与其他硬件设备。

2. 安装和拆卸信号模块

(1) 信号模块的硬件功能。使用信号模块可以增加 CPU 的功能,信号模块连接在 CPU 的右侧。

(2) 安装信号模块。如图 1 - 12 所示,安装信号模块的具体操作步骤如下。

① 将螺丝刀插入 CPU 右侧盖子上的槽中,拆掉盖子。

② 使用模块上的卡子把信号模块固定到导轨上。

③ 用螺丝刀按住信号模块上的总线滑块并向左滑动连接到 CPU 上。

④ 所有信号模块的连接可重复上述步骤,依次连接信号模块。

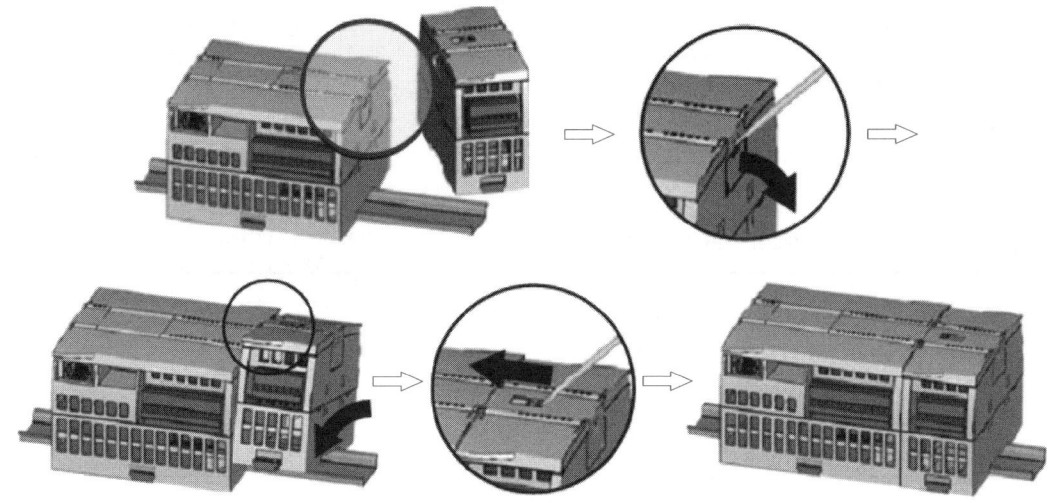

图 1 - 12　安装信号模块的步骤

(3) 拆卸信号模块。拆卸信号模块的具体操作步骤如下。

① 使用螺丝刀向下按住信号模块的总线滑块,向右滑动,断开总线滑块的连接。

② 向外拉出信号模块上的卡子,然后向上转动,即可拆掉信号模块。

3. 安装和拆卸通信模块

(1) 通信模块硬件。S7 - 1200 PLC 系统提供了具备 RS485 和 RS232 两种接口的通信模块。每个 S7 - 1200 PLC 的 CPU 最多可以支持 3 个通信模块的连接,通信模块必须被安装在 CPU 或者通信模块的左侧。

(2) 安装通信模块。如图 1 - 13 所示,安装通信模块的具体操作步骤如下。

① 用螺丝刀拆开 CPU 左侧的总线盖子。

② 使用模块上的卡子把通信模块固定到导轨上。

③ 将通信模块的总线接口对准 CPU 左侧的总线接口。

④ 向右移动通信模块,使之与 CPU 连接到一起。

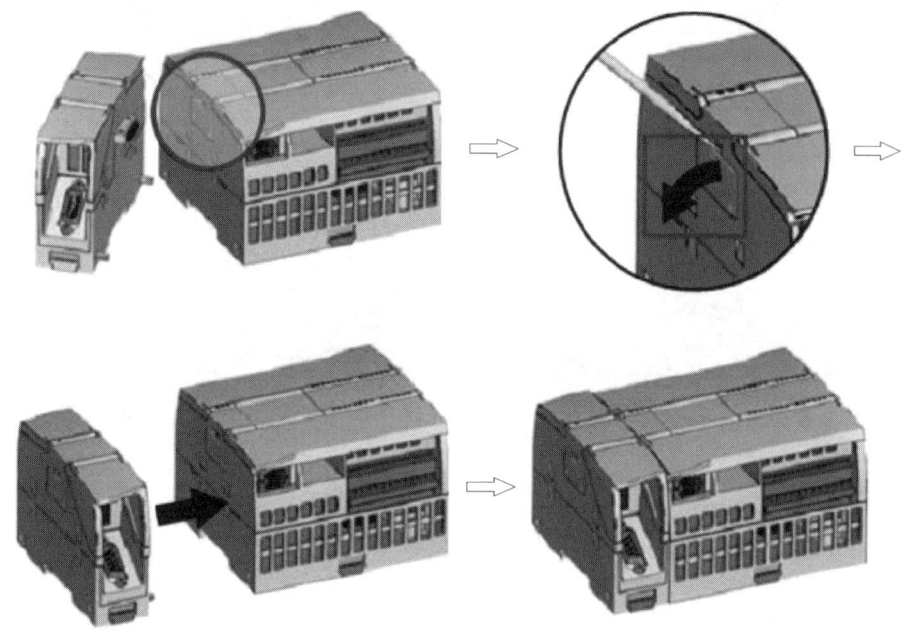

图 1 - 13　安装通信模块的步骤

(3) 拆卸通信模块。拆卸通信模块的具体操作步骤如下。

① 拆卸通信模块之前,应断开所有与之相连的电源和接线。

② 向左移动通信模块,使之与 CPU 模块分开。

4.安装和拆卸信号板

(1) 信号板的硬件。S7 - 1200 PLC 的 CPU 本体上可以安装模拟量信号板(1 个模拟量输出点)或者数字量信号板(2 个 DC24 V 输入端和 2 个 DC24 V 输出端)。

(2) 安装信号板。如图 1 - 14 所示,安装信号板的具体操作步骤如下。

① 用螺丝刀把 CPU 的上、下两个端子盖拆掉。

② 用螺丝刀把 CPU 信号板安装位置上的空模板拆掉。

③ 把信号板正对 CPU 的插口。

④ 把信号板向下按到合适的位置。

⑤ 重新装上端子盖。

(3) 拆卸信号板。拆卸信号板的具体操作步骤如下。

① 用螺丝刀把 CPU 的上、下两个端子盖拆掉。

② 用螺丝刀把 CPU 信号板拆掉。

③ 重新装上端子盖。

5.安装和拆卸端子板

(1) 安装端子板。如图 1 - 15 所示,安装端子板的具体步骤如下。

① 打开模块的端子盖。

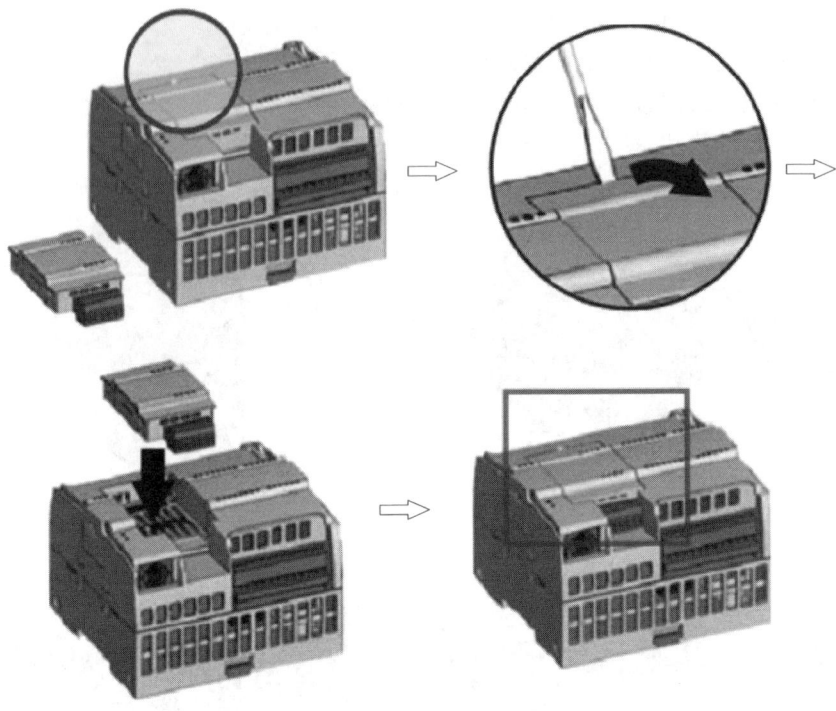

图 1 - 14　安装信号板的步骤

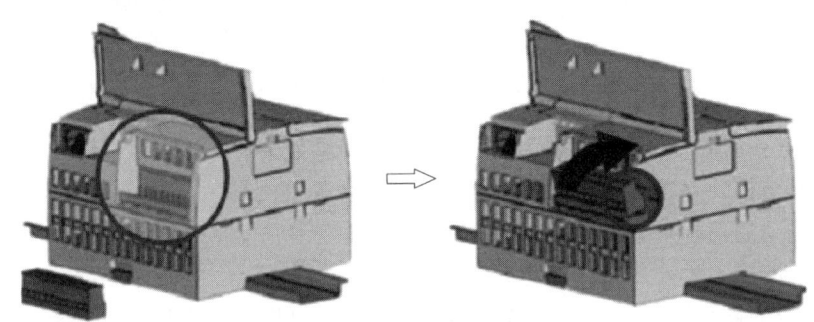

图 1 - 15　安装端子板的步骤

微视频：安装 PLC 的 CPU 模块和信号板

② 准备好相应的端子板。

③ 将端子板的接口对准模块上的连接头。

④ 用手压紧端子板。

⑤ 重新装上端子盖。

（2）拆卸端子板。拆卸端子板的具体步骤如下。

① 打开模块的端子盖。

② 把螺丝刀插到端子板与模块间的插槽中。

③ 用螺丝刀向外轻轻撬动。

④ 使端子板与模块分离。

四、练习与提高

互动：项目一任务 2 随堂练习

1. 简述 S7 - 1200 PLC 安装信号模块步骤。

2. 简述 S7 - 1200 PLC 安装 CPU 的步骤。

任务3　**S7 - 1200 PLC 的接线**

一、任务目标

1. 掌握 S7 - 1200 PLC 各模块接线规则。

2. 掌握 S7 - 1200 PLC 各种负载的接线方式。

3. 能根据具体控制要求完成 S7 - 1200 PLC 系统接线。

二、接线

1. 端子块允许的线径为 $0.3 \sim 2 \ mm^2$（全书的线径均指实际指导线的截面积）。

2. 端子块允许的最大力矩为 $0.56 \ N \cdot m$。

三、模块的参数和接线方式

S7 - 1200 PLC 的 CPU 内有一个 DC24 V 内部电源，可为 CPU、信号模块、信号板、通信模块及其他需要使用 DC24 V 的器件供电。CPU 还可对外提供 DC24 V 电压的传感器电源，可作为输入点、信号模块上的继电器线圈电源或为其他需要使用 DC24 V 的器件供电。如果负载的功率超出电源功率，则必须给系统增加外部 DC24 V 电源，同时必须确保该电源不要与 CPU 的传感器电源并联。为提高电噪声防护能力，应把负载连接到不同电源的公共端（M）。另外 S7 - 1200 PLC 系统中的一些 DC24 V 电源输入端口是互联的，并且通过一个公共逻辑电路连接多个公共端。如在技术数据表中指定为"非隔离"时，CPU 的 DC24 V 电源、信号模块继电器线圈的电源输入或非隔离模拟量输入的电源是互连的。所有非隔离的公共端必须连接到同一个外部参考电位，除上述外，应遵循以下接线原则。

（1）作为布置系统中各种设备的基本规则，必须将产生高压和高电噪声的设备与 S7 - 1200 PLC 等低压控制设备隔离开。S7 - 1200 PLC 采用自然对流冷却，为保证冷却效果，在 S7 - 1200 PLC 上方和下方必须留出至少 25 mm 的空隙。此外，S7 - 1200 PLC 模块前端与机柜内壁间至少应留出 25 mm 的深度。

（2）应在 S7 - 1200 PLC 回路上安装一个可同时切断 S7 - 1200 PLC 的 CPU 电源、所有输入电路和所有输出电路的电源（隔离）开关，电源应具有过电流保护措施（如熔断器或断路器）以限制电源线中的故障电流。为所有可能遭雷电冲击的线路安装合适的浪涌抑制器，并可考虑在各输出电路中安装熔断器或其他电流限制器进行保护。在通过外部电源供电的输入电路中安装过电流保护装置。由 S7 - 1200 PLC 的 DC24 V 传感器电源供电的电路不需要外部保护，因为它本身已有保护。

（3）避免将低压信号线和通信电缆铺设在具有交流线和高能量快速开关信号线的线槽中，并始终使中性线或公共线与相线或信号线形成对布线。使用屏蔽线可最大限度地防止噪声，通常需要在 PLC 端将屏蔽层接地，并确保 S7 - 1200 PLC 和相关设备的所有公共端和接地端连接在同一个接地点上，该接地点应该直接连接到系统的接地端。所有接地线应尽可能短且应使用线径 $2 \ mm^2$ 以上的导线。确定接地点时，应考虑安全接地要求和保护性中断装置的正常运行。

（4）应尽可能使连接线最短，并确保连接线能承载所需的电流。模块可连接线径 0.3～2 mm² 导线。

（5）所有 S7-1200 PLC 模块都有供用户接线的可拆卸连接器。要防止连接器松动，确保连接器固定牢靠并且导线被牢固地安装到连接器中。为避免损坏连接器，不要将连接器螺钉拧得过紧，连接器螺钉允许的最大扭矩为 0.56 N·m。

（6）应当为感性负载安装浪涌抑制电路，限制瞬态电压上升。浪涌抑制电路可保护输出，防止断开感性负载时产生的过电压。此外，抑制电路还能限制导通和断开感性负载时产生的噪声。浪涌抑制电路跨接在负载两端，并且在位置上接近负载，这样对降低电气噪声最有效。S7-1200 PLC 的 DC 型输出已包括抑制电路，足以抑制大多数应用的感性负载，而继电器型输出没有内部保护。在大多数应用中，在感性负载两端并联一个二极管（如 1N4001 或同等元件）即可，但如果要求达到更快的响应时间，则可再增加一个稳压二极管与前述二极管串联。

（7）S7-1200 PLC 的 CPU 的接线。以 CPU 1214C 为例，S7-1200 PLC 的 CPU 的接线图如图 1-16 到图 1-18 所示。

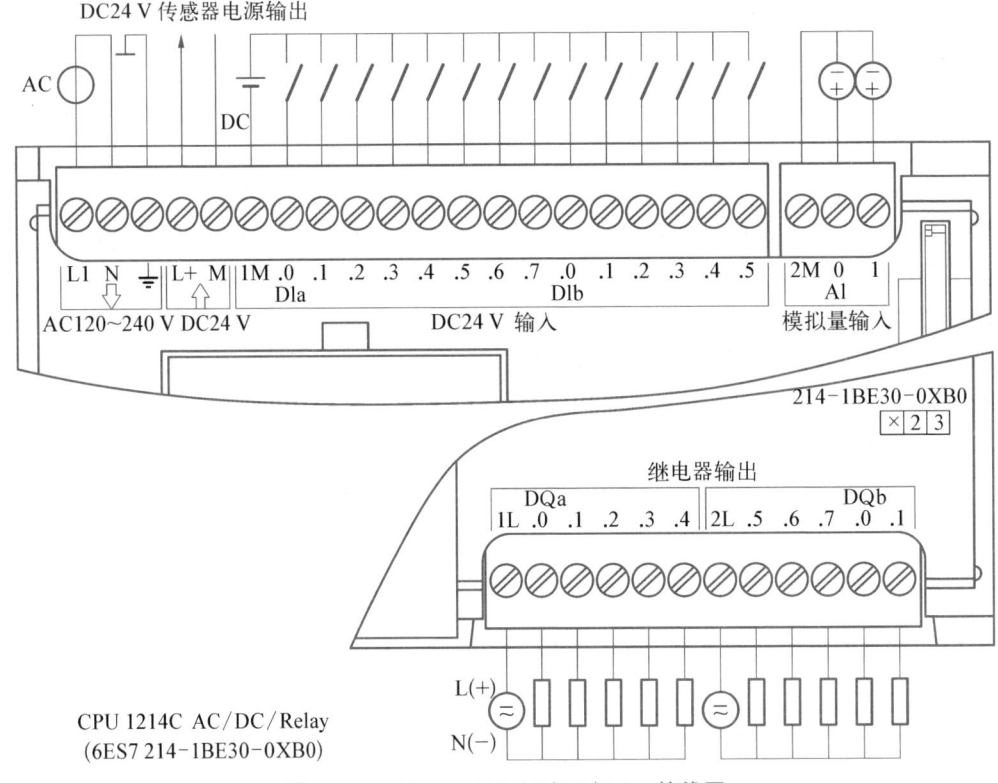

图 1-16　CPU 1214C AC/DC/Relay 接线图

（8）S7-1200 信号板的接线。以 SB 1222、SB 1223、SB 1232 信号板为例，S7-1200 信号板的接线图如图 1-19 所示。

（9）等电位连结。不同的组件之间可能会产生电位差，这将导致数据电缆上出现高均衡电流，从而毁坏接口。如果组件的连接线两端都采用了电缆屏蔽，并在不同的部件处接地，可能会产生均衡电流。当系统连接到其他电源时，电位差可能更明显，因此，必须通过等电位连结消除电位差，以确保电气系统的相关组件在运行时不会出现故障。

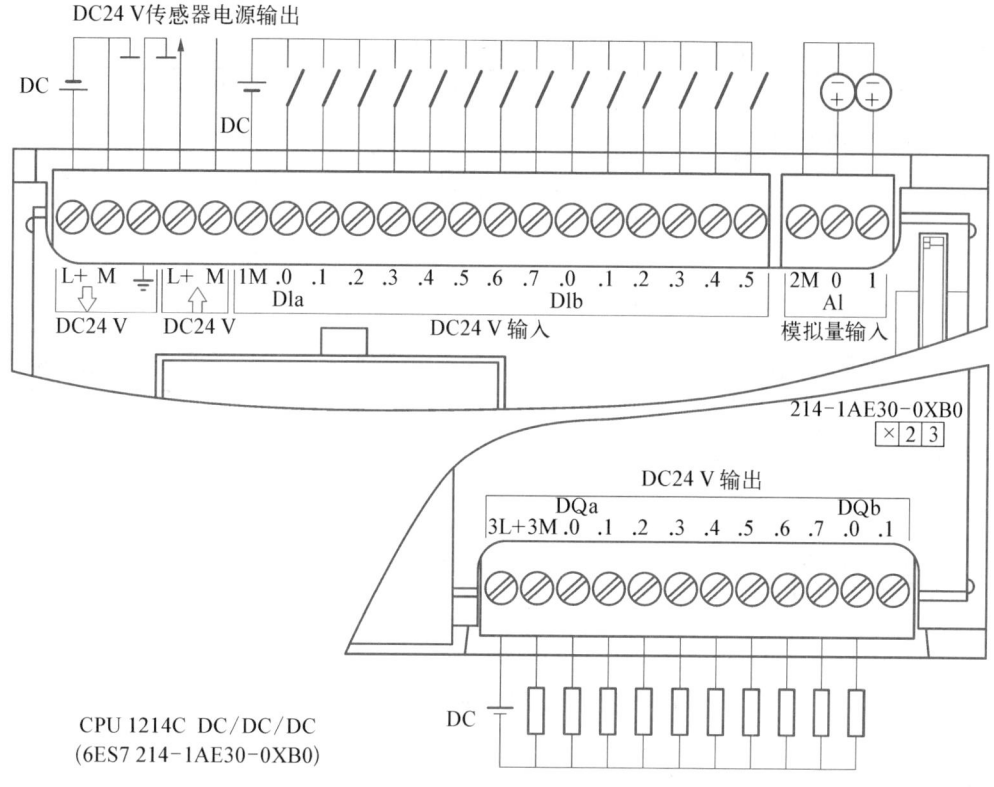

图 1-17 CPU 1214C DC/DC/DC 接线图

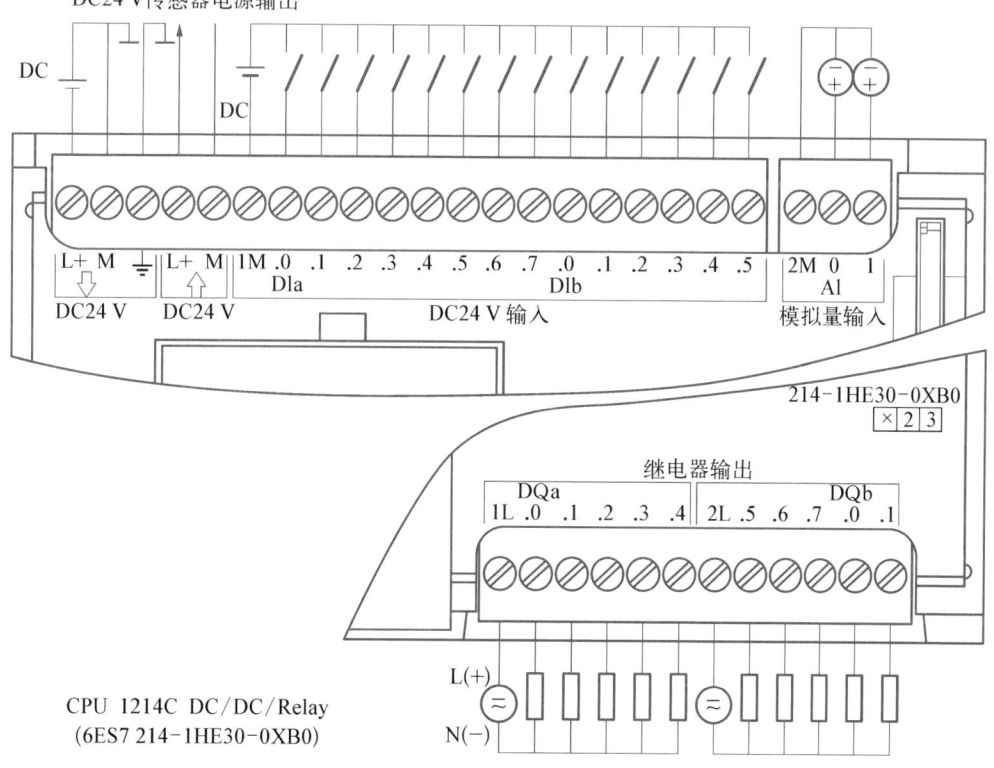

图 1-18 CPU 1214C DC/DC/Relay 接线图

SB1223 DI 2×DC 24 V/
DQ 2×DC 24 V, 200 kHz

SB1222 DQ 4×DC 24 V, 200 kHz

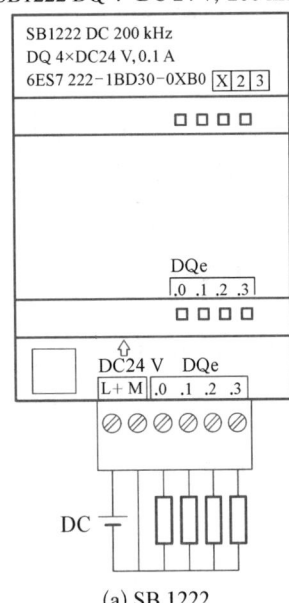

(a) SB 1222

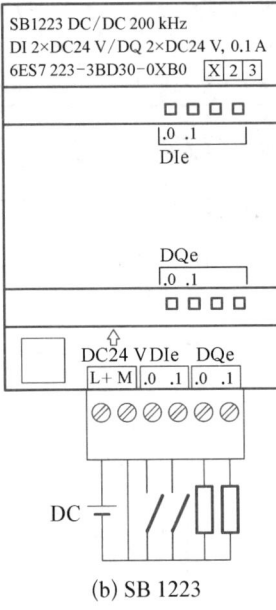

(b) SB 1223

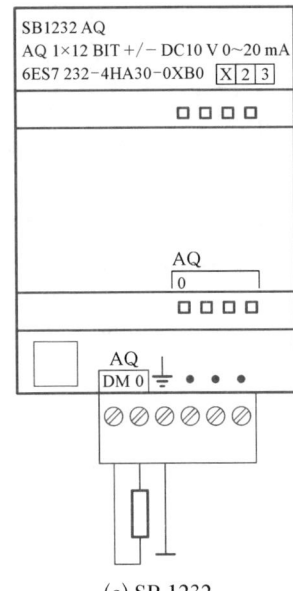

(c) SB 1232

图 1－19　S7－1200 信号板的接线图

互动：项目　互动：项目
一任务 3 随　一单元测验
堂练习

四、练习与提高

1. 画出 S7－1200 PLC 的 CPU 1214C(DC/DC/DC)的接线图。

2. 画出 S7－1200 PLC 信号板 SB1223 的连接电路。

项目描述

本项目通过控制电动机正反转，来学习设计 S7－1200 PLC 系统程序。

一、控制要求

设计电动机正反转控制系统：按正转起动按钮 SB1，电动机正转；按反转起动按钮 SB2，电动机反转；按停止按钮 SB3，电动机停止。

文本：一个小数点引发的停产事故

二、硬件设计

1. 硬件选型

本项目的硬件选型见表 2－1。

表 2－1　硬 件 选 型

名　　称	型　　号
三相异步电动机	YS6314/180 W
热继电器	正泰 JR36－20　0.45～0.72 A
交流接触器	正泰 CJT1－10
PLC	CPU 1212C　DC/DC/DC
信号模块	SM 1223，16×DC24 V 输入/16×继电器输出
按钮	一佳 LA38－11BN

2. I/O 接口分配

根据控制要求列出所需的 I/O 接口，并为其分配相应的接口，其中 I/O 接口分配见表 2－2。

3. 接线图

根据表 2－2 和控制要求，设计电动机电气原理图与 PLC 接线图，如图 2－1 和图 2－2 所示。

表 2－2　I/O 接口分配表

输　入　信　号		输　出　信　号	
名　　　称	接　口	名　　　称	接　口
正转起动按钮 SB1	I0.0	正转接触器 KM1	Q1.0
反转起动按钮 SB2	I0.1	反转接触器 KM2	Q1.1
停止按钮 SB3	I0.2		

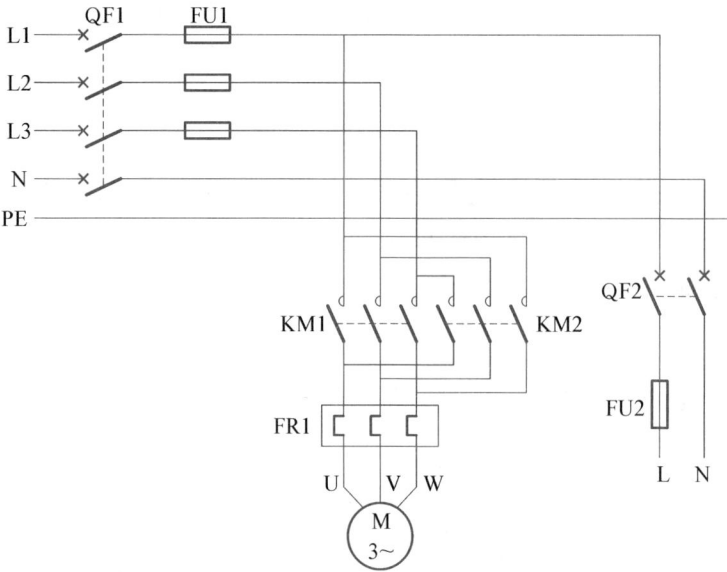

图 2－1　电动机电气原理图

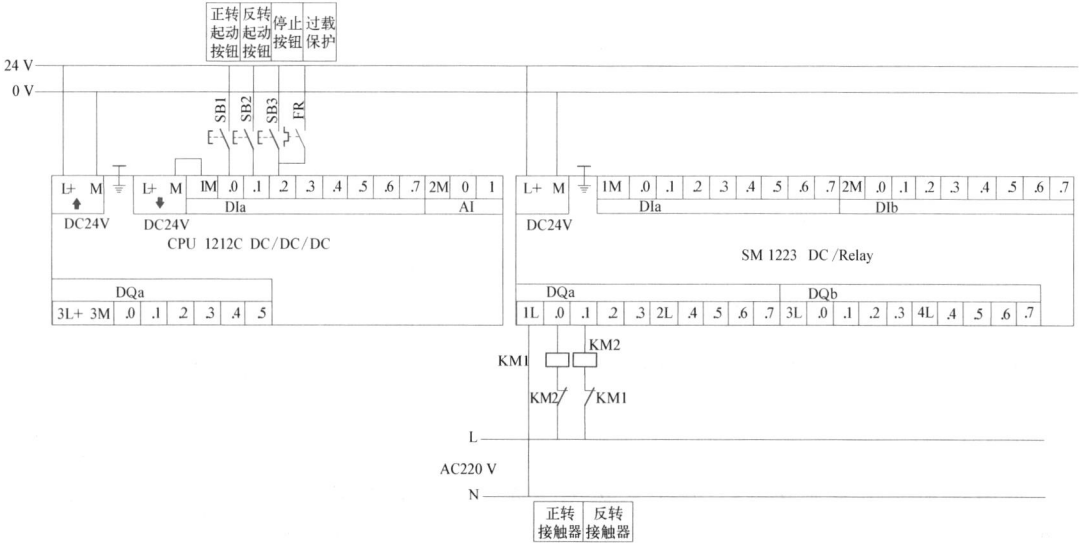

图 2－2　PLC 接线图

知识点　TIA Portal 软件简介

STEP 7 Professional 是西门子公司开发的高集成度工程组态系统,而 SIMATIC WinCC Basic 是面向任务的 HMI 智能组态软件。TIA Portal 将上述两个软件集成在一起,是西门子公司发布的新一代全集成自动化软件。它提供了直观易用的编辑器,用于对 S7－1200 PLC 和 SIMATIC HMI 精简系列面板进行高效组态。TIA Portal 软件还为硬件和网络组态、诊断等提供通用的工程组态框架。在 TIA Portal 软件中,所有数据都存储在一个项目中。STEP 7 和 WinCC 不再是孤立的程序,它们的数据库是可以共享的。修改后的应用程序数据(如变量)会在整个项目内(甚至跨越多台设备)自动更新。

与传统组态方法相比,TIA Portal 软件无须花费大量时间集成各个软件包,显著地节省了时间,提高了设计效率。本书采用版本为 TIA Portal V16。

在使用 TIA Portal 软件时,以下功能可为自动化解决方案提供高效支持。

(1) 使用统一操作概念的集成工程组态。这样可使过程自动化和过程可视化"齐头并进"。

(2) 通过功能强大的编辑器和通用符号实现一致的集中数据管理。数据一旦创建,所有的编辑器都可使用。更改的内容将自动应用并更新到整个项目中。

图文：TIA Portal V16软件安装

(3) 多种编程语言。可以使用五种不同的编程语言来实现自动化控制。

任务 1　S7－1200 PLC 的硬件组态

一、任务目标

1. 掌握使用 TIA Portal 软件创建项目的方法。
2. 掌握添加设备的方法。
3. 掌握硬件组态和参数设置。

二、创建项目

双击桌面上的 TIA Portal 软件图标 ,打开 TIA Portal V16 的启动页面。

TIA Portal 软件提供了两种不同的工具视图:基于项目的项目视图和基于任务的 Portal 视图。

项目视图可以访问项目中所有的组件。Portal 视图包含了"启动""设备与网络""PLC 编程""运动控制 & 技术""可视化"和"在线与诊断"等项目。

单击软件左下角的"项目视图/Portal 视图"按钮,可以在项目视图和 Portal 视图之间切换。

在 Portal 视图下,单击"启动"项目,选择"创建新项目"选项。输入项目名称、路径、作者、注释等信息后,单击"创建"按钮即可创建新项目,如图 2-3 所示。

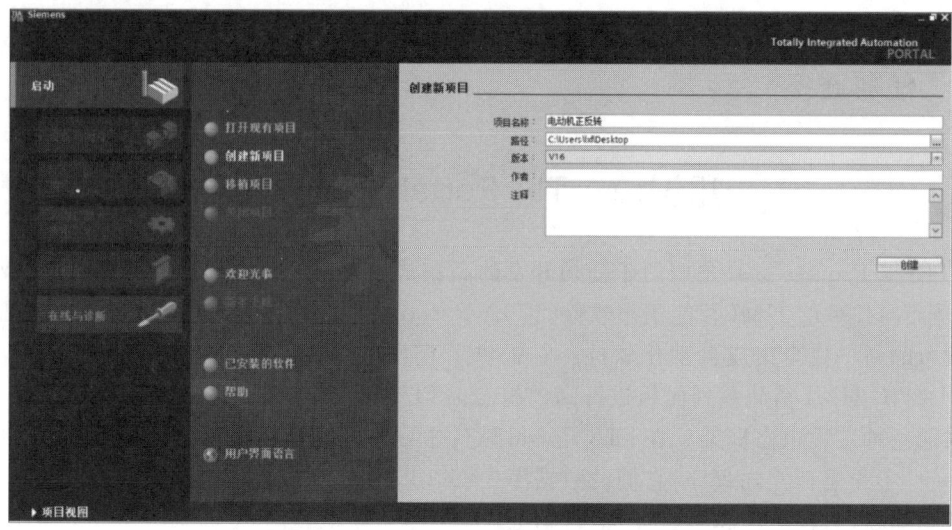

图 2 – 3 在 Portal 视图下创建新项目

在项目视图下,则打开"项目(P)"菜单,选择"新建(N)"菜单项,即执行"项目(P)"→"新建(N)"菜单命令,如图 2 – 4 所示,或者单击"新建"快捷按钮 ⚹ 。在如图 2 – 5 所示的"创建新项目"对话框中,输入项目名称、路径、作者、注释等信息后,单击"创建"按钮。

图 2 – 4 在项目视图下创建新项目

图 2 – 5 "创建新项目"对话框

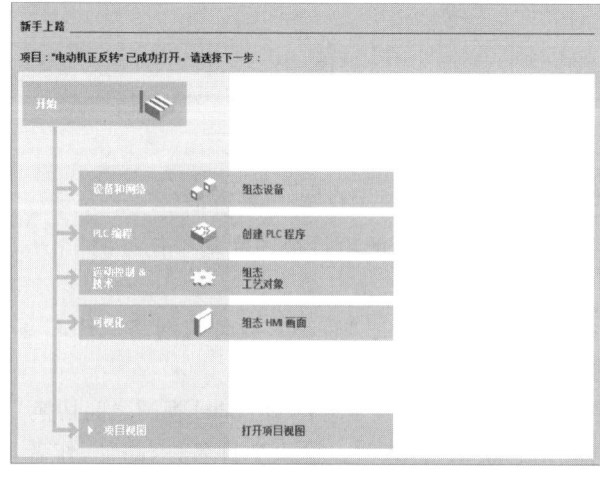

图 2 – 6 "新手上路"页面

三、添加新设备

在 Portal 视图下,单击"新手上路"页面下的"组态设备"选项,如图 2 – 6 所示。

在出现的页面中选择"添加新设备"功能,然后单击右边栏目中的"控制器"按钮,选择"CPU 1212C DC/DC/DC"文件夹下面的订货号"6ES7 212 – 1AE40 – 0XB0",如图 2 – 7 所示,然后用鼠标拉动页面右侧的滚动条到最底侧,找到并单击"添加"按钮,如图 2 – 8 所示,完成添加 PLC 设备。

图 2-7 添加 PLC 设备

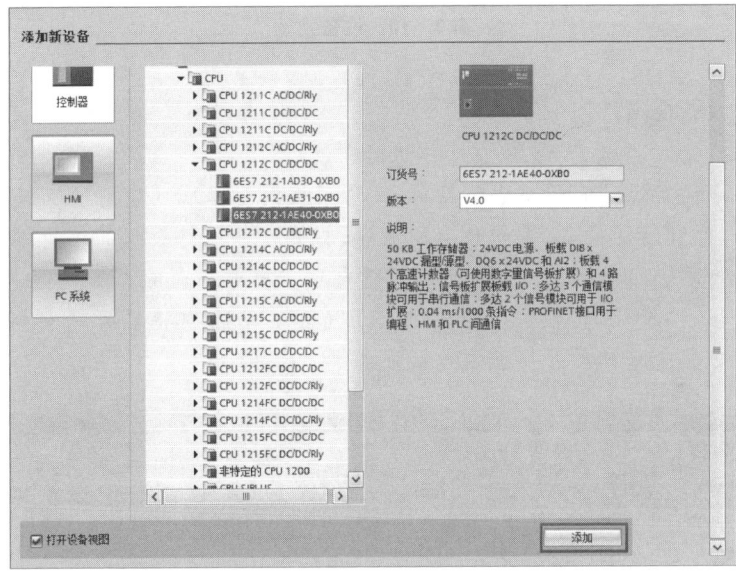

图 2-8 完成添加 PLC 设备

在项目视图下,双击项目树中的"添加新设备"选项,如图 2-9 所示。

打开"添加新设备"对话框,单击"控制器"按钮,选择"CPU 1212C DC/DC/DC"文件夹下面的订货号"6ES7 212-1AE40-0XB0",版本选择 V4.0,单击"确定"按钮。

添加完成后,在机架上出现了已添加的新设备 CPU 1212C DC/DC/DC,设备视图如图 2-10 所示。

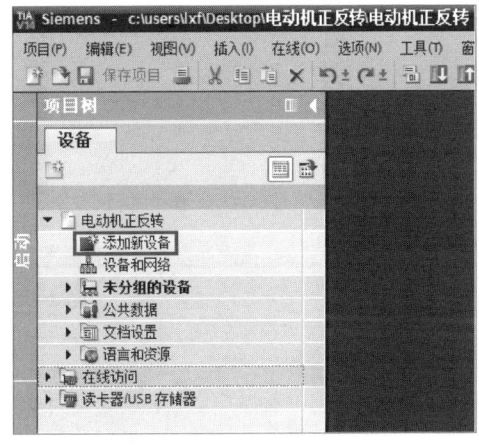

图 2-9 双击"添加新设备"选项

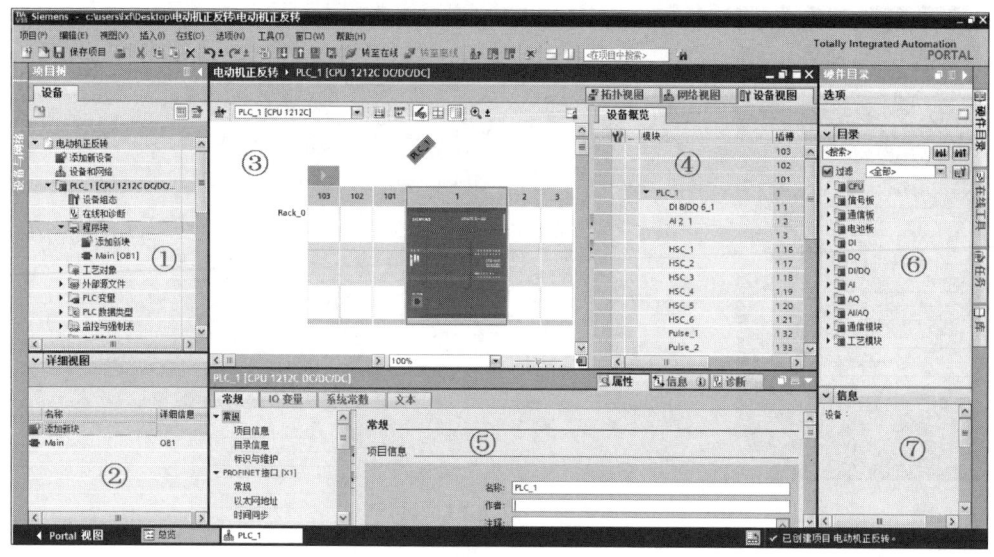

图 2 - 10   设备视图

知识拓展——设备视图

1. 项目树

图 2 - 10 中标有"①"的区域为项目树(又称项目浏览器),可以用项目树访问所有的设备和项目数据、添加新的设备、编辑已有的设备、打开处理项目数据的编辑器。

单击项目树右上角的"折叠"按钮◀,可折叠项目树和下面的详细视图,同时在最左边垂直条的上端出现"展开"按钮▶,如图 2 - 11 所示。单击它将展开项目树和详细视图。可以用类似的方法折叠和展开页面右边的任务卡。

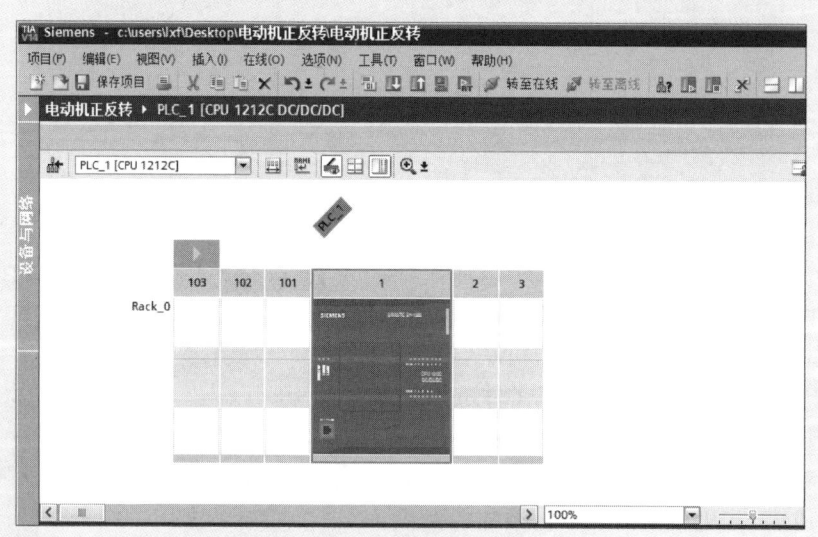

图 2 - 11   折叠后的项目树

2. 详细视图

图 2 - 10 中标有"②"的区域是详细视图,详细视图用于显示项目树被选中的对象下一级的内容。图 2 - 12 所示的详细视图显示的是项目树的"程序块"文件夹中的内容。

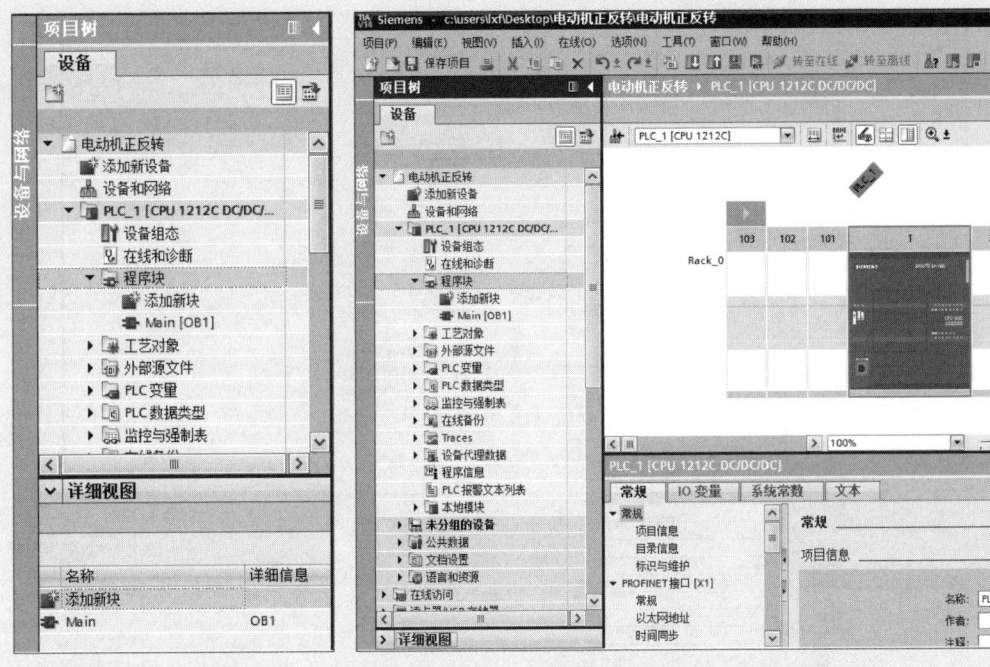

图 2 - 12 详细视图　　　　　　　图 2 - 13 折叠后的详细视图

单击详细视图左上角的"折叠"按钮 ∨，可折叠详细视图，如图 2 - 13 所示，只剩下详细视图的标题，标题左边出现"展开"按钮 ＞。单击该按钮，将展开详细视图。可以用类似的方法折叠和展开巡视窗口和信息窗口。

3. 工作区

图 2 - 10 中标有"③"的区域为工作区。在 TIA Portal 软件中可以同时打开多个编辑器，但是一般只能在工作区中显示一个当前打开的编辑器。

单击工作区右上角的"最大化"按钮 ▢，将工作区最大化，同时将关闭其他窗口。

工作区最大化后，单击工作区右上角的"嵌入"按钮 ▣，工作区将恢复原状。

单击工作区右上角的"浮动"按钮 ▢，将工作区窗口浮动，然后按"全尺寸"按钮 ▢，可以将工作区窗口全尺寸显示。

4. 概览区

图 2 - 10 中标有"④"的区域为概览区。

单击概览区的"展开"按钮 ◀，出现被折叠的概览区，再单击"展开"按钮 ◀，概览区最大化显示，如图 2 - 14 所示。单击"折叠"按钮 ▶，概览区正常尺寸显示，再单击"折叠"按钮 ▶，概览区被折叠。

单击"拓扑视图""网络视图"或者"设备视图"按钮，概览区将在"网络概览""拓扑概览"和"设备概览"选项卡之间切换。

5. 巡视窗口

图 2 - 10 中标有"⑤"的区域为巡视窗口，它用来显示选中的工作区中的对象附加的信息，还可以用来设置对象的属性。巡视窗口有 3 个选项卡，它们的功能如下。

(1)"属性"选项卡用于显示和修改工作区中被选中的对象的属性。"属性"选项卡左边窗口是浏览窗口，选中其中的某个参数组，可在右边窗口显示和编辑相应的信息或参数。

	模块	插槽	I 地址	Q 地址	类型	订货号	固件	注释
		103						
		102						
		101						
▼	PLC_1	1			CPU 1212C DC/DC/DC	6ES7 212-1AE40-0XB0	V4.0	
	DI 8/DQ 6_1	1 1	0	0	DI 8/DQ 6			
	AI 2_1	1 2	64…67		AI 2			
		1 3						
	HSC_1	1 16	1000…10…		HSC			
	HSC_2	1 17	1004…10…		HSC			
	HSC_3	1 18	1008…10…		HSC			
	HSC_4	1 19	1012…10…		HSC			
	HSC_5	1 20	1016…10…		HSC			
	HSC_6	1 21	1020…10…		HSC			
	Pulse_1	1 32		1000…10…	脉冲发生器 (PTO/PWM)			
	Pulse_2	1 33		1002…10…	脉冲发生器 (PTO/PWM)			
	Pulse_3	1 34		1004…10…	脉冲发生器 (PTO/PWM)			
	Pulse_4	1 35		1006…10…	脉冲发生器 (PTO/PWM)			
▶	PROFINET接口_1	1 X1			PROFINET接口			
		2						
		3						

图 2 - 14　最大化显示的概览区

图 2 - 15　"硬件目录"
任务卡

　　(2)"信息"选项卡用于显示所选对象和操作的详细信息,以及编译的报警信息。

　　(3)"诊断"选项卡用于显示系统诊断事件和组态的报警事件。

　　6. 任务卡

　　图 2 - 10 中标有"⑥"的区域为任务卡。任务卡的功能与编辑器有关。可以通过任务卡对编辑器进行进一步的或附加的操作。例如在"硬件目录"任务卡下,选择对象可以搜索与替代项目中的对象,将预定义的对象拖放到工作区,如图 2 - 15 所示。

　　7. 信息窗口

　　任务卡的下面,图 2 - 10 中标有"⑦"的区域是被选中硬件对象的信息窗口。在此可查看对象的图形、名称、版本号、订货号和简要的描述。

四、设置 Portal 参数

　　在项目编辑器中执行"选项"→"设置"菜单命令。

　　选择工作区左边窗口的"常规"选项,进行常规设置,如图 2 - 16 所示,可以设置用户界面语言、起始视图和存储参数等。

　　选择工作区左边窗口的"PLC 编程"选项,进行 PLC 编程设置,如图 2 - 17 所示,可以设置是否显示注释、是否进行 IEC 检查等。

五、硬件组态

　　设备组态就是在设备和网络编辑器中,生成一个与实际的硬件系统对应的虚拟系统。虚拟系统中的设备(PLC 和 HMI),PLC 各模块的型号、订货号和版本,以及模块的安装位置和设备之间的通信连接都应与实际的硬件系统完全相同。此外还应设置模块的参数,即给参数赋值,或称为参数化。

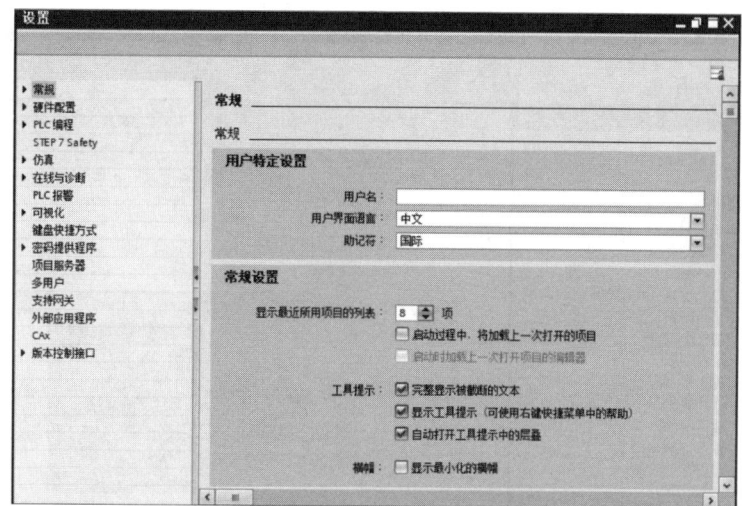

图 2 – 16 常规设置

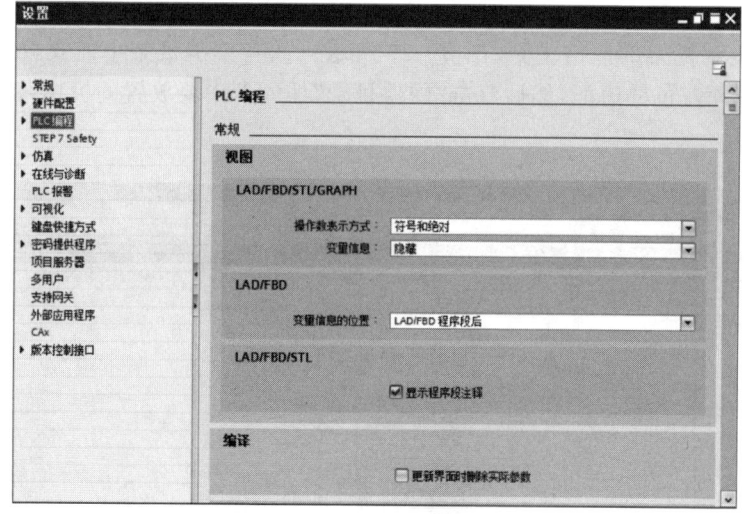

图 2 – 17 PLC 编程设置

自动化系统启动时,CPU 会比较组态时生成的虚拟系统和实际的硬件系统,如果两个系统不一致,一般不能切换到"RUN"模式。

双击项目树中"PLC_1"文件夹下的"设备组态"选项,打开 PLC_1 的设备视图,如图 2 – 18 所示,可以看到 1 号插槽中的 CPU 模块。

在硬件组态时,可以用拖放或双击的方法把 I/O 接口模块或通信模块放置到工作区机架的插槽内。

本项目除了 CPU 1212C DC/DC/DC,还需用到一个信号模块 SM 1223 DC/Relay。CPU 1212C DC/DC/DC 应放置在机架的 1 号插槽,SM 1223 DC/Relay 应放置在 2 号插槽。

打开最右边竖条上的"硬件目录"任务卡,打开"DI/DQ"文件夹下的"DI 16×24VDC/DQ 16×Relay"文件夹,选择订货号"6ES7 223 – 1PL32 – 0XB0",机架上所有可以插入该模块的插槽四周出现深蓝色①的边框,如图 2 – 19 所示,用鼠标左键按住该模块不放,移动鼠标,将

① 此处深蓝色指软件内边框的颜色,与教材印刷颜色无关。

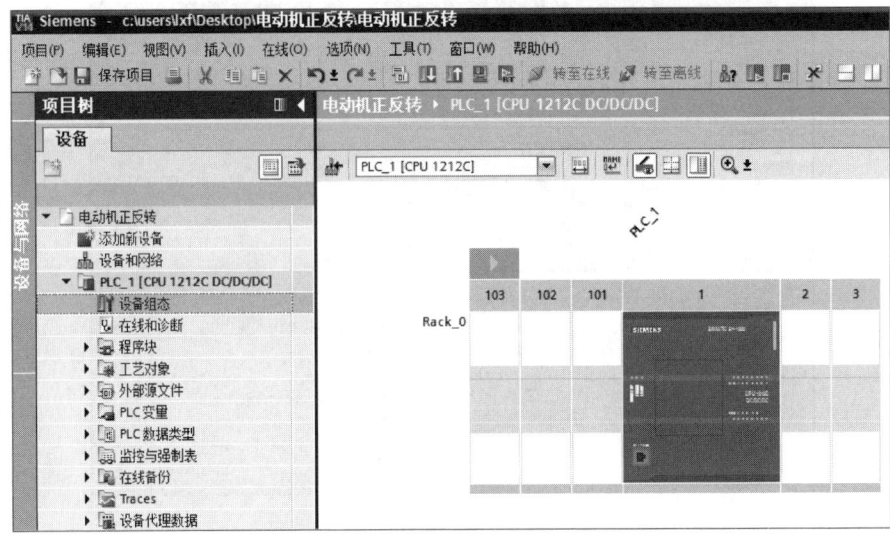

图 2－18　PLC_1 的设备视图

选中的模块拖曳到机架的插槽中,如图 2－20 所示。或者单击机架中需要放置模块的插槽,使它的四周出现深蓝色的边框,然后双击"硬件目录"任务卡中要放置的模块,该模块便出现在选中的插槽中。

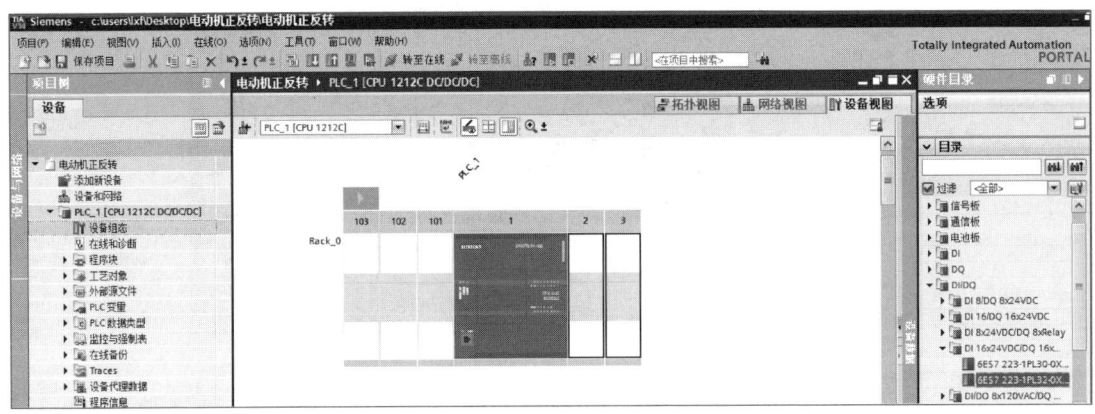

图 2－19　可以插入该模块的插槽四周出现深蓝色的边框

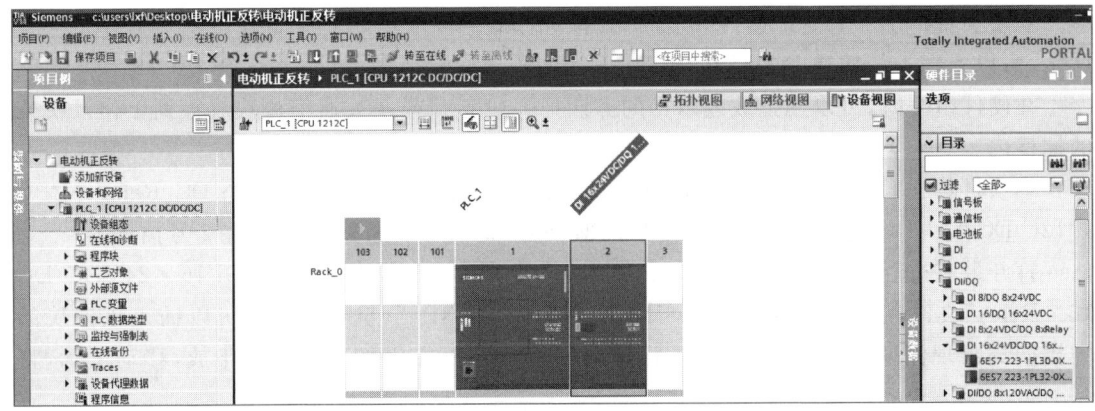

图 2－20　将选中的模块拖动到机架的插槽中

可以用拖动的方法或通过剪贴板在硬件设备视图或网络视图中移动硬件组件,但是不能移动 CPU,因为它必须放在 1 号插槽中。

用鼠标右键单击设备视图中需要更改型号的 CPU 或模块,执行快捷菜单中的"更改设备类型"命令,在弹出的对话框的"新设备"列表中选择用来替换的设备的订货号,单击"确定"按钮即可。

六、设置 CPU 与信号模块的参数

1. I/O 地址分配

双击项目树中"PLC_1"文件夹中的"设备组态"选项,打开 PLC_1 的设备视图。CPU、信号板和信号模块后的 I/O 地址是自动分配的。在概览区单击"设备视图"选项卡,可以看到 CPU 集成的 I/O 接口模块、信号模块的地址。选中信号模块,在"设备概览"选项卡中修改 I 地址的起始地址为 1,Q 地址的起始地址为 1,如图 2 - 21 所示。

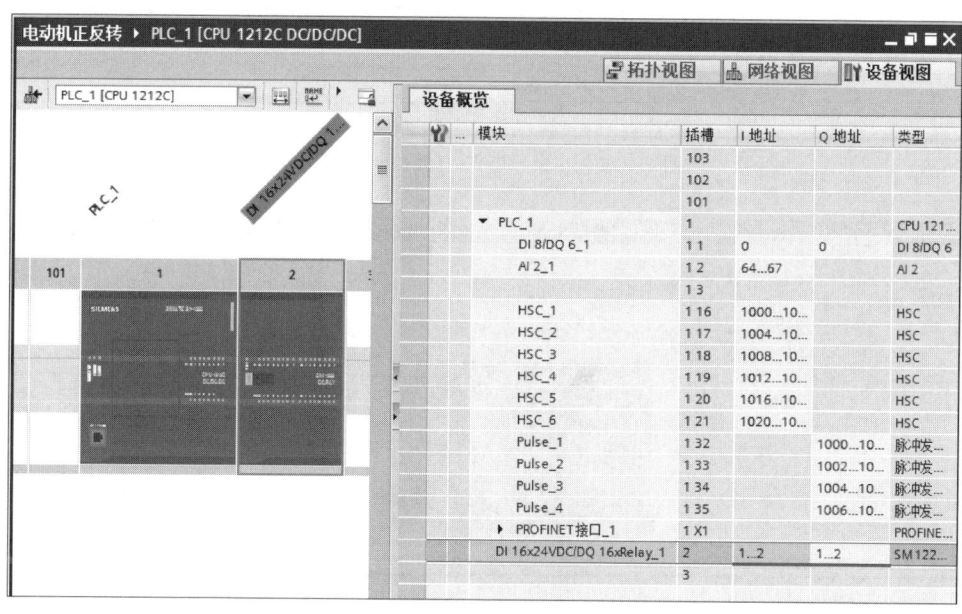

图 2 - 21 在概览区中修改 I/O 地址

也可以在巡视窗口中选择"属性"选项卡下的"常规"选项卡,选择"I/O 地址"选项,修改模块的起始地址为 1,如图 2 - 22 所示。

在巡视窗口的"属性"选项卡下的"IO 变量"选项卡中,可以查看具体的"I/O 地址",如图 2 - 23 所示。DI、DQ 的地址以字节为单位分配,如果没有用完分配给它的某个字节中所有的位,剩余的位也不能再作他用。例如,图 2 - 21 中,CPU 1212C 集成的 8 点数字量输入的字节地址为 0(I0.0~I0.7),6 点数字量输出的字节地址为 0(Q0.0~Q0.5),故 Q0.6 和 Q0.7 不能再作他用。

模拟量输入、模拟量输出的地址以组为单位分配,每一组有两个 I/O 点,每个通道占 1 个字节或 2 个字节。例如,图 2 - 21 中,CPU 1212C 集成的模拟量输入点的地址为 IW64 和 IW66。

2. 数字量输入点的参数设置

选中设备视图中的 CPU 或信号模块,然后选择巡视窗口中"属性"选项卡下的"常规"选项卡,选择左边的"数字量输入"选项,可以在下拉列表中分组设置输入点的滤波器时间常数

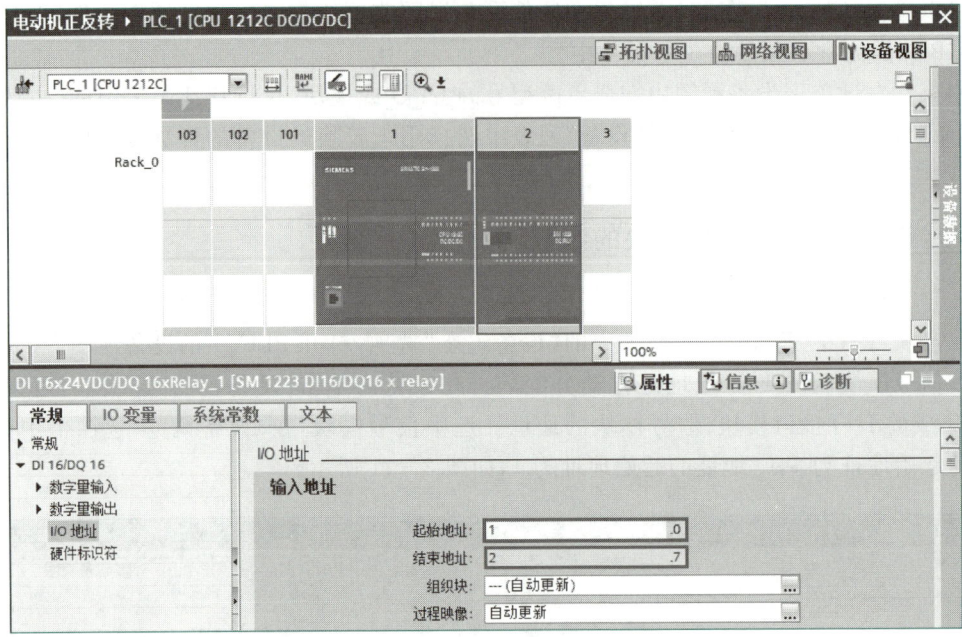

图 2 - 22　在巡视窗口中修改 I/O 地址

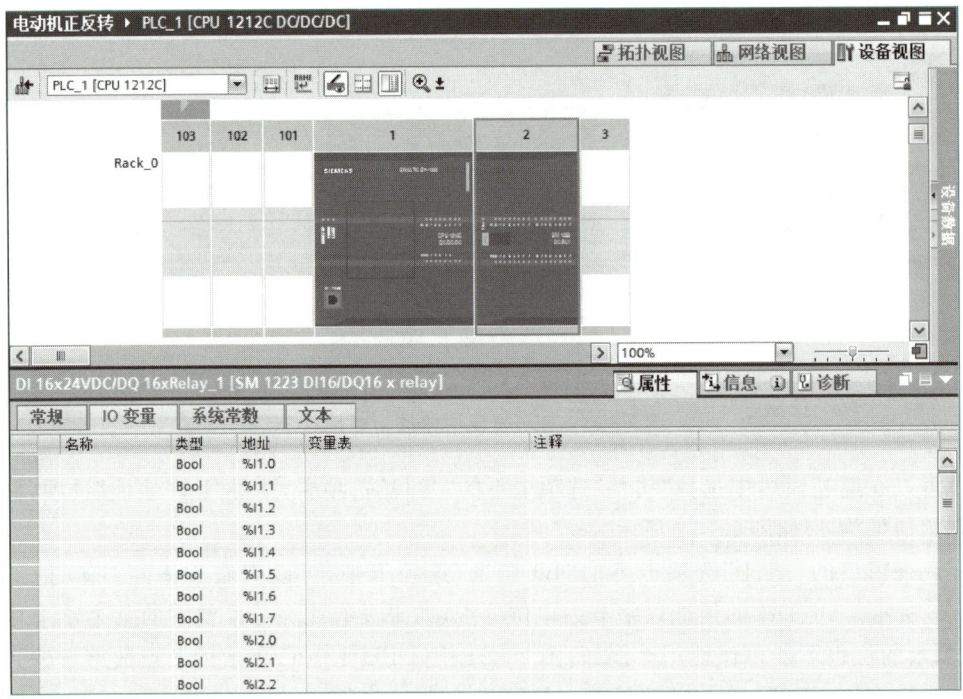

图 2 - 23　"IO 变量"选项卡

(0.2~12.8 ms),如图 2 - 24 所示。

3. 数字量输出点的参数设置

选中设备视图中的 CPU 或信号模块,然后选择巡视窗口中"属性"选项卡下的"常规"选项卡,选择左边的"数字量输出"选项,可以选择在 CPU 进入"STOP"模式时,数字量输出保持最后的值或使用替换值。当使用替换值时,可以设置各输出点的替换值,以保证系统进入安全的

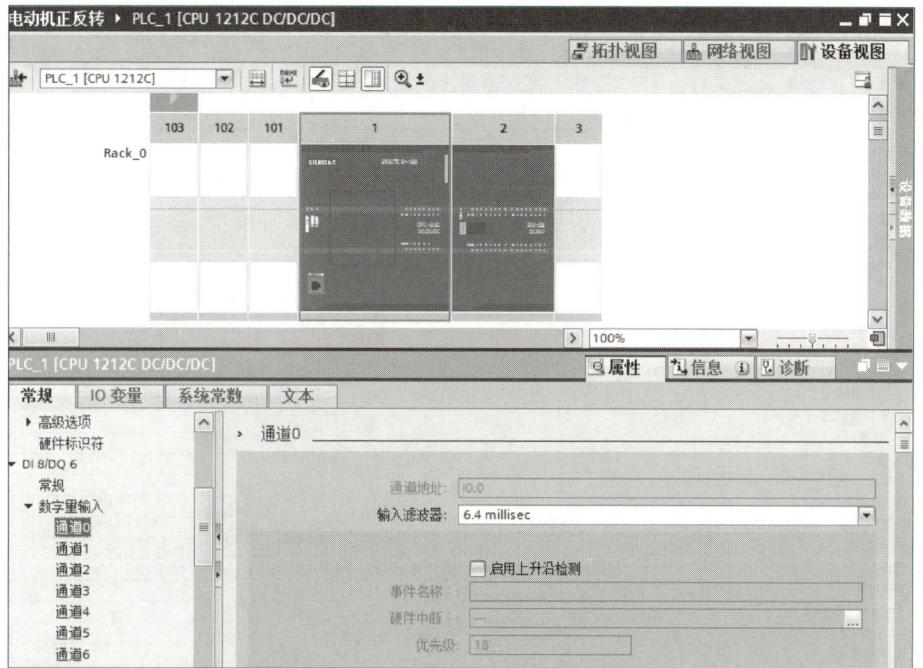

图 2 - 24　数字量输入点的参数设置

状态。勾选"从 RUN 模式切换到 STOP 模式时，替代值 1。"复选框，表示替代值为 **1**，反之为 **0**（默认的替换值），如图 2 - 25 所示。

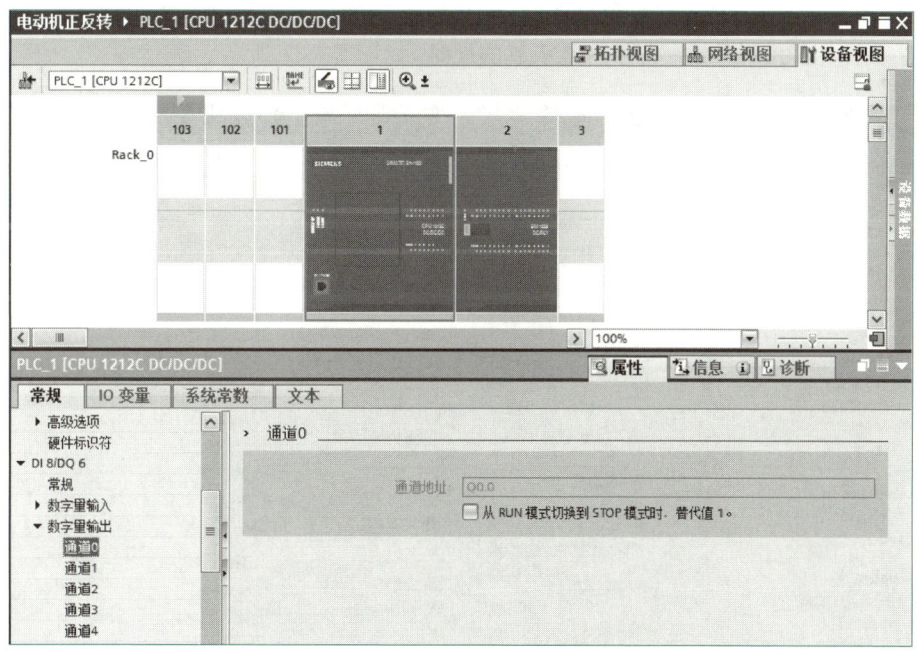

图 2 - 25　数字量输出点的参数设置

4. CPU 的以太网地址设置

选中设备视图中的 CPU，然后选择巡视窗口中"属性"选项卡下的"常规"选项卡，选择"PROFINET 接口"选项组中的"以太网地址"选项，设置 IP 地址和子网掩码，如图 2 - 26 所示。

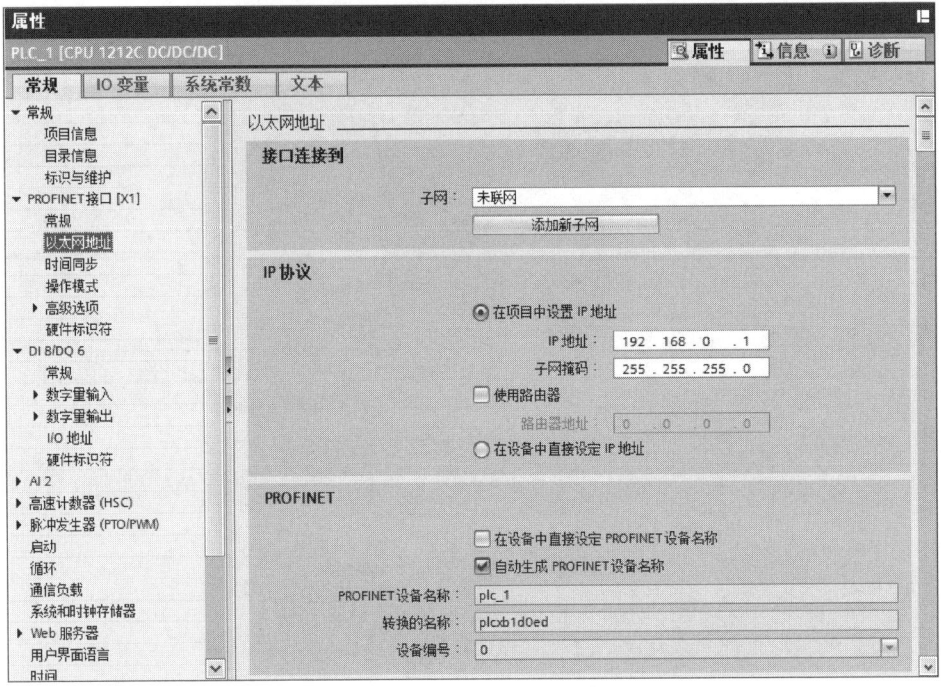

图 2 - 26　CPU 的以太网地址设置

5. CPU 的系统和时钟存储器字节设置

选中设备视图中的 CPU，然后选择巡视窗口中"属性"选项卡下的"常规"选项卡，选择"系统和时钟存储器"选项，勾选右边窗口的"启用系统存储器字节"复选框，采用默认的 MB1 作系统存储器字节，也可以修改系统存储器字节的地址，如图 2 - 27 所示。

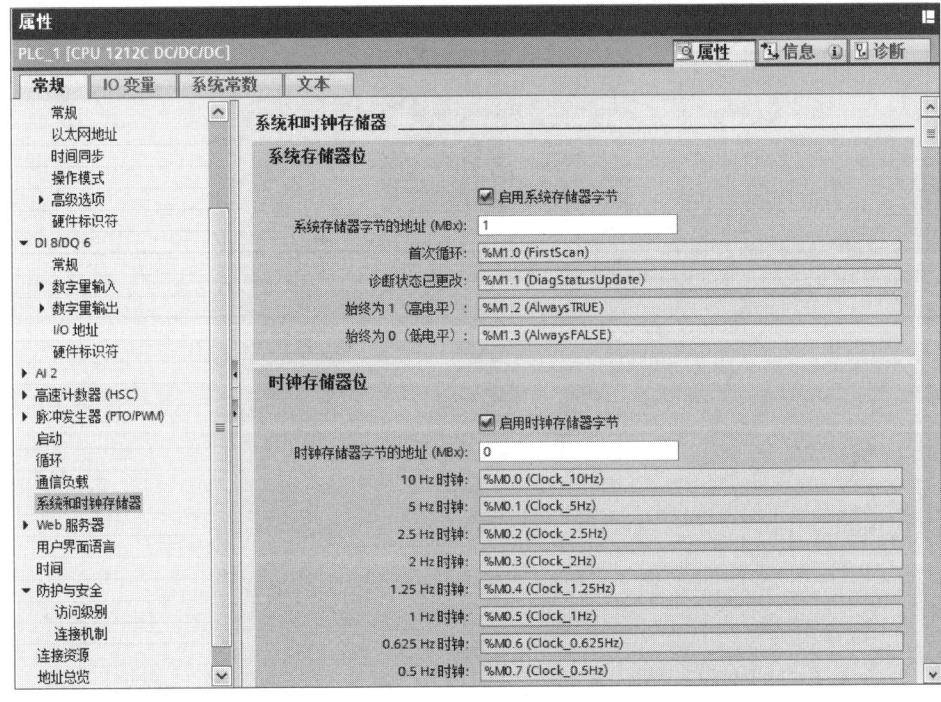

图 2 - 27　CPU 的系统和时钟存储器字节设置

将 MB1 设置为系统存储器字节后,该字节的 M1.0～M1.3 的含义如下。

M1.0(首次循环):仅在进入"RUN"模式的首次扫描时为 **1** 状态,以后为 **0** 状态。

M1.1(诊断图形已更改):诊断状态发生变化。

M1.2(始终为 **1**):总是为 **1** 状态,其动合触点总是闭合的。

M1.3(始终为 **0**):总是为 **0** 状态,其动断触点总是断开的。

勾选右边窗口的"启用时钟存储器字节"复选框,设置用默认的 MB0 作为时钟存储器字节,也可以修改时钟存储器字节的地址。

时钟脉冲是占空比为 0.5 的方波信号,时钟存储器字节每一位对应的时钟脉冲的周期和频率见表 2 - 3。

表 2 - 3　时钟存储器字节每一位对应的时钟脉冲的周期和频率

位	周期/s	频率/Hz	位	周期/s	频率/Hz
0	0.1	10	4	0.8	1.25
1	0.2	5	5	1	1
2	0.4	2.5	6	1.6	0.625
3	0.5	2	7	2	0.5

在指定了系统和时钟存储器字节后,这两个字节不能再用作其他用途。

6. PLC 上电后的启动方式设置

选中设备视图中的 CPU,然后选择巡视窗口中"属性"选项卡下的"常规"选项卡,选择左边窗口的"启动"选项,如图 2 - 28 所示。

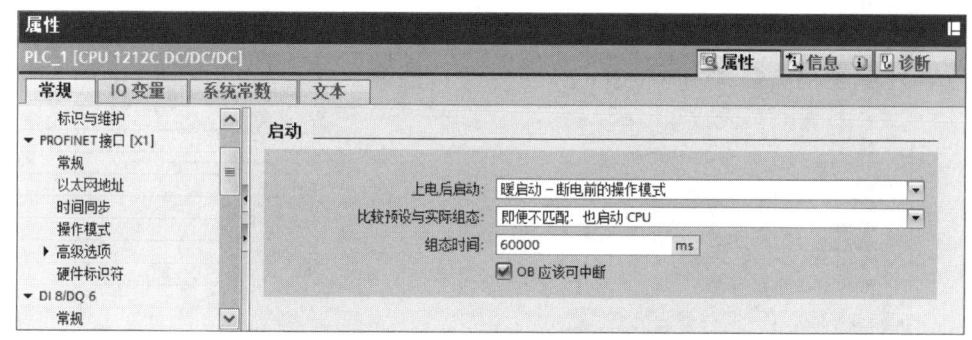

图 2 - 28　PLC 上电后的启动方式设置

上电后 CPU 的启动方式有 3 种,分别是:"不重新启动-保持在 STOP 模式""暖启动-进入 RUN 模式""暖启动-断电前的操作模式"。

暖启动是指将非断电保持存储器复位为默认的初始值,但是断电保持存储器中的值不变。

可以在"比较预设与实际组态"选项中设置当预设的组态与实际的硬件不匹配(不兼容)时,是否启动 CPU。

7. CPU 的时间设置

选中设备视图中的 CPU,然后选择巡视窗口中"属性"选项卡下的"常规"选项卡,选择巡视窗口左边的"时间"选项,如图 2 - 29 所示。将时区改为"(UTC +08:00)北京、重庆、中国香港特别行政区、乌鲁木齐"。我国目前没有使用夏令时，所以应取消勾选"激活夏令时"复选框。

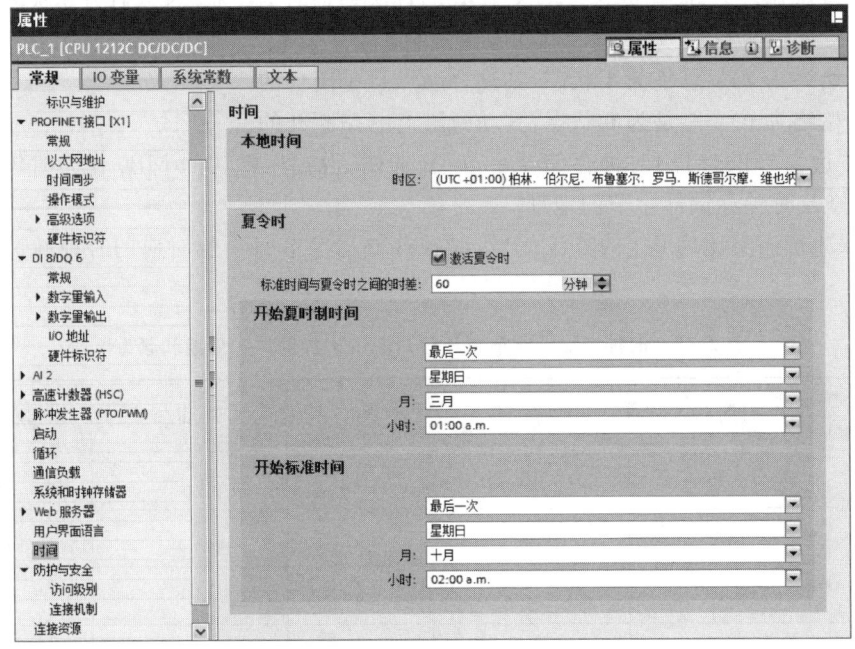

图 2 – 29　CPU 的时间设置

8. 读写保护和密码设置

选中设备视图中的 CPU 后，在巡视窗口"属性"选项卡下"常规"选项卡中，选择"防护与安全"选项，如图 2 – 30 所示，在右边窗口中可以选择 4 个访问级别。其中绿色的对勾表示在没有密码的情况下可以执行的操作，因此只有在输入密码之后，才允许用户使用该访问级别中没有被勾选的功能。

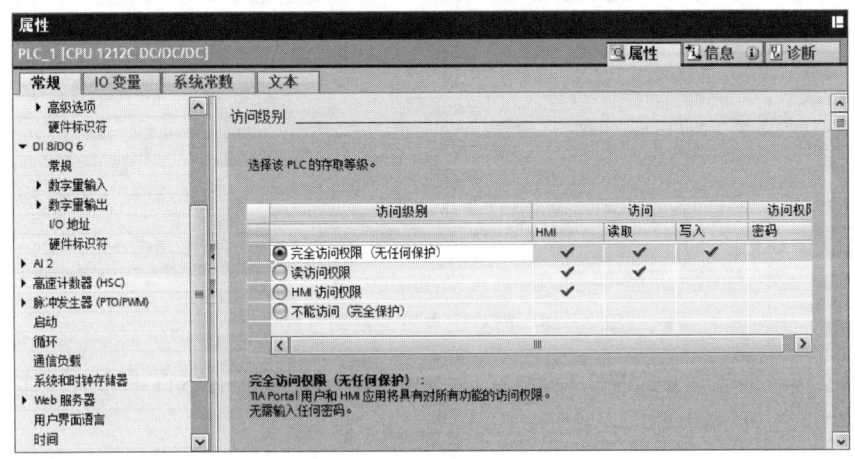

图 2 – 30　读写保护和密码设置

（1）完全访问权限（无任何保护）。这是默认的级别，允许所有用户进行读写访问。

（2）读访问权限。在不输入密码的情况下仅允许用户对硬件配置和块进行读访问，而不能下载硬件配置和块，不能写入测试功能和更新固件。

（3）HMI 访问权限。在不输入密码的情况下只能通过 HMI 读写 CPU 的变量，不能上传和下载硬件配置和块,不能写入测试功能、更改"RUN""STOP"操作状态或更新固件。

（4）不能访问（完全保护）。不能进行 HMI 访问,不能对硬件配置和块进行读写访问。禁用 PUT/GET 通信的服务器功能。

七、设置计算机的 IP 地址

单击计算机系统任务栏右侧的网络图标,然后单击"网络和 Internet 设置"选项,在打开的窗口中单击左侧"以太网"选项,再单击右侧"更改适配器选项",如图 2 - 31 所示。

图 2 - 31　单击"更改适配器选项"

右键单击想要修改 IP 地址的网络连接,选择"属性",双击"Internet 协议版本 4（TCP/IPv4）"选项,如图 2 - 32 所示。

修改 IP 地址和子网掩码,如图 2 - 33 所示,完成后单击"确定"按钮。默认网关和 DNS 不需要设置。

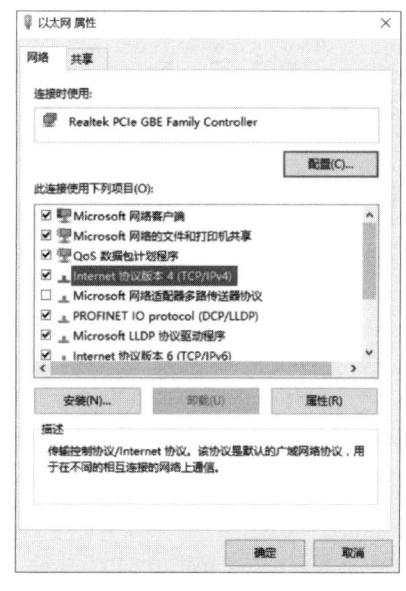

图 2 - 32　双击"Internet 协议版本 4
（TCP/IPv4）"选项

图 2 - 33　修改 IP 地址和子网掩码

微视频:S7 - 1200 系统硬件的组态过程

互动:项目二任务1随堂练习

八、练习与提高

1. 如何运用 TIA Portal V16 软件进行硬件组态？

2. 如何运用 TIA Portal V16 软件设置系统和时钟存储器字节？

任务2　S7 - 1200 PLC 的程序编制与调试

一、任务目标

1. 了解变量表的编辑方法。

2. 掌握程序的编制、编译、下载和调试过程。

3. 掌握程序的监控。

二、设置 PLC 变量表

PLC 编程需要建立变量表，可以在编程前建立变量表，也可以一边编程一边建立变量表。如果不建立变量表，系统将默认 Tag_来给变量命名。

打开项目树"PLC_1"文件夹下的"PLC 变量"文件夹，双击"默认变量表"选项后将出现变量表，单击"插入行"按钮 ![] 可以插入行，即在该变量上方出现一个空白行。单击"添加行"按钮 ![] 可以添加行，即在该变量下方出现一个空白行。根据 I/O 接口分配表(表 2 - 2)编辑变量表，如图 2 - 34 所示。

图 2 - 34　变量表

三、程序设计

打开项目树"PLC_1"文件夹下的"程序块"文件夹，双击"Main"选项，进入程序页面。将收藏夹中的动合触点 ⊣⊢、动断触点 ⫫ 或输出线圈 ⟨ ⟩ 等指令拖放到指定位置,或者在页面右侧的基本指令或扩展指令里选择具体的指令,编制程序。

本任务的控制要求是实现电动机正反转控制,按正转起动按钮 SB1,电动机正转;按反转起动按钮 SB2,电动机反转;按停止按钮 SB3,电动机停止。

电动机正反转的参考程序如图 2 - 35 所示。

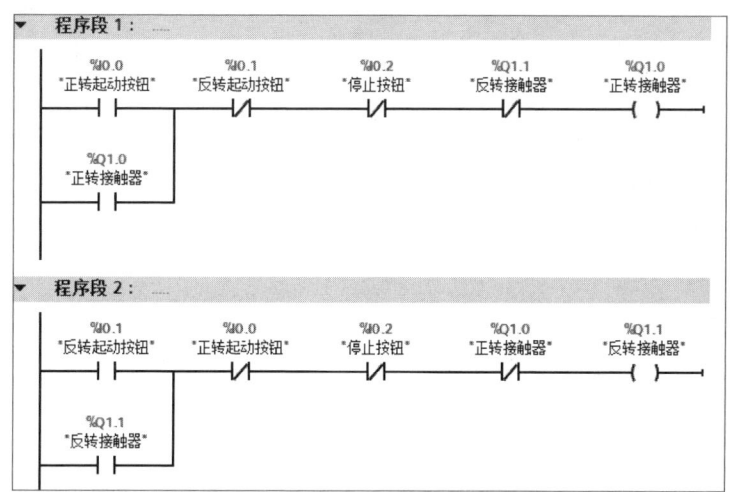

图 2 - 35　电动机正反转的参考程序

四、编译

选中"PLC_1"文件夹,单击"编译"按钮 ,对硬件组态和软件进行编译,编译完成后,在巡视窗口"信息"选项卡下的"编译"选项卡中可以看到编译的结果,如图 2 - 36 所示。如果编译结果是"错误:0;警告:0",就可以把程序下载到 PLC;如果有错误,则需修改错误,再次编译,直到没有错误。

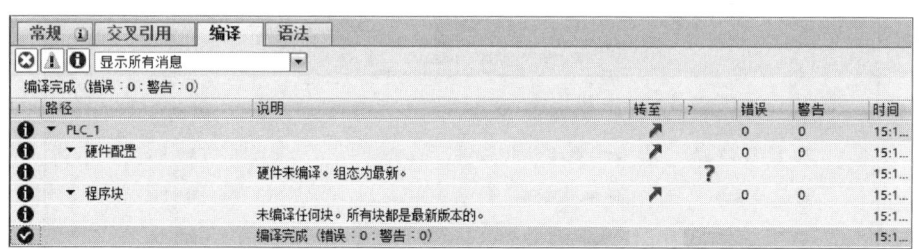

图 2 - 36　编译的结果

五、下载

选中"PLC_1"文件夹,单击"下载"按钮 ,把硬件组态和程序下载到 PLC。

单击"下载"按钮后,弹出如图 2 - 37 所示的"扩展的下载到设备"对话框,选择"PG/PC 接口的类型"为"PN/IE",选择"PG/PC 接口"为计算机的网卡,在"选择目标设备"下拉列表中选择"显示所有兼容的设备"选项,单击"开始搜索(S)"按钮,搜索到 PLC 后,选中 PLC 并单击"下载(L)"按钮。

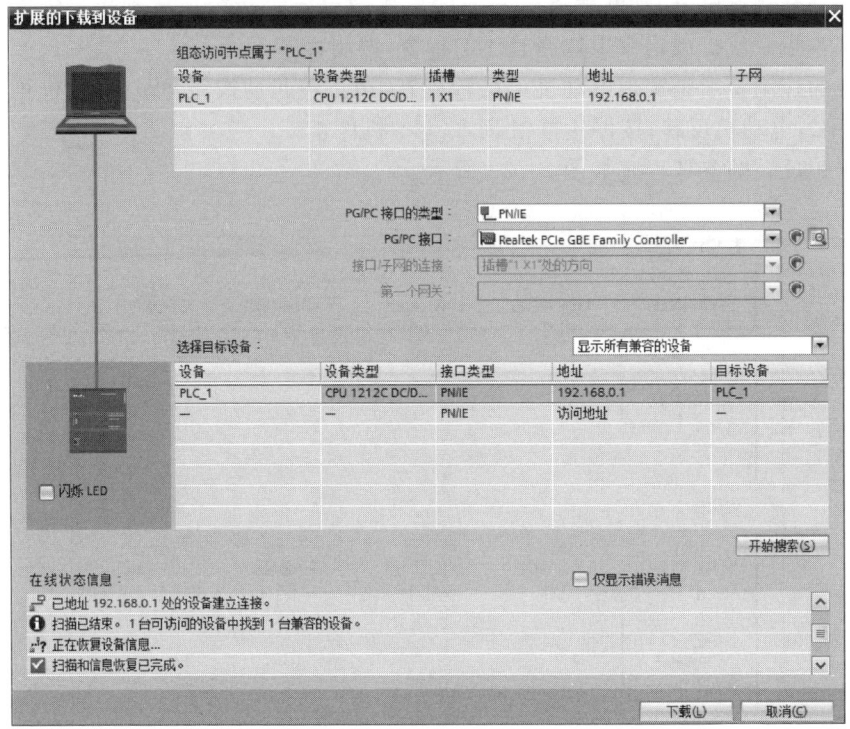

图 2－37 "扩展的下载到设备"对话框

弹出如图 2－38 所示的"下载预览"对话框,如果"目标"栏前面有红色叉号,则"装载"按钮为灰色,不能下载。只有当"目标"栏前面都是绿色对勾,"装载"按钮为黑色时才可以下载。

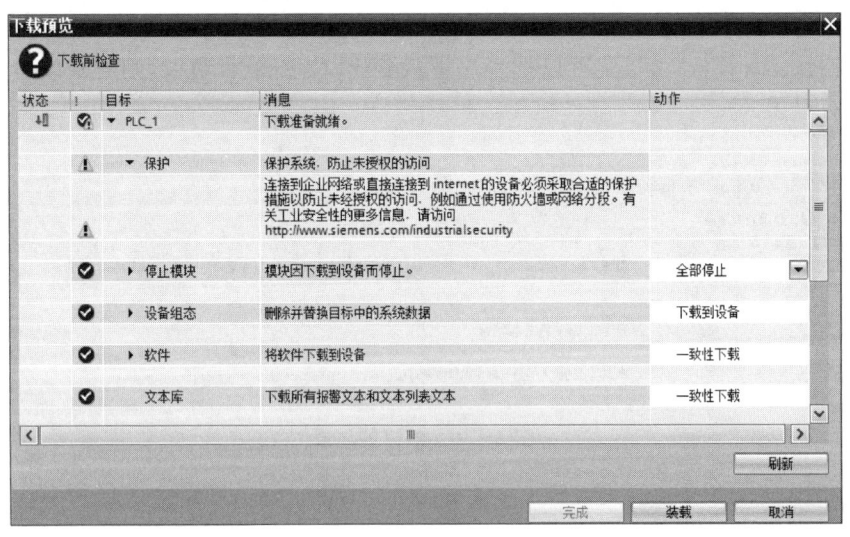

图 2－38 "下载预览"对话框

下载完成,弹出如图 2－39 所示的"下载结果"对话框,勾选"全部启动"复选框,单击"完成"按钮。

在巡视窗口"信息"选项卡下的"常规"选项卡中可以看到下载已经完成,下载完成的相关信息如图 2－40 所示。

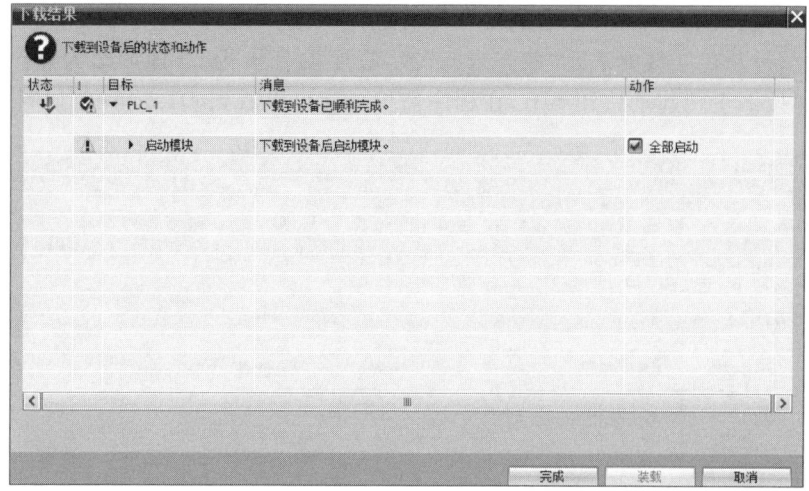

图 2 - 39　"下载结果"对话框

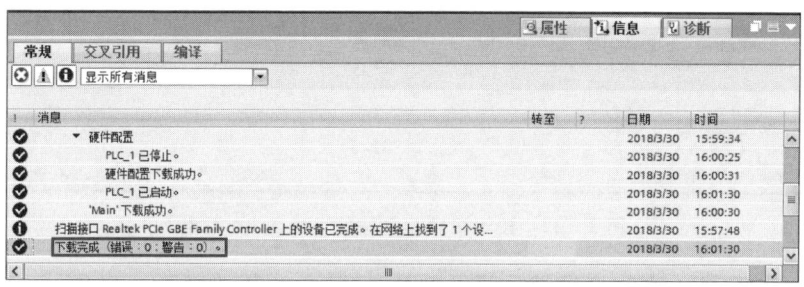

图 2 - 40　下载完成的相关信息

六、在线监控

单击工作区工具栏中"启用/禁用监视"按钮,如图 2 - 41 所示,可以选择是否启用在线监控功能。

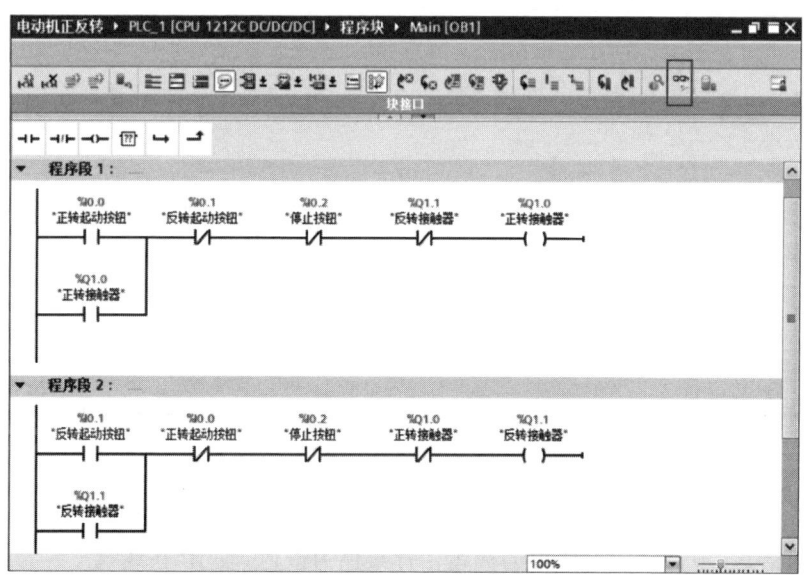

图 2 - 41　"启用/禁用监视"按钮

梯形图呈绿色实线时表示"状态满足",即有能流流过;呈蓝色虚线时表示"状态不满足",没有能流流过;呈灰色实线时表示"状态未知"或"程序没有执行"。梯形图为黑色则表示没有被在线监控。按下正转起动按钮 SB1,在程序监控页面可以看到 Q1.0 得电,如图 2 - 42 所示。

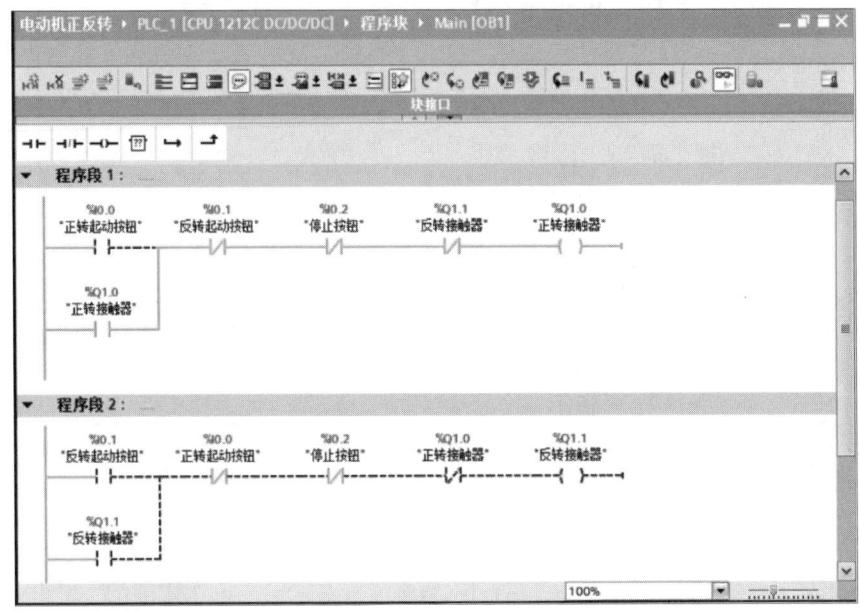

图 2 - 42　按下正转起动按钮 SB1,Q1.0 得电

按下停止按钮 SB3,在程序监控页面可以看到 Q1.0 失电,如图 2 - 43 所示。

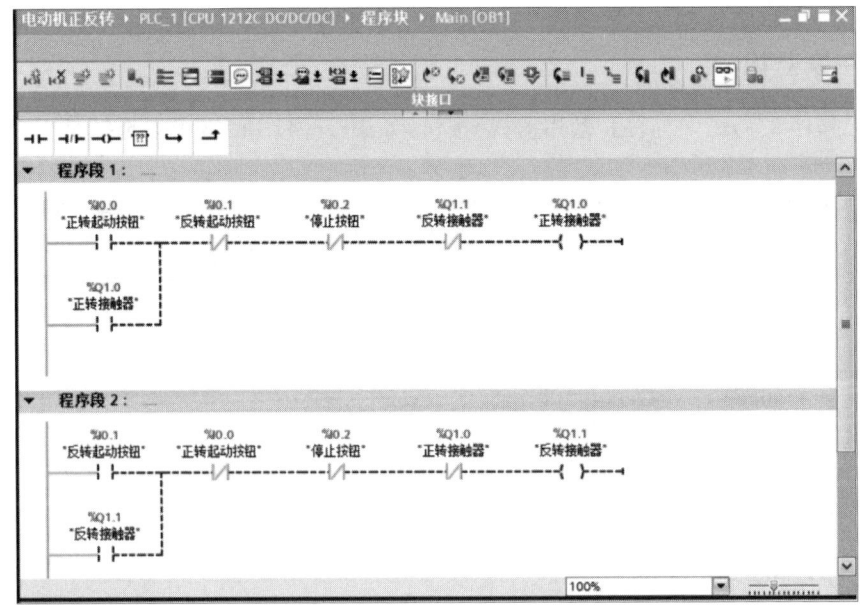

图 2 - 43　按下停止按钮 SB3,Q1.0 失电

按下反转起动按钮 SB2,在程序监控页面可以看到 Q1.1 得电,如图 2 - 44 所示。

程序被激活后,项目树或工作区的标题栏背景色为橙色,表示"在线"。

单击工具栏中"转至离线"按钮,如图 2 - 45 所示,停止在线监控。

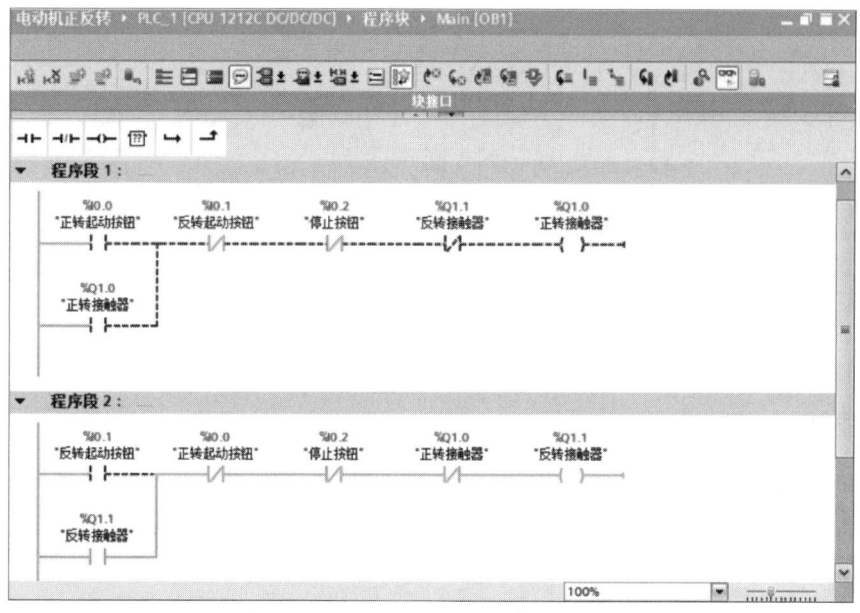

图 2 - 44 按下反转起动按钮 SB2,Q1.1 得电

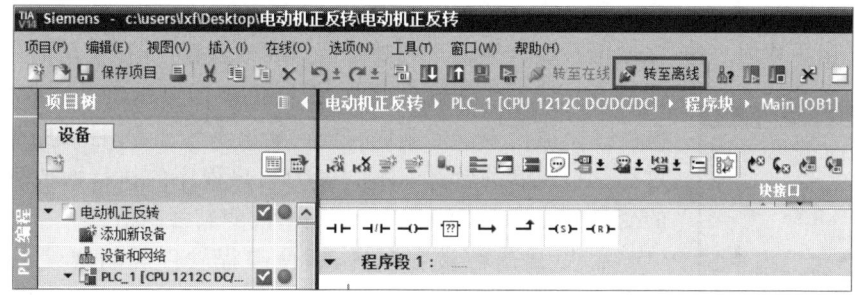

图 2 - 45 "转至离线"按钮

七、监控表监视变量

除了在线监控程序,还可以用监控表监视变量。

选择项目树中"监控与强制表"文件夹下"添加新监控表"选项,添加新监控表,如图 2 - 46 所示。

添加要监控的变量。单击工作区工具栏中"全部监视"按钮 ![icon],启动软件的在线监控,并监视变量。位变量为"TRUE"(1 状态)时,"监视值"列的方形指示灯为绿色,为"FALSE"(0 状态)时,"监视值"列的方形指示灯为灰色,如图 2 - 47 所示。

再次单击"全部监视"按钮,停止在线监控。

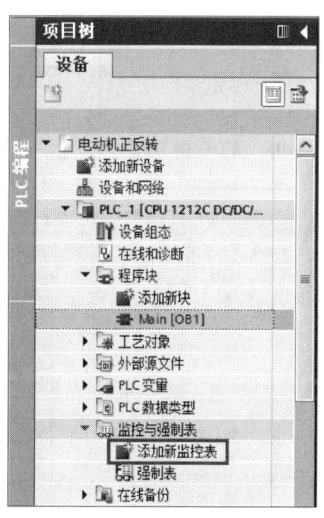

图 2 - 46 添加新监控表

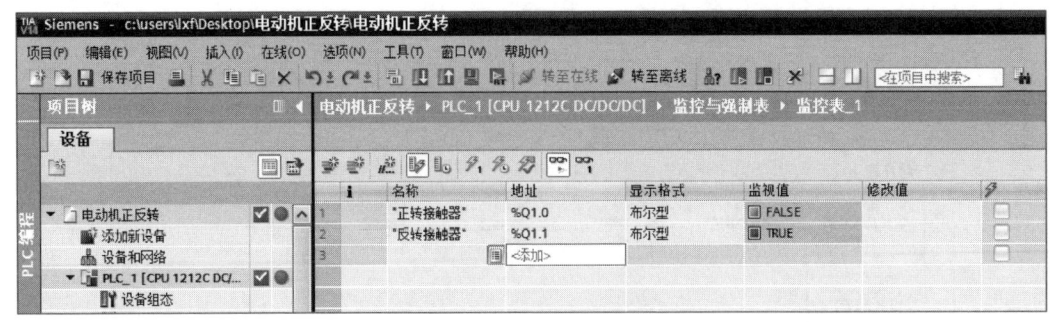

图 2－47　监视变量

八、强制

用强制表给用户程序中的单个变量指定固定的值,这一功能被称为"强制"。强制功能的设置应在与 CPU 建立了在线连接后进行。使用强制功能时,不正确的操作可能会造成设备或整个工厂的损失,甚至危及人员的健康乃至生命。

S7－1200 PLC 只能强制外设输入和外设输出,例如:强制 I0.0:P 和 Q0.0:P 等。强制功能不适用于组态时指定给 HSC(高速计数器)、PWM(脉冲宽度调制输出)和 PTO(脉冲串输出)的 I/O 接点。

在执行用户程序之前,强制值被装入输入过程映像区。在处理程序时,使用的是输入点的

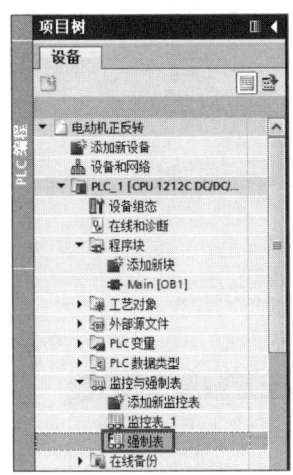

图 2－48　打开强制表

强制值。在写外设输出点时,强制值被送至输出过程映像区,输出值被强制值覆盖。强制值在外设输出点出现,并且被用于整个控制过程。被强制的变量值不会因为用户程序的执行而改变。被强制的变量只能读取,不能用写访问来改变其强制值。

输入、输出点被强制后,即使编程软件关闭或编程计算机与 CPU 的在线连接断开,甚至 CPU 断电,强制值都将被保持在 CPU 中,直到在线用用强制表停止强制功能。用存储卡将带有强制功能的程序装载到其他 CPU 时,在新 CPU 中将继续执行程序中的强制功能。

选择项目树中"监控与强制表"文件夹下"强制表"选项,打开强制表,如图 2－48 所示。

在强制表中添加需要强制的变量,如图 2－49 所示。单击工作区工具栏中"全部监视"按钮 ,启动软件的监视功能。

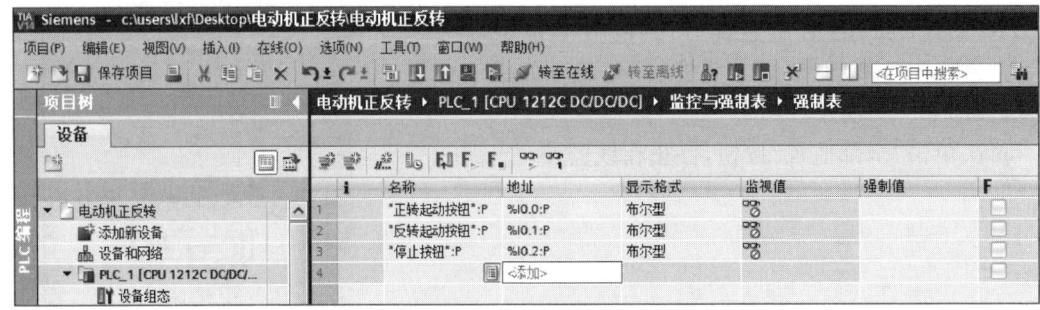

图 2－49　强制表

在需要强制的变量处右击,在弹出的菜单中选择"强制"→"强制为 1"选项,如图 2 - 50 所示。

图 2 - 50 强制变量

弹出如图 2 - 51 所示的"强制为 1"对话框,单击"是",开始强制。

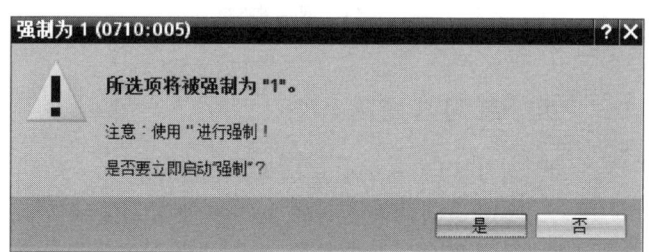

图 2 - 51 "强制为 1"对话框

也可以在"强制值"栏中输入强制值,然后勾选"F"栏下面的复选框,如图 2 - 52 所示。

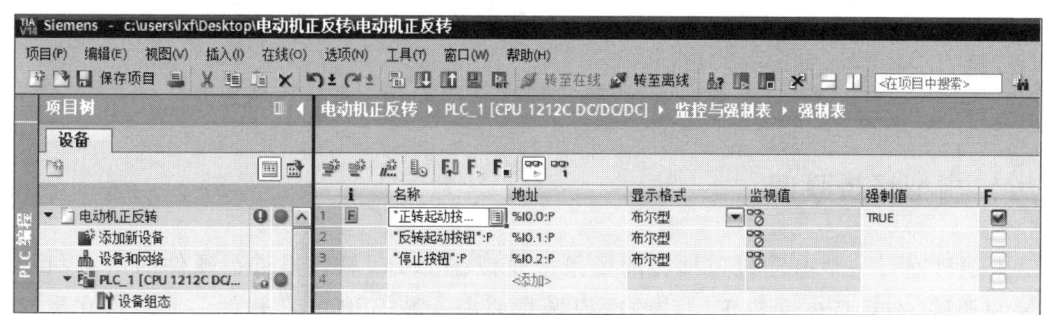

图 2 - 52 修改强制值

单击工作区工具栏中"启动或替换所选变量的强制"按钮 **F** ,开始强制,如图 2 - 53 所示。

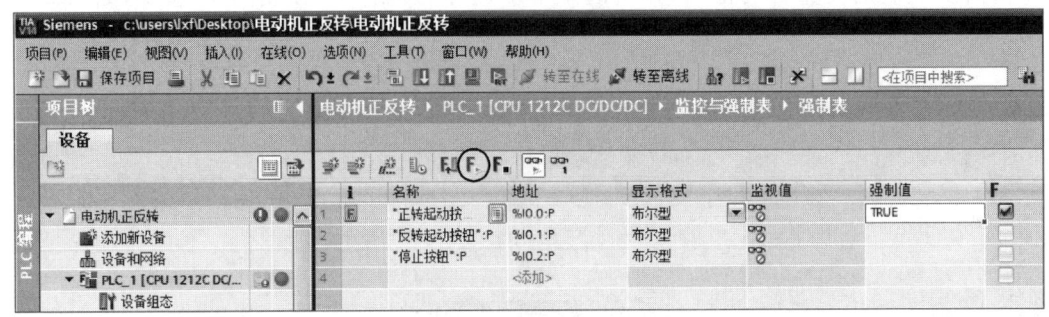

图 2 - 53　开始强制

单击工作区工具栏中的"停止所选地址的强制"按钮 **F.**，取消强制，如图 2 - 54 所示。

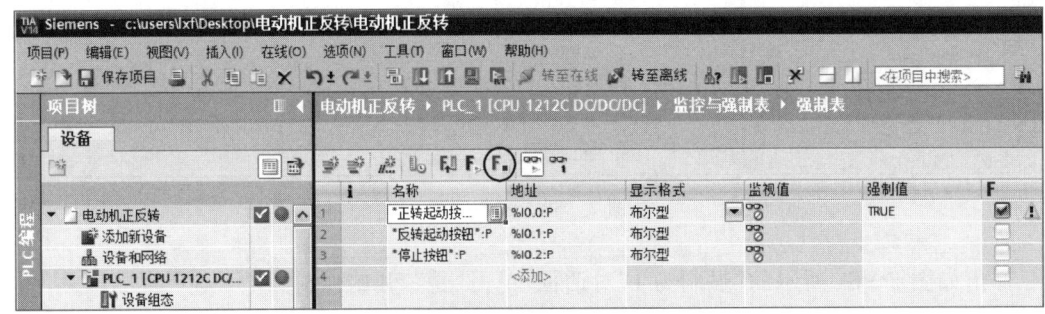

图 2 - 54　取消强制

微视频：程
序编制与调
试

互动：项目　互动：项目
二任务 2 随　二单元测验
堂练习

九、练习与提高

1. 练习 TIA Portal V16 软件的使用。

2. 使用强制功能有什么危害？使用完强制功能后要注意什么问题？

3. 设计程序，要求如下：起动时，电动机 M1 先起动，当电动机 M1 起动后，才能起动电动机 M2；停止时，电动机 M1、电动机 M2 同时停止。

4. 有三台电动机，希望能够同时起动、同时停止。设 Q0.0、Q0.1、Q0.2 分别驱动三台电动机的接触器，I0.0 接起动按钮，I0.1 接停止按钮，试编写程序。

5. 查阅资料，简述西门子 PLC 的工业应用场景。

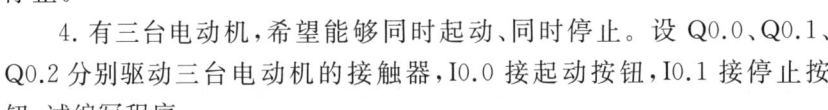

虚拟场景联调

本项目通过一个电动机正反转的场景来模拟在 Portal 软件里进行硬件的组态和程序的编写调试，在运行电动机正反转的虚拟场景前需安装 SFB 仿真软件。此软件在授权方通过网络授权审核后有 2 个月的免费学习使用期，在运行 PLCSIM 前，需以管理员身份先运行 Nettoplcsim 软件，端口为 102，地址为 127.0.0.1，电动机正反转虚拟场景如图 2 - 55 所示。

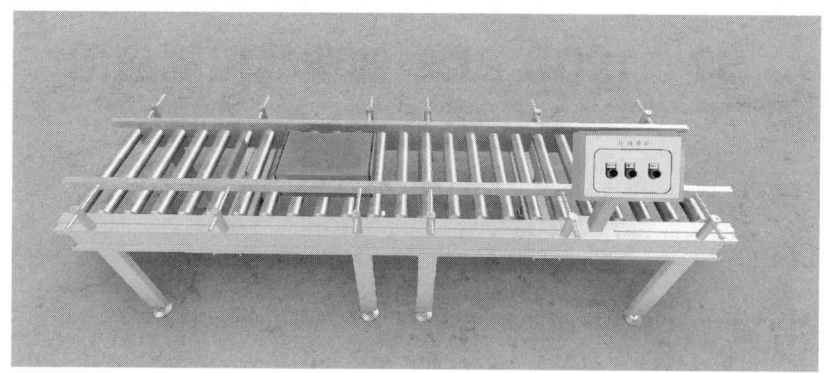

图 2 – 55　电动机正反转虚拟场景

软件: SFB仿真软件下载

软件:Nettoplcsim软件下载

微视频:S7 – 1200 的PLCSIM 与SFB 软件连接演示 (以电动机正反转为例)

虚拟场景:电动机正反转系统下载

例程: 电动机正反转系统下载

项目描述

　　本项目通过设计流水灯系统、抢答器系统、交通灯系统、全自动洗衣机控制系统,练习 S7-1200 PLC 基本指令及其编程方法。

任务准备

知识点 1　数据类型与数据存储

一、数据类型

文本:安全
联锁——守
护生命的最
后一道防线

　　数据类型用来描述数据的长度和属性。很多指令和代码块的参数支持多种数据类型。将光标放在某条指令未输入地址或常数的参数域上停留一会儿,就会出现的黄色背景的小方框,其中就可以看到该参数支持的数据类型。

　　不同的任务使用不同长度的数据对象,例如位指令使用位数据,传送指令使用字节、字和双字。字节、字和双字分别由 8 位、16 位和 32 位二进制数组成。

　　基本数据类型见表 3-1。

表 3-1　基本数据类型

数据类型	符号	位数	取 值 范 围	取 值 举 例
位	Bit	1	**1,0**	TRUE、FALSE 或 **1,0**
字节	Byte	8	16#00～16#FF	16#2、16#AB
字	Word	16	16#0000～16#FFFF	16#ABCD、16#0001
双字	DWord	32	16#00000000～16#FFFFFFFF	16#02468ACE
字符	Char	8	16#00～16#FF	'A'、't'
有符号短整数	SInt	8	−128～127	123、−123
整数	Int	16	−32768～32767	123、−123

数据类型	符号	位数	取 值 范 围	取 值 举 例
双整数	DInt	32	$-2147483648 \sim 2147483647$	123、-123
无符号短整数	USInt	8	$0 \sim 255$	123
无符号整数	UInt	16	$0 \sim 65535$	123
无符号双整数	UDInt	32	$0 \sim 4294967295$	123
浮点数（实数）	Real	32	$\pm 1.175495 \times 10^{-38} \sim \pm 3.402 \times 10^{38}$	12.45、-3.4、$-3.1E+12$（表示 -3.1×10^{12}）
双精度浮点数	LReal	64	$\pm 2.2250738585072020 \times 10^{-308} \sim \pm 1.7976931348623157 \times 10^{308}$	12356.56743、$-1.2E+40$（表示 -1.2×10^{40}）
时间	Time	32	T#$-24d20h31m23s648ms \sim$ T#$+24d20h31m23s648ms$	T#1d_2h_15m_30s_60ms（表示 1 天 2 时 15 分 30 秒 60 毫秒）

1. 位

位数据的数据类型为布尔（Bool）型，在 TIA Portal 软件中，布尔型变量的值 1 和 0 用英语单词 TRUE（真）和 FALSE（假）来表示。

位存储单元的地址由字节地址和位地址组成，例如 I3.2 中的区域标识符"I"表示输入（Input），字节地址为 3，位地址为 2，如图 3－1 所示。这种存取方式称为"字节—位"寻址方式。

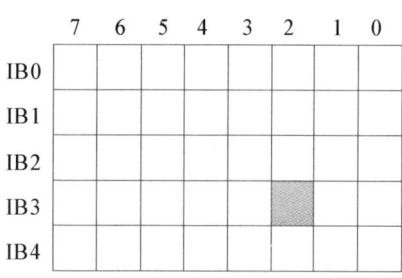

图 3－1　字节与位

2. 字节

8 位二进制数组成 1 个字节（Byte），如图 3－1 和图 3－2a 所示。图 3－1 中 I3.0～I3.7 组成了输入字节 IB3，其中 B 是 Byte 的缩写。数据类型字节是十六进制数，字符为单个 ASCII 字符，有符号短整数为有符号字节，无符号短整数为无符号字节。

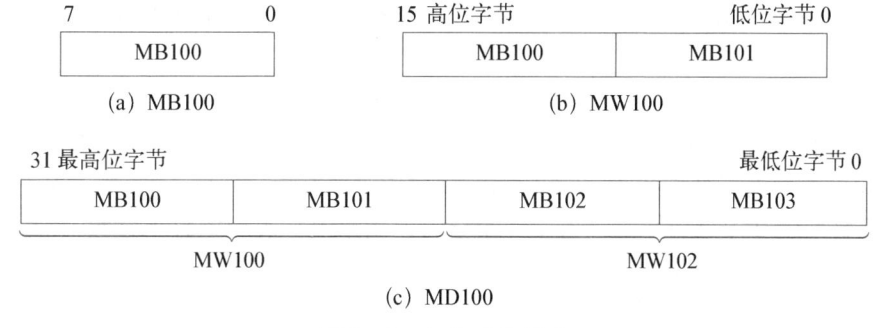

图 3－2　字节、字和双字

3. 字

相邻的 2 个字节组成一个字，例如字 MW100 由字节 MB100 和 MB101 组成，如图 3－2b 所示。MW100 中的 M 为区域标识符，W 表示字。对于字的编号和字节的高低，需要注意以下两个特点。

（1）用组成字的编号最小的字节 MB100 的编号作为字 MW100 的编号。

（2）组成字 MW100 的编号最小的字节 MB100 为 MW100 的高位字节，编号最大的字节 MB101 为 MW100 的低位字节。

双字也有类似特点。

数据类型字采用十六进制，整数为有符号的字，无符号整数为无符号的字。

4. 双字

2 个字（或 4 个字节）组成一个双字，如图 3－2c 所示，双字 MD100 由字节 MB100～MB103 或字 MW100、MW102 组成，D 表示双字，100 为组成双字 MD100 的起始字节 MB100 的编号。 MB100 是 MD100 中的最高有效字节。

数据类型双字采用十六进制，双整数为有符号双字，无符号双整数为无符号双字。

整数和双整数的最高位为符号位，最高位为 **0** 时为正数，为 **1** 时为负数。整数用补码来表示，正数的补码就是它的本身，而将一个二进制正整数的各位取反后加 **1**，可得到绝对值与它相同的负数的补码。

5. 浮点数

32 位的浮点数又称为实数（Real），其结构如图 3－3 所示。最高位（第 31 位）为浮点数的符号位，正数时为 **0**，负数时为 **1**。第 23～30 位是以 2 为底的 8 位指数，该指数按常数增加（基值＋127）。第 0～22 位是尾数的小数部分。

图 3－3　浮点数的结构

浮点数的优点是可以用很小的存储空间（4 个字节）表示非常大和非常小的数。PLC 输入和输出的数值大多是整数，例如模拟量输入值和模拟量输出值，而用浮点数来处理这些数据需要进行整数和浮点数之间的相互转换，浮点数的运算速度比整数的运算速度慢一些。

在编程软件中，用十进制小数来输入或显示浮点数，例如 50 是整数，而 50.0 为浮点数。

双精度浮点数为 64 位，它只能在设置符号寻址的组织块中使用。双精度浮点数的最高位 （第 63 位）为浮点数的符号位，第 52～62 位为 11 位指数，第 0～51 位为尾数的小数部分。

6. 其他数据类型简介

（1）数组（Array）由相同数据类型的元素组合而成。

（2）字符串（String）是由字符组成的一维数组，每个字节存放 1 个字符。字符串的第 1 个字节是字符串的最大字符长度，第 2 个字节是字符串当前有效字符的个数，字符从字符串的第 3 个字节开始存放，1 个字符串最多有 254 个字符。用单引号表示字符串常数，例如'MC'是由 2 个字符构成的字符串常数。

（3）DTL 用来表示日期时间值，它由 12 个字节组成。

（4）结构（Struct）可以由不同数据类型的元素组成。

二、系统存储区

系统存储区见表 3－2。

表 3－2　系统存储区

存 储 区	描　　　述
过程映像输入区(I)	在扫描循环开始时,从物理输入复制的输入值
物理输入区(I_:P)	通过该区域立即读取物理输入
过程映像输出区(Q)	在扫描循环开始时,将输出值写入物理输出
物理输出区(Q_:P)	通过该区域立即写入物理输出
位存储器(M)	用于存储用户程序的中间运算结果或标志位
临时局部存储器(L)	块的临时局部数据,只能供块内部使用
数据块(DB)	数据存储器与函数块的参数存储器

1. 过程映像输入/输出区

过程映像输入区在用户程序中的标识符为 I,它是 PLC 接收外部输入的数字量信号的窗口。输入端可以外接动合触点或动断触点,也可以接由多个触点组成的串并联电路。在每次扫描循环开始时,CPU 读取连接数字量输入模块的外部输入电路的状态,并将它们存入过程映像输入区。

过程映像输出区在用户程序中的标识符为 Q,每次循环周期开始时,CPU 将过程映像区输出的数据传送给输出模块,再由后者驱动外部负载。

用户访问 PLC 的输入和输出地址区时,不是直接读、写数字量模块中信号的状态,而是访问 CPU 的过程映像区。在扫描循环中,用户程序计算输出值,并将它们存入过程映像输出区。在下一次扫描循环开始时,将过程映像输出区的内容写到数字量输出模块。

对存储器而言,"读写""访问""存取"这 3 个词的意思基本相同。

过程映像输入区与过程映像输出区均可以按位、字节、字和双字来访问,例如 I0.0、IB0、IW0 和 ID0。

2. 物理输入区

在 I/O 接点的地址或符号地址的后边附加":P",可以立即访问物理输入区或物理输出区。通过在输入接口的地址后面附加":P",例如 I1.2:P,可立即读取 CPU、信号板和信号模块的数字量输入和模拟量输入。访问时使用"I_:P"取代"I"的区别在于前者的数字直接来自被访问的输入接口,而不是来自过程映像输入区。因为数据在信号源被立即读取,而不是从最后一次被刷新的过程映像输入区中复制的,这种访问方式被称为"立即读"访问。

由于物理输入接口从直接连接在该接口的现场设备接收数据值,因此写物理输入接口是被禁止的,即 I_:P 访问是只读的。

I_:P 访问还受到硬件支持的输入长度的限制。以被组态为从 I4.0 开始的 2 DI/2 DQ 信号板的输入接口为例,可以访问 I4.0:P、I4.1:P 或 IB4:P,但不能访问 I4.2:P～I4.7:P,因为没使用这些输入接口;也不能访问 IW4:P 和 ID4:P,因为它们超过了信号板使用的字节范围。

用 I_:P 访问物理输入区不会影响存储在过程映像输入区中的对应值。

3. 物理输出区

在输出接口的地址后面附加":P",例如 Q0.3:P,可以立即写入 CPU、信号板和信号模块的数字量和模拟量输出。访问时使用"Q_:P"取代"Q"的区别在于前者的数字直接写给被访问的物理输出接口,同时写给过程映像输出区。这种访问方式称为"立即写",因为数据立即写入目标接口,不用等到下一次刷新时将过程映像输出区中的数据传送给目标接口。

由于物理输出接口直接控制与该接口连接的现场设备,因此读物理输出接口是被禁止的,即 Q_:P 访问是只写的。与此相反,Q 区的数据是可以读写的。

Q_:P 访问还受到硬件支持的输出长度的限制。以被组态为从 Q4.0 开始的 2 DI/2 DQ 信号板的输出接口为例,可以访问 Q4.0:P、Q4.1:P 或 QB4:P,但是不能访问 Q4.2:P~Q4.7:P,因为没有使用这些输出接口;也不能访问 QW4:P 和 QD4:P,因为它们超过了信号板使用的字节范围。

用 Q_:P 访问物理输出会同时影响物理输出区和存储在过程映像输出区中的对应值。

4. 位存储器

位存储器(M 存储器)用来存储运算的中间操作状态或其他控制信息。可以用位、字节、字或双字读/写位存储器。

5. 数据块

数据块(data block,DB)用来存储代码块使用的各种类型的数据,包括中间操作状态、其他控制信息以及某些指令(例如定时器、计数器指令)需要的数据结构。数据块可以设置写保护功能。

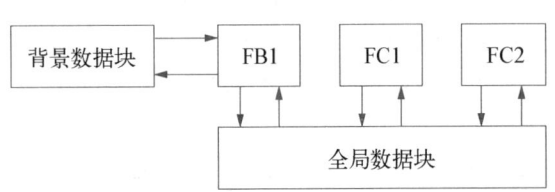

图 3-4 全局数据块与背景数据块

数据块被关闭或有关的代码块的执行开始或结束后,数据块中存放的数据不会丢失。数据块的类型有全局数据块与背景数据块两种,如图 3-4 所示。

(1) 全局数据块。存储的数据可以被所有的代码块访问。

(2) 背景数据块。存储的数据供指定的函数块(fuction block,FB)使用,其结构取决于函数块界面区的参数。

6. 临时存储器

临时存储器用于存储在处理代码块时使用的临时数据。

PLC 为 3 个组织块的优先级组分别提供临时存储器:

(1) 启动和程序循环(包括有关的函数块和函数),共 16 KB。

(2) 标准的中断事件(包括有关的函数块和函数),共 4 KB。

(3) 时间错误中断事件(包括有关的函数块和函数),共 4 KB。

临时存储器类似于位存储器,两者的主要区别在于位存储器是全局的,而临时存储器是局部的。所有的组织块、函数和函数块都可以访问位存储器中的数据,即这些数据可以供用户程序中所有的代码块全局性地使用。在组织块、函数和函数块的界面区生成临时变量,它们具有局部性,只能在生成它们的代码块内使用,不能与其他代码块共享。即使组织块调用函数,函数也不能访问调用它的组织块的临时存储器。

CPU 按照"按需访问"的策略分配临时存储器。CPU 在代码块被启动(对于组织块)或被调用(对于函数或函数块)时,将临时存储器分配给代码块。

代码块执行结束后,CPU 将它使用的临时存储器区重新分配给其他要执行的代码块使用。CPU 不会对在分配时可能包含数值的临时存储单元初始化。系统只能通过符号地址访问临时存储器。

知识点2　中断事件与中断指令

一、事件与组织块

1. 启动组织块事件

组织块(organization block，OB)是操作系统与用户程序的接口，出现启动组织块的事件时，由操作系统调用对应的组织块。如果当前不能调用组织块，则按照事件的优先级将其保存到队列。如果没有为该事件分配组织块，则会触发默认的系统响应。启动组织块的事件属性见表 3－3，优先级"1"是最低优先级。

表 3－3　启动组织块的事件属性

事件类型	组织块编号	组织块个数	启　动　事　件	优先级
程序循环	1 或≥123	≥1	启动或结束前一个程序循环组织块	1
启动	100 或≥123	≥0	从"STOP"模式切换到"RUN"模式	1
时间中断	10～18 或≥123	≤2	已达到启动时间	2
延时中断	20～23 或≥123	≤4	延时时间结束	3
循环中断	30～38 或≥123		固定的循环时间结束	8
硬件中断	40～47 或≥123	≤50	上升沿(≤16 个)、下降沿(≤16 个)	18
			HSC 计数值＝设定值，计数方向变化、外部复位，最多各 6 次	18
状态中断	55	0 或 1	CPU 接收到状态中断，例如从站中的模块更改了操作模式	4
更新中断	56	0 或 1	CPU 接收到更新中断，例如从站或设备的插槽参数被更改了	4
制造商中断	57	0 或 1	CPU 接收到制造商或配置文件特定的中断	4
诊断错误中断	82	0 或 1	模块检测到错误	5
拔出/插入中断	83	0 或 1	拔出/插入分布式 I/O 接口模块	6
机架错误	86	0 或 1	分布式 I/O 的 I/O 系统错误	6
时间错误	80	0 或 1	超过最大循环时间，调用的组织块仍在执行，错过时间中断，而在"STOP"模式下错过时间中断，中断队列溢出，导致中断负荷过大丢失中断	22

如果拔出/插入 CPU 模块，或超过最大循环时间两倍，CPU 将切换到"STOP"模式。系统忽略过程映像更新期间出现的 I/O 访问错误。组织块中有编程错误或 I/O 访问错误时，CPU

保持"RUN"模式不变。

启动事件与程序循环事件不会同时发生,在启动期间,只有诊断错误中断事件能中断启动事件,其他事件将进入中断队列,在启动事件结束后再处理它们。组织块用局部变量提供启动信息。

2. 事件执行的优先级与中断队列

优先级、优先级组和中断队列用来决定事件服务程序的处理顺序。每个 CPU 事件都有它的优先级,表 3 - 3 给出了各类事件的优先级。优先级的编号越大,优先级越高。由表 3 - 3 可见,时间错误中断具有最高的优先级。

事件一般按优先级的高低来处理,先处理高优先级事件。优先级相同的事件按"先来先服务"的原则处理。S7 - 1200 PLC 系统可以用 CPU 的"启动"属性中的"OB 应该可中断"复选框设置组织块是否可以中断。

优先级大于等于 2 的组织块将中断循环程序的执行。如果设置为可中断模式,优先级为 2～21 的组织块可被优先级高于当前运行的组织块的任何事件中断。优先级为 22 的时间错误会中断所有的组织块。如果未设置可中断模式,优先级为 2～21 的组织块不能被任何事件中断。

如果执行可中断组织块时发生多个事件,CPU 将按照优先级顺序处理这些事件。

3. 用 DIS_AIRT 与 EN_AIRT 指令禁止与激活中断

使用 DIS_AIRT 指令可以延时处理优先级高于当前组织块的中断组织块。输出参数 RET_VAL 用于存放调用 DIS_AIRT 的次数。

发生中断时,调用 EN_AIRT 指令可以启用以前调用过 DIS_AIRT 指令延时的组织块处理中断。要取消所有的延时,EN_AIRT 指令的执行次数必须与 DIS_AIRT 的调用次数相同。

二、程序循环组织块与启动组织块

1. 程序循环组织块

主程序 OB1 属于循环组织块,CPU 在"RUN"模式时循环执行 OB1,可以在 OB1 中调用函数和函数块。如果用户程序生成了其他程序循环组织块,CPU 按 OB 编号的顺序执行它们,首先执行主程序 OB1,然后执行编号大于等于 123 的程序循环组织块。一般只需要一个程序循环组织块。程序循环组织块的优先级最低,其他事件都可以中断它。

打开 TIA Portal 的项目视图,生成一个名为"启动组织块与循环中断组织块"的新项目,CPU 的型号为"CPU 1214C"。

打开项目树中"PLC_1"文件夹下的"程序块"文件夹,双击其中的"添加新块"选项,在弹出的"添加新块"对话框中单击"组织块"按钮,如图 3 - 5 所示,选择列表中"Program cycle"选项,生成一个程序循环组织块。组织块默认的编号为 123,可以在项目树的"PLC_1"文件夹下的"程序块"文件夹中看到新生成的 OB123。

分别在 OB1 和 OB123 中生成简单的程序,如图 3 - 6 和图 3 - 7 所示,将它们下载到 CPU,CPU 切换到"RUN"模式后,可以用 I0.4 和 I0.5 分别控制 Q1.0 和 Q1.1,说明 OB1 和 OB123 均被循环执行。

2. 启动组织块

启动组织块用于系统初始化,CPU 从"STOP"模式切换到"RUN"模式时,执行一次启动组织块。执行完后,读取过程映像输入区,开始执行 OB1。允许生成多个启动组织块,默认的是 OB100,其他启动组织块的编号应大于等于 123。一般的程序只需要一个启动组织块。

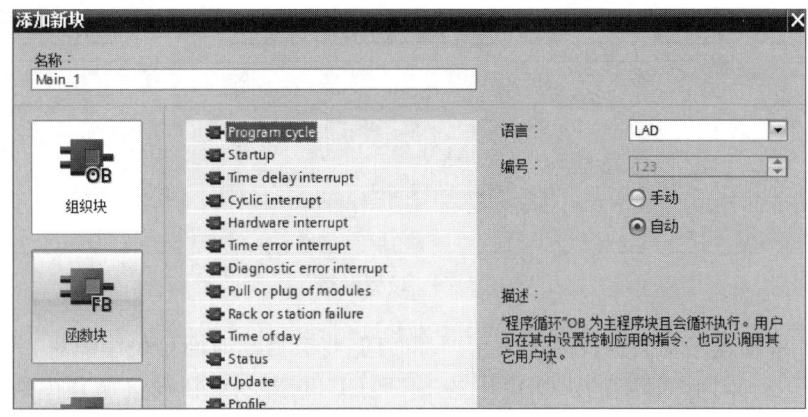

图 3-5　"添加新块"对话框

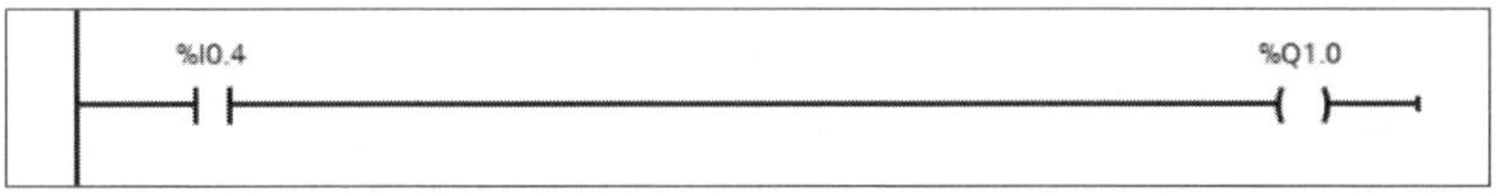

%I0.4 %Q1.0

图 3-6　OB1 程序

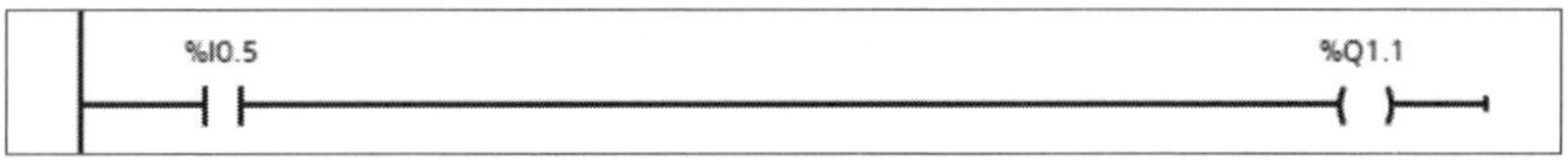

%I0.5 %Q1.1

图 3-7　OB123 程序

　　启动组织块 OB100 的生成方法可参照程序循环组织块。OB100 中的初始化程序如图 3-8 所示。将它下载到 CPU,则当 CPU 切换到"RUN"模式后,可以看到 QB0 的值被 OB100 初始化为 7,其最低 3 位为 **1**。

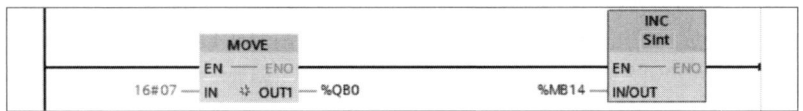

图 3-8　OB100 中的初始化程序

　　该项目的位存储器没有设置保持功能,暖启动时位存储器的存储单元的值均为 **0**。在监控时如果看到 MB14 的值为 1,说明 OB100 只执行了一次,是 OB100 中的 INC 指令使 MB14 的值加 1。

三、循环中断组织块

　　循环中断组织块以设定的循环时间(1～60 000 ms)周期性执行,而与程序循环组织块的执行无关。循环中断和延时中断组织块的个数之和最多为 4 个,循环中断组织块的编号应为 30～38,或大于等于 123。

　　双击项目树中的"添加新块"选项,在弹出的"添加新块"对话框中选择"Cyclic interrupt"选项,将循环中断的时间间隔(循环时间)由默认值 100 ms 修改为 1 000 ms,默认的编号为 OB30。

　　双击项目树中的 OB30,在巡视窗口"属性"选项卡的"常规"选项卡中选择"循环中断"选项,如图 3-9 所示,可以设置循环时间和相移。相移是相位偏移的简称,用于防止循环时间有公倍数关系的几个循环中断组织块同时启动,导致连续执行中断程序的时间太长,相移的默认值为"0"。

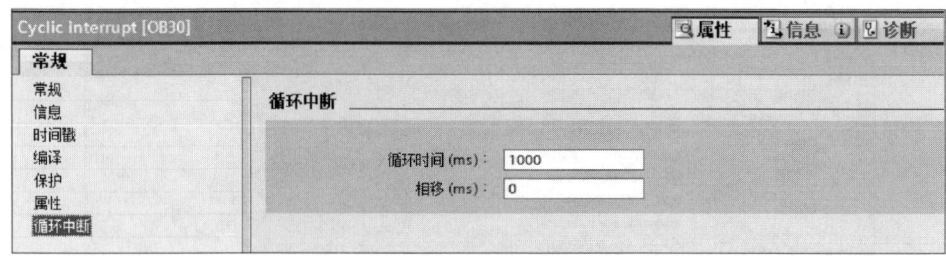

图 3 - 9　设置循环

如果循环中断组织块的执行时间大于循环时间,将会启动时间错位组织块。

在 CPU 运行期间,可以使用 OB1 中的 SET_CINT 指令重新设置循环中断的循环时间"CYCLE"和相移"PHASE",如图 3 - 10 所示,时间的单位为 μs;使用 QRY_CINT 指令可以查询循环中断的状态。这两条指令位于"扩展指令"选项卡的"中断"文件夹中。

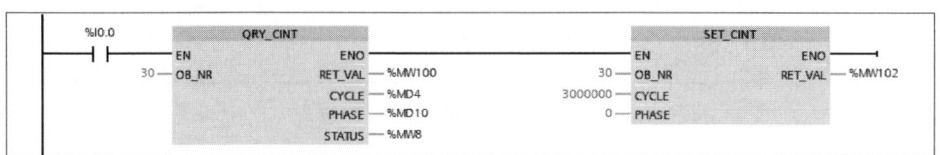

图 3 - 10　查询与设置循环中断参数

四、时间中断组织块

1. 时间中断的功能

时间中断又称为日时钟中断,它用于在指定的日期和时刻产生一次中断,或者从设置之时开始,周期性地重复产生中断,例如每分钟、每小时、每天、每周、每月、每年产生一次时间中断。可以用专用的指令来设置、激活和取消时间中断。时间中断组织块的编号应为10～18,或大于等于123。

在项目视图中生成一个名为"时间中断例程"的新项目,CPU 的型号为"CPU 1214C"。

打开项目树中"PLC_1"文件夹下的"程序块"文件夹,添加一个名为"Time of day"(日时钟)的组织块,它又称为时间中断组织块,默认的编号为10,默认的语言为梯形图。

2. 程序设计

与时间中断有关的指令在指令列表的"扩展指令"选项卡的"中断"文件夹中。在 OB1 中调用 QRY_TINT 指令来查询时间中断的状态,如图 3 - 11 所示,读取的状态字用 MW8 保存。

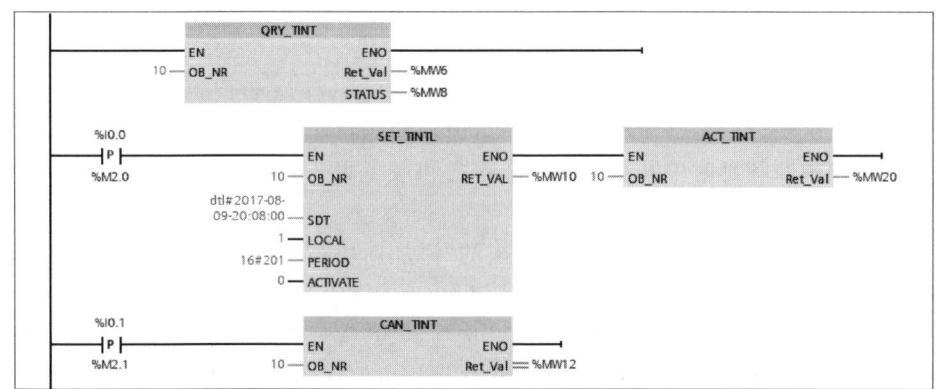

图 3 - 11　时间中断的程序设计

在 I0.0 的上升沿,调用 SET_TINTL 指令和 ACT_TINT 指令来分别设置和激活时间中断 OB10。在 I0.1 的上升沿,调用 CAN_TINT 指令来取消时间中断。

上述指令的参数 OB_NR 是组织块的编号。SET_TINT 指令用来设置时间中断,它的参数 SDT 是开始产生中断的日期和时间;参数 LOCAL 为 **1**(TRUE)和 **0**(FALSE)时分别表示使用本地时间和系统时间;参数 PERIOD 用来设置执行方式,"16♯0201"表示每分钟产生一次时间中断;参数 ACTIVATE 为 **1** 时,该指令设置并激活时间中断,为 **0** 时仅设置时间中断,需要调用 ACT_TINT 指令来激活时间中断;参数 RET_VAL 是执行时可能出现的错误代码,为 0 时表示无错误。

五、硬件中断组织块

1. 硬件中断事件与硬件中断组织块

硬件中断组织块用于处理需要快速响应的过程事件。出现硬件中断事件时,CPU 会立即终止当前正在执行的程序,改为执行对应的硬件中断组织块。

系统最多可以生成 50 个硬件中断组织块,在硬件组态时定义中断事件。硬件中断组织块的编号应为 40～47,或大于等于 123。S7－1200 PLC 系统支持下列硬件中断事件:

(1) CPU 内置的数字量输入和信号板的数字量输入的上升沿事件和下降沿事件。

(2) 高速计数器(HSC)的实际计数值等于设定值(CV＝RV)。

(3) 高速计数器的方向改变,即计数值由增大变为减小,或由减小变为增大。

(4) 高速计数器的数字量外部复位输入的上升沿,此时计数值将被复位为 0。

如果在执行硬件中断组织块期间,同一个中断事件再次发生,则新发生的中断事件丢失。

如果一个中断事件发生,在执行该中断组织块期间,又发生多个不同的中断事件,则新发生的中断事件进入中断队列,等待第一个中断组织块执行完毕后依次执行。

2. 硬件中断事件的处理方法

(1) 给一个事件指定一个硬件中断组织块,这种方法最为简单方便,应优先采用。

(2) 多个硬件中断组织块分时处理一个硬件中断事件,需要用 DETACH 指令取消原有的组织块与事件连接,用 ATTACH 指令将一个新的硬件中断组织块分配给中断事件。

3. 生成硬件中断组织块

打开项目视图,生成一个名为"硬件中断 1"的新项目。CPU 的型号为"CPU 1214C"。

打开项目视图中"PLC_1"文件夹下的"程序块"文件夹,双击其中的"添加新块"选项,在弹出的"添加新块"对话框中单击"组织块"按钮,选择"Hardware interrupt"选项,生成一个硬件中断组织块,组织块的编号为 40,语言为 LAD(梯形图)。将块的名称修改为"硬件中断 1",单击"确定"按钮,组织块被自动生成并打开。用同样的方法生成名为"硬件中断 2"的 OB41。

4. 组态硬件中断事件

双击项目树中"PLC_1"文件夹下的"设备组态"选项,打开设备视图,首先选中 CPU,再选择巡视窗口"属性"选项卡中"常规"选项卡左边的"数字量输入"选项组中的"通道 0"选项(即 I0.0),如图 3－12 所示,勾选"启用上升沿检测"复选框。单击"硬件中断"选择框右边的扩展按钮 ,在下拉列表中将 OB40(硬件中断 1)指定给 I0.0 的上升沿中断事件,当出现该中断事件时将调用 OB40。

用同样的方法,启用"通道 1"选项的下降沿中断,并将 OB41(硬件中断 2)指定给该中断事件。如果选中组织块列表中的"—",那么没有组织块连接到中断事件。

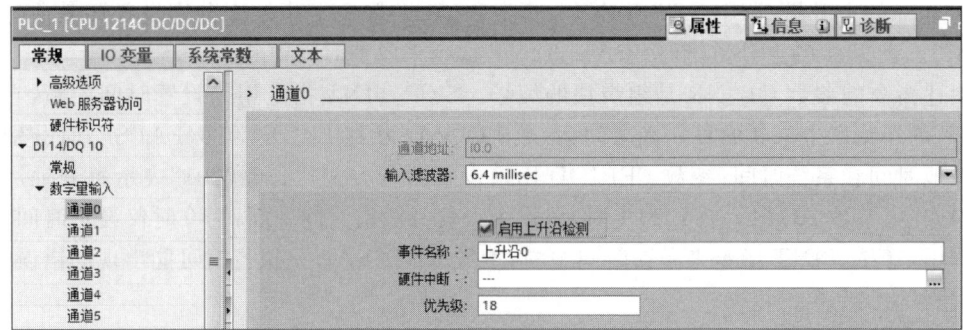

图 3 - 12 组态硬件中断事件

在巡视窗口"属性"选项卡中的"常规"选项卡中,选择"系统和时钟存储器"选项,启用系统存储器字节 MB1。

5.编写 OB 程序

在 OB40 和 OB41 中,分别用 M1.2 的动合触点将 Q0.0:P 置位和复位,如图 3 - 13 和图 3 - 14 所示。

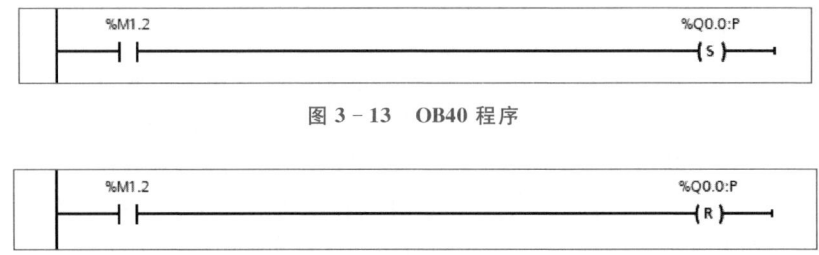

图 3 - 13 OB40 程序

图 3 - 14 OB41 程序

六、中断连接指令与中断分离指令

1. ATTACH 指令与 DETACH 指令

将组织块分配给中断事件指令 ATTACH 和将组织块与中断事件分离指令 DETACH 分别用于在 PLC 运行时建立和断开硬件中断事件与组织块的连接。

2. 组态硬件中断事件

打开项目视图,生成一个名为"硬件中断 2"的新项目。CPU 的型号为"CPU 1214C"。打开项目树中"PLC_1"文件夹下的"程序块"文件夹,双击其中的"添加新块"选项,生成名为"硬件中断 1"和"硬件中断 2"的硬件中断组织块 OB40 和 OB41。

选中设备视图中的 CPU,再选择巡视窗口"属性"选项卡中"常规"选项卡左边的"数字量输入"选项组中的"通道 0"选项,勾选"启用上升沿检测"复选框。单击"硬件中断"选择框右边的扩展按钮,将 OB40(硬件中断 1)指定给 I0.0 的上升沿中断事件。

3. 程序的基本结构

要求使用 ATTACH 指令和 DETACH 指令,在出现 I0.0 上升沿事件时,交替调用硬件中断组织块 OB40 和 OB41,分别将不同的数值写入 QB0。

在 OB40 中,用 DETACH 指令断开 I0.0 上升沿事件与 OB40 的连接,用 ATTACH 指令建立 I0.0 上升沿事件与 OB41 的连接,用 MOVE 指令将 QB0 赋值为 16 # F。

打开 OB40,编写 OB40 程序如图 3 - 15 所示,在程序编辑器上面的接口区生成两个临时局部变量 RET1 和 RET2,用来作为 ATTACH 指令和 DETACH 指令的返回值实参。返回值是指令的状态代码。

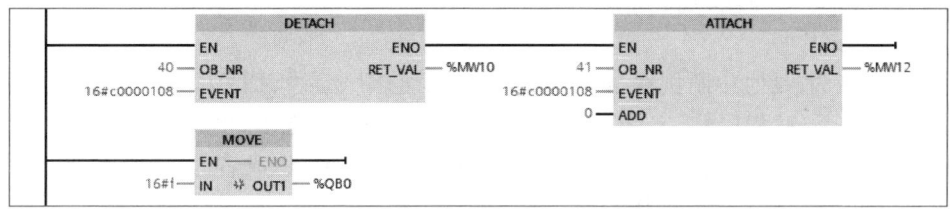

图 3-15　OB40 程序

打开指令列表"扩展指令"选项卡中的"中断"文件夹,将其中的 DETACH 指令拖放到程序编辑器,设置参数 OB_NR 为"40"。

双击参数 EVENT 左边的问号,然后单击"查询"按钮 ▤,如图 3-16 所示,在下拉列表中选择中断事件"上升沿 0"(I0.0 的上升沿事件),其代码值为 16♯C0000108。在 PLC 默认的变量表的"系统常量"选项卡中,也能找到"上升沿 0"的代码值。DETACH 指令用来断开 I0.0 的上升沿事件与 OB40 的连接。如果没有指定参数 EVENT 的实参,当前连接到参数 OB_NR 指定的组织块 OB40 的所有中断事件将被断开连接。

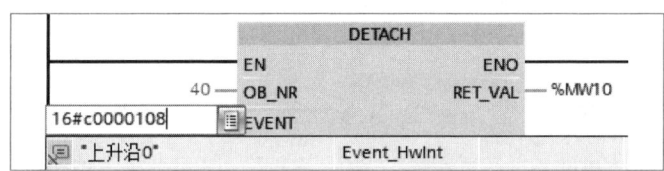

图 3-16　设置指令的参数

图 3-15 中的 ATTACH 指令将参数 OB_NR 指定的组织块 OB41 连接到 EVENT 指定的中断事件"上升沿 0"。在该事件发生时,将调用 OB41。参数 ADD 为默认值 0 时,指定的事件取代原来分配给这个组织块的所有事件。

下一次出现 I0.0 上升沿事件时,系统将调用 OB41,其程序如图 3-17 所示。在 OB41 的接口区生成两个临时局部变量 RET1 和 RET2,用 DETACH 指令断开 I0.0 上升沿事件与 OB41 的连接,用 ATTACH 指令建立 I0.0 上升沿事件与 OB40 的连接,用 MOVE 指令给 QB0 赋值为 16♯F0。

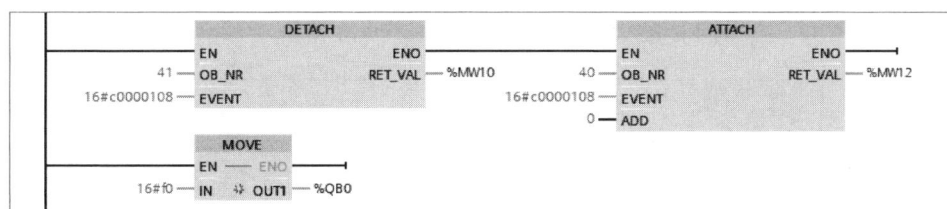

图 3-17　OB41 程序

七、延时中断组织块

PLC 普通定时器的工作过程与扫描工作方式有关,其定时精度较差。如果需要用到高精度的延时,应使用延时中断。在 SRT_DINT 指令的参数 EN 中使能输入的上升沿时,启动延时过程。该指令的延时时间为 1～6 000 ms,精度为 1 ms。延时时间到时会触发延时中断,调用指定的延时中断组织块。循环中断和延时中断组织块的个数之和最多为 4 个,延时中断组织块的编号应为 20～23,或大于等于 123。

1. 硬件组态

生成一个名为"延时中断例程"的新项目。CPU 的型号为"CPU 1214C"。打开项目树中"PLC_1"文件夹下的"程序块"文件夹,双击其中的"添加新块"选项,生成名为"硬件中断"的硬件中断组织块 OB40,并通过选择"Time delay interrupt"选项,生成名为"延时中断"的中断组织块 OB20。同时生成全局数据块 DB1。

选中设备视图中的 CPU,再选择巡视窗口"属性"选项卡中"常规"选项卡左边的"数字量输入"选项组中的"通道 0"选项,勾选"启用上升沿检测"复选框。单击"硬件中断"选择框右边的扩展按钮 ⋯⋯ ,将 OB40(硬件中断 1)指定给 I0.0 的上升沿中断事件。因此当出现该中断事件时,系统将调用 OB40。

2. 硬件中断组织块程序设计

在 I0.0 的上升沿触发硬件中断,CPU 调用 OB40,其程序如图 3 - 18 所示。指令 SRT_DINT 用于启动延时中断的延时,延时时间为 10 s。延时时间到时会调用参数 OB_NR 指定的延时中断组织块 OB20。参数 SIGN 是调用延时中断组织块时,组织块的启动事件信息中出现的标识符。参数 RET_VAL 是指令执行的状态代码。

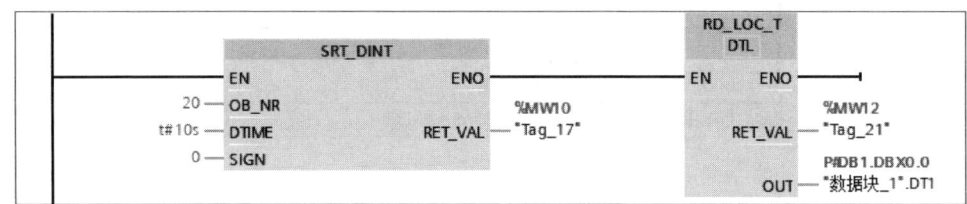

图 3 - 18 OB40 程序

为了保存读取的定时开始和定时结束时的时间值,在 DB1 中生成数据类型为 DTL 的变量 DT1 和 DT2。在 OB40 中调用读取本地时间指令 RD_LOC_T,读取启动 10 s 延时的实时时间,用 DB1 中变量 DT1 保存。

3. 延时中断组织块程序设计

在 I0.0 上升沿调用 OB40,启动时间延迟,延迟时间到时调用延时组织块 OB20,其程序如图 3 - 19 所示。在 OB20 中调用 RD_LOC_T 指令,读取 10 s 延时时间结束的实时时间,保存于 DB1 中的变量 DT2 中,同时将 Q0.4:P 立即置位。

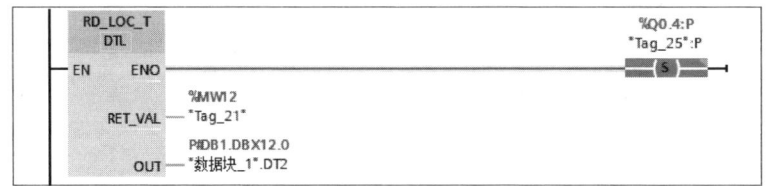

图 3 - 19 OB20 的程序

4. OB1 的程序设计

在 OB1 中调用 QRY_DINT 指令来查询延时中断的状态字 STATUS,如图 3 - 20 所示,查询的结果保存于 MW8,其低字节为 MB9。

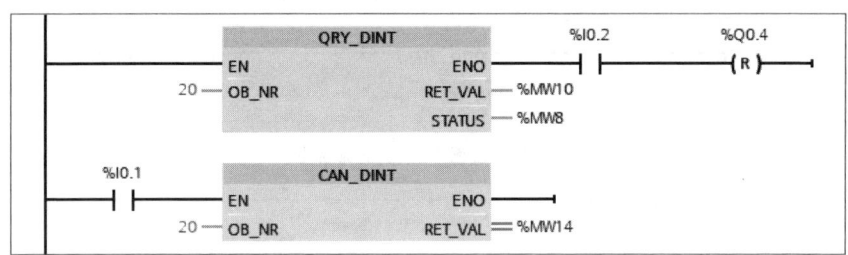

图 3-20　OB1 的程序

在延时过程中,在 I0.1 为 **1** 状态时调用 CAN_DINT 指令来取消延时中断过程。在 I0.2 为 **1** 时复位 Q0.4。

知识点 3　位逻辑指令

常用位逻辑指令见表 3-4。

表 3-4　常用位逻辑指令

指　令	描　述	指　令	描　述
─┤├─	动合触点	RS ─R　Q─ ─S1	置位优先锁存器
─┤/├─	动断触点	SR ─S　Q─ ─R1	复位优先锁存器
─┤NOT├─	取反触点	─┤P├─	上升沿检测触点
─( )─	输出线圈	─┤N├─	下降沿检测触点
─(/)─	反相输出线圈	─(P)─	上升沿检测线圈
─(S)─	置位	─(N)─	下降沿检测线圈
─(R)─	复位	P_TRIG ─CLK　Q─	上升沿触发器
─(SET_BF)─	多点置位	N_TRIG ─CLK　Q─	下降沿触发器
─(RESET_BF)─	多位复位		

一、触点指令与线圈指令

1. 动合触点与动断触点

动合触点在指定的位为 **1** 状态(ON)时闭合,为 **0** 状态(OFF)时断开。动断触点在指定的位为 **1** 状态时断开,为 **0** 状态时闭合。

2. 取反触点

取反触点用来转换能流输入的逻辑状态。如果没有能流流入取反触点,则触点有能流流出。如果有能流流入取反触点,则触点没有能流流出,如图 3-21 所示。

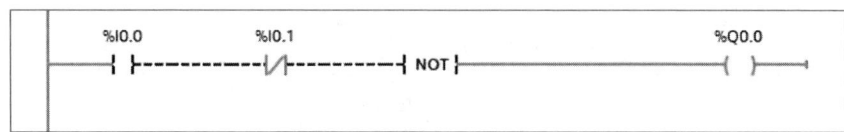

（a）有能流流入,没有能流流出

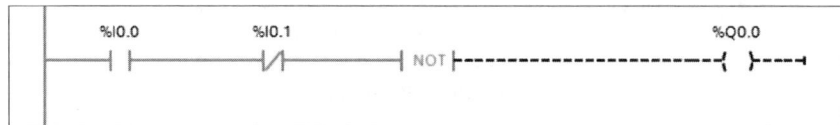

（b）没有能流流入,有能流流出

图 3－21　取反触点

3.输出线圈与反相输出线圈

线圈输出指令将线圈的状态写入指定的地址,线圈通电时写入 **1**,断电时写入 **0**。如果是过程映像输出区的地址,CPU 将输出的值传送给对应的过程映像输出区。在"RUN"模式下,CPU 不停地扫描输入信号,根据用户程序处理输入状态值,向过程映像输出区写入新的输出状态值。在写的输出阶段,CPU 将存储在过程映像输出区中的输出状态值传送到对应的物理输出接口。

可以用 Q0.4:P 的线圈将位数据值写入过程映像输出 Q0.4,同时立即直接传送给对应的物理输出接口。

反相输出线圈中间有个"/"符号,如果有能流流过反相输出线圈,如图 3－22a 所示,则 M0.2 为 **0** 状态,其动合触点断开,如图 3－22b 所示,反之 M0.2 为 **1** 状态,其动合触点闭合。

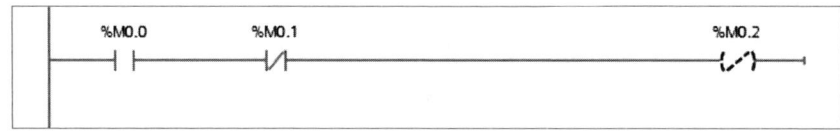

（a）反相输出线圈

（b）输出线圈

图 3－22　输出线圈与反相输出线圈

二、其他位逻辑指令

1.置位指令与复位指令

置位(Set,置位或置 **1**)指令将指定的地址位置位(变为 **1** 状态并保持)。复位(Reset,复位或置 **0**)指令将指定的地址位复位(变为 **0** 状态并保持)。

置位指令与复位指令最主要的特点是有记忆和保持功能。如图 3－23 所示的程序中若 I0.3 的动合触点闭合,则 Q0.5 变为 **1** 状态并保持该状态。即使 I0.3 的动合触点断开,Q0.5 也仍然保持 **1** 状态,其波形图如图 3－24 所示。在程序状态中,Q0.5 的 S 线圈和 R 线圈用连续的绿色圆弧和绿色的字母表示 **1** 状态,用间断的蓝色圆弧和蓝色的字母表示 **0** 状态。

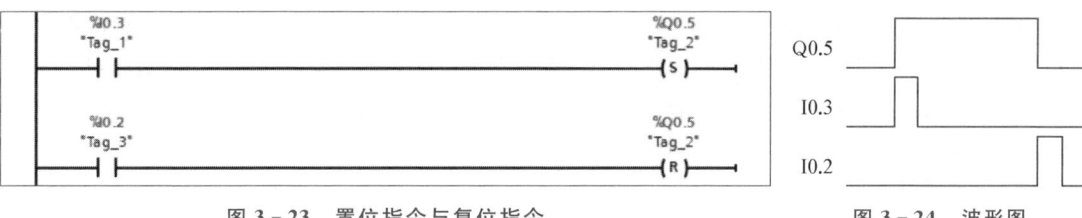

图 3-23　置位指令与复位指令　　　　　　图 3-24　波形图

I0.2 的动合触点闭合时，Q0.5 变为 **0** 状态并保持该状态，即使 I0.2 的动合触点断开，Q0.5 也仍然保持 **0** 状态。

2. 多点置位指令与多点复位指令

多点置位（set bit field，SET_BF）指令将从指定的地址开始的连续的若干个位地址置位（变为 **1** 状态并保持）。如图 3-25a 所示，I0.2 的上升沿（从 **0** 状态变为 **1** 状态）触发后，从 M2.0 开始的 5 个连续的位被置位为 **1** 并保持 **1** 状态。

多点复位（reset bit field，RESET_BF）指令将从指定的地址开始的连续的若干个位地址复位（变为 **0** 状态并保持）。如图 3-25b 所示，I0.3 的下降沿（从 **1** 状态变为 **0** 状态）触发后，从 M3.0 开始的 5 个连续的位被复位为 **0** 并保持 **0** 状态。

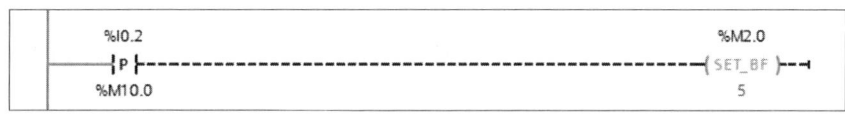

（a）多点置位指令

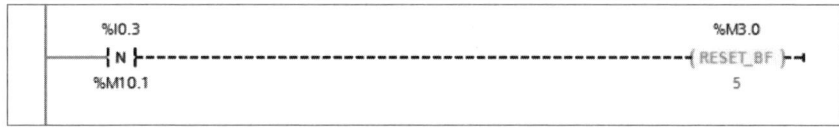

（b）多点复位指令

图 3-25　多点置位指令与多点复位指令

与 S7-200 和 S7-300/400 PLC 系统不同，S7-1200 PLC 系统的梯形图允许在一个程序段内输入多个独立电路。

3. 置位优先锁存器与复位优先锁存器

如图 3-26 所示，SR 是复位优先锁存器，RS 是置位优先锁存器，它们的功能见表 3-5，

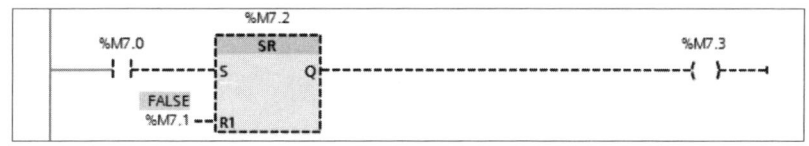

（a）复位优先锁存器

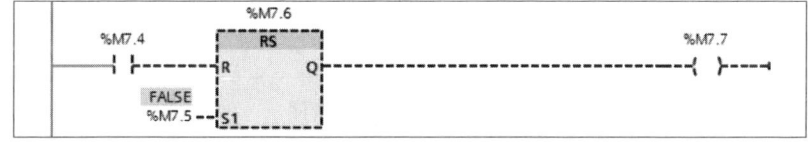

（b）置位优先锁存器

图 3-26　置位优先锁存器与复位优先锁存器

两种锁存器的区别仅在于表 3 - 5 的最下面一行。在复位优先锁存器中,当置位(S)和复位(R1)信号同时为 1 时,方框上面的输出位 M7.2 被复位为 0,输出端 Q 反映了 M7.2 的状态,如图 3 - 26a 所示。在置位优先锁存器中,当置位(S1)和复位(R)信号同时为 1 时,方框上的 M7.6 为 1,输出端 Q 反映了 M7.6 的状态,如图 3 - 26b 所示。

表 3 - 5 复位优先锁存器与置位优先锁存器的功能

复位优先锁存器(SR)			置位优先锁存器(RS)		
S 端	R1 端	输出端	S1 端	R 端	输出端
0	0	保持原状态	0	0	保持原状态
0	1	0	0	1	0
1	0	1	1	0	1
1	1	0	1	1	1

4. 边沿检测触点

图 3 - 25a 所示中间有"P"的触点是上升沿检测触点,如果输入信号 I0.2 由 0 状态变为 1 状态(即输入信号 I0.2 的上升沿),则该触点接通一个扫描周期。边沿检测触点不能放在程序段最右边。

上升沿检测触点下的 M10.0 为边沿存储位,用来存储上一次扫描循环时 I0.2 的状态。通过比较输入信号的当前状态和上一次循环的状态,来检测信号的边沿。边沿存储位的地址只能在程序中使用一次,它的状态不能在其他地方改写。只能使用位存储器、全局数据块和静态局部变量 STATIC 作为边沿存储位,不能使用临时局部数据或 I/O 变量作为边沿存储位。

图 3 - 25b 所示中间有"N"的触点是下降沿检测触点,如果输入信号 I0.3 由 1 状态变为 0 状态(即 I0.3 的下降沿),则该触点接通一个扫描周期。下降沿检测触点下面的 M10.1 为边沿存储位。

5. 边沿检测线圈

图 3 - 27 所示中间有"P"的线圈是上升沿检测线圈,仅在流进该线圈的能流的上升沿时(线圈由断电变为通电),输出位 M6.1 为 1 状态。M6.2 为边沿存储位。

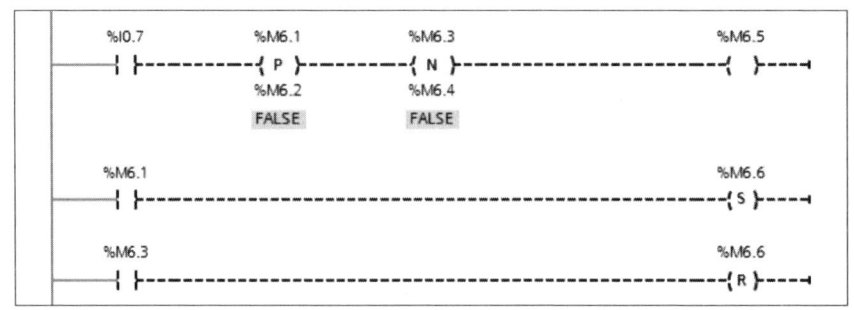

图 3 - 27 边沿检测线圈

图 3 - 27 所示中间有"N"的线圈是下降沿检测线圈,仅在流进该线圈的能流的下降沿时(线圈由通电变为断电),输出位 M6.3 为 1 状态。M6.4 为边沿存储位。

边沿检测线圈不会影响逻辑运算结果(RLO),它对能流而言相当于导线,其输入端的逻辑运算结果被立即送到线圈的输出端。边沿检测线圈可以放置在程序段的中间或最右边。

在程序运行时,用外接的小开关使 I0.7 变为 **1** 状态,I0.7 的动合触点闭合,能流经上升沿检测线圈和下降沿检测线圈流过 M6.5 的线圈。在 I0.7 的上升沿,M6.1 的动合触点闭合一个扫描周期,使 M6.6 置位。在 I0.7 的下降沿,M6.3 的动合触点闭合一个扫描周期,使 M6.6 复位。

6. 上升沿触发指令与下降沿触发指令

如图 3－28 所示,在流进上升沿触发指令的 CLK 输入端的能流的上升沿(能流刚出现)时,上升沿触发指令的 Q 端输出脉冲宽度为一个扫描周期的能流,使 M8.1 置位。指令方框下面的 M8.0 是脉冲存储位。

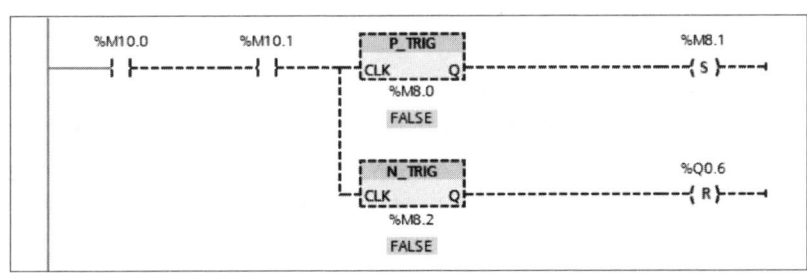

图 3－28 上升沿触发指令与下降沿触发指令

如图 3－28 所示,在流进下降沿触发指令的 CLK 输入端的能流的下降沿(能流刚消失)时,下降沿触发指令的 Q 端输出脉冲宽度为一个扫描周期的能流,使 Q0.6 复位。指令方框下面的 M8.2 是脉冲存储位。

上升沿触发指令与下降沿触发指令不能放在程序段的最左边和最右边。在设计程序时应考虑输入和存储位的初始状态,是应该允许还是避免首次扫描时的边沿检测。

知识点 4 定时器指令与计数器指令

S7－1200 PLC 系统采用 IEC 标准的定时器指令与计数器指令。

定时器和计数器属于功能块,它们的数据保存在背景数据块中,调用时需要指定配套的背景数据块。在梯形图中输入定时器指令时,打开右边的指令窗口,将"定时器操作"文件夹中的定时器指令拖放到梯形图中适当的位置。在弹出的"调用选项"对话框中,可以修改将要生成的背景数据块的名称或采用默认的名称。单击"确定"按钮,自动生成数据块。

一、定时器指令

S7－1200 PLC 系统有 4 种定时器,它们的基本功能如图 3－29 所示。

(1)脉冲定时器(TP)。在输入端 IN 上升沿产生一个预置宽度的脉冲。

(2)接通延时定时器(TON)。输入端 IN 变为 **1** 后,经过预置的延迟时间,定时器的输出端 Q 变为 **1** 状态。输入端 IN 变为 **0** 状态时,输出端 Q 变为 **0** 状态。

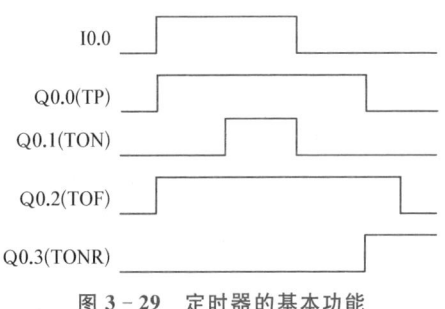

图 3－29 定时器的基本功能

(3) 断开延时定时器(TOF)。输入端 IN 变为 **1** 状态时,输出端 Q 为 **1** 状态。输入端 IN 变为 **0** 状态后,经过预置的延迟时间,输出端 Q 变为 **0** 状态。

(4) 保持型接通延时定时器(TONR)。输入端 IN 变为 **1** 状态后,经过预置的延迟时间,定时器的输出端 Q 变为 **1** 状态。输入端 IN 的脉冲宽度可以小于时间预置值。

定时器的输入端 IN 为启动定时的使能输入端,IN 从 **0** 状态变为 **1** 状态时,TP、TON 和 TONR 启动并开始定时。IN 从 **1** 状态变为 **0** 状态时,TOF 启动并开始定时。

在定时器中,参数 PT(preset time)为时间预置值,参数 ET(elapsed time)为定时开始后经过的时间,或称为已耗时间值,它们的数据类型为 32 位的时间数据,时间数据的相关信息见表 3 - 1。可以不给输出端 ET 指定地址。

Q 为定时器的位输出端,各变量均可以使用 I(仅用于输入变量)、Q、D、L 存储区。

1. 脉冲定时器(TP)

脉冲定时器如图 3 - 30 所示,它类似于数字电路中上升沿触发的单稳态电路,其波形图如图 3 - 31 所示。在输入信号 IN 的上升沿,输出端 Q 变为 **1** 状态,开始输出脉冲。定时时间达到 TP 预置时间 PT 时,输出端 Q 变为 **0** 状态。IN 端输入的脉冲宽度可以小于 Q 端输出的脉冲宽度。在脉冲输出期间,即使 IN 端又出现上升沿,如图 3 - 31 中波形 B 所示,也不会影响脉冲的输出。

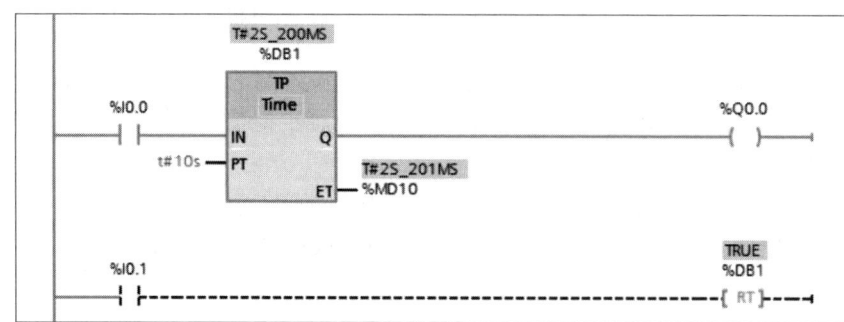

图 3 - 30　脉冲定时器

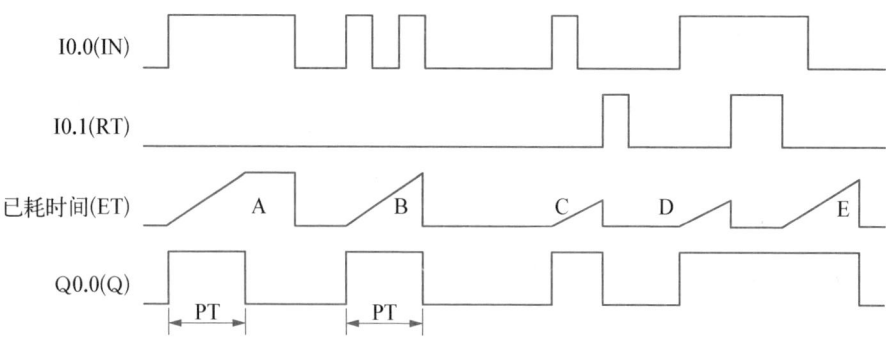

图 3 - 31　脉冲定时器的波形图

用程序状态功能可以观察已耗时间的变化情况。定时开始后,已耗时间从 0 ms 开始不断增大,达到 PT 预置的时间时,如果 IN 为 **1** 状态,则已耗时间值保持不变,如图 3 - 31 中波形 A 所示。如果此时 IN 为 **0** 状态,则已耗时间值为 **0**,如图 3 - 31 中波形 B 所示。

定时器指令可以放在程序段的中间或最右边。IEC 定时器没有编号,在使用对定时器复位的 RT 指令时,可以用背景数据块的编号或符号名来指定需要复位的定时器。

如图 3-30 和图 3-31 所示，I0.1 为 **1** 时，定时器复位线圈（RT）得电，定时器被复位。如果此时正在定时，且 IN 端为 **0** 状态，将使已耗时间清零，Q 端也变为 **0** 状态，如图 3-31 中波形 C 所示。如果此时正在定时，且 IN 端为 **1** 状态，将使已耗时间清零，但是 Q 端保持 **1** 状态，如图 3-31 中的波形 D 所示。I0.1 变为 **0** 状态时，如果 IN 端为 **1** 状态，将重新开始定时，如图 3-31 中波形 E 所示。

2. 接通延时定时器（TON）

接通延时定时器如图 3-32 所示，其波形图如图 3-33 所示。接通延时定时器输入端 IN 的输入电路由断开变为接通时，定时器开始定时。定时时间达到 PT 指定的设定值时，输出端 Q 变为 **1** 状态，已耗时间 ET 保持不变，如图 3-33 中波形 A 所示。

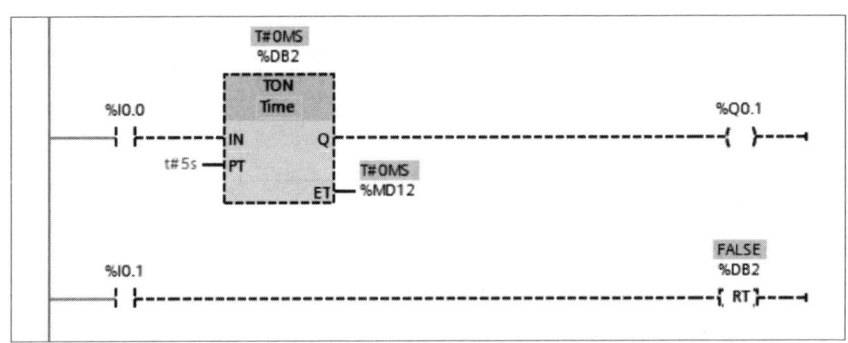

图 3-32　接通延时定时器

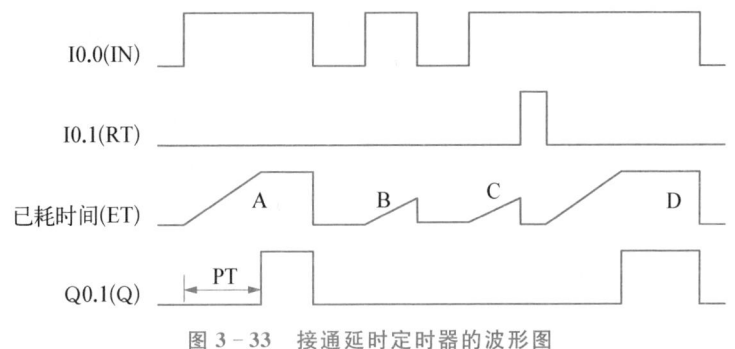

图 3-33　接通延时定时器的波形图

输入端 IN 的电路断开时，定时器被复位，已耗时间被清零，输出端 Q 变为 **0** 状态。CPU 第一次扫描时，定时器输出端 Q 被清零。如果输入端 IN 在未达到 PT 设定的时间时变为 **0** 状态，如图 3-33 中波形 B 所示，输出端 Q 保持 **0** 状态不变。

如图 3-32 和图 3-33 所示，I0.1 为 **1** 状态时，定时器复位线圈 RT 得电，如图 3-33 中波形 C 所示，定时器被复位，已耗时间被清零，输出端 Q 变为 **0** 状态。I0.1 变为 **0** 状态时，如果输入端 IN 为 **1** 状态，定时器将开始重新定时，如图 3-33 中波形 D 所示。

3. 断开延时定时器（TOF）

断开延时定时器如图 3-34 所示，其波形图如图 3-35 所示。当输入端 IN 的输入电路接通时，输出端 Q 为 **1** 状态，已耗时间被清零。输入电路由接通变为断开时，定时器开始定时，已耗时间从零逐渐增大。已耗时间大于等于设定值时，输出端 Q 变为 **0** 状态，已耗时间保持不变，如图 3-35 中波形 A 所示，直到输入电路接通。断开延时定时器可以用于设备停机后的延时，例如大型变频电动机的冷却风扇的延时。

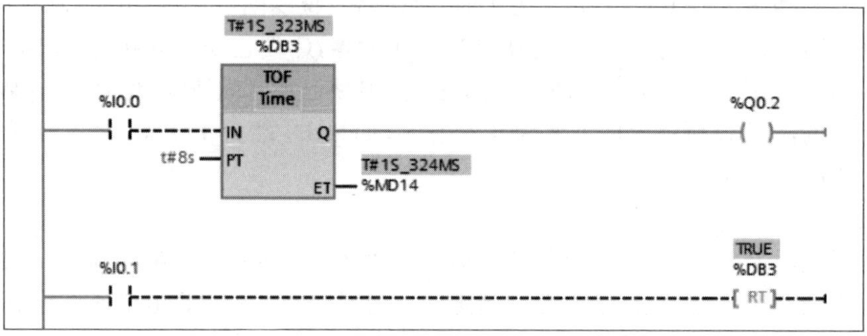

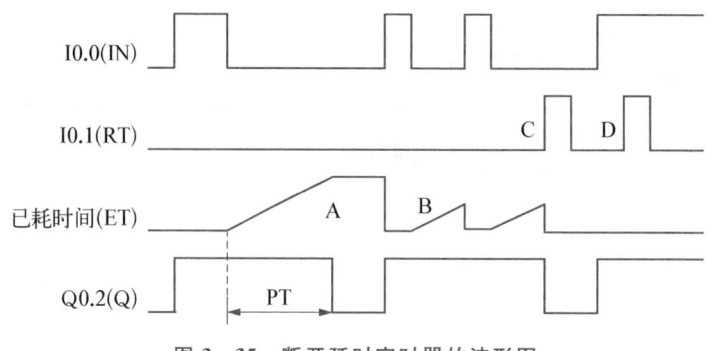

图 3 - 34　断开延时定时器

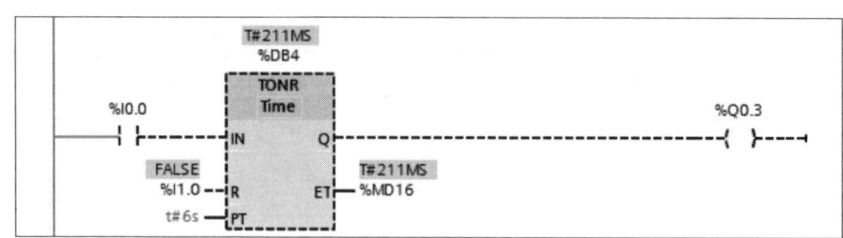

图 3 - 35　断开延时定时器的波形图

如果已耗时间未达到 PT 设定的值,输入端 IN 就变为 **1** 状态,输出端 Q 将保持 **1** 状态不变,如图 3 - 35 中波形 B 所示。

如图 3 - 34 和图 3 - 35 所示,I0.1 为 **1** 时,定时器复位线圈 RT 得电。如果此时输入端 IN 为 **0** 状态,则定时器被复位,已耗时间被清零,输出端 Q 变为 **0** 状态,如图 3 - 35 中波形 C 所示。如果复位时输入端 IN 为 **1** 状态,则复位信号不起作用,如图 3 - 35 中波形 D 所示。

4. 保持型接通延时定时器(TONR)

保持型接通延时定时器如图 3 - 36 所示,其波形图如图 3 - 37 所示。当输入端 IN 的输入电路接通时,定时器开始定时,如图 3 - 37 中的波形 A 和波形 B 所示。输入电路断开时,累计的时间值保持不变。保持型接通延时定时器可以用来累计输入电路接通的若干个时间间隔。图 3 - 37 中的时间间隔 $t_1 + t_2 > 6$ s 时,定时器的输出端 Q 变为 **1** 状态,如图 3 - 37 中波形 D 所示。

图 3 - 36　保持型接通延时定时器

复位输入端 R(I1.0)为 **1** 状态时,定时器被复位,它的已耗时间变为零,同时输出端 Q 变为 **0** 状态,如图 3 - 37 中波形 C 所示。

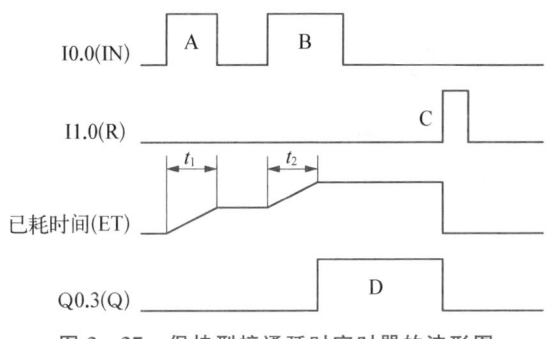

图 3-37　保持型接通延时定时器的波形图

二、计数器指令

1. 计数器的数据类型

S7-1200 PLC 系统有 3 种计数器,它们分别是加计数器(CTU)、减计数器(CTD)和加减计数器(CTUD)。它们属于软件计数器,其最大计数速率受到它所在组织块的执行速率限制。如果需要用到速度更高的计数器,可以使用 CPU 内置的高速计数器。调用计数器指令时,需要生成保存计数器数据的背景数据块。

CU 和 CD 分别是加计数输入端和减计数输入端,在 CU 端或 CD 端信号由 0 状态变为 1 状态时(信号的上升沿),实际计数值 CV 被加 1 或减 1。

复位输入端 R 为 1 状态时,计数器被复位,CV 被清零,计数器的输出端 Q 变为 0 状态。CU、CD、R 和 Q 均为位变量。

将指令列表"计数器操作"文件夹中的"CTU"指令拖放到工作区,单击方框中 CTU 下面的 3 个问号,如图 3-38a 所示,再单击问号右边的下拉按钮 ▼,在下拉列表中设置 PV 和 CV 的数据类型。

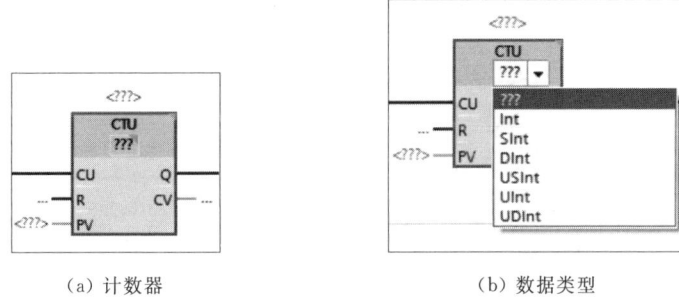

(a) 计数器　　　　　　　(b) 数据类型

图 3-38　计数器的数据类型

PV 为预置计数值,CV 为实际计数值,它们可以使用的数据类型如图 3-38b 所示。各变量均可以使用 I(仅用于输入变量)、Q、M、D 和 L 存储区。

2. 加计数器

加计数器如图 3-39 所示,其波形图如图 3-40 所示。

当接在复位输入端 R 的 I0.3 为 0 状态,接在加计数输入端 CU 的 I0.2 由断开变为接通时(即在 CU 端信号的上升沿),实际计数值 CV 加 1,直到 CV 达到指定的数据类型的上限值。此后 CU 的输入状态变化不再起作用,CV 的值不再增加。

实际计数值 CV 大于等于预置计数值 PV 时,输出端 Q 为 1 状态,反之为 0 状态。第一次执行指令时,CV 被清零。

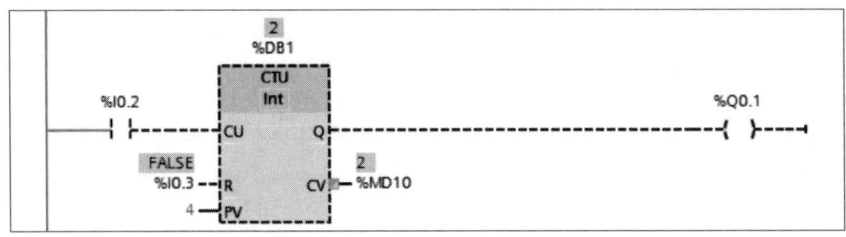

图 3 - 39　加计数器

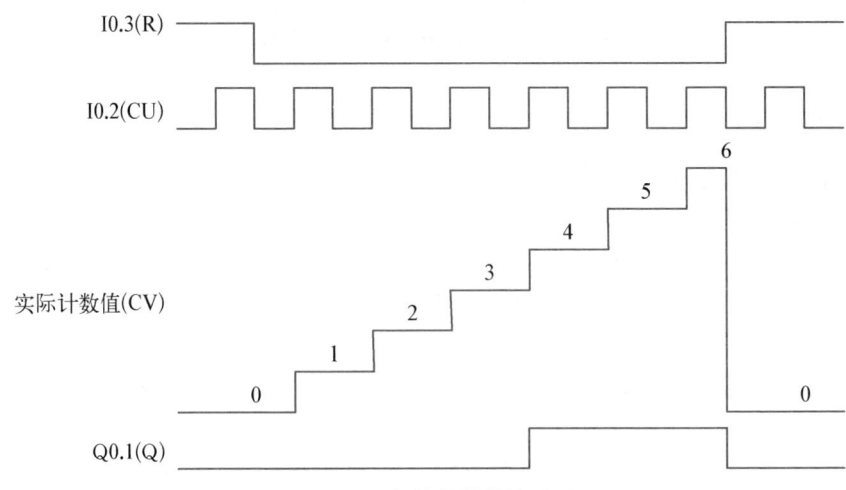

图 3 - 40　加计数器的波形图

各类计数器的复位输入端 R 为 1 状态时,计数器被复位,输出端 Q 变为 0 状态,CV 被清零。

3. 减计数器

减计数器如图 3 - 41 所示,其波形图如图 3 - 42 所示。

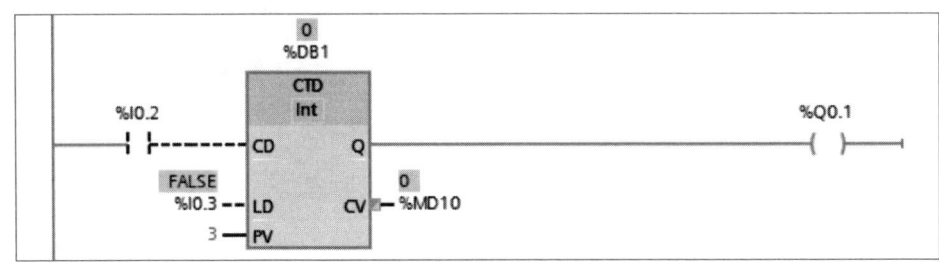

图 3 - 41　减计数器

减计数器的装载输入端 LD 为 1 状态时,输出端 Q 被复位为 0 状态,并把预置计数值 PV 的值装入 CV,在减计数输入端 CD 的上升沿,实际计数值 CV 减 1,直到 CV 达到指定的数据类型的下限值。此后 CD 端的输入状态变化不再起作用,CV 的值不再减小。

实际计数值 CV 小于零时,输出端 Q 为 1 状态,反之 Q 为 0 状态。第一次执行指令时,CV 被清零。

4. 加减计数器

加减计数器如图 3 - 43 所示,其波形图如图 3 - 44 所示。

在加计数输入端 CU 的上升沿,实际计数值 CV 加 1,直到 CV 达到指定的数据类型的上限值。达到上限值时,CV 的值不再增加。

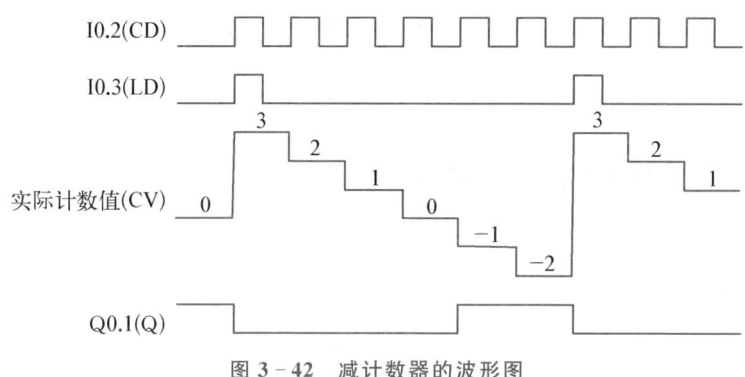

图 3-42 减计数器的波形图

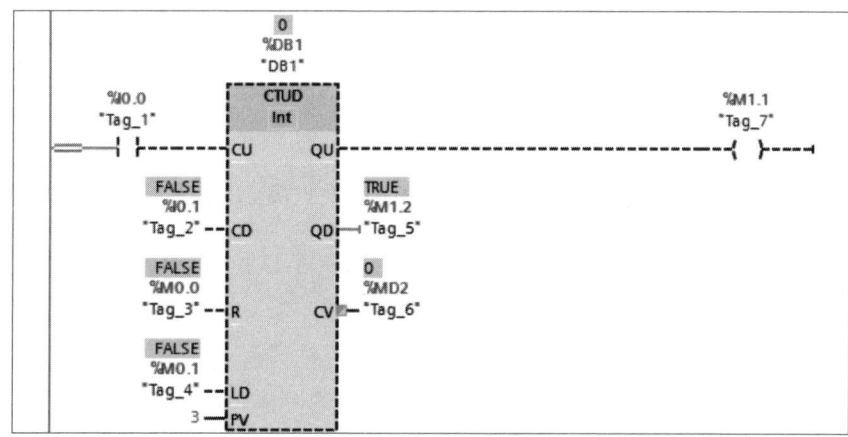

图 3-43 加减计数器

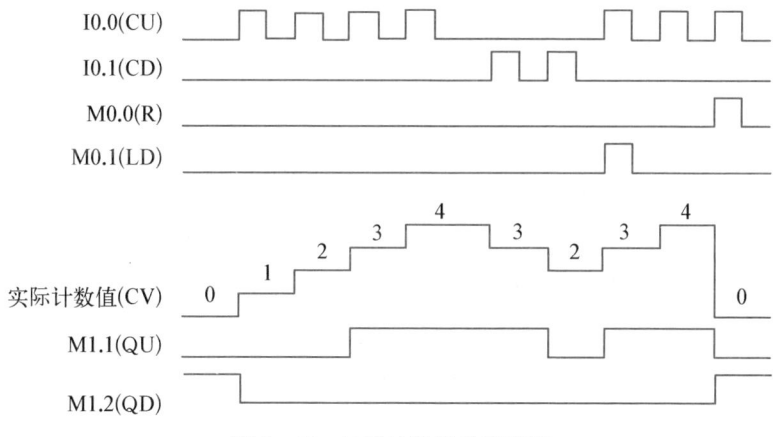

图 3-44 加减计数器的波形图

在减计数输入端 CD 的上升沿,实际计数值 CV 减 1,直到 CV 达到指定的数据类型的下限值。达到下限值时,CV 的值不再减小。

如果同时出现计数脉冲 CU 和 CD 的上升沿,CV 保持不变。CV 大于等于预置计数值 PV 时,输出端 QU 为 **1**,反之为 **0**。CV 小于等于零时,输出端 QD 为 **1**,反之为 **0**。

装载输入端 LD 为 **1** 状态时,预置计数值 PV 被装入实际计数值 CV,输出端 QU 变为 **1** 状态,QD 被复位为 **0** 状态。

复位输入端 R 为 **1** 状态时,计数器被复位。实际计数值 CV 被清零,输出 QU 变为 **0** 状态,QD 变为 **1** 状态。R 为 **1** 状态时,CU、CD 和 LD 将不再起作用。

任务 1 设计流水灯控制系统

一、任务目标

1. 掌握 S7 - 1200 PLC 位逻辑指令的应用。

2. 掌握 S7 - 1200 PLC 定时器的应用。

3. 掌握流水灯系统的控制。

二、控制要求

1. 控制 5 个指示灯。

2. 当按下开始按钮时,每秒钟点亮一个指示灯,依次点亮,并不断循环。当按下停止按钮时,灯全灭。

三、硬件设计

1. 硬件选型

硬件选型见表 3 - 6。

表 3 - 6 硬件选型

名　　称	型　　号
PLC	CPU 1214C DC/DC/DC
按钮	一佳　LA38 - 11BN
指示灯	AD16 - 16C

2. I/O 接口分配

根据控制要求列出所用的 I/O 接口,并为其分配相应的接口,见表 3 - 7。

表 3 - 7 I/O 接口分配表

输 入 信 号		输 出 信 号	
名　　称	接　口	名　　称	接　口
开始按钮 SB1	I0.0	1 号指示灯 HL1	Q0.0
停止按钮 SB2	I0.1	2 号指示灯 HL2	Q0.1
		3 号指示灯 HL3	Q0.2
		4 号指示灯 HL4	Q0.3
		5 号指示灯 HL5	Q0.4

3. 接线图

根据表 3 - 7 和任务控制要求,设计流水灯控制系统的 PLC 接线图,如图 3 - 45 所示。其中 1M 为 PLC 输入信号的公共端,3M 为 PLC 输出信号公共端。

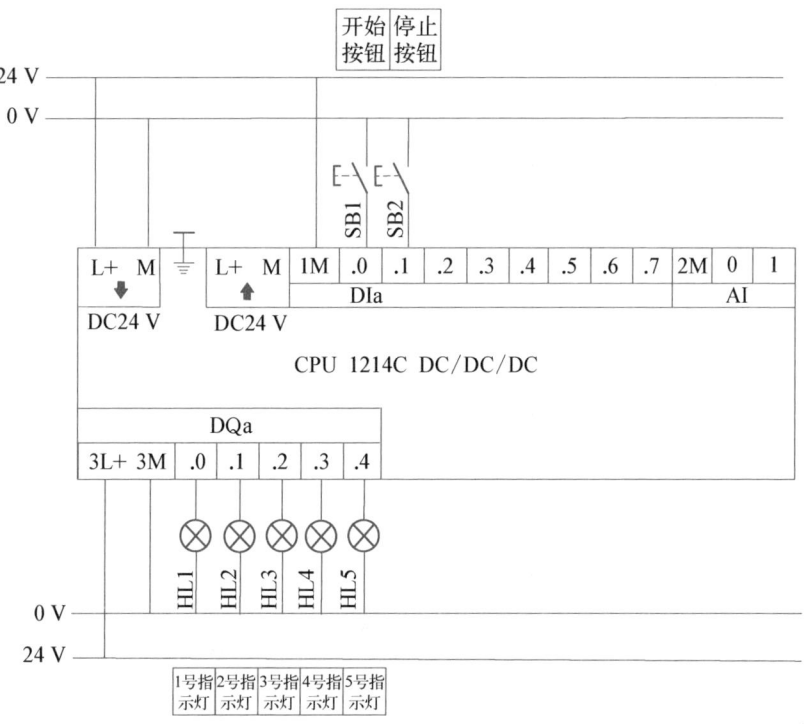

图 3 - 45 PLC 接线图

四、程序设计

1. 编程思想

本任务程序设计的重点在于流水灯顺序点亮和熄灭的时序变化,即合理使用定时器控制。

2. 程序设计分析

根据控制要求设计流水灯控制系统定时器时序梯形图程序,如图 3 - 46 所示。

3. 程序执行过程

(1) 点亮流水灯

按下开始按钮 SB1,输入信号 I0.0 为 **1**,内部辅助继电器 M0.0 得电,流水灯按定时要求依次点亮并循环。

(2) 停止流水灯

按下停止按钮 SB2,输入信号 I0.1 为 **1**,内部辅助继电器 M0.0 失电,流水灯停止工作。

4. 编程体会

本任务的程序设计重点在于定时器控制。本任务一共有 5 个指示灯,各灯循环点亮有 5 个间隔时间,因此需要 5 个定时器循环得电与失电,根据不同的间隔时间,给 5 个定时器设置不同的参数。

微视频:流水灯控制系统程序编制与调试

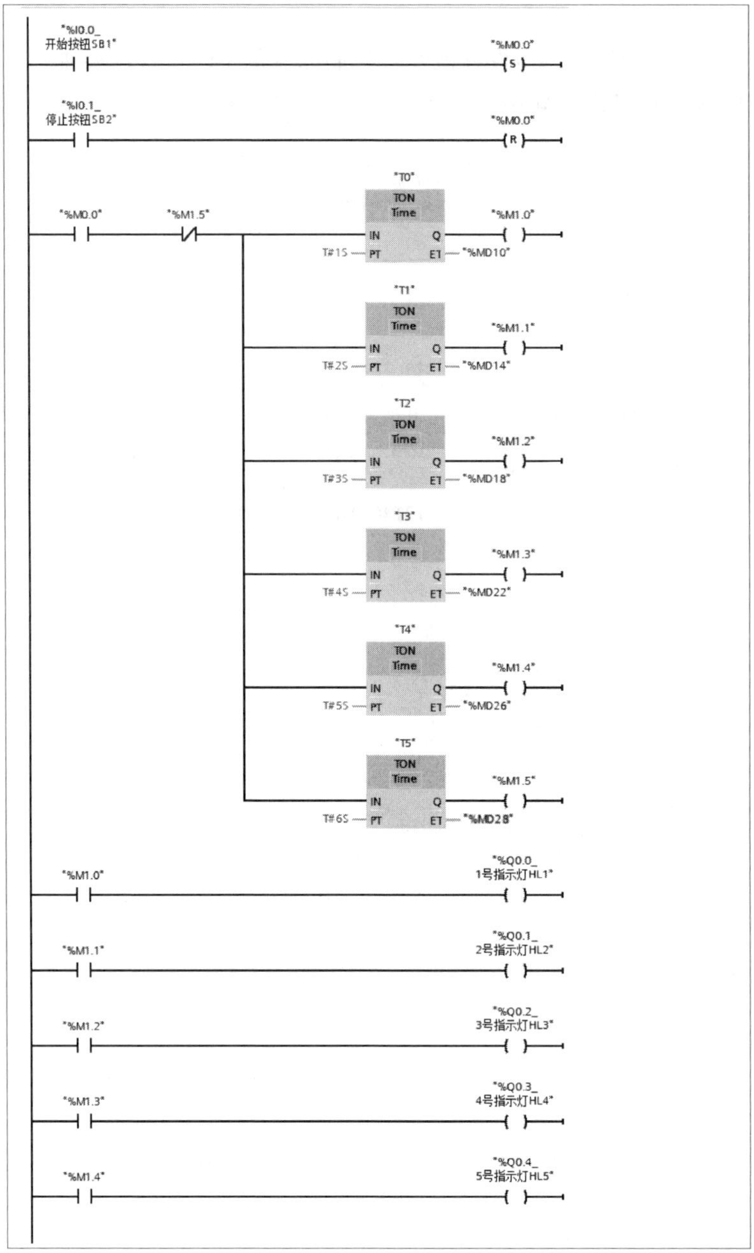

图 3 - 46   流水灯控制系统定时器时序梯形图程序

五、练习与提高

1. 有红绿黄 3 盏小灯,当按下开始按钮时,3 盏小灯每隔 2 s 轮流点亮并循环,当按下停止按钮时,3 盏小灯都熄灭。请画出接线图,并编写梯形图程序。

互动:项目
三任务 1 随
堂练习

2. 用 S7 - 1200 PLC 实现三相异步电动机△-Y起动控制。当按下起动按钮时,电动机起动主接触器 KM1 得电,Y接触器 KM2 得电,延时 5 s 后,Y接触器 KM2 失电,△接触器 KM3 得电,电动机正常运行。当按下停止按钮时,电动机立即停止。△-Y起动控制要求加软件和硬件互锁。请画出接线图,并编写梯形图程序。

任务 2　设计抢答器控制系统

一、任务目标

1. 掌握 S7 - 1200 PLC 梯形图程序的设计方法。
2. 掌握抢答器系统的控制。

二、控制要求

设计四人竞赛抢答器,要求如下:首先由主持人给出题目,并按下开始抢答按钮,开始抢答指示灯亮,可以开始抢答;先按下抢答按钮的选手,其对应的抢答指示灯亮;后按下抢答按钮的选手,其对应的抢答指示灯不亮。抢答结束后,主持人按下抢答器复位按钮,抢答指示灯熄灭。

在主持人未按下开始抢答按钮且开始抢答指示灯未亮之前,若选手按下抢答按钮,则抢答指示灯闪亮,表示犯规。

主持人按下复位按钮后,再次按下开始抢答按钮,系统又继续允许选手抢答,直至又有选手抢先按下抢答按钮。

三、硬件设计

1. 硬件选型

硬件选型见表 3 - 8。

表 3 - 8　硬件选型

名　　称	型　　号
PLC	CPU 1214C DC/DC/DC
按钮	一佳　LA38 - 11BN
指示灯	AD16 - 16C

2. I/O 接口分配

根据控制要求列出所用的 I/O 接口,并为其分配相应的接口,见表 3 - 9。

表 3 - 9　I/O 接口分配表

输 入 信 号		输 出 信 号	
名　　称	接　口	名　　称	接　口
开始抢答按钮 SB1	I0.0	开始抢答指示灯 HL1	Q0.0
1 号抢答按钮 SB2	I0.1	1 号抢答指示灯 HL2	Q0.1

续　表

输　入　信　号		输　出　信　号	
名　　称	接　口	名　　称	接　口
2 号抢答按钮 SB3	I0.2	2 号抢答指示灯 HL3	Q0.2
3 号抢答按钮 SB4	I0.3	3 号抢答指示灯 HL4	Q0.3
4 号抢答按钮 SB5	I0.4	4 号抢答指示灯 HL5	Q0.4
抢答器复位按钮 SB6	I0.5		

3. 接线图

根据表 3－9 和任务控制要求,设计抢答器控制系统的 PLC 接线图,如图 3－47 所示。其中 1M 为 PLC 输入信号的公共端,3M 为输出信号公共端。

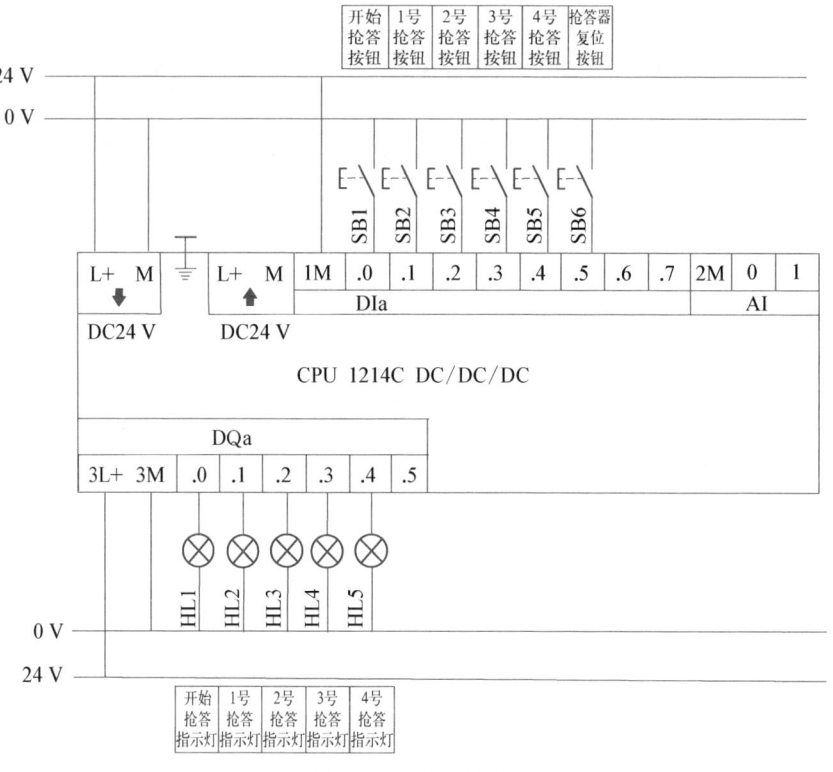

图 3－47　PLC 接线图

四、程序设计

1. 编程思想

本任务程序设计的重点在于各选手的抢答指示灯是在主持人按下开始抢答按钮的前提下才有效,而且在任一抢答信号生效之后,另外三个抢答信号均无效,因此四个抢答信号应联锁。

2. 程序设计分析

根据控制要求,设计四个抢答信号联锁部分梯形图程序,如图 3－48 所示。

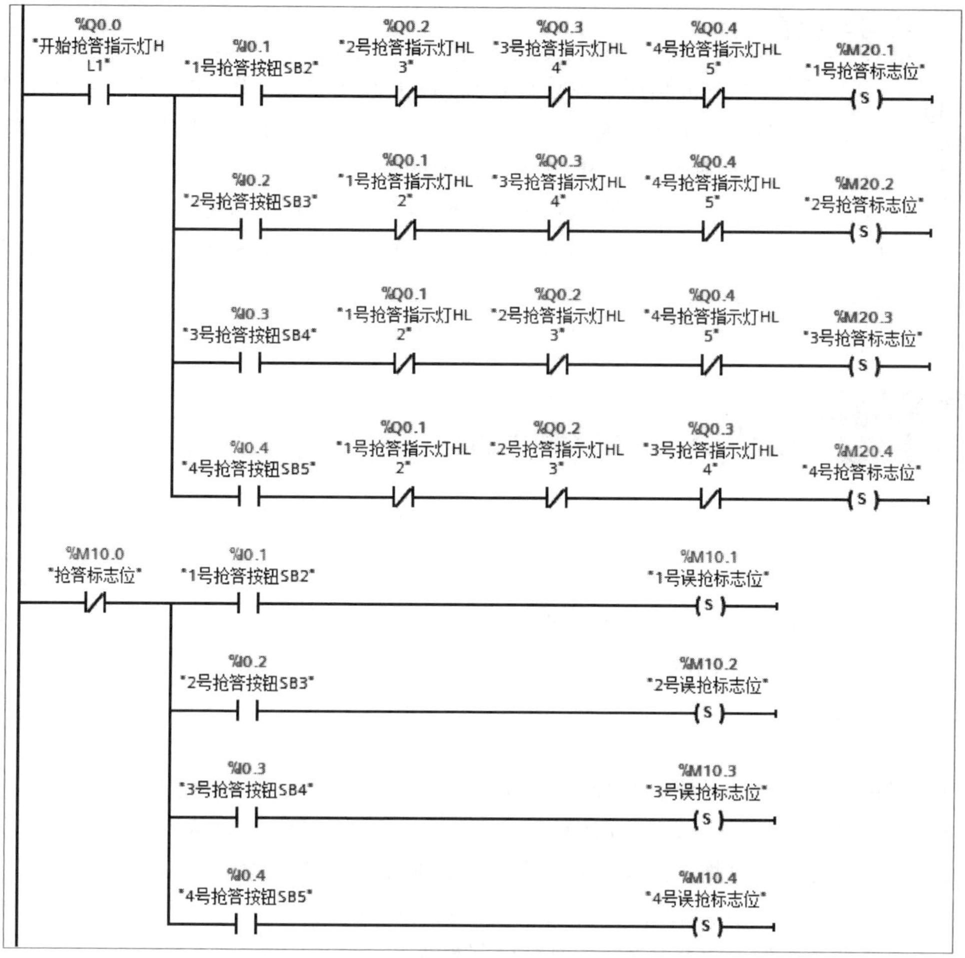

图 3‑48　四个抢答信号联锁部分梯形图程序

3. 程序执行过程

在开始抢答之前，主持人需按下开始抢答按钮 SB1，输入信号 I0.0 上升沿触发，在无选手抢答时，M1.0 置位为 1，其动合触点控制输出信号 Q0.0 为 1，开始抢答指示灯亮。如果 1 号选手抢答成功，输入信号 I0.1 触发，M0.1 为 1，其动合触点 M0.1 闭合，输出信号 Q0.1 为 1，1 号抢答指示灯亮，此次抢答有效。与此同时 M0.1 的动断触点断开，2 号、3 号和 4 号选手的抢答信号均无效。当主持人按下抢答器复位按钮，输入信号 I0.5 的动合触点闭合，使 M0.0 复位，输出信号 Q0.0、Q0.1 均为 0，开始抢答指示灯熄灭，表示一次抢答结束，等待下次抢答。2 号、3 号和 4 号选手与 1 号选手的抢答原理完全相同。

在主持人未按下开始抢答按钮之前，若有选手按下抢答按钮，以 1 号选手为例，输入信号 I0.1 的动合触点闭合，M0.1 为 1，其动合触点闭合，通过时钟脉冲信号，输出信号 Q0.1 导通并开始闪烁，表示其犯规，此次抢答无效。主持人按下抢答器复位按钮，使其抢答指示灯熄灭。

微视频：抢答器控制系统程序编制与调试

4. 编程体会

本任务的程序设计重点在于抢答信号与开始抢答信号之间的联锁关系。因为 PLC 的工作过程是循环扫描的，即使有两个信号同时有效，也不会出现两个信号同时被触发的情况。

五、练习与提高

互动：项目
三任务2随
堂测验

  1. 两台电动机顺序起动设计，要求按下起动按钮 SB1，电动机 M1 起动后，电动机 M2 才能起动；按下停止按钮 SB2，电动机 M1 先停止，松开按钮 SB2，电动机 M2 再停止。请画出接线图，并编写梯形图程序。

  2. 两条传输带为防止物料堆积，要求起动后2号传输带先运行5 s后1号传输带再运行，停机时1号传输带先停止，10 s后2号传输带才停止。请画出接线图，并编写梯形图程序。

任务3   设计交通灯控制系统

一、任务目标

1. 掌握 S7 - 1200 PLC 梯形图程序的设计方法。
2. 掌握交通灯系统的控制。

二、控制要求

  对十字路口的交通灯系统进行控制，要求如下：按下开始按钮，东西向红灯和南北向绿灯同时点亮，东西向红灯亮33 s，南北向绿灯亮30 s后熄灭，同时南北向黄灯闪烁3 s，而后南北向黄灯和东西向红灯同时熄灭。南北向红灯和东西向绿灯同时点亮，南北向红灯亮33 s，东西向绿灯亮30 s后熄灭，同时东西向黄灯闪烁3 s，而后东西向黄灯和南北向红灯同时熄灭。此后按上述规律循环。按下停止按钮，交通灯全部熄灭。

三、硬件设计

1. 硬件选型
硬件选型见表3 - 10。

表3 - 10   硬件选型

名　称	型　号
PLC	CPU 1214C DC/DC/DC
按钮	一佳　LA38 - 11BN
指示灯	AD16 - 16C

2. I/O 接口分配
根据控制要求确定 PLC 的 I/O 接口，I/O 接口分配见表3 - 11。

3. 接线图
根据表3 - 11和任务控制要求，设计交通灯控制系统的 PLC 接线图，如图3 - 49所示。其中 1M 为 PLC 输入信号的公共端，3M 为输出信号公共端。

表 3-11 I/O 接口分配表

输入信号		输出信号	
名　称	接　口	名　称	接　口
开始按钮 SB1	I0.0	东西向红灯 HL1	Q0.0
停止按钮 SB2	I0.1	南北向绿灯 HL2	Q0.1
		南北向黄灯 HL3	Q0.2
		南北向红灯 HL4	Q0.3
		东西向绿灯 HL5	Q0.4
		东西向黄灯 HL6	Q0.5

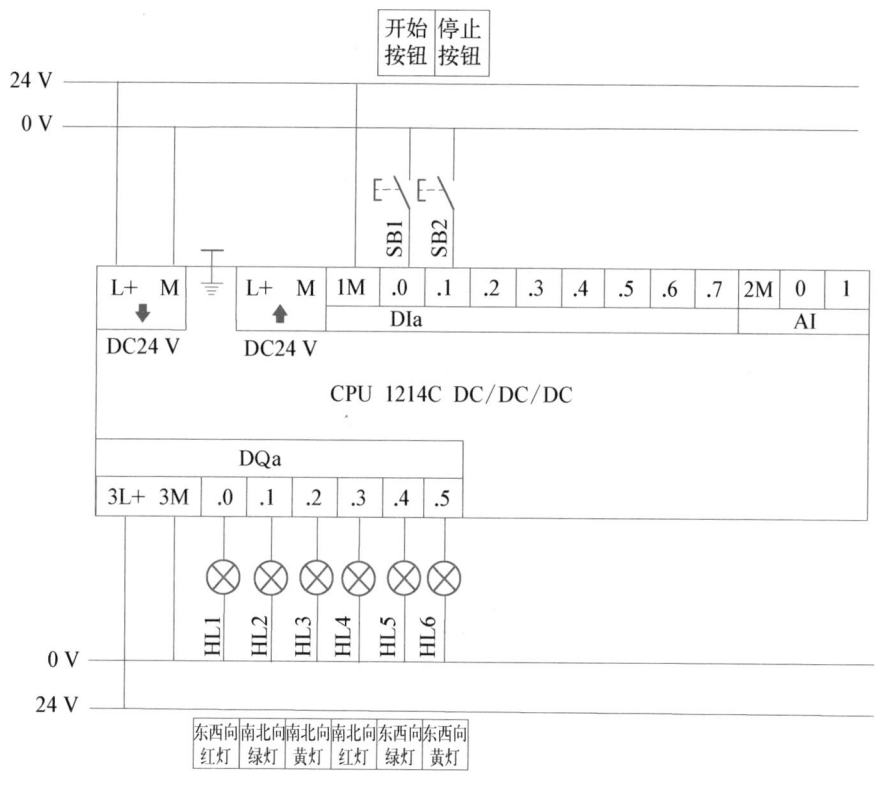

图 3-49　PLC 接线图

四、程序设计

1. 编程思想

本任务的程序设计首先要考虑东西方向和南北方向交通信号灯的工作时间,再考虑采用何种方法实现。

2. 程序设计分析

根据控制要求设计交通灯控制系统梯形图程序,如图 3-50a 和图 3-50b 所示。

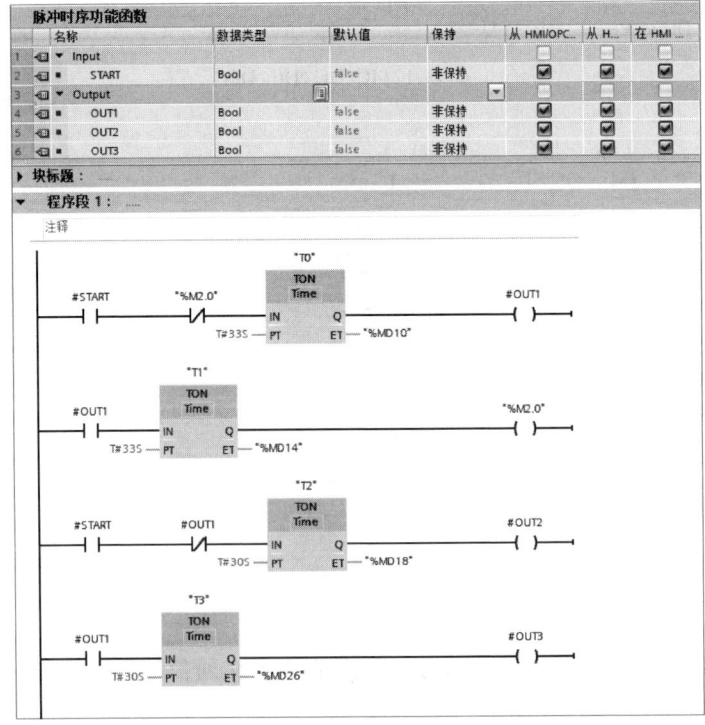

（a）交通灯控制系统主程序

（b）交通灯脉冲时序功能函数 FC

图 3 - 50　交通灯控制系统梯形图程序

3.程序执行过程

按下开始按钮 SB1,输入信号 I0.0 闭合,内部辅助继电器 M1.0 导通并自锁,通过 M1.0 触发定时器 DB1,由定时器 DB1 控制 M2.1,M2.1 得电后触发定时器 DB2 并控制 M2.0,M2.0 得电则断开定时器 DB1,通过这两个定时器,定义一个 33 s 导通和 33 s 截止的脉冲信号,再利用接通延时定时器得到 M2.2 和 M2.3 这两个不同时间的 3 s 脉冲信号。

利用 M2.1、M2.2 和 M2.3 信号的切换可以得到如图 3‑51 所示脉冲信号图。6 个信号灯的导通和断开信号由上述 3 个信号控制,闪烁信号利用系统自带的秒脉冲信号与 M0.7 组态设置来实现。

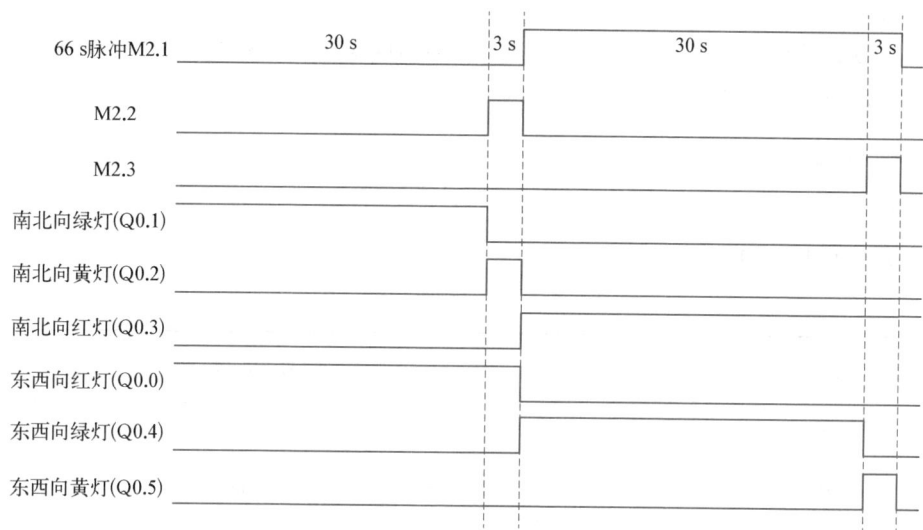

图 3‑51　脉冲信号图

4.编程体会

本实例利用接通延时定时器分割出需要的脉冲信号,程序结构清晰,易于理解。

五、练习与提高

设计一个交通灯控制系统,要求如下:开关闭合后,东西向绿灯亮 8 s 之后灭,黄灯亮 3 s 之后灭,红灯亮 10 s 之后闪 2 s 之后绿灯亮,如此循环,对应东西向绿灯和黄灯亮时,南北向红灯亮 9 s 之后闪 2 s,接着绿灯亮 9 s 之后灭,黄灯亮 3 s 之后灭,如此循环。当开关断开时,交通信号灯系统立刻停止工作。

微视频:交通灯控制系统程序编制与调试

互动:项目三任务 3 随堂练习

任务 4　设计全自动洗衣机控制系统

一、任务目标

1.掌握 S7‑1200 PLC 计数器指令的用法。

2.掌握全自动洗衣机控制系统的控制。

二、控制要求

1. 全自动洗衣机的控制过程

按下起动按钮,洗衣机开始进水,水满时(即水位到达高水位,高水位开关由 **0** 变为 **1**),停止进水。洗衣机开始正转洗涤,正转洗涤 30 s 后,暂停 3 s 开始反转洗涤。当正、反转洗涤的小循环过程达到 30 次后,开始排水。水位信号下降到低水位时(即低水位开关由 **1** 变为 **0**),开始脱水并继续排水,60 s 后脱水结束,即完成一次从进水到脱水的大循环过程。大循环完成 3 次后,进行洗涤结束报警。报警 10 s 后结束全部过程,洗衣机自动停机。

2. 电动机的控制要求

洗衣机的洗涤和脱水采用同一台双速电动机驱动,区别在于转速不同。洗涤时电动机转速为低速,脱水时电动机转速为高速。

三、硬件设计

1. 硬件选型

硬件选型见表 3-12。

表 3-12　硬件选型

名　　称	型号及参数
PLC	CPU 1214C DC/DC/DC
按钮	一佳　LA38-11BN
指示灯	AD16-16C
热继电器	JR36-20
继电器	MY2NJ JZX-22F(D)/2Z,DC24 V
电磁阀	2 W,DC24 V
蜂鸣器	AD16-16SM

2. I/O 接口分配

根据任务控制要求确定 PLC 的 I/O 接口,其 I/O 接口分配表见表 3-13。

表 3-13　I/O 接口分配表

输入信号		输出信号	
名　称	接口	名　称	接口
起动按钮 SB1	I0.0	正转继电器 KM1	Q0.0
停止按钮 SB2	I0.1	反转继电器 KM2	Q0.1
排水按钮 SB3	I0.2	洗涤继电器 KM3	Q0.2
高水位开关 SQ1	I0.3	脱水继电器 KM4	Q0.3

输 入 信 号		输 出 信 号	
名　称	接　口	名　称	接　口
低水位开关 SQ2	I0.4	进水电磁阀 YA1	Q0.4
过载保护 FR	I0.5	排水电磁阀 YA2	Q0.5
		报警蜂鸣器 HA	Q0.6

3. 接线图

根据表 3 – 13 和系统控制要求,设计全自动洗衣机控制系统的 PLC 接线图,如图 3 – 52 所示。其中 1M 为 PLC 输入信号的公共端,3M 为输出信号公共端。

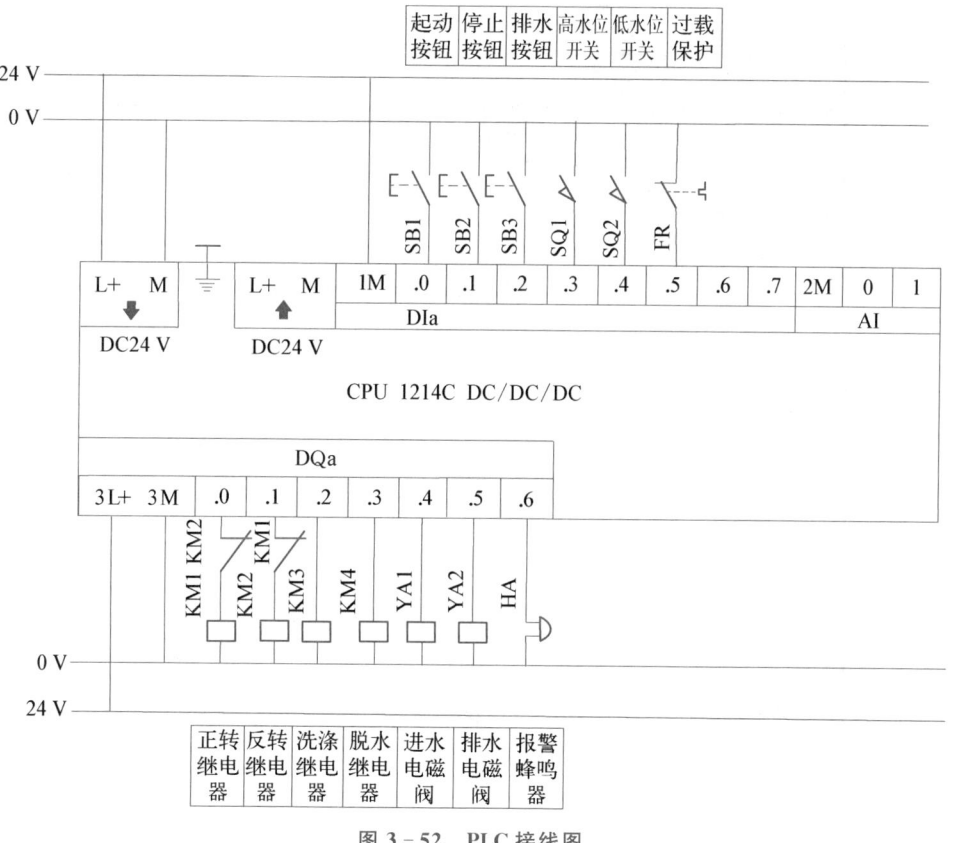

图 3 – 52　PLC 接线图

四、程序设计

1. 编程思想

本任务应根据时间的原则进行编程。洗涤循环次数由计数器来记录。

2. 程序设计分析

根据任务控制要求设计的小循环的洗涤次数记录梯形图程序如图 3 – 53 所示,大循环的洗涤次数记录梯形图程序如图 3 – 54 所示。

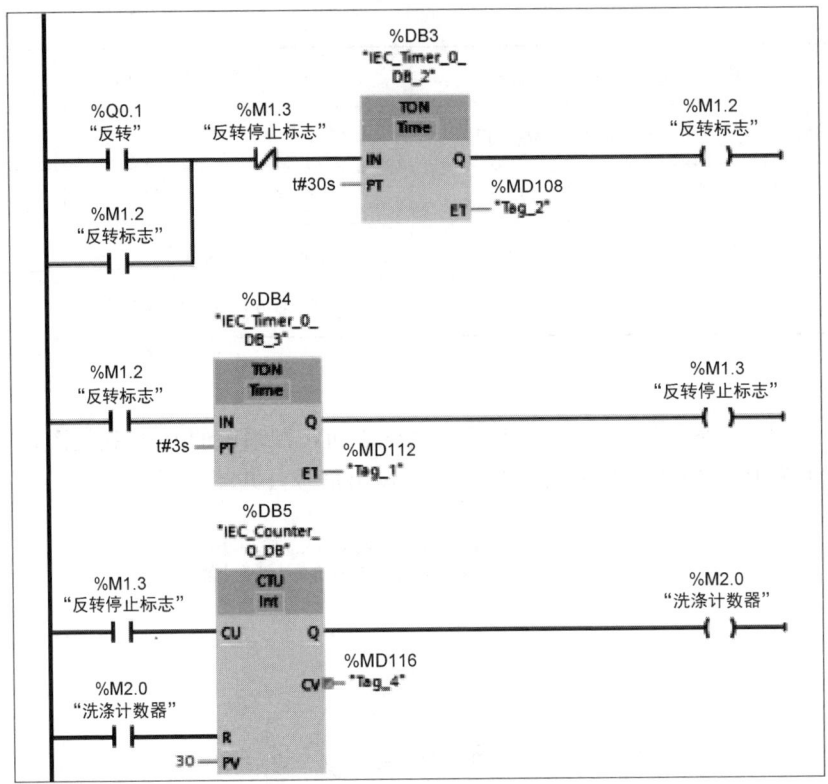

图 3 - 53　小循环的洗涤次数记录梯形图程序

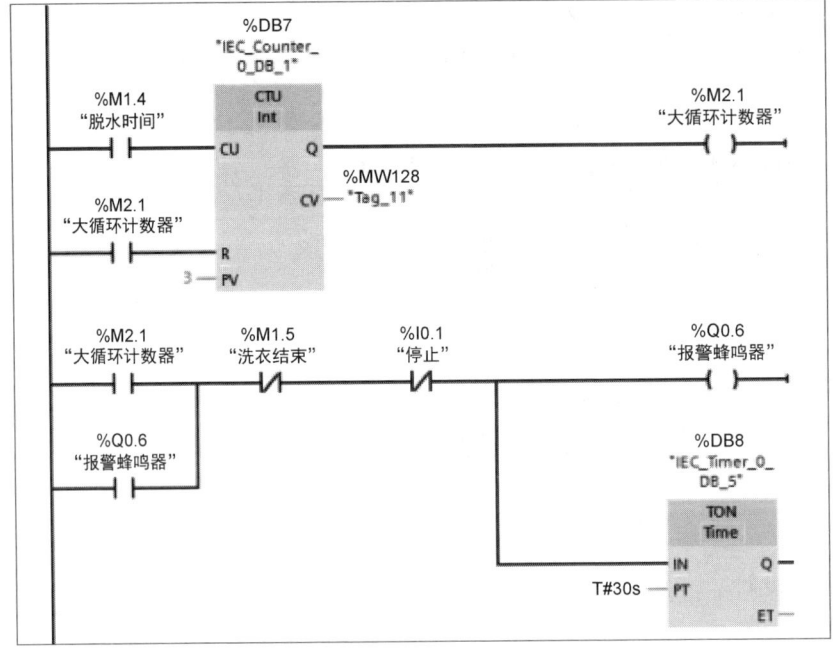

图 3 - 54　大循环的洗涤次数记录梯形图程序

3. 程序执行过程

按下起动按钮 SB1,输入信号 I0.0 为 1,输出信号 Q0.4 触发,进水电磁阀 YA1 得电,洗衣机开始进水,水满时(即水位到达高水位,高水位开关由 0 变为 1,此时输入信号 I0.3 为 1),进水电磁阀 YA1 断开,停止进水;同时输出信号 Q0.0 和 Q0.2 触发,洗衣机开始正转洗涤,正转定时器开始工作,正转 30 s 后,Q0.0 和 Q0.2 断开,洗衣机处于暂停状态,正转暂停定时器开始工作,3 s 后 Q0.1 和 Q0.2 触发,洗衣机开始反转洗涤,反转定时器开始工作,反转洗涤 30 s 后,Q0.1 和 Q0.2 断开,洗衣机暂停工作,反转暂停定时器开始工作,3 s 后又开始正转洗涤,同时计数器 DB5 加 1,如此进行小循环 30 次。当正、反转洗涤达到 30 次后,计数器 DB5 控制输出信号 Q0.5 触发,排水电磁阀 YA2 得电,洗衣机开始排水,水位信号下降到低水位时(低水位开关输入信号 I0.4 由 **1** 变为 **0**),输出信号 Q0.0 和 Q0.3 触发,洗衣机开始高速正转,开始脱水并继续排水;同时脱水定时器开始工作,定时 60 s 后,输出信号 Q0.0、Q0.3 和 Q0.5 断开,脱水结束,同时计数器 DB1 加 1,即完成一次从进水到脱水的大循环过程。大循环完成 3 次后,输出信号 Q0.6 触发,控制报警蜂鸣器 HA 得电,进行洗涤结束报警,10 s 后报警结束,整个洗涤过程结束。

4. 编程体会

在本任务的程序设计中,为了保证全自动洗衣机控制程序中计数器准确记录洗涤的循环次数,还可以增加通过 PLC 的初始化脉冲上电复位的环节。另外还应注意水位信号的开关状态对程序运行结果的影响。

五、练习与提高

1. 用 1 个按钮控制 1 盏灯,当按钮按 4 次时灯点亮,再按 2 次时灯熄灭。请写出 I/O 接口分配表,画出接线图并用 PLC 编写程序。

2. 用 PLC 程序对饮料生产线上的盒装饮料进行计数,计数输入信号为 I0.0,该饮料 16 盒/箱,每计数 16 次(1 箱)打包装置(Q0.0)动作 5 s。请写出 I/O 接口分配表,画出接线图并用 PLC 编写程序。

互动:项目三任务 4 随堂练习　　互动:项目三单元测验

 虚拟场景联调

本项目通过多个虚拟场景来练习 S7－1200 PLC 的逻辑指令的使用,真实还原了设备的实际工作过程,解决在 PLC 学习中"没有设备""用不好""成本高"等难题。

流水灯控制系统虚拟场景如图 3－55 所示。

微视频:流水灯控制系统虚拟场景程序联调

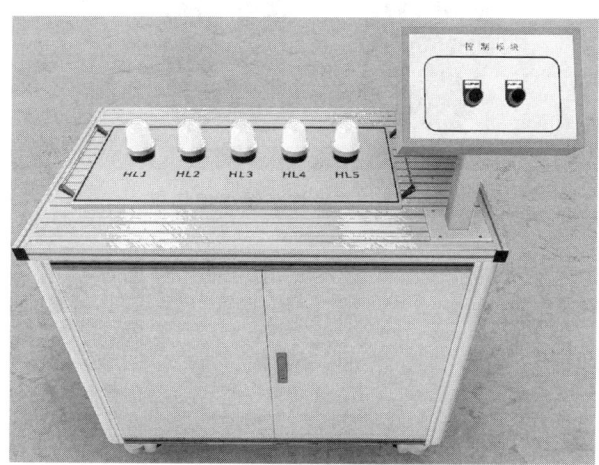

图 3－55　流水灯控制系统虚拟场景

虚拟场景:流水灯控制系统下载

例程:流水灯控制系统下载

抢答器控制系统虚拟场景如图 3 - 56 所示。

图 3 - 56　抢答器系统虚拟场景

微视频：抢
答器控制系
统虚拟场景
程序联调

虚拟场景：
抢答器控制
系统下载

例程：抢答
器控制系统
下载

交通灯控制系统虚拟场景如图 3 - 57 所示。

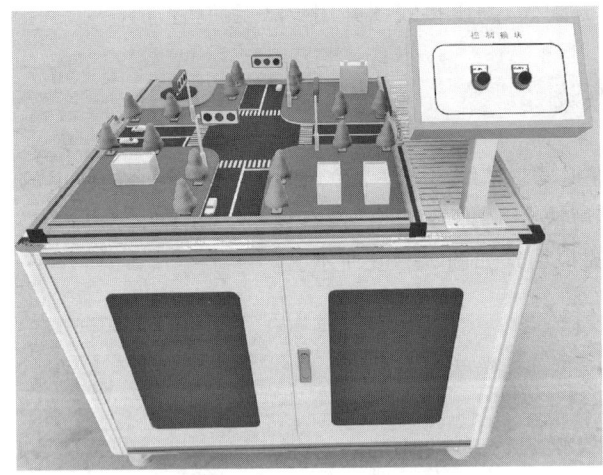

图 3 - 57　交通灯系统虚拟场景

微视频：交
通灯控制系
统虚拟场景
程序联调

虚拟场景：
交通灯控制
系统下载

例程：交通
灯控制系统
下载

全自动洗衣机控制系统虚拟场景如图 3－58 所示。

图 3－58　全自动洗衣机控制系统虚拟场景

微视频：全自动洗衣机控制系统虚拟场景程序联调

虚拟场景：全自动洗衣机控制系统下载

例程：全自动洗衣机控制系统下载

项目四　S7－1200 PLC 的顺序控制应用

项目描述

　　本项目将介绍顺序控制和气动控制的基本方法。通过设计机械手控制系统，大、小球分拣控制系统，十字路口交通灯控制系统等任务，使学生熟悉 S7－1200 PLC 的顺序控制应用。

任务准备

知识点 1　顺序控制设计法与顺序功能流程图

　　PLC 梯形图程序设计一般有两种方法。一种是基于继电器-接触器控制系统的经验设计法。该种方法没有一套固定的步骤可以遵循，具有很大的试探性和随意性，对于不同的控制系统，没有一种通用易学的设计方法。在设计复杂系统的梯形图时，经验设计法需要用大量的中间元件来完成记忆、互锁等功能。由于需要考虑的因素有很多，这些因素往往又交织在一起，使得分析与设计非常困难，并且很容易出现遗漏。即使非常有经验的工程师，也很难设计出一次成功的程序，因此设计完成后需要模拟调试或在现场调试，待发现问题后再针对问题对程序进行修改。PLC 梯形图程序设计的另一种方法是顺序控制设计法，它是一种先进的设计方法，很容易被初学者接受。对于有经验的工程师，使用顺序控制设计法也会提高设计的效率，节约大量的设计时间，程序的调试、修改和识读也很方便。

　　所谓顺序控制，就是按照生产工艺预先规定的顺序，在各个输入信号的作用下，根据内部状态和时间的顺序，使各个执行机构在生产过程中自动地执行各自的操作。顺序控制设计法用转换条件控制代表各步的编程元件，让它们的状态按一定的顺序变化，然后用代表各步的编程元件去控制 PLC 的各输出位。

　　顺序功能流程图（sequential function chart，SFC）是描述控制系统的控制过程、功能和特性的一种图形，也是设计 PLC 的顺序控制程序的有力工具。它不涉及所描述的控制功能的具体技术，而是一种通用的技术语言，可以供进一步设计和不同专业的人员之间进行技术交流。

　　顺序功能流程图是 IEC 61131－3 定义的五种编程语言之一，有的 PLC 为用户提供了顺序功能流程图编程语言，例如 S7－300 PLC 和 S7－400 PLC 的 S7 Graph 语言，在编程软件中生成顺序功能流程图后便完成了编程工作。而很多 PLC（包括 S7－1200 PLC）没有配备顺序功能流程图编程语言，但是可以用顺序功能流程图来描述系统的功能，根据它来设计梯形图程序。

　　顺序功能流程图语言设计时根据转移条件对控制系统的功能流程顺序进行分配，一步一步地按照顺序动作。每一步代表一个控制功能任务,用方框表示。在方框内含有用于完成相应控制功能任务的梯形图逻辑。

一、顺序功能流程图语言的基本元素

顺序功能流程图语言的基本元素有步、有向连线、转换和转换条件等,如图 4－1 所示。

1. 步

顺序控制设计法最基本的思想是将系统的一个工作周期划分为若干个顺序相连的阶段,这些阶段称为步(Step),并用编程元件(例如位存储器 M)来代表各步。步是由输出量的状态变化来划分的,在任何一步之内,各输出量的状态不变,但是相邻两步输出量总的状态是不同的,步的这种划分方法使代表各步的编程元件的状态与各输出量的状态之间有着极为简单的逻辑关系。在顺序功能流程图中,有初始步、活动步及不活动步这几个概念。

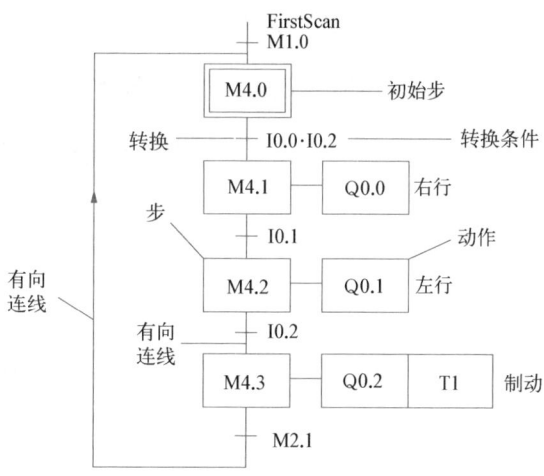

注:FirstScan 表示首次循环,是顺序功能流程图的开始

图 4－1 顺序功能流程图的基本元素

(1) 初始步。与系统的初始状态相对应的步称为初始步,初始状态一般是系统等待启动命令的相对静止的状态。初始步用双线方框表示,每一个顺序功能流程图至少应该有一个初始步,如图 4－1 中的 M4.0 所示。

(2) 活动步与不活动步。当系统正处于某一步所在的阶段时,该步处于活动状态,称该步为"活动步"。步处于活动状态时,则执行相应的动作;处于不活动状态时,则停止执行非存储型动作。

2. 有向连线

在顺序功能流程图中,随着时间的推移和转换条件的实现,将会发生步的活动状态的进展,这种进展按有向连线规定的路线和方向进行。在画顺序功能流程图时,将代表各步的方框按它们成为活动步的先后次序顺序排列,并用有向连线将它们连接起来。步的活动状态进展方向按习惯上是从上到下或从左至右,因此这两个方向上有向连线的箭头可以省略。如果不是上述的方向,则应在有向连线上用箭头注明进展方向。为了更易于理解,在可以省略箭头的有向连线上也可加上箭头。

如果在画图时,有向连线必须中断(例如在复杂的图中,或用几个图来表示一个顺序功能流程图时),应在有向连线中断之处标明下一步的标号和所在的页数,例如"步 35、第 3 页"。

3. 转换和转换条件

转换用有向连线上与有向连线垂直的短划线(又称转换符号)来表示,它将相邻两步分隔开。步的活动状态的进展是由转换的实现来完成的,并与控制过程的发展相对应。

使系统由当前步进入下一步的信号称为转换条件,转换条件可以是外部的输入信号,例如按钮、指令开关、限位开关的闭合或断开等,也可以是 PLC 内部产生的信号,例如定时器、计数器动合触点的闭合等,转换条件还可以是若干个信号的**与、或、非**逻辑组合。

转换条件可以用文字语言、布尔代数表达式或图形符号标注在表示转换的短线旁,使用最多的转换条件表达方式是布尔代数表达式,如图 4－1 所示。

转换条件 I0.0·I0.2 表示当输入信号 I0.0 和 I0.2 皆为 **1** 状态时,转换实现。

在顺序功能流程图中,只有当某一步的前级步是活动步时,该步才有可能变成活动步。如果用没有断电保持功能的编程元件来代表各步,进入"RUN"模式时,它们均处于 **0** 状态。

在对 CPU 组态时如果设置默认的 MB1 为系统存储器字节,则必须用开机时接通一个扫描周期的 M1.0 的动合触点作为转换条件,将初始步预置为活动步,否则因为顺序功能流程图中没有活动步,系统将无法工作。

二、顺序功能流程图的基本结构

顺序功能流程图的基本结构有单序列、选择序列和并行序列,如图 4 - 2 所示。

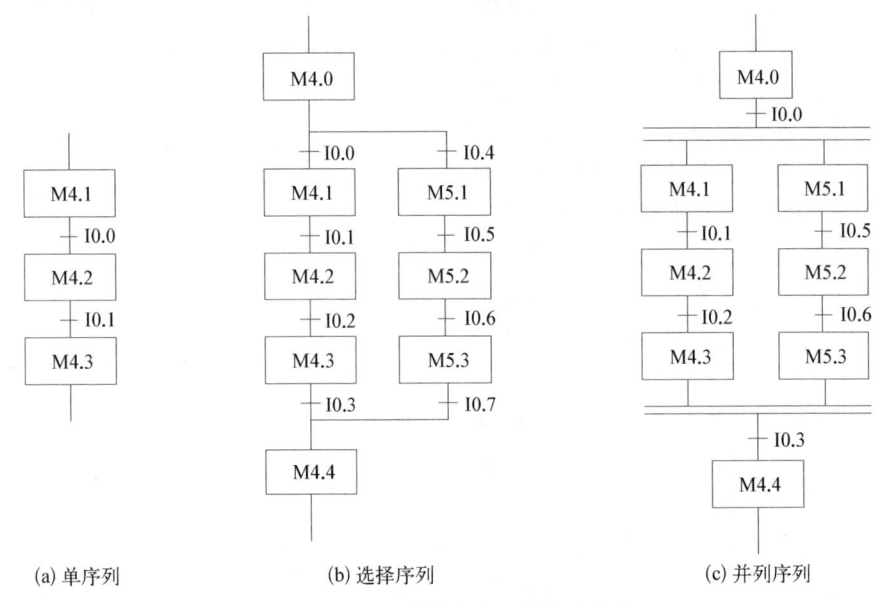

(a) 单序列   (b) 选择序列   (c) 并列序列

图 4 - 2   顺序功能流程图的基本结构

1. 单序列

单序列由一系列相继激活的步组成,每一步的后面仅有一个转换,每一个转换的后面只有一个步,如图 4 - 2a 所示。单序列的特点是没有下述的分支与合并。

2. 选择序列

选择序列的开始称为分支,如图 4 - 2b 所示,转换符号必须标在分支水平连线之下。如果步 M4.0 是活动步,并且转换条件 I0.0 为 **1** 状态,则发生步 M4.1→步 M4.3 的进展。选择序列一般只允许同时选择一个序列。

选择序列的结束称为合并,如图 4 - 2b 所示,几个选择序列合并到一个公共序列时,用需要重新组合的序列相同数量的转换符号和水平连线来表示,转换符号只允许标在水平连线之上。如果步 M4.3 是活动步,并且转换条件 I0.3 为 **1** 状态,则发生步 M4.3→步 M4.4 的进展。如果步 M5.3 是活动步,并且 I0.7 为 **1** 状态,则发生步 M5.3→步 M4.4 的进展。

3. 并行序列

并行序列的开始称为分支,如图 4 - 2c 所示,当转换的实现导致几个序列同时激活时,这些序列称为并行序列。当步 M4.0 是活动步,并且转换条件 I0.0 为 **1** 状态,步 M4.1 和步 M5.1 同时变为活动步,同时步 M4.0 变为不活动步。为了强调转换的同步实现,水平连线用双线表示。步 M4.1 和步 M5.1 被同时激活后,每个序列中活动步的进展将是独立的。在表示分支的水平双线之上,只允许有一个转换符号。并行序列用来表示系统的几个同时工作的独立部分的工作情况。并行序列的结束称为合并,如图 4-2c 所示,在表示同步的水平双线之下,只允许有一个转换符号。

当直接连在双线上的所有前级步(步 M4.3 和步 M5.3)都处于活动状态,并且转换条件 I0.3 为 **1** 状态时,才会发生(步 M4.3 和步 M5.3)→步 M4.4 的进展,即步 M4.3 和步 M5.3 同时变为不活动步,而步 M4.4 变为活动步。

知识点2　使用置位指令和复位指令的梯形图顺序控制设计法

一、基本原理

在顺序功能流程图中,如果某一转换所有的前级步都是活动步,并且满足相应的转换条件,则转换实现。即该转换所有的后续步都变为活动步,该转换所有的前级步都变为不活动步。用该转换所有前级步对应的存储器位的动合触点与转换对应的触点或电路串联,来使所有后续步对应的存储器位置位,并使所有前级步对应的存储器位复位。置位和复位操作分别使用置位指令和复位指令。在任何情况下,代表步的存储器位的控制电路都可以用这一原则来设计,每一个转换对应一个这样的控制置位和复位的电路块,有多少个转换就有多少个这样的电路块。这种设计方法特别有规律,梯形图与转换实现的基本规则之间有着严格的对应关系,在设计复杂的程序时既容易编程,又不容易出错。

二、编程方法应用举例

1. 单序列的实现

以图 4-2a 所示的单序列顺序功能流程图为例,假设前级步 M4.1 是活动步(M4.1 为 1 状态),在梯形图中,用 M4.1 和 I0.0 的动合触点组成的串联电路来表示转换条件,当 I0.0 接通,将转换的后续步 M4.2 变为活动步,即用置位指令将 M4.2 置位,同时还应将该转换的前级步变为不活动步,即用复位指令将 M4.1 复位。用上述的方法编写其他各步,对应程序如图 4-3 所示。

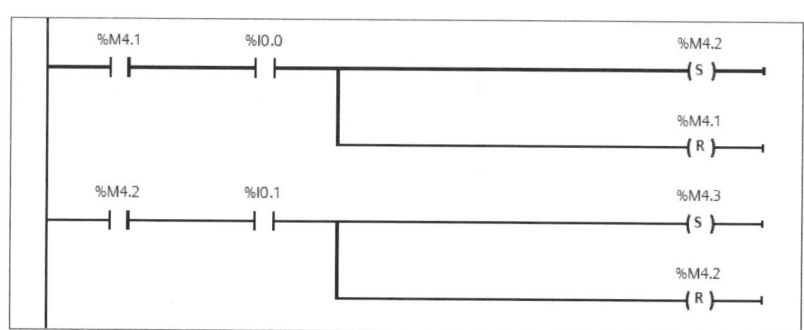

图 4-3　单序列顺序功能流程图的对应程序

2. 选择序列的实现

以如图 4-2b 所示的选择序列顺序功能流程图为例,要实现选择功能,假设前级步 M4.0 为活动步,用 M4.0 分别和 I0.0、I0.4 组成串联电路,当 I0.0 接通时,置位后续步 M4.1,复位前级步 M4.0。当 I0.4 接通时,置位后续步 M5.1,复位前级步 M4.0,从而实现选择功能转换,对应程序如图 4 - 4 所示。一般情况下,选择分支不能同时执行,所以对两个串联电路加互锁保护。改进后的对应程序如图 4 - 5 所示。

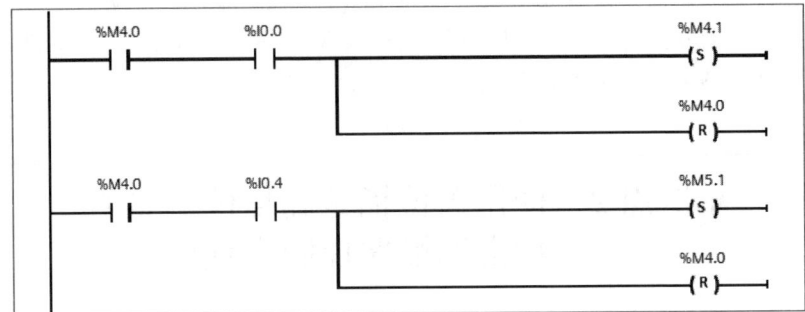

图 4 - 4　选择序列顺序功能流程图的对应程序

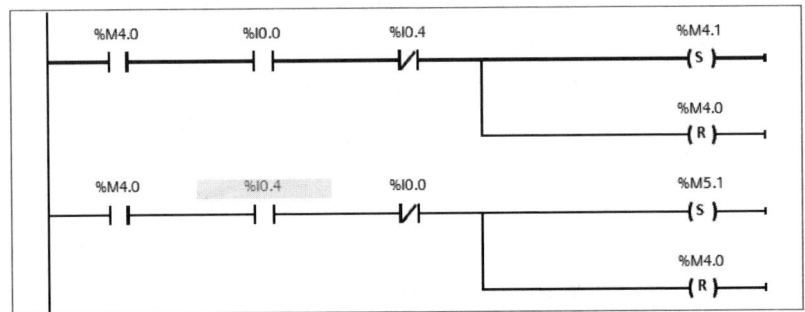

图 4 - 5　改进后的选择序列顺序功能流程图的对应程序

3. 并行序列的实现

以如图 4 - 2c 所示的并行序列顺序功能流程图为例,要实现并行分支功能,假设前级步 M4.0 为活动步,用 M4.0 和 I0.0 组成串联电路,当 I0.0 接通,置位后续步 M4.1 和 M5.1,复位前级步 M4.0,从而实现并行分支功能转换,对应程序如图 4 - 6 所示。

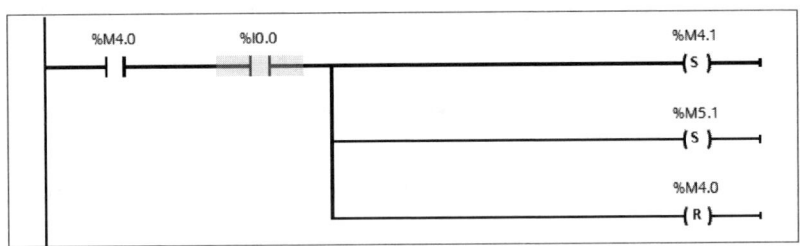

图 4 - 6　并行序列分支的对应程序

当两条分支 M4.3 和 M5.3 都处于活动步,且转换条件 I0.3 接通时,置位后续步 M4.4,复位前级步 M4.3 和 M5.3,从而实现合并分支功能转换,对应程序如图 4 - 7 所示。

4. 使用定时器作为转换条件的设计方法

在前级步动合触点 M4.4 和定时器 DB1 组成串联电路,置位后续步 M4.5,复位前级步 M4.4,对应程序如图 4 - 8 所示。

5. 输出位的处理

S7 - 1200 PLC 使用顺序控制设计法时,输出位的线圈处理一般有两种方法。

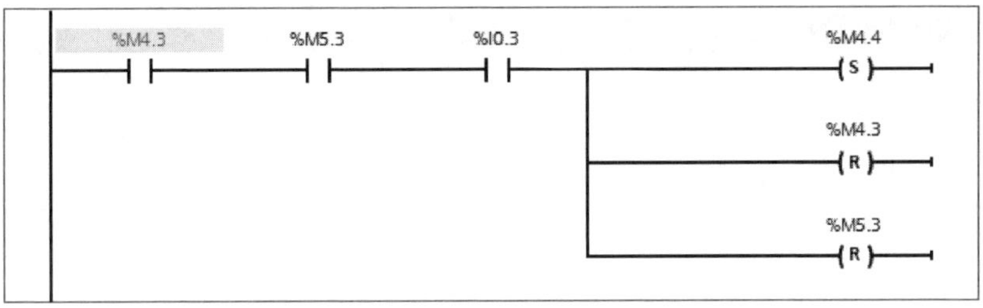

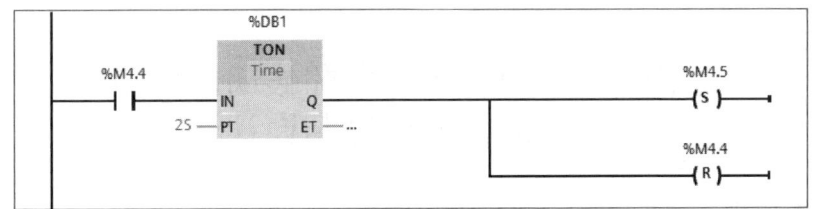

图 4-7　并行序列合并的对应程序

图 4-8　使用定时器作为转换条件的对应程序

　　方法一是把输出线圈接在步元件后面，同时把转换条件和转换目标也接在该步元件后面，如图 4-9 所示。采用这种方法设计编写程序时，把步、动作、转移条件和转移目标放在一个程序段里。但这种处理方法要特别注意双线圈的问题，可以对输出位采用置位复位的办法解决，或者采用合并输出的办法解决。

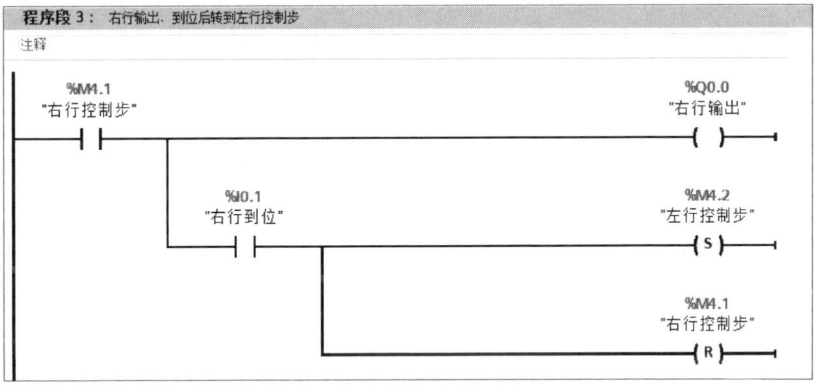

图 4-9　输出位的处理方法 1

　　方法二是根据工艺要求先设计好流程图，然后再设计步和动作，如图 4-10 所示。这种设计方法把步、转移条件、转移目标和动作分开。

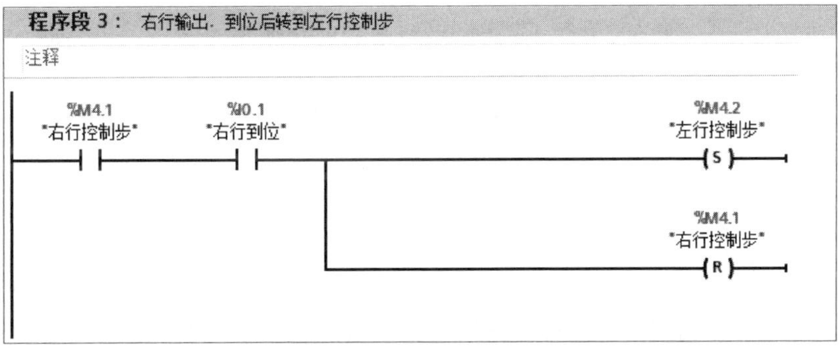

图 4 - 10　输出位的处理方法 2

知识点 3　使用等于指令和移动值指令的梯形图顺序控制设计法

一、基本原理

设计的程序较为复杂时,采用置位复位指令需要用到大量的软元件作为步标志,同时在调试时需要找到程序执行到哪个激活步,给编程、调试、维修带来了很大的不便,因此,我们采用等于指令和移动值指令来设计编写顺序功能流程图程序,如图 4 - 11 所示。

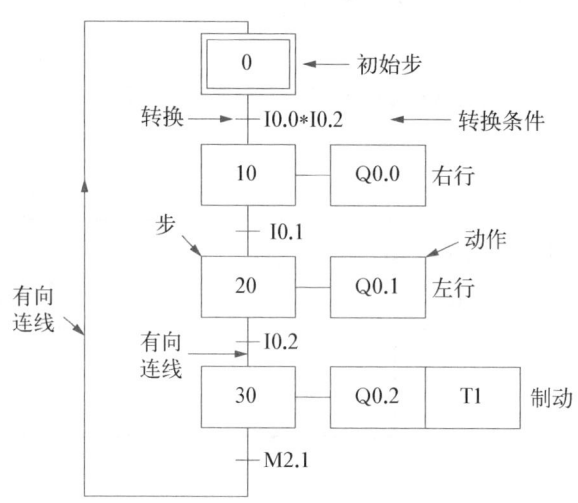

图 4 - 11　使用等于指令和移动值指令的顺序功能流程图

顺序功能流程图里的各步可直接用数字来表示,本例中数字每步以 10 为增长,可以方便在后期调试中需要插入新的步号而预留空挡(建议采用)。为了能激活当前步,采用等于指令,使用一个"步号"寄存器,当它的值等于当前步号,则当前步激活。例如"步号"寄存器为 10,则第 10 步激活。

在当前步里,当转换条件成立,移动值指令会把要转到新的步号的值送给"步号"寄存器,当前步的等于指令因"步号"寄存器和步号值不相等而关断,待到新的步号又因相等而激活,实现了步的流转。

二、编写方法

使用等于指令和移动值指令的梯形图顺序控制设计法和使用置位指令和复位指令的梯形

图顺序控制设计法原理是一致的,这里用"等于"指令代替了原来的步元件,用"移动值"指令代替了置位复位指令,如图 4－12 和图 4－13 所示。

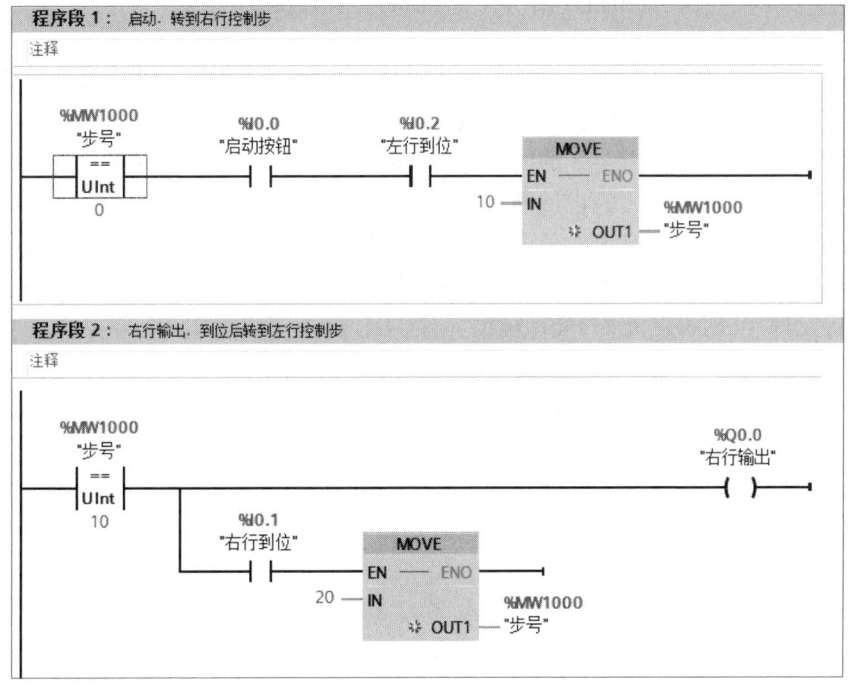

图 4－12　用等于指令和移动值指令设计的顺序功能流程图 1

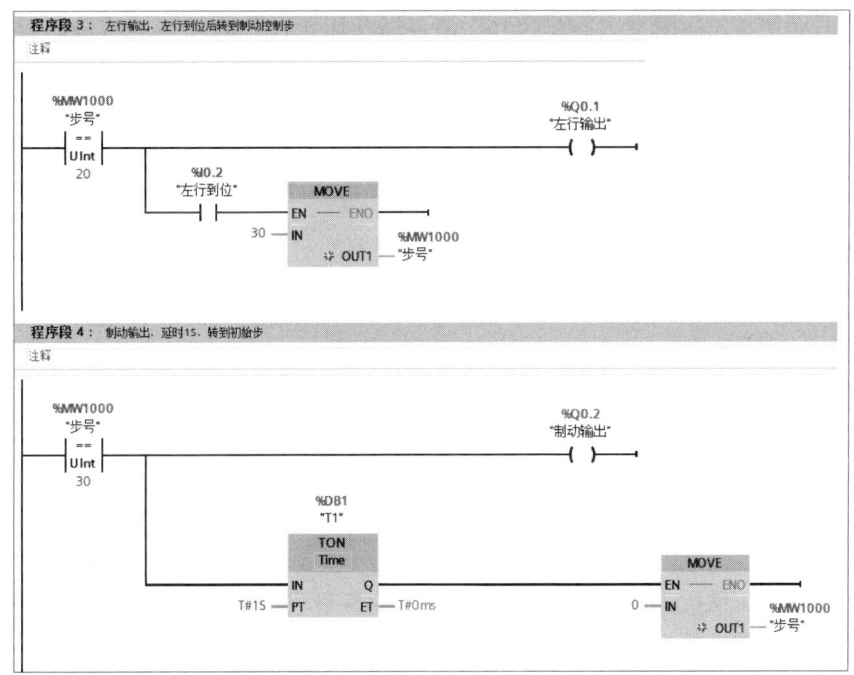

图 4－13　用等于指令和移动值指令设计的顺序功能流程图 2

因步号寄存器的初始值为零,所以初始步处于激活状态。如果设计程序时不想初始状态处于激活状态,可以将比较值的起始值设定为 1,这样初始步状态会因等于条件不成立而不激活。

知识点 4　气动控制基础

气动(pneumatic)是"气动技术"和"气压传动与控制"的简称,它是以压缩空气为工作介质进行能量传递和信号传递的一门技术。气压传动的工作原理是利用空气压缩机把电动机或其他原动机输出的机械能转化为空气的内能,然后在控制元件的作用下,通过执行元件把内能转换为直线运动或回转运动形式的机械能,从而完成各种动作,并对外做功。

气动技术在工业生产中应用十分广泛,它可以应用于包装、进给、计量、物料的输送、工件的转动、翻转与分类等场合,还可用于车、铣、钻、锯等机械加工过程。气动系统一般由动力元件、气动执行元件、气动控制元件、气动辅助元件、工作介质等组成。

1. 动力元件

动力元件的主体部分是空气压缩机,它将原动机(如电动机)供给的机械能转化为气体的内能,为各类气动设备提供动力。

2. 气动执行元件

气动执行元件包括各种气缸和气动马达其功用是将气体的内能转化为机械能,带动工作部件做功。

3. 气动控制元件

气动控制元件包括各种阀,如各种压力控制阀、方向控制阀、节流阀等,用以控制压缩空气的压力、流量和流动方向,进而执行元件的工作程序,以便使执行元件完成预定的运动。

4. 气动辅助元件

气动辅助元件是使压缩空气净化、润滑、消声以及用于元件间连接等所需的装置,如各种冷却器、储气罐、干燥器、油雾器及消声器等。它们对保持气动系统可靠、稳定和持久工作起着十分重要的作用。

5. 工作介质

工作介质即传动气体,多为压缩空气。气动系统是通过压缩空气实现运动和动力传递的。

一、动力元件

动力元件的主体是空气压缩机。空气压缩机是产生压缩空气的装置,是气动系统的动力源。压缩空气的质量直接关系到气动装置能否正常工作。

1. 分类

空气压缩机的种类很多,按照工作原理的不同,可分为容积式和动力式两大类。气动系统多采用容积式空气压缩机。按照结构不同,容积式空气压缩机可分为往复式和旋转式,往复式又可细分为活塞式和膜片式等,旋转式又可细分为叶片式、螺杆式和涡旋式等。

2. 工作原理

以活塞式空气压缩机为例,其工作原理是通过曲柄滑块机构使活塞做往复运动,使气缸内容积的大小发生周期性的变化,从而实现对空气的吸入、压缩和排气过程。

3. 选用

选择空气压缩机的主要依据是气动系统的工作压力和流量。

选择工作压力时,考虑到沿程压力损失,气源压力应比气动系统中工作装置所需的最高压力再增大 20% 左右。对于气动系统中工作压力较低的工作装置,则可采用减压阀减压供气。

空气压缩机的输出流量以整个气动系统所需的最大理论耗气量为选择依据,考虑到泄漏等影响,应再加上一定的余量。

二、气动控制元件

图片:气动控制元件

气动控制元件可分为压力控制阀、流量控制阀、方向控制阀等。在气动系统中,气动控制元件组成各种气动控制回路,控制和调节压缩空气的压力、流量、流动方向等,从而使气动执行元件按设计要求工作。

1. 压力控制阀

压力控制阀起控制与调节压力的作用。按照压力控制阀在气动系统中的作用不同,压力控制阀可分为减压阀、溢流阀等。压力控制阀是利用阀芯上压缩空气的作用力和弹簧的弹力相平衡的原理来工作的。

(1)减压阀。气动系统中,一般气源压力都高于每台设备所需的压力,而且许多情况下多台设备共用一个气源。利用减压阀可以将气源压力降低到各个设备所需的工作压力,并保持出口压力稳定。

减压阀按调压方式不同可分为直动式和先导式。直动式减压阀是直接利用弹簧的弹力来达到调压目的。先导式减压阀是利用一个预先调整好的气压来代替直动式减压阀中的调压弹簧,从而实现调压目的。

减压阀一般安装在空气过滤器之后、油雾器之前,安装时应注意减压阀的箭头方向应与气动系统的气流方向相符。调节手轮,可得到不同的输出压力值。调压时,应从低向高调节,直到调至设定压力为止。减压阀在不用时应将手轮放松,以避免膜片变形。

(2)溢流阀。当气动系统中的压力超过设定值时,溢流阀会自动打开并排气,以降低系统压力,保证系统安全。因此,溢流阀也称安全阀。溢流阀按控制形式分为直动式和先导式两种。先导式溢流阀与直动式溢流阀类似,但需加装一个减压阀作为其先导阀,由减压阀设定的压力来代替直动式溢流阀中弹簧的调定压力,因此先导式溢流阀的流量特性更好。

2. 单向节流阀

为了使气缸的动作平稳可靠,应对气缸的运动速度加以控制,常用的方法是使用单向节流阀来控制的气缸运动速度。单向节流阀是由单向阀和节流阀并联而成的流量控制阀,如图 4-14 所示,常用于控制气缸的运动速度,所以也称为速度控制阀。单向节流阀只能改变某一个方向的流量,即单向节流。

图 4-14　单向节流阀

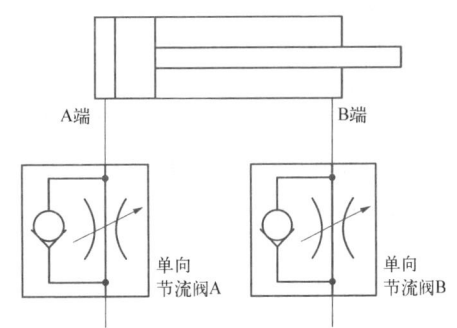

图 4-15　单向节流阀的连接和调整示例

单向节流阀的连接和调整示例如图 4-15 所示。当压缩空气从 A 端进入、B 端排出时,单向节流阀 A 的单向阀开启,向气缸无杆腔快速充气;由于单向节流阀 B 的单向阀关闭,有杆腔的气体只能经节流阀排出，调节单向节流阀 B 的开度，便可改变气缸伸出时的运动速度。反之，调节单向节流阀 A 的开度则可改变气缸缩回时的运动速度。这种控制方式可使气缸运行稳定，是最常用的气缸运动速度控制方式。

3. 方向控制阀

方向控制阀起控制气流方向或控制气路通断作用。它是气动系统中应用最多的一种元件，用以改变压缩空气的流动方向和气流的通断，从而控制执行元件的起动、停止及运动方向。按阀内气体的流动方向分类，方向控制阀可分为单向型和换向型两种。

（1）单向型控制阀。单向型控制阀只允许气流向一个方向流动，包括单向阀、**或**门型梭阀、**与**门型梭阀和快速排气阀等。

① 或门型梭阀　　或门型梭阀相当于两个单向阀的组合，如图 4－16 所示。当压缩空气从 X 口流入时，阀芯被推向右边，将 Y 口关闭，气流从 A 口流出；反之，当压缩空气从 Y 口流入时，阀芯被推向左边，将 X 口关闭，气流从 Y 口流至 A 口。若 X 口和 Y 口同时进气，则哪端压力高，A 口就与哪端相通，而另一端关闭。**或**门型梭阀的作用相当于逻辑**或**，广泛应用于逻辑回路和程序控制回路中。

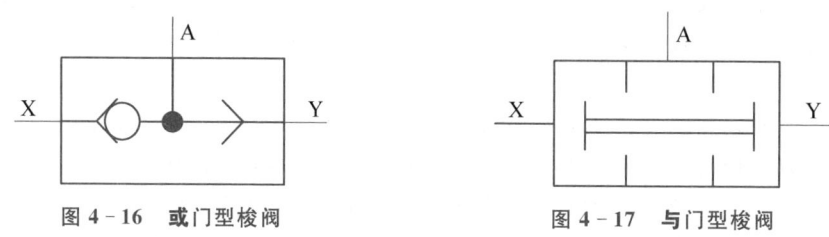

图 4－16　**或**门型梭阀　　　　　　　　　　图 4－17　**与**门型梭阀

② 与门型梭阀　　与门型梭阀也称双压阀，相当于两个单向阀的组合，如图 4－17 所示。当仅有 X 口或 Y 口单独供气时，阀芯被推向右端或左端，通入气流的一侧流向 A 口的通路被关闭，无气流输出，但另一侧流向 A 口的通路被打开。当 X 口和 Y 口同时供气时，设 X 口气压高，则阀芯被推向右端，将 X 口至 A 口的通路切断，而 Y 口至 A 口的通路被打开，从 Y 口流入的压缩空气经 A 口输出。可见，只有当 X 和 Y 口都有气流输入时，才有气流输出，其作用相当于逻辑**与**。

（2）换向型控制阀。换向型控制阀种类很多，而基本原理都是通过转换气流的通路，改变压缩空气的流动方向，从而改变气动执行元件的运动方向。换向型控制阀均是以改变阀芯的位置进行换向的，如气动控制换向阀是以空气为动力改变阀芯位置的。

换向型控制阀按切换位置和管路接口的数目可分为几位几通阀。假设用"M"表示"M 通"，用"N"表示"N 位"。"N 位"即位数，是指阀芯工作位置的数量。它既表示换向型控制阀的切换位置，也表示阀的状态。阀的位置数目就是 N 的数值，如二位阀有两个位置选择，亦有两种状态；三位阀则有三个位置选择，即有三种不同的状态。"M 通"表示阀对外接口的通路，包括进气口、出气口和排气口，通路的数目便是 M 的数值，如二通阀、三通阀等。

例如，二位五通阀中，"二位"是指它有两个工作位置，"五通"是指阀的气路端口数量为五，即一个进气口、两个出气口、两个排气口。

换向型控制阀的控制方式可以是单气控、双气控或者单电控、双电控。单气控二位五通阀如图 4－18 所示，双气控二位五通阀如图 4－19 所示，单电控二位五通阀如图 4－20 所示，双电控二位五通阀如图 4－21 所示。

动画：换向型控制阀的运动

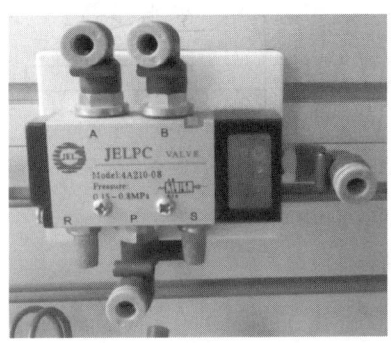

图 4－18 单气控二位五通阀

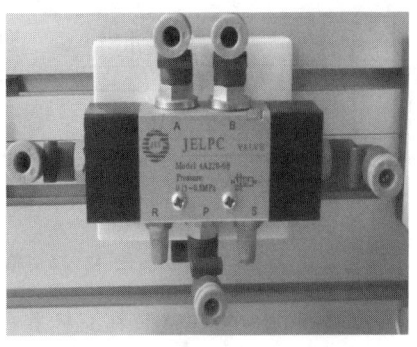

图 4－19 双气控二位五通阀

图 4－20 单电控二位五通阀

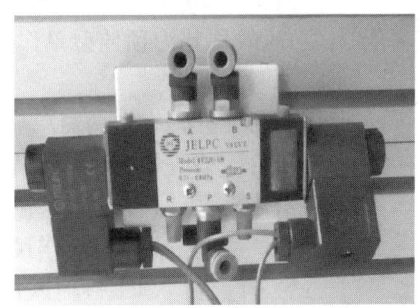

图 4－21 双电控二位五通阀

三、气动执行元件

气动执行元件将压缩空气的内能转化为机械能,从而实现所需的往复直线运动、摆动或回转等。气动执行元件主要有气缸和气马达两大类。其中气缸用于提供直线往复运动或摆动,输出力、直线位移或摆动角位移。气马达用于提供连续回转运动,输出转矩和转速。本书主要介绍气缸类气动执行元件。

1. 气缸的分类

气缸的种类很多,总体上的方法分类如下。

① 按气缸活塞的受压状态,可分为单作用气缸和双作用气缸。

② 按气缸的结构特征,可分为活塞式气缸、柱塞式气缸、薄膜式气缸、叶片式摆动气缸和齿轮齿条式摆动气缸等。

③ 按气缸的安装方式,可分为固定式气缸、轴销式气缸、回转式气缸和嵌入式气缸等。

④ 按气缸的功能,可分为普通气缸和特殊功能气缸。

2. 单作用气缸

在气缸运动的两个方向上,根据受气压控制的方向个数的不同,普通气缸可分为单作用气缸和双作用气缸。只有一个方向受气压控制而另一个方向依靠复位弹簧实现复位的气缸称为单作用气缸。两个方向都受气压控制的气缸称为双作用气缸。

单作用气缸在缸盖一端气口输入压缩空气使活塞杆伸出(或缩回),而另一端靠弹簧力、自重或其他外力使活塞杆恢复到初始位置。单作用气缸主要用在夹紧、退料、阻挡、压入、举起和进给等操作上。由于它只在动作方向需要压缩空气,故可节约一半压缩空气。

单作用气缸的工作原理如图 4－22 所示。根据复位弹簧位置,单作用气缸又可分为预缩型单作用气缸和预伸型单作用气缸。

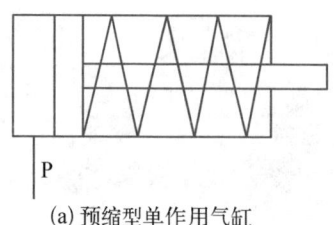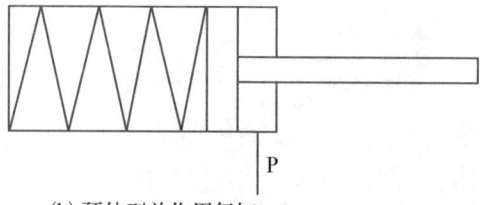

(a)预缩型单作用气缸   (b)预伸型单作用气缸

图 4－22 单作用气缸的工作原理

如图 4－22a 所示,当弹簧装在有杆腔内时,这种气缸由于弹簧的作用力而使气缸活塞杆初始位置处于缩回位置,故称其为预缩型单作用气缸。

如图 4－22b 所示,当弹簧装在无杆腔内时,这种气缸活塞杆的初始位置处于伸出位置,故称其为预伸型单作用气缸。

图片:常见的气动执行元件

3.双作用气缸

双作用气缸具有结构简单、输出压力稳定、行程可根据需要选择的优点,但由于它是利用压缩空气交替作用于活塞上实现伸缩运动的,缩回时压缩空气的有效作用面积较小,所以缩回时产生的推力要小于伸出时产生的推力。

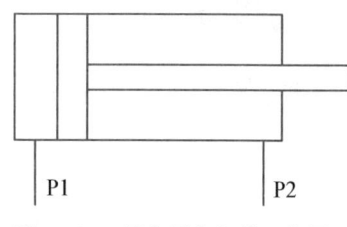

双作用气缸的工作原理如图 4－23 所示,从无杆腔端 P1 口输入压缩空气时,若气压作用在活塞左端面上的力克服了摩擦力、负载等各种阻力,则当活塞前进时,有杆腔内的空气经 P2 口排出,使活塞杆伸出。同样,当有杆腔端 P2 口输入压缩空气时,活塞杆缩回至初始位置。通过无杆腔和有杆腔交替进气和排气,活塞杆伸出和缩回,气缸实现往复直线运动。

图 4－23 双作用气缸的工作原理

四、气动辅助元件

气动辅助元件主要有过滤器、干燥器、消声器和油雾器等。由于空气压缩机产生的压缩空气含有油污、水分和灰尘等杂质,必须经过降温、除油、干燥和过滤等一系列处理后才能供气动系统使用。

1.冷却器

空气在压缩过程中体积缩小、压强增大,温度随之升高。因此,空气压缩机的排气温度一般可达 140℃～170℃。冷却器安装于空气压缩机的排气口,用来冷却排出的压缩空气,并将其在高温下汽化的水汽、油雾等冷凝成水滴和油滴析出。冷却器有风冷式和水冷式两种,气动系统一般采用水冷式冷却器。常见的蛇管式冷却器的工作原理是用热的压缩空气在蛇形冷却水管外流动,通过管壁冷却。当冷却水与热空气的流动方向相反时,可以达到较佳的冷却效果。除蛇管式外,水冷式冷却器还有套管式、列管式、散热片式、板式等。

2.除油器

除油器又称为油水分离器,用于分离压缩空气中凝聚的水分、油分等杂质,以初步净化空气。除油器有撞击挡板式、环形回转式、离心旋转式、水浴式等。撞击挡板式除油器的工作原理是使压缩空气从入口进入,受到隔离板的阻挡后转而向下流动,再折返向上回升并形成环形气流,最后通过除油器上部从出口流出。空气流动过程中,由于油分和水分的密度比空气大,在惯性力和离心力的作用下被分离析出,沉降于除油器底部。除油器在使用时需定期打开阀门,排出水分、油分等杂质。

3. 储气罐

储气罐用来储存空气压缩机排出的脉动气体,以减小输出压缩空气的压力脉动,增强其压力稳定性和连续性,进一步分离其中的水分、油分等杂质,并在空气压缩机意外停机时避免气动系统立即停机。储气罐一般采用圆筒状焊接结构,有立式和卧式两种。在工业生产中,冷却器、除油器和储气罐三者一体的结构形式现在已得到应用,使得压缩空气站的设备大为简化。

4. 干燥器

经过冷却器、除油器和储气罐三者初步净化处理后的压缩空气已能满足一般气动系统的使用要求,但对于一些精密机械和仪表等装置,还需进行进一步的干燥和精过滤处理。目前使用的干燥器主要有吸附式、冷冻式和潮解式(吸收式)三种。

5. 过滤器

过滤器用来清除压缩空气中的水分、油分和固体颗粒杂质,按过滤效率由低到高可分为一次过滤器、二次过滤器和高效过滤器三种。

一次过滤器也称简易空气过滤器,由壳体和滤芯组成,滤芯材料多为纸质或金属。空气在进入空气压缩机之前必须先经过一次过滤器的过滤。二次过滤器也称空气过滤器或分水滤气器。

6. 油雾器

由空气压缩机排出的含油空气是不能用于气动功率部件润滑的。应该使气体经除油器和过滤器除油之后,再向气动系统供气。若系统中的某些部件需要润滑,则应该在靠近该部件的气路前加装油雾器来达到润滑目的。

气动系统中的气动控制阀、气动马达和气缸等部件大都需要润滑。油雾器是一种特殊的润滑装置,它可将润滑油雾化后混合于压缩空气中,并随其进入需要润滑的部位。这种润滑方法具有润滑均匀、稳定,耗油量少和不需要大的储油设备等优点。

7. 消声器

气动系统使用后的压缩空气一般直接排入大气,而排气时由于气体体积急剧膨胀会产生刺耳的噪声。为降低噪声,可在气动装置的排气口安装消声器。常用的消声器按消声原理不同,可分为吸收型消声器、膨胀干涉型消声器和膨胀干涉吸收复合型消声器三种。

8. 转换器

气动控制系统往往是气、电、液三方面的综合应用。例如,利用电气系统产生、处理和输送电信号,利用气动系统进行控制,最后通过液力系统驱动机构等执行元件。转换器即是实现气、电、液三者间信号相互转换的辅助元件。常用的转换器形式有气-电式、电-气式、气-液式等。

图片:气动辅助元件

知识扩展——气动三联件

工业上的气动系统,常常使用组合起来的气动三联件作为气源处理装置。气动三联件是指空气过滤器、减压阀和油雾器,如图 4-24 所示。

这三个元件在系统中的作用如下所述。

(1) 空气过滤器一般安装在气动系统的入口处,主要目的是滤除压缩空气中的水分、油滴以及其他杂质,以达到气动系统所需要的净化程度。这里的空气过滤器属于二次过滤器。

(2) 减压阀一般安装在空气过滤器之后,油雾器之前,其主要作用是用来调节或控制气压的变化,并保持降压后的压力值在允许范围之内,确保系统压力的稳定性,减小因气源气压突变时对气动控制元件或气动执行元件等硬件的损伤。

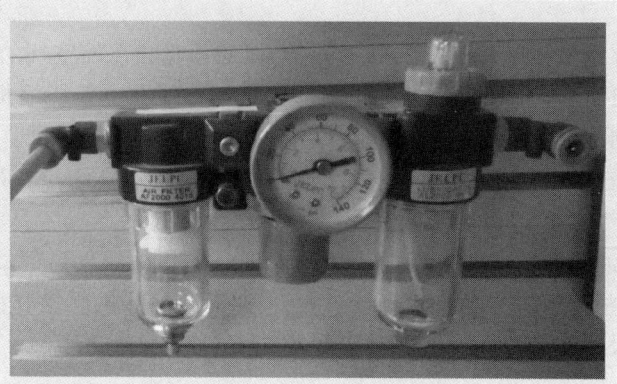

图 4 - 24　气动三联件

　　(3)油雾器一般安装在空气过滤器、减压阀之后,是气压系统中一种特殊的注油装置,其作用是把润滑油雾化后,经压缩空气携带进入系统中需要润滑部位,满足润滑的需要。有些品牌的电磁阀和气缸能够实现无油润滑(靠润滑脂实现润滑功能),此时不需要使用油雾器,只需要把空气过滤器和减压阀组合在一起,称为气动二联件。

五、速度控制回路

1. 单作用气缸的速度控制回路

　　如图 4 - 25a 所示,通过两个反向安装的单向节流阀,该调速回路可实现对气缸活塞伸出和缩回速度的双向控制。

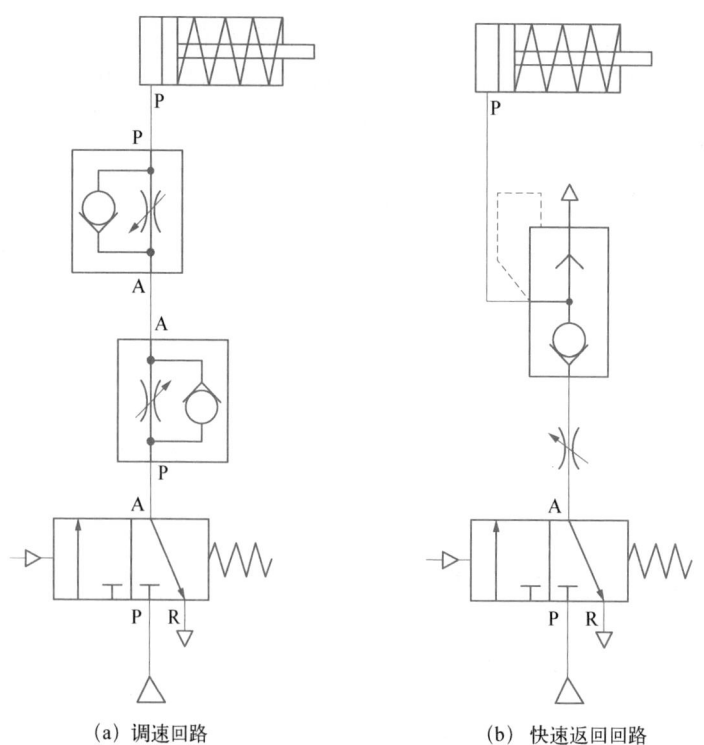

(a) 调速回路　　　　　　　(b) 快速返回回路

图 4 - 25　单作用气缸的速度控制回路

如图 4-25b 所示,气缸活塞上升时,快速返回回路可通过节流阀实现节流调速,而活塞下降时,则可通过快速排气阀快速排气,使活塞杆快速返回。

2. 双作用气缸的速度控制回路

图 4-26 所示为双作用气缸单向调速回路。图 4-26a 所示为进口节流调速回路,图 4-26b 所示为出口节流调速回路,通常也将它们称为节流供气和节流排气调速回路。由于采用节流供气时,节流阀开口度较小,造成进气流量小,不能满足因活塞运动而使气缸容积增大所需的进气量,所以易出现活塞运动不平稳及失控现象,故节流供气调速回路多用于垂直安装的气缸,而水平安装的气缸则一般采用节流排气调速回路。在气缸的进、排气口都装上节流阀,则可实现进、排气的双向调速,构成双向调速回路。

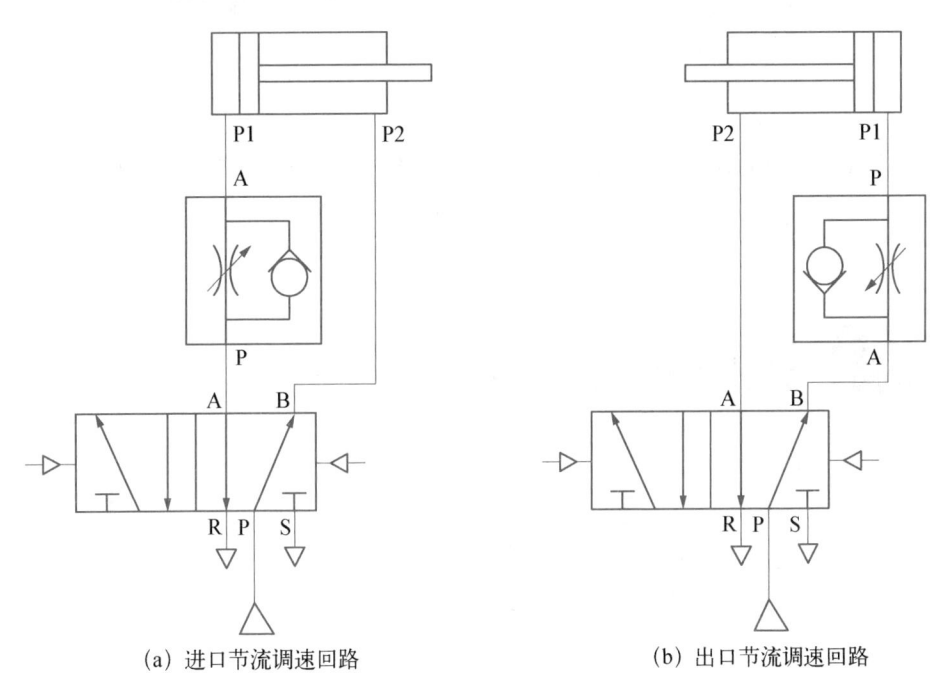

(a) 进口节流调速回路　　　　　(b) 出口节流调速回路

图 4-26　双作用气缸单向调速回路

六、方向控制回路

1. 单作用气缸的方向控制回路

图 4-27 所示为单作用气缸的方向控制回路,它是由单电控二位三通换向阀控制换向回路的。当换向阀电磁铁导通时,活塞杆在气压作用下伸出,而电磁铁断开时换向阀复位,活塞杆在弹簧的弹力作用下缩回。

2. 双作用气缸的方向控制回路

双作用气缸的方向控制回路如图 4-28 所示。图 4-28a 和图 4-28b 分别为由双气控二位五通阀和中位封闭式双气控三位五通阀控制的换向回路,其实现的功能与上面的单作用气缸的方向控制回路相似,但应注意不能在换向阀两侧同时加等压气控信号,否则气缸易出现误动作。

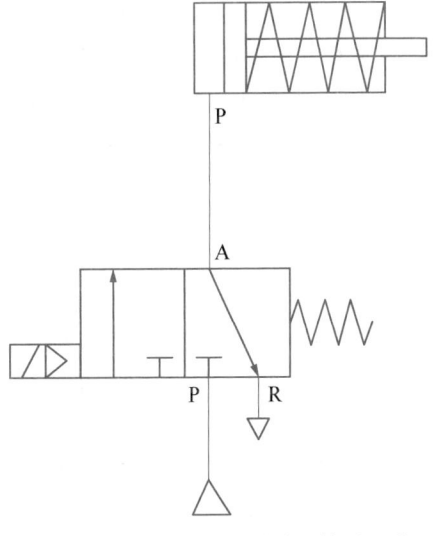

图 4-27　单作用气缸的方向控制回路

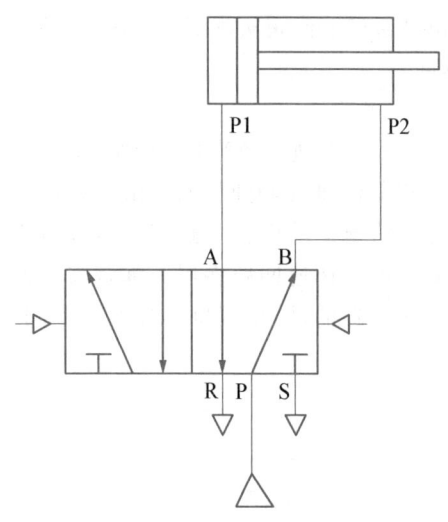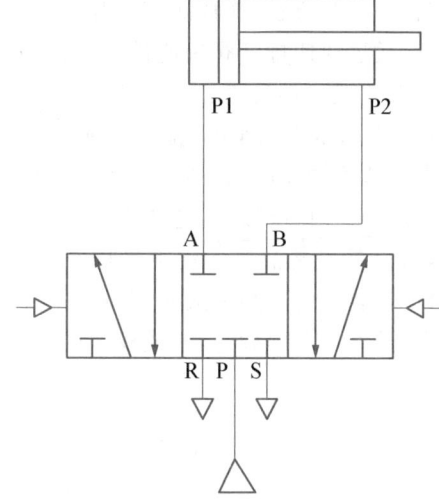

(a) 由双气控二位五通阀控制的换向回路　　(b) 由中位封闭式双气控三位五通阀控制的换向回路

图 4 - 28　双作用气缸的方向控制回路

任务 1　设计机械手控制系统

一、任务目标

1. 了解顺序功能流程图的功能。
2. 了解单序列顺序功能流程图的编程方法。

二、控制要求

机械手的应用非常广泛。机械手在机床加工工件的装卸方面,特别是在自动化车床、组合机床上使用较为普遍。机械手在电子行业中可装配印制电路板,在机械行业中可组装零部件。机械手在劳动条件差、单调重复、易于疲劳的工作环境下可以代替人的劳动。它还可在危险场合下工作,如军工品的装卸、危险品及有害物质的搬运、宇宙及海洋的开发、军事工程及生物医学方面的研究和试验等。机械手控制系统外形图如图 4 - 29 所示。

机械手控制系统以左上方为原点(初始位置),工作过程按下降→夹紧工件→上升→右移→下降→松开工件→左移回原点,完成一个工作循环,如图 4 - 30 所示,实现把工件从 A 处移送到 B 处。

机械手的工作过程是通过位置信号实现控制的,这里使用了 4 个限位开关 SQ1～SQ4 来获取位置信号,从而使 PLC "识别"机械手目前的位置状况以实现控制。未使用时,机械手处于原位状态。按下起动按钮,机械手进入运行状态。

1. 原位状态

机械手停在原点位置上,夹具处于松开状态,上限位和左限位开关闭合。

2. 运行状态

① 机械手由原点位置开始向下运动,直到下限位开关闭合为止。

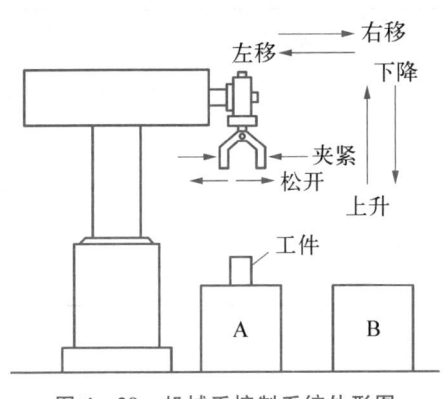

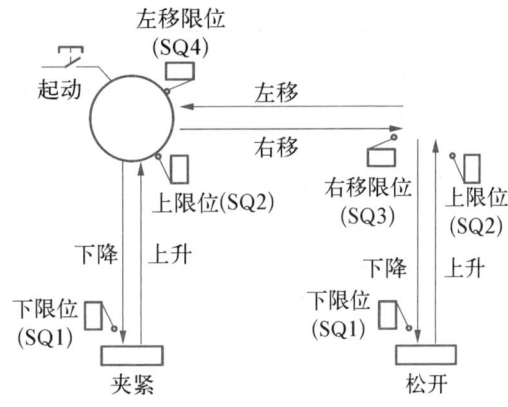

图 4-29　机械手控制系统外形图　　　　图 4-30　机械手控制系统工作过程示意图

② 机械手夹紧工件,其夹紧时间为 2 s。

③ 夹紧工件后向上运动,直到上限位开关闭合为止。

④ 向右运动,直到右限位开关闭合为止。

⑤ 向下运动,直到下限位开关闭合为止。

⑥ 机械手将工件放到工作台 B 上,其松开时间为 2 s。

⑦ 向上运动,直到上限位开关闭合为止。

⑧ 向左运动,直到左限位开关闭合,一个工作周期结束,机械手返回到原位状态。

三、硬件设计

1. 硬件选型

硬件选型见表 4-1。

表 4-1　硬件选型

名　　称	型　　号
PLC	CPU 1214C DC/DC/DC
控制对象	机械手模拟装置(发光二极管电路板)

2. I/O 接口分配

根据任务控制要求确定 PLC 的 I/O 接口,其 I/O 接口分配表见表 4-2。

表 4-2　I/O 接口分配表

输　入　信　号		输　出　信　号	
名　　称	接　口	名　　称	接　口
起动按钮 SB1	I0.0	下降电磁阀 KV1	Q0.0
停止按钮 SB2	I0.1	上升电磁阀 KV2	Q0.1
上限位开关 SQ1	I0.2	右移电磁阀 KV3	Q0.2

输 入 信 号		输 出 信 号	
名 称	接 口	名 称	接 口
下限位开关 SQ2	I0.3	左移电磁阀 KV4	Q0.3
右限位开关 SQ3	I0.4	夹紧/松开电磁阀 KV5	Q0.4
左限位开关 SQ4	I0.5		

3. 接线图

根据表 4－2 和系统控制要求,设计机械手控制系统的 PLC 接线图,如图 4－31 所示。其中 1M 为 PLC 输入信号的公共端,3M 为输出信号公共端。

四、程序设计

机械手控制系统顺序功能流程图如图 4－32 所示。

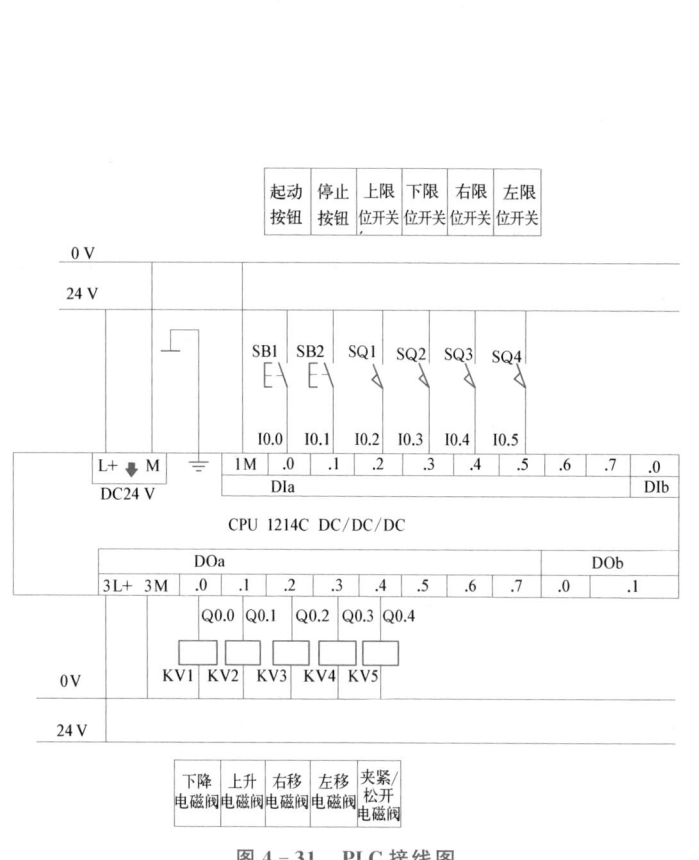

图 4－31 PLC 接线图

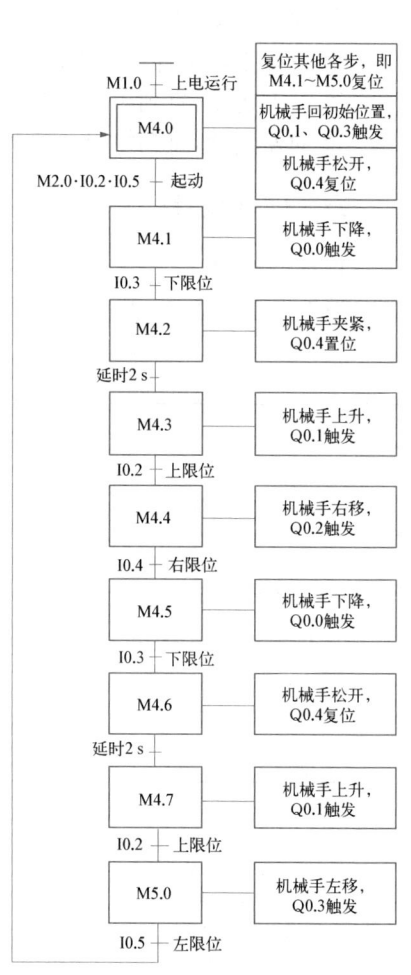

图 4－32 顺序功能流程图

五、调试结果

在 PLC 上电运行后,先复位了 M4.1～M5.0 状态,如果机械手不处于原位状态(松开、左限位和上限位不满足条件),则对机械手进行调整。在初始条件满足后,按下起动按钮,依次开始机械手的动作过程。

微视频:机械手控制系统编程与调试

六、练习与提高

1. 在本任务的程序中增加紧急停止功能,在任何工作过程中,有人按下急停按钮,机械手都会停止当前周期的动作,马上返回原点。

2. 在本任务的程序中增加工作方式选择开关,可以分自动运行方式和手动控制方式,甚至可以再增加单周期运行方式、单步运行方式等。

互动:项目四任务 1 随堂练习

3. 在学习移位循环和移位指令后,试用移位指令编制机械手控制程序。

任务2　设计大、小球分拣控制系统

一、任务目标

1. 了解选择序列顺序功能流程图的编程方法。
2. 了解选择序列顺序功能流程图的应用场合及特征。

二、控制要求

大、小球分拣控制系统示意图如图 4 - 33 所示。

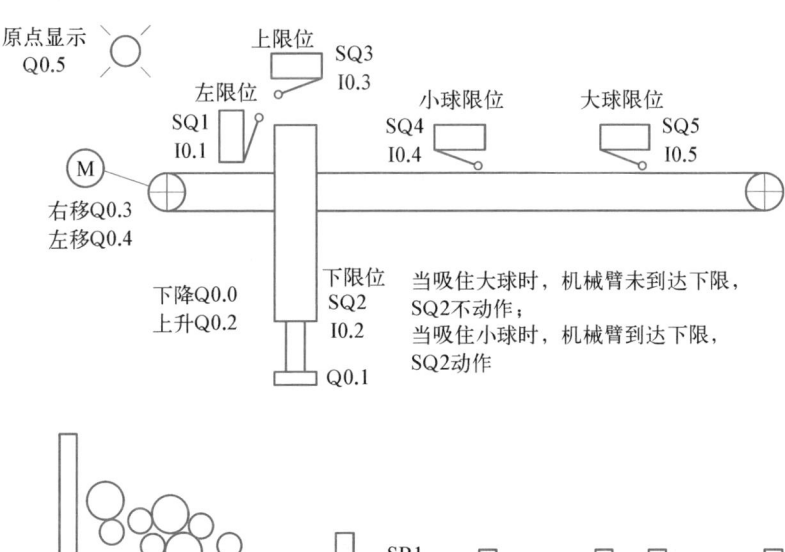

图 4 - 33　大、小球分拣控制系统示意图

大、小球分拣控制系统以机械臂左上为原点,系统的动作顺序依次为下降、吸合、上升、右行、下降、释放、上升、左行回到原点。

其中,机械臂下降时,若电磁铁吸住大球,下限位开关 SQ2(I0.2)断开,若吸住小球,SQ2 闭合。系统以此判断吸住的是大球还是小球。

将球吸住后,机械臂上升至 SQ3 后开始右移,大、小球分别右移到 SQ5、SQ4 后开始下降,下降至 SQ2 后释放,然后重新上升、左移回原点,等待起动信号。

吸合球和释放球的时间均为 1 s;左、右移分别由 Q0.4、Q0.3 控制;上升、下降分别由 Q0.2、Q0.0 控制;吸合/释放电磁铁由 Q0.1 控制。

三、硬件电路设计

1. 硬件选型

硬件选型见表 4-3。

表 4-3 硬件选型

名　　称	型　　　号
PLC	CPU 1214C DC/DC/DC
控制对象	大、小球分类选择传送装置(发光二极管电路板)

2. I/O 接口分配

根据任务控制要求确定 PLC 的 I/O 接口,其 I/O 接口分配表见表 4-4。

表 4-4 I/O 接口分配表

输　入　信　号		输　出　信　号	
名　　称	接　口	名　　称	接　口
起动按钮 SB1	I0.0	下降电磁阀 KV1	Q0.0
左限位开关 SQ1	I0.1	电磁铁 YV	Q0.1
下限位开关 SQ2	I0.2	上升电磁阀 KV2	Q0.2
上限位开关 SQ3	I0.3	右移继电器 KM1	Q0.3
小球限位开关 SQ4	I0.4	左移继电器 KM2	Q0.4
大球限位开关 SQ5	I0.5	原点指示灯 HL	Q0.5

3. 接线图

根据表 4-4 和系统控制要求,设计大、小球分拣控制系统的 PLC 接线图,如图 4-34 所示。其中 1M 为 PLC 输入信号的公共端,3M 为输出信号公共端。

四、程序设计

大、小球分拣控制系统顺序功能流程图如图 4-35 所示。

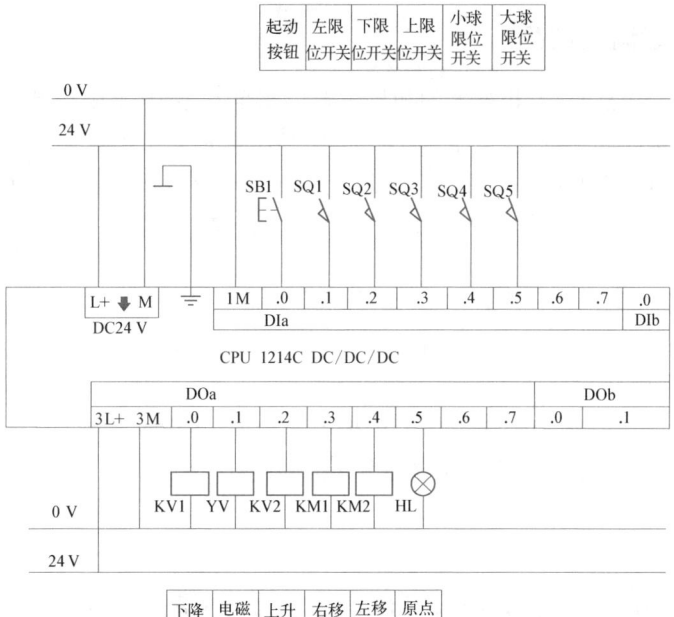

图 4-34　PLC 接线图

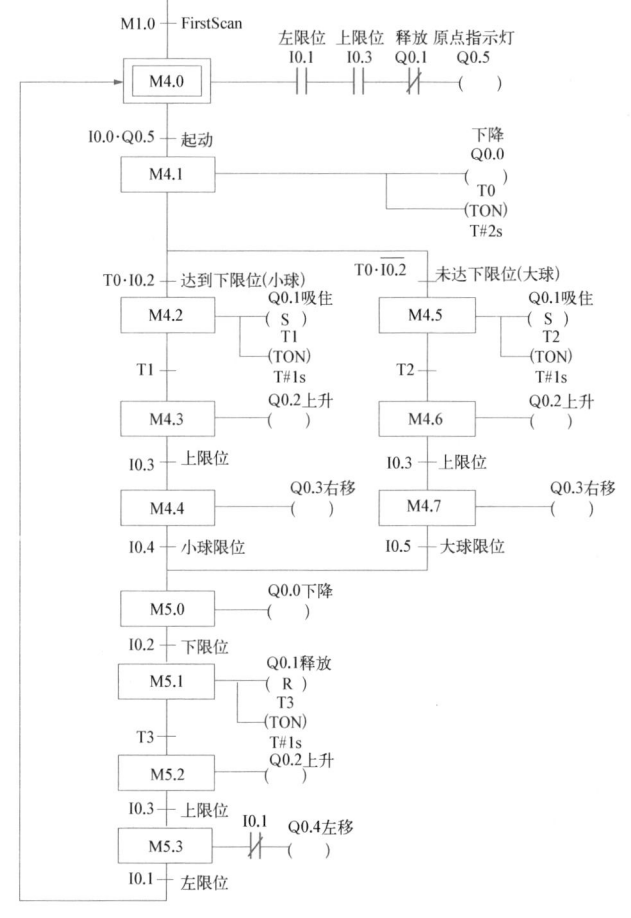

图 4-35　大、小球分拣控制系统顺序功能流程图

微视频:大、小球分拣控制系统程序编制与调试

五、调试结果

在上电运行后,机械臂的初始位置应满足左限位、上限位和释放状态,原点指示灯亮后按下起动按钮,机械臂开始动作,顺序为先下降并延时 2 s,通过下限位开关判断大、小球,判断结果分支运行,吸住→上升→右行,根据右行时的限位开关不同,分别在大球和小球料框上方停止,然后下降→释放→上升→左行,回原点等待再次起动。

互动:项目四任务 2 随堂练习

六、练习与提高

1. 在本任务的程序中加入手动或自动的回原点程序,满足原点要求后点亮原点指示灯(Q0.5)。

2. 在本任务的程序中加入单步手动操作、单周期操作和自动周期循环等多种工作方式,用选择开关实现多种方式的切换。

任务 3　设计十字路口交通信号灯控制系统

一、任务目标

1. 了解并行序列顺序功能流程图的编程方法。
2. 了解并行序列顺序功能流程图的应用场合及特征。

二、控制要求

十字路口交通信号灯系统受一个开始开关控制,当开关闭合时,信号灯系统开始工作,初始状态为南北向红灯亮、东西向绿灯亮。当开关断开时,所有信号灯均熄灭。南北向红灯亮,并维持 35 s,在南北向红灯亮的同时东西向绿灯亮,并维持 30 s。30 s 后东西向绿灯闪烁(频率为 1 s),3 s 后熄灭。在东西向绿灯熄灭时,东西向黄灯亮,并维持 2 s。2 s 后东西向黄灯熄灭,东西向红灯亮并维持 25 s,同时南北向红灯熄灭,南北向绿灯亮并维持 20 s,之后闪烁 3 s 后熄灭。同时南北向黄灯亮,维持 2 s 后熄灭,这时南北向红灯亮,东西向绿灯亮。如此周而复始。十字路口交通信号灯控制系统时序图如图 4 - 36 所示。

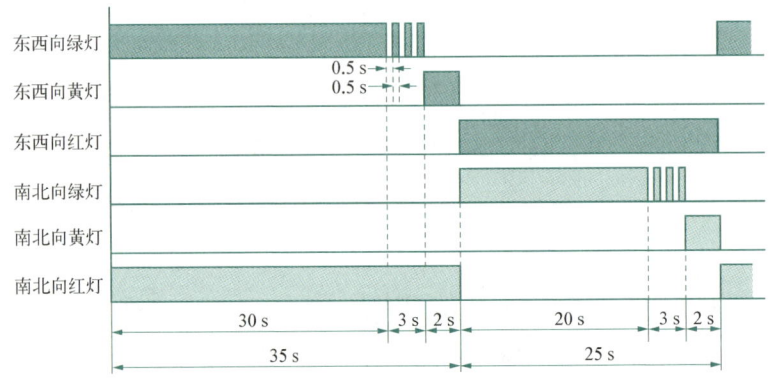

图 4 - 36　十字路口交通信号灯控制系统时序图

三、硬件设计

1. 硬件选型

硬件选型见表 4-5。

表 4-5　硬件选型

名　　称	型　　号
PLC	CPU 1214C DC/DC/DC
控制对象	交通信号灯系统模拟装置（发光二极管电路板）

2. I/O 接口分配

根据任务控制要求确定 PLC 的 I/O 接口，其 I/O 接口分配表见表 4-6。

表 4-6　I/O 接口分配表

输 入 信 号		输 出 信 号	
名　　称	接　口	名　　称	接　口
开始开关 SB1	I0.0	南北向绿灯 HL1	Q0.0
紧急按钮 SB2	I0.1	南北向黄灯 HL2	Q0.1
		南北向红灯 HL3	Q0.2
		东西向绿灯 HL4	Q0.4
		东西向黄灯 HL5	Q0.5
		东西向红灯 HL6	Q0.6

3. 接线图

根据表 4-6 和控制要求，设计十字路口交通信号灯控制系统的 PLC 接线图，如图 4-37 所示。其中 1M 为 PLC 输入信号的公共端，3M 为输出信号公共端。

四、程序设计

按照十字路口两个方向（东西方向、南北方向）的红黄绿灯同时运行的特性，用两个独立的分支编写两个方向的流程，以并行分支的结构进行组合。I0.0 开关同时启动两个分支，两个分支中运行一次的时间都为 50 s，保证两个分支同时汇合。设计的十字路口交通信号灯控制系统顺序功能图如图 4-38 所示。M0.5 用来控制两个方向绿灯的 1 Hz 闪烁。

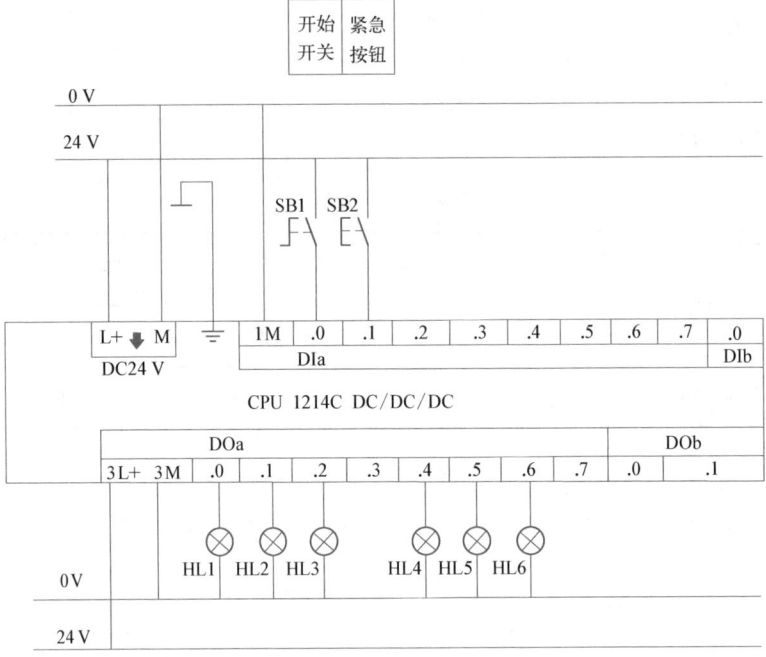

图 4－37　PLC 接线图

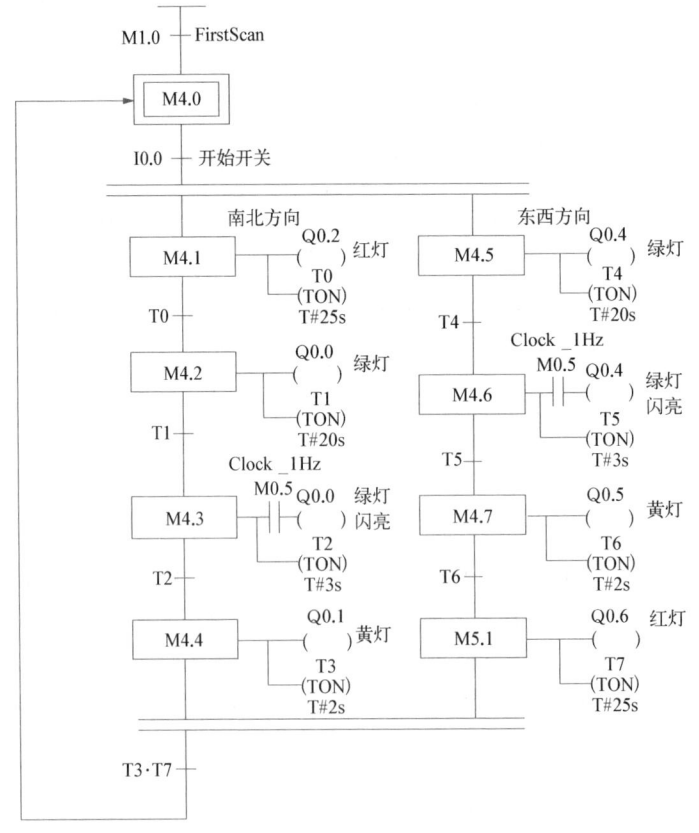

微视频：十字路口交通信号灯控制系统程序编制与调试

图 4－38　十字路口交通信号灯控制系统顺序功能图

五、练习与提高

在某些特殊情况下，如救护车通过、交通管制等情况，需要加入紧急信号的处理功能。请改进程序，要求当按下紧急按钮时会使东西、南北方向同时点亮红灯，并固定延时 1 min，而后自动恢复正常运行流程。

互动：项目四任务 3 随堂练习

互动：项目四单元测验

 虚拟场景联调

本项目通过多个虚拟场景来练习 S7－1200 PLC 的顺序控制指令的使用，真实还原了设备的实际工作过程，解决了 PLC 学习中"没有设备""用不好""成本高"等难题。

机械手控制系统虚拟场景如图 4－39 所示。

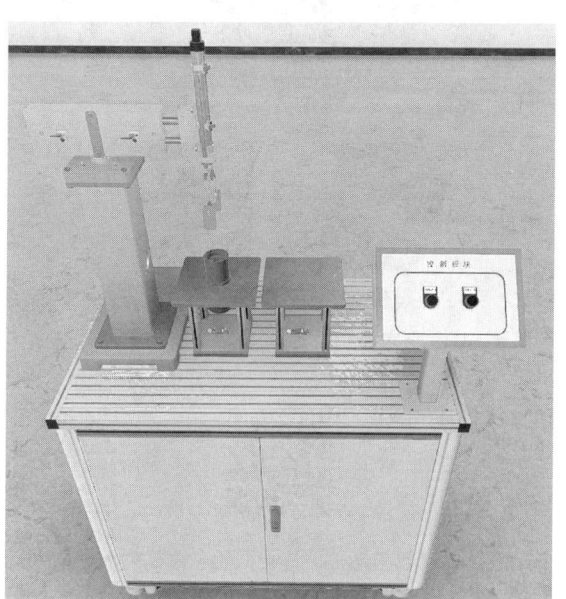

图 4－39　机械手控制系统虚拟场景

微视频：机械手控制系统虚拟场景程序联调

虚拟场景：机械手控制系统下载

例程：机械手控制系统下载

大小球分拣控制系统虚拟场景如图 4－40 所示。

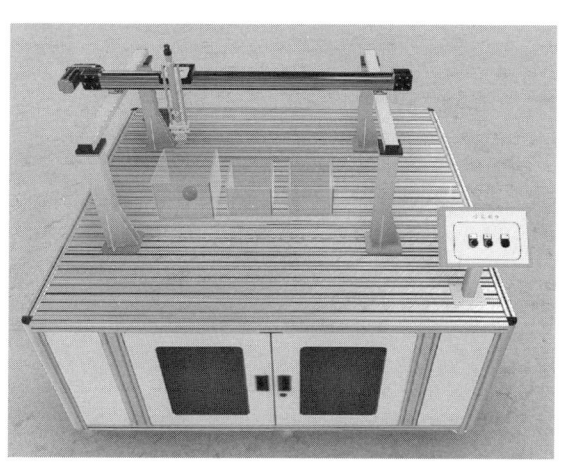

图 4－40　大小球分拣控制系统虚拟场景

微视频:大
小球分拣控
制系统虚拟
场景程序联
调

虚拟场景:
大小球分拣
控制系统下
载

例程:大小
球分拣控制
系统下载

十字路口交通信号灯控制系统虚拟场景如图 4 - 41 所示。

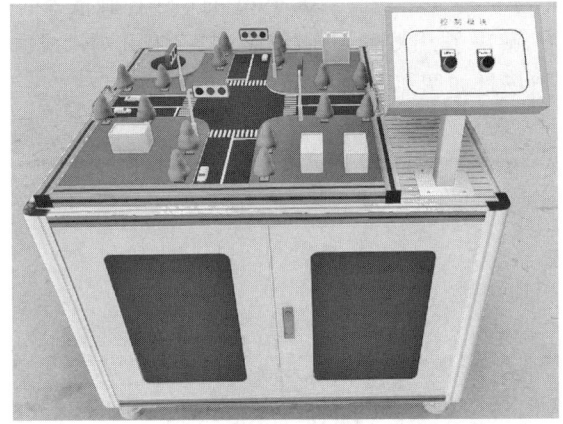

图 4 - 41 十字路口交通信号灯控制系统虚拟场景

微视频:十
字路口交通
信号灯控制
系统虚拟场
景程序联调

虚拟场景:
十字路口交
通信号灯控
制系统下载

例程:十字
路口交通信
号灯控制系
统下载

SIMATIC HMI 精简系列面板的组态与应用

项目描述

　　本项目通过设计液位控制模拟系统、自动车库控制模拟系统、锅炉温度控制模拟系统等任务,让学生学习常用功能指令的应用,掌握 SIMATIC HMI 精简系列面板组态方法,掌握数据显示、开关、指示灯、动画、趋势图、报警等面板元素组态方法。

任务准备

文本:国产
工业触摸屏
的崛起之路

知识点 1　数据处理指令

一、比较指令

　　比较指令其实就是一个等效触点,它的通断由比较关系决定。当比较关系成立时,触点闭合,否则触点断开。

　　1. 大小关系比较指令

　　大小关系比较指令用来比较数据类型相同的两个数据 IN1 与 IN2 的大小,如图 5-1a 所示,IN1 和 IN2 分别在触点梯形图的上方和下方。它们的数据类型如图 5-1b 中的下拉列表所示,IN1 和 IN2 的数据类型应相同。操作数可以是 I、Q、M、L、D 存储区中的变量或常数。比较两个字符串时,实际上比较的是它们各自对应字符的 ASCII 码的大小,第一个不相同的字符决定了比较的结果。

　　S7-1200 PLC 中数据的大小比较关系有">""==""<"">=""<="和"<>"。IN1 和 IN2 满足比较关系的条件时,等效触点导通。例如当 MW100 的值大于 MW102 时,图 5-1a 所示的比较触点闭合,Q0.3 输出为 **1**。

　　生成大小比较指令后,双击触点中比较符号下面的问号,单击出现的下拉按钮,在下拉列表中设置要比较的数据类型,如图 5-1b 所示。

　　双击比较符号,单击下拉按钮,在下拉列表中修改比较符号,如图 5-1c 所示。

　　2. IN_RANGE 指令与 OUT_RANGE 指令

　　值在范围内指令 IN_RANGE 中的参数 VAL 满足 MIN ≤ VAL ≤ MAX 时,等效触点闭合,有能流流出指令框的输出端。如图 5-2 所示,在运行状态时,若"实时采集温度"在"温度上限"和"温度下限"之间,则触发"温度正常指示"信号。

　　值超出范围指令 OUT_RANGE 中的参数 VAL 满足 VAL < MIN 或 VAL > MAX 时,

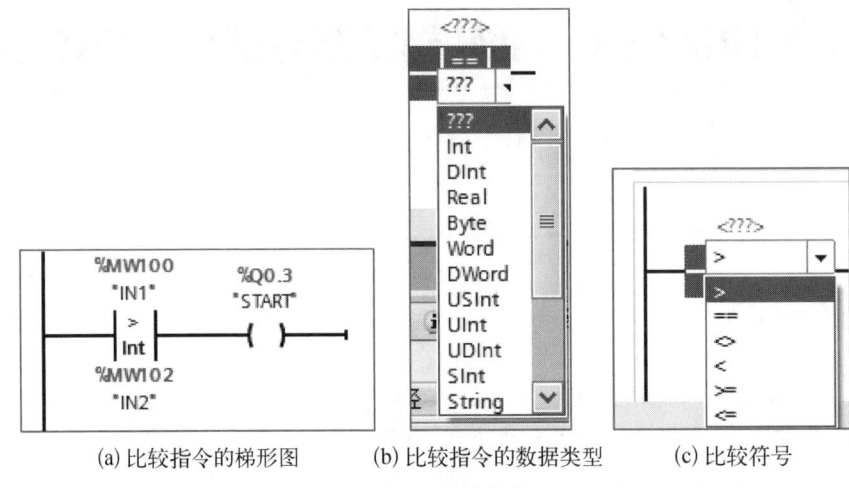

(a) 比较指令的梯形图　　　(b) 比较指令的数据类型　　　(c) 比较符号

图 5 - 1　比较指令

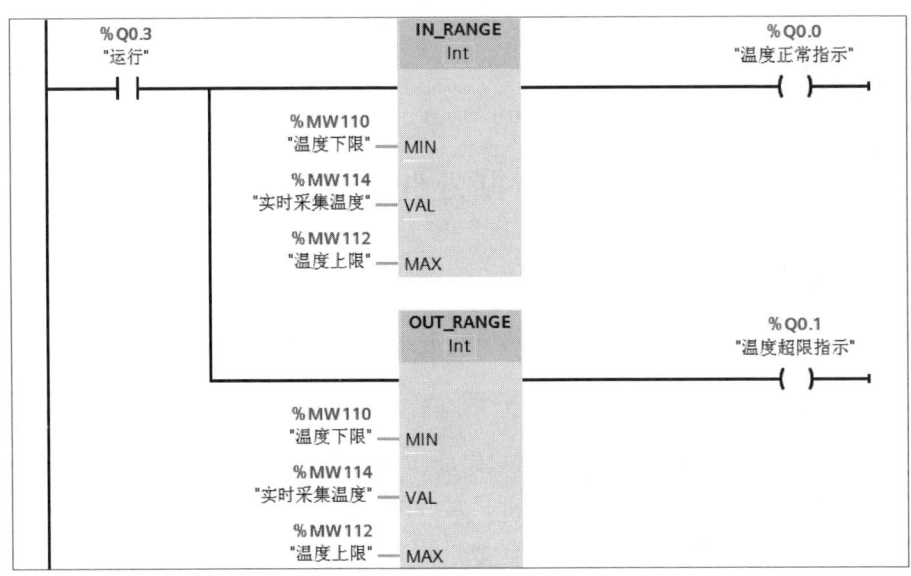

图 5 - 2　IN_RANGE 指令与 OUT_RANGE 指令

等效触点闭合,有能流流出指令框的输出端。如图 5 - 2 所示,若"实时采集温度"小于"温度下限"或大于"温度上限",则触发"温度超限指示"信号。

如果没有能流输入指令框,则不执行比较指令,因此没有能流输出。同理如果不满足比较条件,也没有能流输出。

指令中 MIN、MAX 和 VAL 端的数据类型必须相同,可选择的数据类型有有符号短整数、整数、双整数、无符号短整数、无符号整数、浮点数等,MIN、MAX 和 VAL 端操作数可以是 I、Q、M、L、D 存储区中的变量或常数。双击指令名称下面的问号,单击出现的下拉按钮,在下拉列表中设置要比较的数据的数据类型。

3. OK 指令与 NOT_OK 指令

可使用检查有效性指令 OK 检查操作数的值是否为有效的浮点数。如果该指令输入端的信号状态为 **1**,则在每个程序周期内都进行检查。检查时,如果操作数的值是有效浮点数且指令输入端的信号状态为 **1**,则该指令输出端的信号状态为 **1**。在其他任何情况下,检查有效性指令输出的信号状态都为 **0**。

可使用检查无效性指令 NOT_OK 检查操作数的值(操作数)是否为无效的浮点数。如果该指令输入端的信号状态为 **1**,则在每个程序周期内都进行检查。检查时,如果操作数的值是无效浮点数且指令输入端的信号状态为 **1**,则该指令输出端的信号状态为 **1**。在其他任何情况下,检查无效性指令输出的信号状态都为 **0**。

OK 指令与 NOT_OK 指令如图 5-3 所示,它们用来检测输入数据是否是有效浮点数(即实数)。如果输入数据是实数,OK 指令触点闭合,反之 NOT_OK 指令触点闭合。触点上面变量的数据类型为实数。执行如图 5-4 所示的程序时,首先用 OK 指令检查加法指令 ADD 的两个操作数是否是实数,如果有一个操作数不是实数,OK 指令触点断开,没有能流流入 ADD 指令的使能输入端 EN,ADD 指令将不被执行。

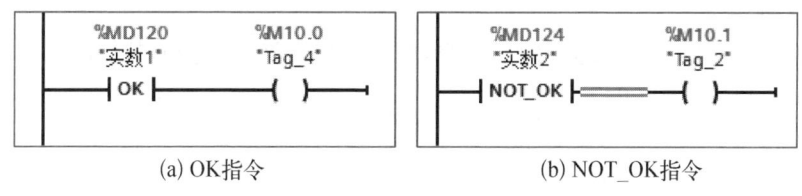

(a) OK指令　　　　　　　　　　(b) NOT_OK指令

图 5-3　OK 指令与 NOT_OK 指令

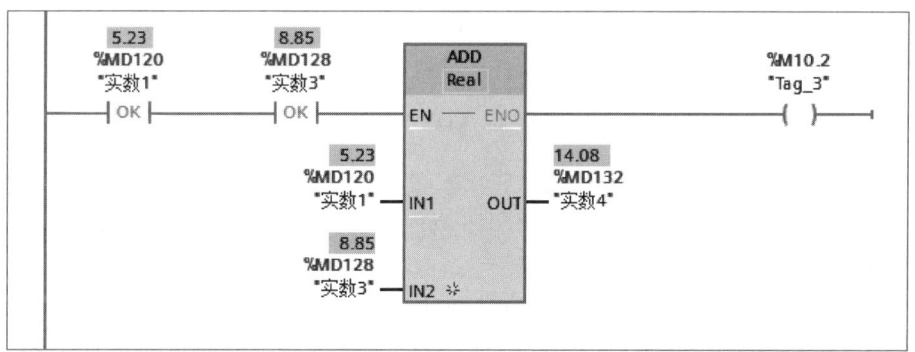

图 5-4　OK 指令的应用

二、使能输入端与使能输出端

在梯形图中,方框常用于表示某些指令、函数(FC)和函数块(FB)。输入信号均在方框左边,输出信号均在方框的右边。梯形图中有一条提供能流的左侧垂直母线,图 5-4 所示的 OK 触点接通时,能流流到 ADD 指令对应方框的数字量使能输入端 EN(enable input)。使能输入端有能流时,指令才能执行。

如果指令的使能输入端有能流流入,而且执行时无错误,则使能输出端 ENO(enable output)将能流传递给下一个元件,如图 5-4 所示。如果执行过程中有错误(如 MD128 的格式错误),能流在出现错误的地方终止,如图 5-5 所示。

数学运算指令、传送与转换指令、移位与循环指令、字逻辑运算指令等指令可以使用使能输入端和使能输出端。位逻辑指令、比较指令、计数器指令、定时器指令和程序控制指令等指令不会在执行时出现需要程序中止的错误,因此不需要使用使能输入端和使能输出端。

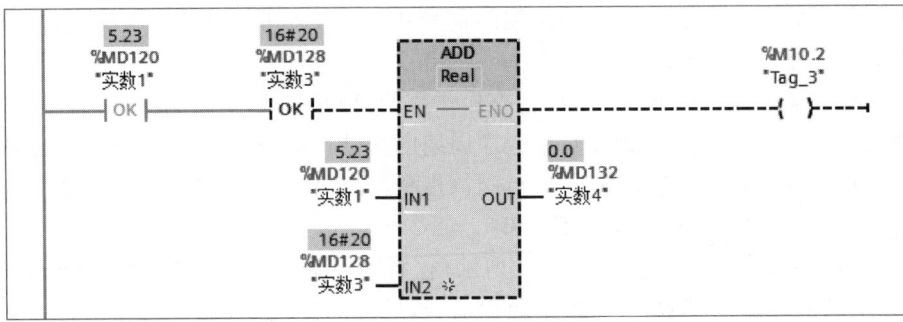

图 5 - 5   能流在出现错误的地方终止

三、转换操作指令

1. CONV 指令

转换值指令 CONV 将读取 IN 端的内容,并根据指令框中选择的数据类型对其进行转换。转换的值将发送到输出端 OUT 中。

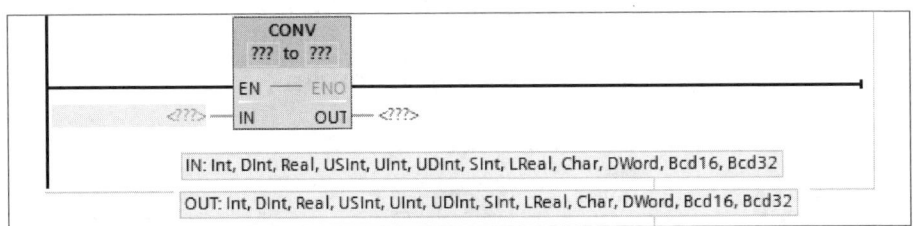

图 5 - 6   CONV 指令

输入端 EN 有能流流入时,CONV 指令将输入端 IN 指定的数据类型转换为 OUT 指定的数据类型,如图 5 - 6 所示。其中,数据类型 Bcd16 只能转换为整数,Bcd32 只能转换为双整数。

2. ROUND 指令

使用取整指令 ROUND,可以将输入端 IN 的值四舍五入取整为与它最接近的整数。该指令将输入端 IN 的值视为浮点数,并转换为一个数据类型为双整数的整数。ROUND 指令及其数据类型如图 5 - 7 所示。指令结果被发送到输出端 OUT,可供查询。

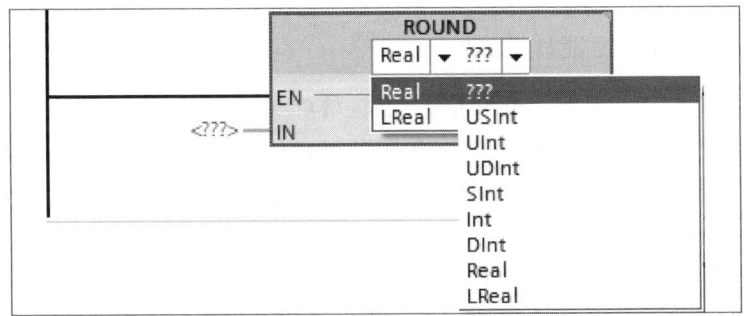

图 5 - 7   ROUND 指令及其数据类型

需要指出的是,ROUND 指令的四舍五入和一般数学意义上的四舍五入不同。设输入端 IN 操作数的小数部分为 n,当 $0.4 < n \leq 0.5$ 时,取整结果为两个数中的偶数。例如 1.45 的取整结果为 2,4.5 的取整结果为 4。

另外,用于取整的指令还有浮点数向上取整指令 CEIL、浮点数向下取整指令 FLOOR、截尾取整指令 TRUNC,它们的区别见表 5 - 1。浮点数的数值范围远远大于 32 位整数,有的浮点数不能成功地转换成 32 位整数。如果被转换的浮点数超出了 32 位整数的表示范围,指令将得不到有效的结果,即 ENO 为 **0**。

表 5 - 1　转换操作指令区别

转换操作指令	IN	OUT	转换操作指令	IN	OUT
ROUND 指令	1.500 000 00	2	FLOOR 指令	0.500 000 00	0
	−1.500 000 00	−2		−0.500 000 00	−1
CEIL 指令	0.500 000 00	1	TRUNC 指令	1.500 000 00	1
	−0.500 000 00	0		−1.500 000 00	−1

3. NORM_X 指令

标准化指令 NORM_X 如图 5 - 8 所示,其整数输入值 VALUE(MIN ⩽ VALUE ⩽ MAX) 被线性转换为 0.0～1.0 之间的浮点数,转换结果保存在 OUT 指定的地址中。

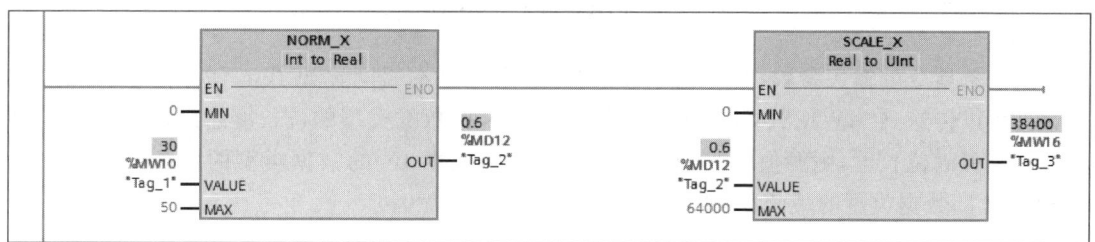

图 5 - 8　SCALE_X 指令与 NORM_X 指令

NORM_X 指令输出端 OUT 的数据类型为浮点实数,单击方框内指令名称下面的问号,在下拉列表中设置输入端 MIN、MAX 和 VALUE 的数据类型,它们的数据类型可以是整数、双整数、无符号短整数、无符号整数、双整数、浮点数,此外 MIN 和 MAX 也可以是常数。

在如图 5 - 8 所示的 NORM_X 指令中,各变量之间的线性关系如下:

$$OUT = \frac{VALUE - MIN}{MAX - MIN} = \frac{30 - 0}{50 - 0} = 0.6$$

如果参数 VALUE 小于 MIN 或大于 MAX,则 OUT 端的输出值将小于 0.0 或大于 1.0,此时 ENO 端为 **1**。例如当图 5 - 8 中 NORM_X 的 VALUE 为 51 时,OUT 为 1.02。

4. SCALE_X 指令

标定指令 SCALE_X 如图 5 - 8 所示,其浮点数输入值 VALUE(0.0 ⩽ VALUE ⩽ 1.0) 被线性转换(映射)为参数 MIN 和 MAX 定义的数值范围之间的整数。转换结果保存在 OUT 端指定的地址中。

在如图 5 - 8 所示的 SCALE_X 指令中,各变量之间的线性关系如下:

$$OUT = VALUE(MAX - MIN) + MIN = 0.6 \times (64\,000 - 0) + 0 = 38\,400$$

如果参数 VALUE 小于 0.0 或大于 1.0,则 OUT 端的输出值将小于 MIN 或大于 MAX,

此时 ENO 端为 **1**。例如当图 5－8 中 SCALE_X 的 VALUE 为 1.02 时，OUT 为 65 280。

四、数据传送指令

1. MOVE 指令

MOVE 指令如图 5－9 所示，它用于将输入端 IN 的源数据复制给 OUT1 指定的地址，并且转换为 OUT1 指定的数据类型，源数据保持不变。单击"添加"按钮 ，可以插入输出端，如图 5－9 中插入的输出端 OUT2 和 OUT3，IN 和 OUT1 端可以是布尔量之外所有的基本数据类型，以及 DTL、结构、数组这三种特殊的数据类型。输入端 IN 还支持常数输入。

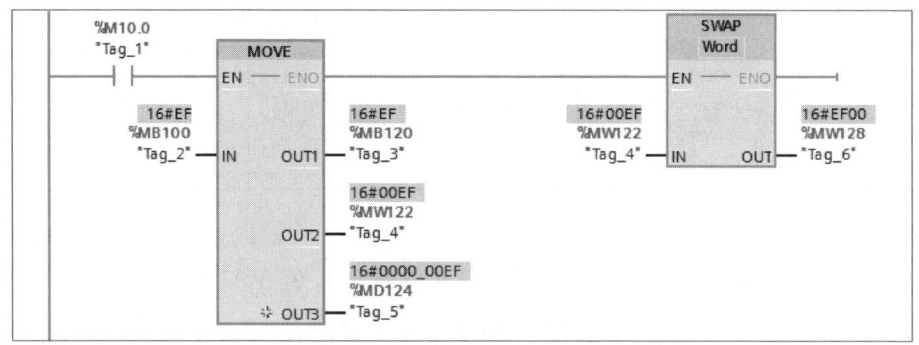

图 5－9　MOVE 指令与 SWAP 指令

同一条指令的输入参数和输出参数的数据类型可以不相同。如图 5－9 所示，MB100 中的数据可以传送到 MW122、MD124。如果输入端 IN 的数据类型的位长度超出输出端 OUT1 的数据类型的位长度，则源值的高位会丢失。如果输入端 IN 的数据类型的位长度低于输出端 OUT1 的数据类型的位长度，则源值的高位会被改写为 **0**。

2. SWAP 指令

当 IN 和 OUT 的数据类型为字时，交换指令 SWAP 交换输入端 IN 中数据的高、低字节后，保存到 OUT 指定的地址中。当 IN 和 OUT 端的数据类型为双字时，SWAP 指令交换 4 个字节中数据的顺序后，保存到 OUT 指定的地址中，如图 5－9 所示。

3. FILL_BLK 指令与 UFILL_BLK 指令

填充块指令 FILL_BLK 用于将输入端 COUNT 指定的 n 个输入端 IN 的指定值，填充到一个数组元素区域（目标区域），输出端 OUT 指定起始地址，如图 5－10 所示。

在图 5－10a 所示的梯形图中，M10.1 的动合触点闭合时，15 个常数 100 被填充到 DB1 中从 DBW0 开始的 15 个字中。

不可中断的存储区填充指令 UFILL_BLK 与 FILL_BLK 指令的功能基本相同，其区别在于前者的填充操作不会被其他操作系统的任务打断。执行该指令时，CPU 的报警响应时间将会增大。

4. MOVE_BLK 指令与 UMOVE_BLK 指令

图 5－11 所示的块移动指令 MOVE_BLK 用于将数据块 DB1 中从 pos_x[0]开始的 10 个整数数据类型元素的值，复制到数据块 DB1 中从数组 pos_y[0]开始的 10 个元素。输入端 COUNT 输入要传送的数组元素的个数，复制操作按地址增大的方向进行。

除了 IN 端的参数不能取常数外，MOVE_BLK 指令和 FILL_BLK 指令中参数的数据类型和存储区基本上相同。不可中断的存储区移动指令 UMOVE_BLK 与 MOVE_BLK 指令的

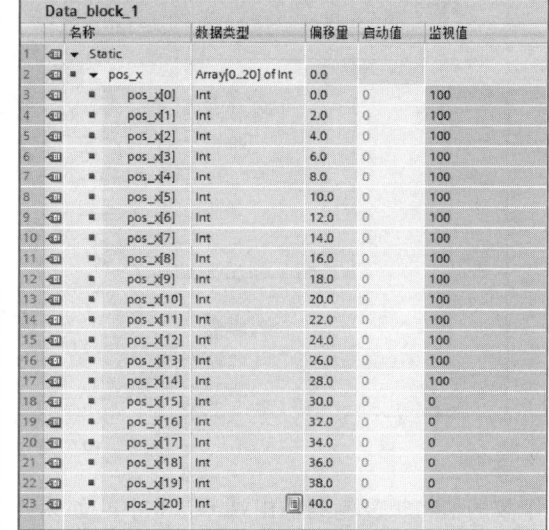

Data_block_1

	名称	数据类型	偏移量	启动值	监视值
1	▼ Static				
2	▼ pos_x	Array[0..20] of Int	0.0		
3	pos_x[0]	Int	0.0	0	100
4	pos_x[1]	Int	2.0	0	100
5	pos_x[2]	Int	4.0	0	100
6	pos_x[3]	Int	6.0	0	100
7	pos_x[4]	Int	8.0	0	100
8	pos_x[5]	Int	10.0	0	100
9	pos_x[6]	Int	12.0	0	100
10	pos_x[7]	Int	14.0	0	100
11	pos_x[8]	Int	16.0	0	100
12	pos_x[9]	Int	18.0	0	100
13	pos_x[10]	Int	20.0	0	100
14	pos_x[11]	Int	22.0	0	100
15	pos_x[12]	Int	24.0	0	100
16	pos_x[13]	Int	26.0	0	100
17	pos_x[14]	Int	28.0	0	100
18	pos_x[15]	Int	30.0	0	0
19	pos_x[16]	Int	32.0	0	0
20	pos_x[17]	Int	34.0	0	0
21	pos_x[18]	Int	36.0	0	0
22	pos_x[19]	Int	38.0	0	0
23	pos_x[20]	Int	40.0	0	0

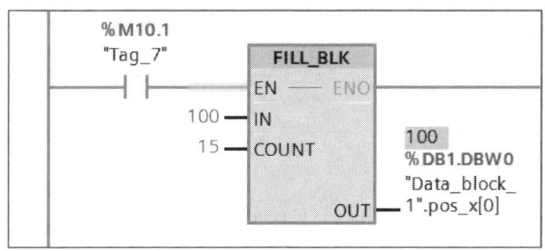

(a) 梯形图　　　　(b) DB1中的数据

图 5 - 10　FILL_BLK 指令

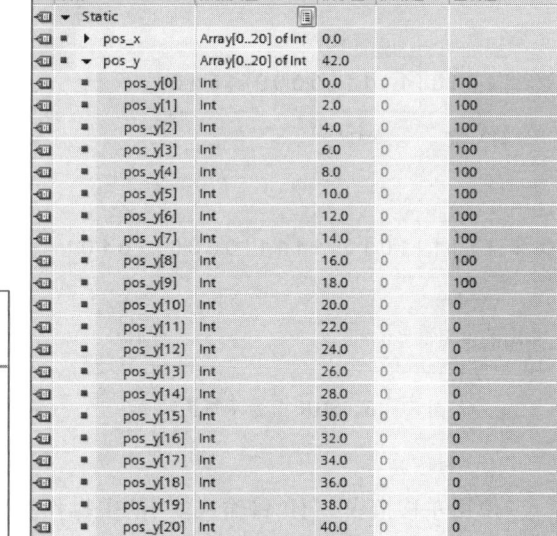

Data_block_1

名称	数据类型	偏移量	启动值	监视值
▼ Static				
▶ pos_x	Array[0..20] of Int	0.0		
▼ pos_y	Array[0..20] of Int	42.0		
pos_y[0]	Int	0.0	0	100
pos_y[1]	Int	2.0	0	100
pos_y[2]	Int	4.0	0	100
pos_y[3]	Int	6.0	0	100
pos_y[4]	Int	8.0	0	100
pos_y[5]	Int	10.0	0	100
pos_y[6]	Int	12.0	0	100
pos_y[7]	Int	14.0	0	100
pos_y[8]	Int	16.0	0	100
pos_y[9]	Int	18.0	0	100
pos_y[10]	Int	20.0	0	0
pos_y[11]	Int	22.0	0	0
pos_y[12]	Int	24.0	0	0
pos_y[13]	Int	26.0	0	0
pos_y[14]	Int	28.0	0	0
pos_y[15]	Int	30.0	0	0
pos_y[16]	Int	32.0	0	0
pos_y[17]	Int	34.0	0	0
pos_y[18]	Int	36.0	0	0
pos_y[19]	Int	38.0	0	0
pos_y[20]	Int	40.0	0	0

(a) 梯形图　　　　(b) DB1中的数据

图 5 - 11　MOVE_BLK 指令

功能基本相同,其区别在于前者的复制操作不会被其他操作系统的任务打断。执行该指令时,CPU 的报警响应时间将会增大。

五、移位与循环移位指令

移位与循环移位指令如图 5 - 12 所示。

1. SHR 指令

右移指令 SHR 将输入端 IN 中操作数的内容按位向右移位,并在输出端 OUT 中输出结果。N 端操作数用于指定将指定值移位的位数。当 N 端操作数的值为 0 时,输入端 IN 中操

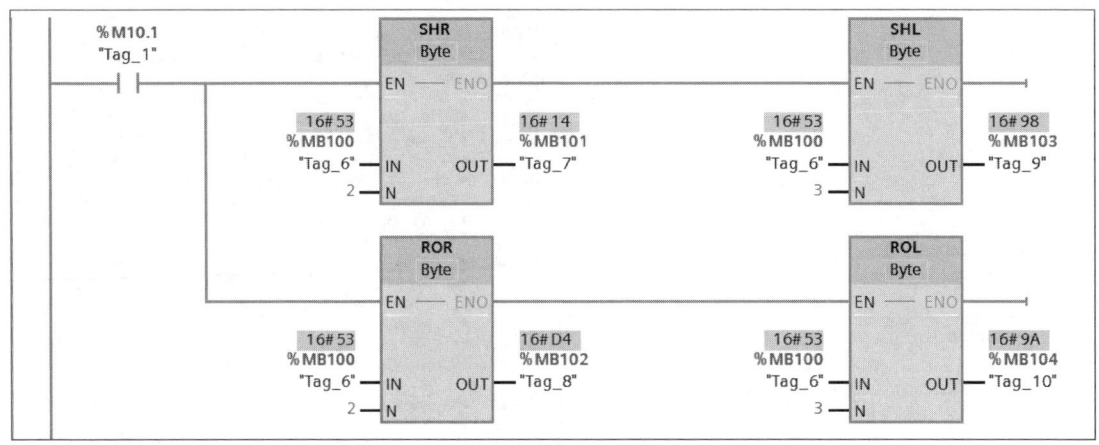

图 5－12　移位和循环移位指令

作数的值将被复制到输出端 OUT 中。如果 N 端操作数的值大于可用位数,则输入端 IN 中的操作数将向右移动,移动的位数等于可用位数。

对于无符号值,SHR 指令移位时操作数左边区域中空出的位将用 **0** 填充。如果指定值有符号,SHR 指令则用符号位的信号状态填充空出的位。

将整数数据类型的操作数向右移动 4 位的 SHR 指令示意图如图 5－13 所示。

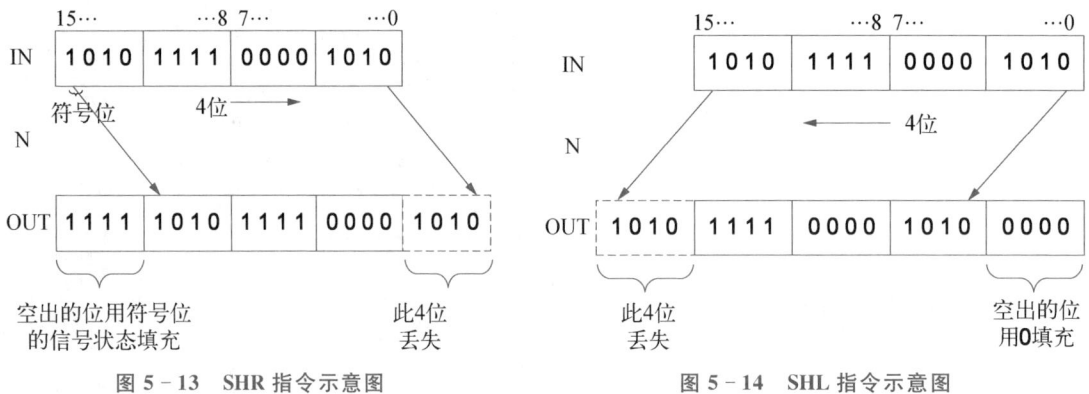

图 5－13　SHR 指令示意图　　　　　　　　图 5－14　SHL 指令示意图

2. SHL 指令

使用左移指令 SHL 将输入端 IN 中操作数的内容按位向左移位,并在输出端 OUT 中输出结果。N 端操作数用于指定将指定值移位的位数。当 N 端操作数的值为 0 时,输入端 IN 中的操作数将被复制到输出端 OUT 中。如果 N 端操作数的值大于可用位数,则输入端 IN 中的操作数将向左移动可用位数。

SHL 指令用 **0** 填充操作数右侧部分因移位而空出的位。

将整数数据类型的操作数向左移动 4 位的 SHL 指令示意图如图 5－14 所示。

3. ROR 指令

使用循环右移指令 ROR 将输入端 IN 中操作数的内容按位向右循环移位,并在输出端 OUT 中输出结果。N 端操作数用于指定循环移位中待移动的位数。当 N 端操作数的值为 0 时,输入端 IN 中的操作数将被复制到输出端 OUT 中。当 N 端操作数的值大于可用位数时,输入端 IN 中的操作数将循环移动指定位数个位。ROR 指令用移出的位填充因循环移位而空出的位。

将字节数据类型的操作数向右循环移动 1 位的 ROR 指令示意图如图 5 - 15 所示。

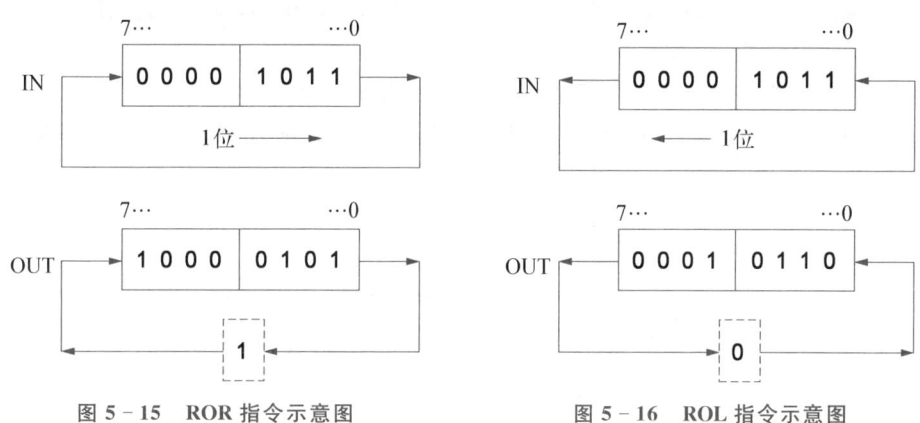

图 5 - 15 ROR 指令示意图   图 5 - 16 ROL 指令示意图

4. ROL 指令

使用循环左移指令 ROL 将输入端 IN 中操作数的内容按位向左循环移位，并在输出端 OUT 中输出结果。N 端操作数用于指定循环移位中待移动的位数。当 N 端操作数的值为 0 时，输入端 IN 中的操作数将被复制到输出端 OUT 中。当 N 端操作数的值大于可用位数时，输入端 IN 中的操作数将循环移动指定位数个位。ROL 指令用移出的位填充因循环移位而空出的位。

将字节数据类型的操作数向左循环移动 1 位的 ROL 指令示意图如图 5 - 16 所示。

知识点 2   运 算 指 令

一、数学运算指令

常用的数学运算指令见表 5 - 2。

表 5 - 2   常用的数学运算指令

名 称	描 述	名 称	描 述
ADD	加法运算	INC	将 IN/OUT 端操作数的值加 1
SUB	减法运算	DEC	将 IN/OUT 端操作数的值减 1
MUL	乘法运算	ABS	求绝对值
DIV	除法运算	MIN	求两个输入参数中较小的值
MOD	求余数	MAX	求两个输入参数中较大的值
NEG	将输入值的符号取反	LIMIT	将输入端 IN 操作数的值限制在指定的范围内

1. 四则运算指令

数学运算指令中的 ADD、SUB、MUL 和 DIV 分别是加、减、乘、除的运算指令。操作数的数据类型可选有符号短整数、整数、双整数、无符号短整数、无符号整数、无符号双整数、浮点数,指令输入端 IN1 和 IN2 的操作数可以是常数。IN1、IN2 和 OUT 端的操作数数据类型应该相同。

整数除法指令将得到的商截位取整后,作为整数格式输出。

在 ADD 和 MUL 指令中,单击"添加"按钮 ⚄,可以插入输入端,实现多个输入端连加或连乘,如图 5-17 所示。

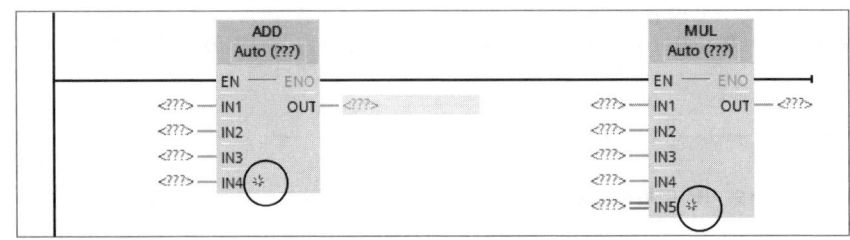

图 5-17 ADD 和 MUL 指令的扩展应用

也可用右键单击 ADD 指令,执行快捷菜单中的"插入输入"命令,ADD 指令将会增加一个输入变量。用右键单击某条输入短线,执行快捷菜单中的"删除"命令,将会减少一个输入变量。

【例 5-1】 压力变送器的量程为 0~10 MPa,输出信号为 0~10 V,被 CPU 集成的模拟量输入的通道 0(地址为 IW64)转换为 0~27 648 的数字。假设转换后的数字为 N,试求压力变送器检测的压力值 P(以 kPa 为单位)。

解: 0~10 MPa(0~10 000 kPa)对应于转换后的数字 0~27 648,故转换公式为

$$P = \frac{10\ 000 \times N}{27\ 648} \tag{5-1}$$

值得注意的是,在运算时一定要先乘后除,否则会损失原始数据的精度。

公式中乘法运算的结果可能会大于一个字能表示的最大值,因此应使用数据类型为双整数的乘法运算指令和除法运算指令,如图 5-18 所示。为此首先使用 CONV 指令,将 IW64 转换为双整数。

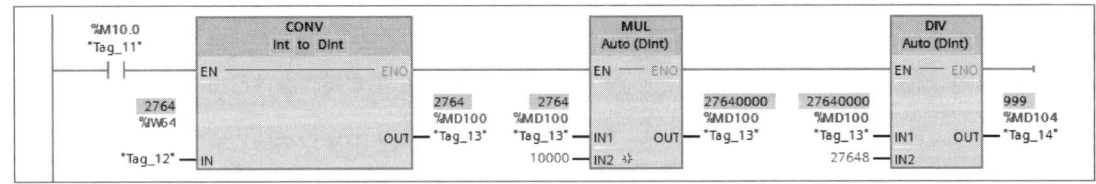

图 5-18 压力测量值计算程序

【例 5-2】 使用浮点数运算计算上例以 kPa 为单位的压力值 P。

解: 将式(5-1)改写为式(5-2):

$$P = \frac{10\ 000 \times N}{27\ 648} = 0.361\ 690 \times N\ (\text{kPa}) \tag{5-2}$$

首先用 CONV 指令将 IW64 转换为浮点数(Real),再用浮点数的乘法运算指令完成式(5-2)的运算,如图 5-19 所示,最后使用 ROUND 指令取整,将运算结果转换为整数。

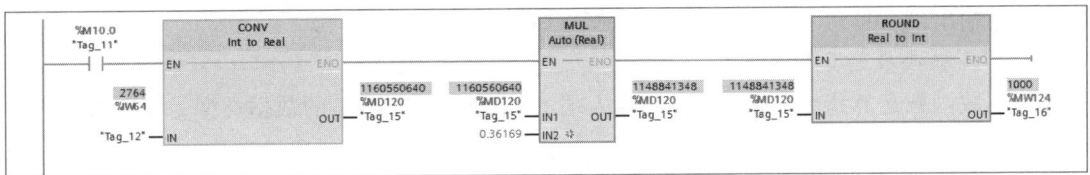

图 5－19　使用浮点数计算的压力测量值计算程序

2. 其他数学运算指令

（1）MOD 指令。除法运算指令 DIV 只能得到商，余数会被丢掉。而求余数指令 MOD 可以用来求除法的余数。输出端 OUT 的运算结果为除法运算 IN1/IN2 的余数，如图 5－20 所示。

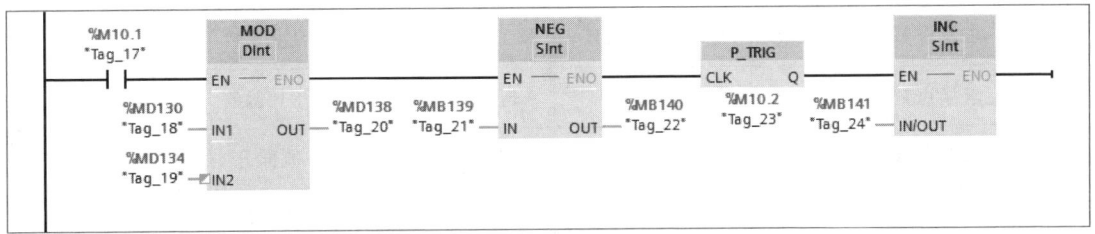

图 5－20　MOD 指令、NEG 指令与 INC 指令

（2）NEG 指令。NEG 指令将输入端 IN 的操作数的符号取反后，保存在输出端 OUT 中，如图 5－20 所示。IN 和 OUT 端操作数的数据类型可以是有符号短整数、整数、双整数和浮点数，输入端 IN 的操作数还可以是常数。

（3）INC 指令与 DEC 指令。执行 INC 指令与 DEC 指令时，IN/OUT 端操作数的值分别加 1 和减 1。IN/OUT 端操作数的数据类型可选择无符号短整数、整数、无符号整数、双整数和无符号双整数。

如图 5－20 所示，INC 指令用来记录 M10.2 动作的次数，应在 INC 指令之前添加检测能流上升沿的 P_TRIG 指令，否则 M10.2 为 **1** 状态的每个扫描循环周期，MB141 都要加 1。

（4）ABS 指令。绝对值指令 ABS 如图 5－21 所示，它用来求输入端 IN 操作数的绝对值，并将结果保存在输出端 OUT 中，如图 5－21 所示。IN 和 OUT 端的数据类型应相同，它们可以是有符号整数（SInt、Int、DInt）或浮点数（Real）。

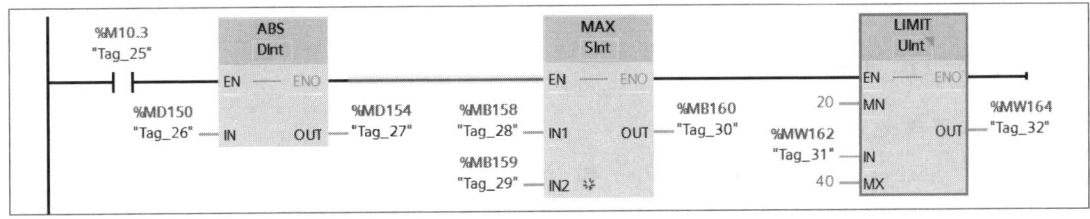

图 5－21　ABS 指令、MAX 指令与 LIMIT 指令

（5）MIN 指令与 MAX 指令。MIN 指令用于比较输入端 IN1 和 IN2 的值，并将其中较小的值送给输出端 OUT。MAX 指令比较输入端 IN1 和 IN2 的值，并将其中较大的值送给输出端 OUT，如图 5－21 所示。IN1 和 IN2 端操作数的数据类型相同时才能执行指定的操作。

（6）LIMIT 指令。LIMIT 指令用于检查输入端 IN 的值是否在 MIN 和 MAX 端操作数指定的范围内，如果 IN 端的值没有超出该范围，则将它直接保存在 OUT 指定的地址中。如果 IN 端的值小于 MIN 端操作数的值或大于 MAX 端操作数的值，将 MIN 或 MAX 端操作数的值送给输出端 OUT。如图 5 - 21 所示,MW164 被限制在 20～40。

3. 浮点数函数运算指令

浮点数函数运算指令见表 5 - 3,其输入端 IN 和输出端 OUT 的数据类型为浮点数。

表 5 - 3　浮点数函数运算指令

名称	描　述	表达式	名称	描　述	表达式
SQR	求浮点数的平方	$IN^2 = OUT$	TAN	求浮点数的正切函数	$\tan(IN) = OUT$
SQRT	求浮点数的平方根	$\sqrt{IN} = OUT$	ASIN	求浮点数的反正弦函数	$\arcsin(IN) = OUT$
LN	求浮点数的自然对数	$\ln(IN) = OUT$	ACOS	求浮点数的反余弦函数	$\arccos(IN) = OUT$
EXP	求浮点数的自然指数	$e^{IN} = OUT$	ATAN	求浮点数的反正切函数	$\arctan(IN) = OUT$
SIN	求浮点数的正弦函数	$\sin(IN) = OUT$	FRAC	求浮点数的小数部分	—
COS	求浮点数的余弦函数	$\cos(IN) = OUT$	EXPT	求浮点数的普通指数	$IN1^{IN2} = OUT$

浮点数自然指数指令 EXP 和浮点数自然对数指令 LN 中的指数和对数的底数 e=2.718 28…。

浮点数开平方指令 SQRT 和 LN 指令的输入值如果小于 0,输出端 OUT 将返回一个无效的浮点数。

浮点数三角函数指令 SIN、COS、TAN 和浮点数反三角函数指令 ASIN、ACOS、ATAN 中的角度均为以 rad(弧度)为单位的浮点数。如果输入值是以°(度)为单位的浮点数,使用浮点数三角函数指令之前应先将角度值乘以 π/180.0,转换为弧度值。

浮点数反正弦函数指令 ASIN 和浮点数反余弦函数指令 ACOS 的输入值允许范围为 -1.0～1.0,ASIN 指令和 ATAN 指令的运算结果取值范围为 -π/2～+π/2 rad,ACOS 指令的运算结果取值范围为 0～π rad。

求以 10 为底的对数时,需要将自然对数值除以 2.302 585(ln 10)。例如

$$\lg 100 \approx \frac{\ln 100}{2.302\ 585} \approx \frac{4.605\ 170}{2.302\ 585} = 2。$$

二、逻辑运算指令

1. 基本逻辑运算指令

基本逻辑运算指令对两个输入端 IN1 和 IN2 的操作数逐位进行逻辑运算。逻辑运算的结果存放在输出端 OUT 指定的地址,如图 5 - 22 所示。

与运算指令 AND 的两个操作数的同一位如果均为 **1**,运算结果的对应位为 **1**,否则为 **0**。

或运算指令 OR 的两个操作数的同一位如果均为 **0**,运算结果的对应位为 **0**,否则为 **1**。

异或运算指令 XOR 的两个操作数的同一位如果不相同,运算结果的对应位为 **1**,否则为 **0**。

以上指令的 IN1,IN2 和 OUT 端操作数的数据类型应相同,它们的数据类型可以是十六进制的字节、字和双字。

取反指令 INV 将输入端 IN 中的二进制整数逐位取反,即各位的二进制数由 **0** 变 **1** 或由 **1** 变 **0**,运算结果存放在输出端 OUT 指定的地址。

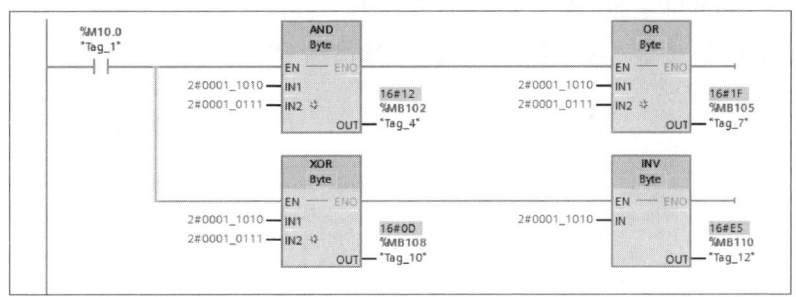

图 5 – 22　基本逻辑运算指令

基本逻辑运算指令的运算结果见表 5 – 4。

表 5 – 4　基本逻辑运算指令的运算结果

参　数	AND 指令	OR 指令	XOR 指令	INV 指令
IN1	2#0001_1010	2#0001_1010	2#0001_1010	2#0001_1010
IN2	2#0001_0111	2#0001_0111	2#0001_0111	—
OUT	2#0001_0010	2#0001_1111	2#0000_1101	2#1110_0101
	16#12	16#1F	16#0D	16#E5

2. DECO 指令与 ENCO 指令

解码指令 DECO 如图 5 – 23 所示。它读取输入端 IN 的值，并将位号与读取值对应的那个位在输出端中置位。输出端的其他位以 **0** 填充。当输入端 IN 的值大于 31 时，则执行以 32 为模的指令。IN 端的数据类型为无符号整数，OUT 端的数据类型可选字节、字和双字。

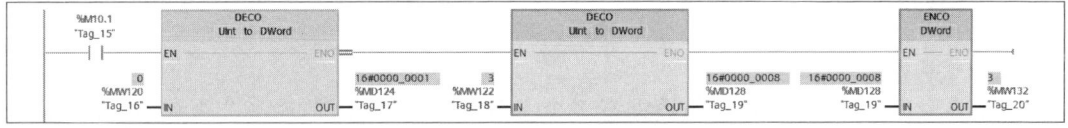

图 5 – 23　DECO 指令与 ENCO 指令

IN 端的值为 0～7（3 位二进制数）时，输出端 OUT 的数据类型为 8 位的字节。

IN 端的值为 0～15（4 位二进制数）时，输出端 OUT 的数据类型为 16 位的字。

IN 端的值为 0～31（5 位二进制数）时，输出端 OUT 的数据类型为 32 位的双字。

如图 5 – 23 所示，IN 端的值为 0 时，OUT 端为 **2#0000_0001**（16#01），仅第 0 位为 **1**。IN 端为 3 时，OUT 端为 **2#0000_1000**（16#08），第 3 位为 **1**。

编码指令 ENCO 与解码指令相反，将 IN 端操作数为 **1** 的最低位的位数送到输出端 OUT 指定的地址，IN 端操作数的数据类型可选字节、字和双字，OUT 端的数据类型为整数。

如图 5 – 23 所示，IN 端为 **2#0000_1000**（16#08），输出端 OUT 指定的 MW132 中的编码结果为 3。如果 IN 端为 1 或 0，MW132 的值为 0。如果 EN 端为 **0**，ENO 端也为 **0**。

3. SEL 指令与 MUX 指令

选择指令 SEL 根据开关（输入端 G）的情况，选择输入端 IN0 或 IN1 中的一个，并将其操作数复制到输出端 OUT。如果输入端 G 的信号状态为 **0**,则选择输入端 IN0 的值。当输入端 G 的信号状态为 **1** 时,将输入端 IN1 的值复制到输出端 OUT 中,如图 5－24 所示。

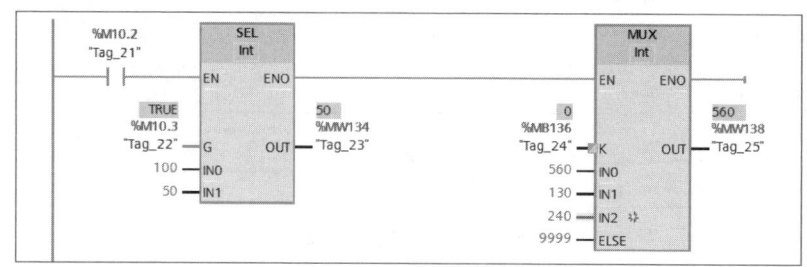

图 5－24　SEL 指令与 MUX 指令

多路开关选择器指令 MUX 根据输入端 K 的值,选中某个输入数据,并将它传送到输出端 OUT 指定的地址。若 K 的值为 m,则将输入端 INm 的操作数传送到输出端 OUT。若 K 的值超过允许的范围,则将输入端 ELSE 的操作数传送到输出端。

将 MUX 指令拖放到程序编辑器时,它只有 3 个数据输入端:IN0、IN1 和 ELSE。用鼠标右键单击该指令,执行快捷菜单中的"插入输入"指令,可以增加一个数据输入端。反复使用这一方法,可以增加多个数据输入端。增添完数据输入端后,用鼠标右键单击某个输入端 INm 从方框伸出的水平短线,执行出现的快捷菜单中的"删除"指令,可以删除选中的数据输入端。删除后指令会自动调整剩下的输入端 INm 的编号。

输入端 K 的操作数的数据类型为无符号整数,INm、ELSE 和 OUT 端操作数可以选择 12 种数据类型。INm、ELSE 和 OUT 端操作数的数据类型应相同。

知识点 3　字符串指令

一、字符串转换指令

1. 字符串的结构

数据类型为字符串(String)的数据有 2 个字节的头部,后面是最多 254 个字节的 ASCII 字符代码。字符串的首字节是字符串的最大长度,第 2 个字节是当前长度,即当前实际使用的字符数。当前长度必须小于等于最大长度。字符串占用的字节数为最大长度加 2。

字符串默认的最大长度为 254 个字节,定义字符串的最大长度可以减少它占用的存储空间。例如定义了字符串 MyString[10]之后,字符串 MyString 的最大长度为 10 个字节。

2. 定义字符串

执行字符串指令之前,首先应定义字符串。用户不能直接在变量表中定义字符串,只能在代码块的接口区或全局数据块中定义它。

生成全局数据块 DB1,在 DB1 中生成字符串变量"字符串 1"～"字符串 4",在"DB1 [DB1]"对话框的"属性"项中,取消勾选"优化的块访问"复选框,如图 5－25a 所示。字符串 1 的数据类型"String"中没定义长度,即采用默认的 254 个字节加 2 个头部字节,字符串 1 将占用 256 字节,其起始地址从 DBB0 开始,到 DBB255 结束。变量字符串 2 的偏移量(Offset)从 DBB256 开始,其数据类型"String[10]"表示其最大长度为 10 个字节,加上 2 个头部字节,共 12 个字节。变量字符串 3 的偏移量从 DBB268 开始,如图 5－25b 所示。

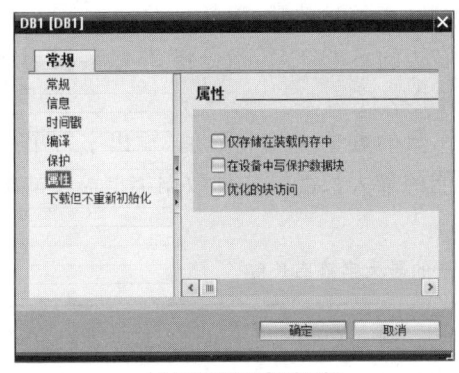

(a) "DB1[DB1]"对话框

(b) 字符串的偏移量

图 5-25　定义字符串

3. 使用 S_CONV 指令将字符串转换为数值

S_CONV 指令用于将输入的字符串转换为对应的数值,或将数值转换为对应的字符串。该指令没有输出格式选项,因此需要设置的参数很少,但是它没有 STRG_VAL 指令和 VAL_STRG 指令那样灵活。使用 S_CONV 指令前,首先需要在指令方框中设置转换前后的 IN 和 OUT 端操作数的数据类型。

使用 S_CONV 指令将字符串转换为数值时,输入端 IN 操作数的数据类型为字符串,输出端 OUT 操作数的数据类型可以是有符号短整数、整数、双整数、无符号短整数、无符号整数、无符号双整数和浮点数。

允许转换的字符包括 0~9、加减号和小数点的对应字符。IN 端字符串的转换从第一个字符开始,直到最后一个字符。如果遇到允许的字符之外的字符,转换停止,ENO 端被设置为 **0**。转换后,数值参数 OUT 指定的地址保存。如果输出的数值超出 OUT 端操作数的数据类型允许的范围,OUT 端被设置为 **0**,ENO 端被设置为 **0**。反之,OUT 端输出有效的值,ENO 端被设置为 **1**。

输入字符串的格式规则如下:

(1) 如果字符串使用了十进制数的小数点,应使用字符'.'。

(2) 允许使用分隔每 3 位十进制数的分号字符',',转换时应将其忽略。

(3) 忽略字符前面的空格。

(4) 只支持定点表示法,不会将字符"e"和"E"视为指数计数法。

用右键单击图 5-26 中的 M10.0,在快捷菜单中选择"修改"选项,选择"修改为 1"命令,M10.0 的动合触点闭合,左边的 S_CONV 指令将字符串"1123.5"转换为双整数 1123,小数部分被截尾取整。

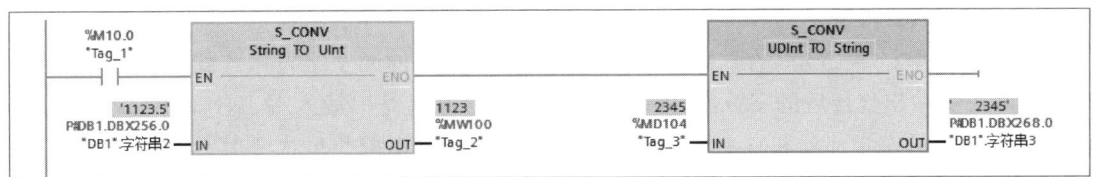

图 5-26　S_CONV 指令

4. 使用 S_CONV 指令将数值转换为字符串

可以用 S_CONV 指令将输入端 IN 指定的整数、无符号整数或浮点数转换为输出端 OUT 对应的字符串。转换执行之前,应定义 OUT 指定的数据类型为字符串。输入数据的数据类型可以是有符号短整数、整数、双整数、无符号短整数、无符号整数、无符号双整数和浮点数。

如图 5－26 所示,M10.0 的动合触点闭合时,右边的 S_CONV 指令将 2345 转换为字符串 '2345',替换了 DB1 中定义的字符串"字符串 3"原有的字符。

替换后的字符串的长度取决于输入端 IN 操作数的数据类型和数值,输出字符串首字节的最大字符串长度应大于等于转换后的字符串可能的最大长度。各种数据类型需要的最大字符串长度见表 5－5。

表 5－5　各种数据类型需要的最大字符串长度

输入数据类型	输出字符串的最大字节数	例　子	包括头部的总字符串长度
无符号短整数	3	255	5
有符号短整数	4	−128	6
无符号整数	5	65 535	7
整　数	6	−32 767	8
无符号双整数	10	4 294 967 295	12
双整数	11	−2 147 483 648	13

二、字符串指令

1. LEN 指令

求字符串长度指令 LEN 用输出端 OUT 操作数(整数型)显示输入端 IN 操作数指定的字符串的当前长度,空字符串的长度为 0。执行如图 5－27 所示的 LEN 指令后,MW200 显示输入的字符串的长度为 7。

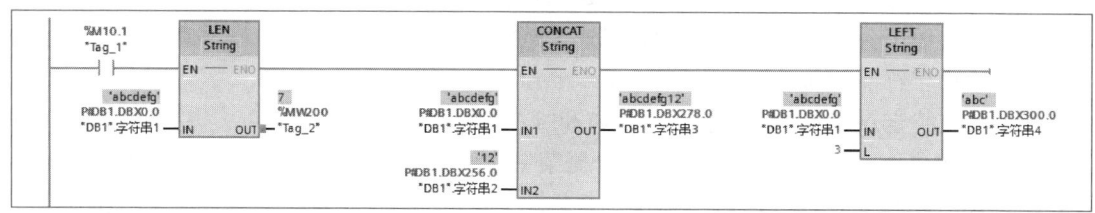

图 5－27　LEN 指令、CONCAT 指令与 LEFT 指令

2. CONCAT 指令

合并字符串指令 CONCAT 将输入端 IN1 和 IN2 指定的两个字符串连接在一起,然后用输出端 OUT 输出连接后的字符串,如图 5－27 所示。原字符串输入端 IN1 和 IN2 分别是合并后的字符串的左半部分和右半部分。如果连接后的字符串的长度大于其允许的最大长度,则将它限制在最大长度,并将使能输出端 ENO 设置为 **0**。

3. LEFT 指令

左子字符串指令 LEFT 用输出端 OUT 指定的字符串来输出由输入端 IN 指定的字符串的前 L 个字符,L 的数据类型为整数。执行如图 5－27 所示的 LEFT 指令后,输出端 OUT 中是输入端 IN 对应字符串左边的 3 个字符。字符串指令对异常情况的处理见 TIA Portal 软件中的在线帮助。

4. RIGHT 指令

右子字符串指令 RIGHT 用输出端 OUT 指定的字符串输出由输入端 IN 指定的字符串的最后 L 个字符，L 的数据类型为整数。执行图 5-28 所示的 RIGHT 指令后，输出端 OUT 输出由输入端 IN 指定的字符串右边的 3 个字符。

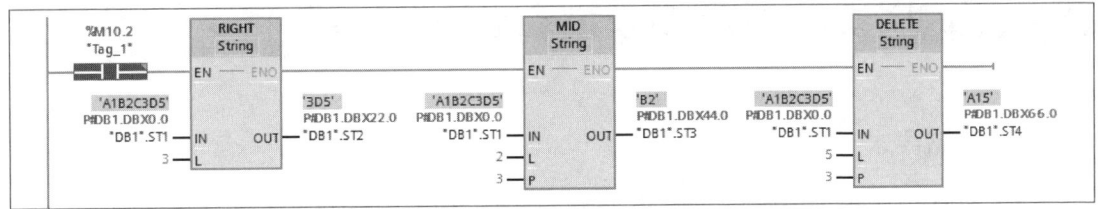

图 5-28　RIGHT 指令、MID 指令与 DELETE 指令

5. MID 指令

中间子字符串指令 MID 用输出端 OUT 指定的字符串输出由输入端 IN 指定的字符串从第 P 个字符开始的 L 个字符。执行如图 5-28 所示的 MID 指令后，输出端 OUT 输出由输入端 IN 指定的字符串中从第 3 个字符开始的 2 个字符。

6. DELETE 指令

删除子字符串指令 DELETE 从字符串 IN 的第 P 个字符开始，删除 L 个字符，OUT 端输出剩余的子字符串。执行如图 5-28 所示的 DELETE 指令后，DELETE 指令会删除输入端 IN 指定的字符串中从第 3 个字符开始的 5 个字符，然后输出到 OUT 指定的字符串。

7. INSERT 指令

插入字符串指令 INSERT 将字符串 IN2 端指定的字符串插入到 IN1 端指定的字符串中第 P 个字符之后。执行如图 5-29 所示的 INSERT 指令后，IN2 指定的字符串'123'被插入到 IN1 指定的字符串 ST1 的第 3 个字符之后，输出的字符串为'a1b1232c3d4'。

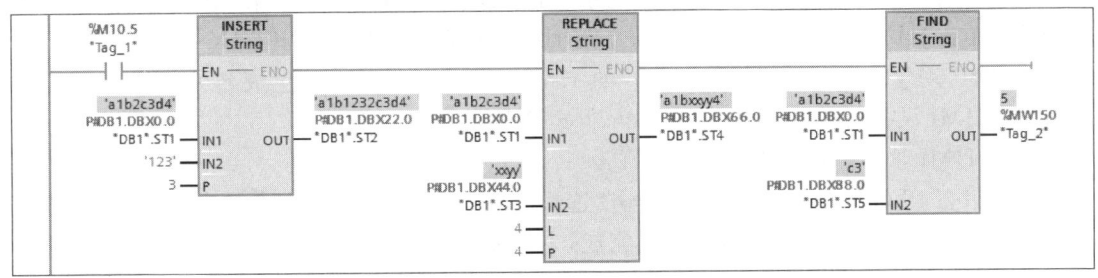

图 5-29　INSERT 指令、REPLACE 指令与 FIND 指令

8. REPLACE 指令

子字符串替换指令"REPLACE"用 IN2 端指定的字符串替换 IN1 端指定的字符串中从第 P 个字符开始的 L 个字符，替换的结果从 OUT 输出。执行如图 5-29 所示的 REPLACE 指令后，字符串 ST1 从第 4 个字符开始的 4 个字符'2c3d'被 IN2 端指定的字符串 ST3 的'xxyy'代替。输出的字符串 ST4 为'a1bxxyy4'。

9. FIND 指令

查找子字符串指令 FIND 用于查找 IN2 端指定的字符串在 IN1 端指定的字符串中的位置。查找从 IN1 端指定的字符串的左侧开始，输出 OUT(整数型)返回第一次出现 IN2 端指定的字符串的位置。如果在 IN1 端指定的字符串中未找到 IN2 端指定的字符串,则返回 0。执行如图 5－29 所示的 FIND 指令后,查找到 IN2 端指定的字符串 ST5 'c3'是从 IN1 端指定的字符串 ST1 'a1b2c3d4'的第 5 个字符开始的。

任务1　设计液位控制模拟系统

一、控制要求

使用 SIMATIC HMI 精简系列面板 7"显示屏 KTP700 Basic、S7－1200 PLC,创建一个液

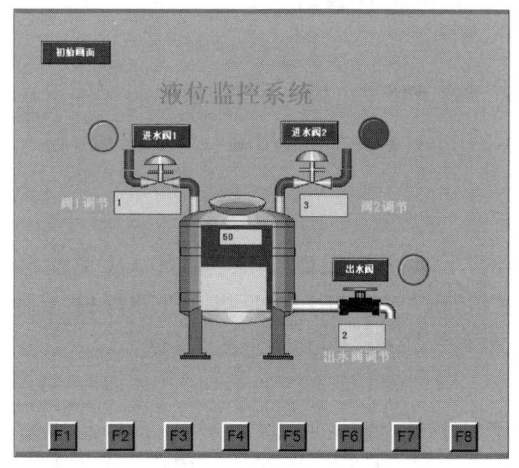

图 5－30　液位监控画面

位控制模拟系统。该系统有两路进水,一路出水,要求它们能分别进行流量控制,如图 5－30 所示。

二、任务实施

1. 添加设备

打开 TIA Portal V16,创建一个名为"液位控制"的新项目。

双击项目树中的"添加新设备"选项,先添加一个 PLC。在"添加新设备"对话框中依次单击"控制器"→"SIMATIC S7－1200"→"CPU"→"CPU 1214C DC/DC/DC"选项,单击"确定"按钮,生成名为"PLC_1"的新 PLC。

继续双击项目树中的"添加新设备"选项,再添加一个 HMI 设备。在"添加新设备"对话框中依次单击"HMI"→"SIMATIC 精简系列面板"→"7"显示屏"→"KTP700 Basic"选项,选中供货号为"6AV2 123－2GB03－0AX0"的 HMI,单击"确定"按钮,生成名为"HMI_1"的面板,出现"HMI 设备向导:KTP700 Basic color PN"对话框。

2. 用 HMI 设备向导组态画面

首先组态 PLC 与 HMI 的连接。单击"选择 PLC"选项的下拉按钮▼,弹出对话框,选中名为"PLC_1"的 PLC,单击确定按钮☑完成,出现如图 5－31 所示的 PLC 与 HMI 之间的连接(绿色连线)。

单击"下一步"按钮,进入"画面布局"对话框,可以对画面的背景色和页眉进行设置,在这里采用默认的背景色,取消勾选"页眉"复选框,取消页眉的设置。可以在对话框右边预览设置后的效果。

单击"下一步"按钮,进入"报警"对话框,该对话框里有三个报警窗口可以选择,即"未确认的报警""未解决的报警""未解决的系统报警",可以在它们对应的复选框中进行勾选。对话框右边是报警窗口的预览。这里取消对"未确认的报警"和"未解决的系统报警"复选框中的勾选。这时右边的预览中的只保留了"未解决的报警"窗口。

单击"下一步"按钮,进入"画面"对话框,通过单击"添加"按钮➕添加新画面,也可以通过画面里的工具条进行添加画面、删除画面、重命名画面及删除所有画面操作。

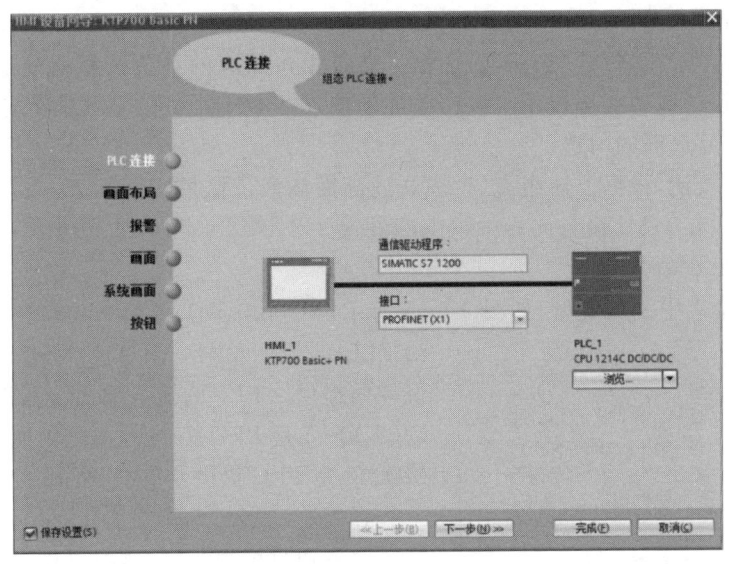

图 5 - 31　PLC 与 HMI 之间的连接

选中相应画面,单击"重命名"工具,修改画面名称如图 5 - 32 所示。组态完成后,在项目树的"画面"文件夹里有相应画面名称,如图 5 - 33 所示。

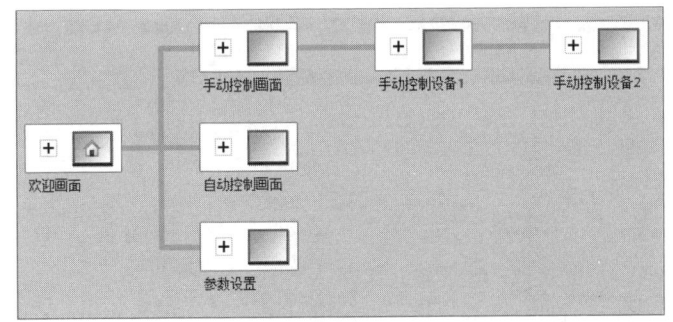

图 5 - 32　重命名画面

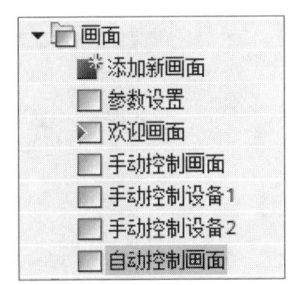

图 5 - 33　项目树中的"画面"文件夹

在图 5 - 32 所示的页面中可以方便地看出各画面之间的切换关系,但从各画面自动产生的画面切换按钮的名称来看,选择下一级的按钮都有各自画面的名称,而返回的上一级画面的按钮则统一命名为"返回"。当有多个画面这样显示时,虽不影响功能,但建议组态设计时最好把显示文本换成返回画面的名称。

以手动控制画面为例,一种方法是双击打开手动控制画面,双击"返回"按钮,选中"返回"文本,直接修改为"欢迎画面",如图 5 - 34 所示。另一种方法是把原"返回"按钮删除,将项目树中的"欢迎画面"拖放到手动控制画面中,在自动生成的画面切换按钮上,显示的字符为"欢迎画面"。

本任务只需欢迎画面和液位监控画面,以后如有需要,在项目树的"画面"文件夹下双击"添加新画面"选项添加画面。

单击"下一步"按钮,打开"系统画面"对

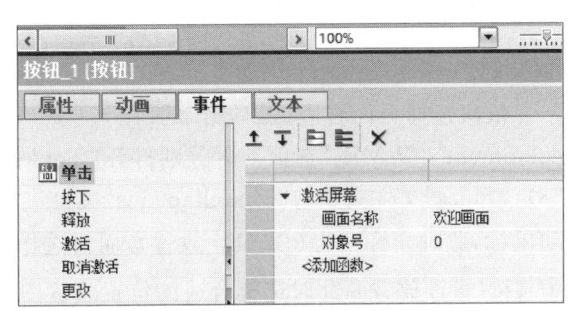

图 5 - 34　画面切换按钮的事件组态

话框。根据项目要求选择系统画面及下级的子画面,无须选择系统画面。

单击"下一步"按钮,打开"按钮"对话框。通过单击相应的系统按钮或通过拖放功能来添加按钮,通过按钮区域功能选择系统按钮添加的位置。本任务没有选择系统按钮功能,应取消按钮区域中所有复选框的勾选。

单击"完成"按钮,根据上述组态,生成欢迎画面和液位监控画面。下一次生成 HMI 对象时,将会使用本次在 HMI 设备向导中组态的设置。

3. 编写 PLC 程序

在 PLC 变量表中添加变量,如图 5－35 所示,M100.0、M100.1、M100.2 是人机界面提供给 PLC 的控制信号,MD204、MD208、MD212 是人机界面提供给 PLC 的输入输出流量设定数据,Q0.3、Q0.4、Q0.5 是 PLC 提供给人机界面的指示灯信号,MD200 是 PLC 提供给人机界面的数据信号。

18	水阀1流量调节	DInt	%MD204
19	水阀2流量调节	DInt	%MD208
20	液位	DInt	%MD200
21	输入水阀1	Bool	%Q0.3
22	输入水阀1控制	Bool	%M100.0
23	输入水阀2	Bool	%Q0.4
24	输入水阀2控制	Bool	%M100.1
25	输出水阀	Bool	%Q0.5
26	输出水阀控制	Bool	%M100.2
27	输出流量调节	DInt	%MD212
28	<添加>		

图 5－35　在 PLC 变量表中添加变量

4. "液位监控"画面组态

双击项目树中"液位监控画面"选项,打开"液位监控画面",画面右边的任务卡自动切换到"工具箱"。图 5－36 所示的工作区中是已组态好的液位监控画面。

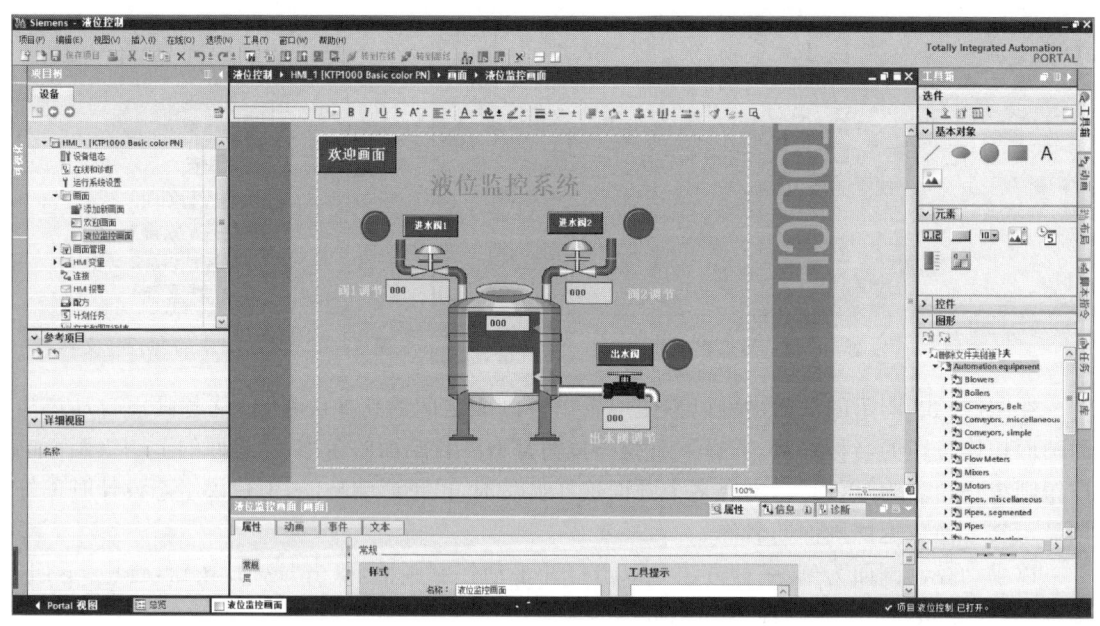

图 5－36　已组态好的液位监控画面

依次选择页面右边"工具箱"的"图形"→"WinCC 图形文件夹"→"Equipment"→"Other equipment's[WMF]"选项。再分别打开"Tanks"文件夹(图 5－37)、"Valves"文件夹(图 5－38)、"Pipes"文件夹中的"Miscellaneous"文件夹(图 5－39),用左键按住所需图形不放,同时移动鼠标,此时光标变为⊘(禁止放置),而所选图形跟随它一起移动,移动到工作区时,光标变为⊞(可以放置),此时选择合适的位置放置图形。也可以双击所选图形,所选图形就出现在工作区的左上角。

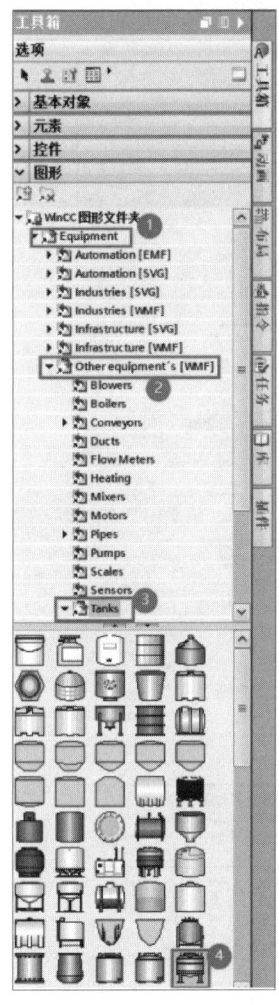

图 5-37　"Tanks"文件夹

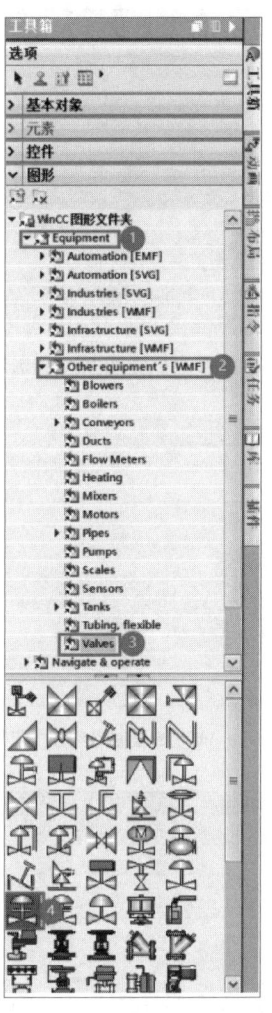

图 5-38　"Valves"文件夹

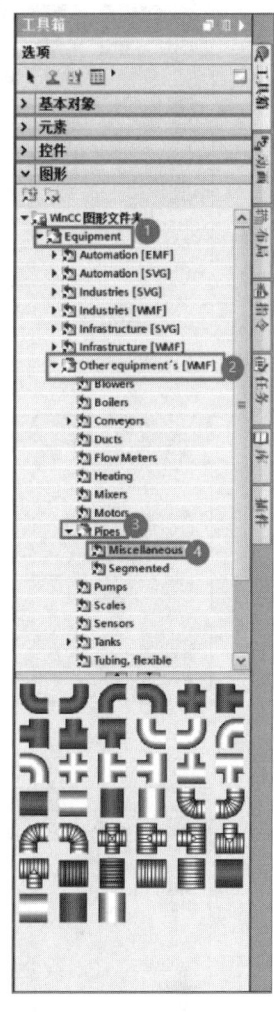

图 5-39　"Miscellaneous"文件夹

在画面上适当位置放开鼠标左键,所选图形将被放置到画面上对应的位置。这时所选图形四周出现 8 个小正方形,将光标放到图形上,光标变成十字光标,按住鼠标左键并移动鼠标,可以将选中的图形拖放到对应的位置。将光标移动到图形角上的小正方形上,光标变成 45°的双向箭头,按住鼠标左键并移动鼠标,可以同时改变图形的长度和宽度。将鼠标移动到图形外框线中间的小正方形上,光标变成水平或垂直的双向箭头,按住鼠标左键并移动鼠标,可以改变图形的长度或宽度。

5. 用棒图对象显示液位

将"工具箱"的"元素"组中的"棒性"图标　拖放到水罐上,调节其大小和位置。选中此图标后打开巡视窗口的"属性"选项卡,选中左边窗口的"常规"选项,设置棒图连接的变量,即"过程变量"为"液位",如图 5-40 所示。选中"刻度"选项,取消勾选"显示刻度"复选框,如图 5-41所示,棒图的刻度消失。

6. 组态 I/O 域

将"工具箱"的"元素"组中的"I/O 域"图标　拖放到棒图上,显示液位数值,调节其大小和位置。选中此图标后打开巡视窗口的"属性"选项卡,选中左边窗口的"常规"选项,设置I/O 域连接的变量为"液位",如图 5-42 所示。

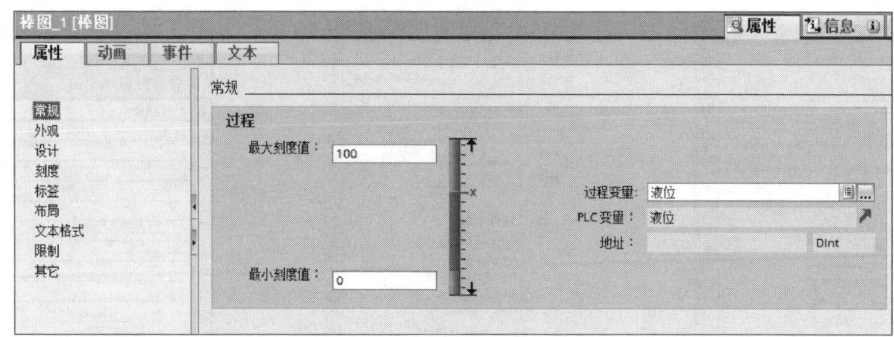

图 5 - 40　棒图的"常规"选项

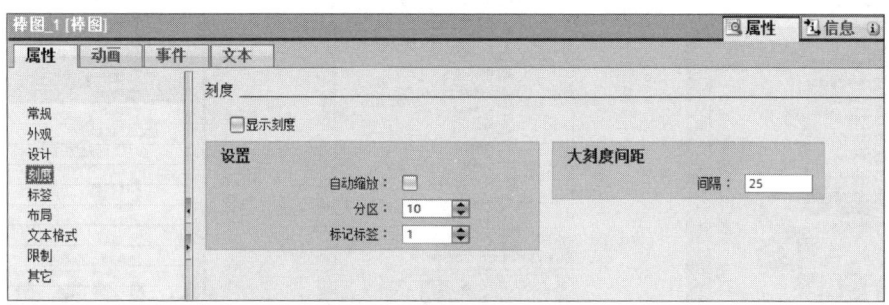

图 5 - 41　棒图的"刻度"选项

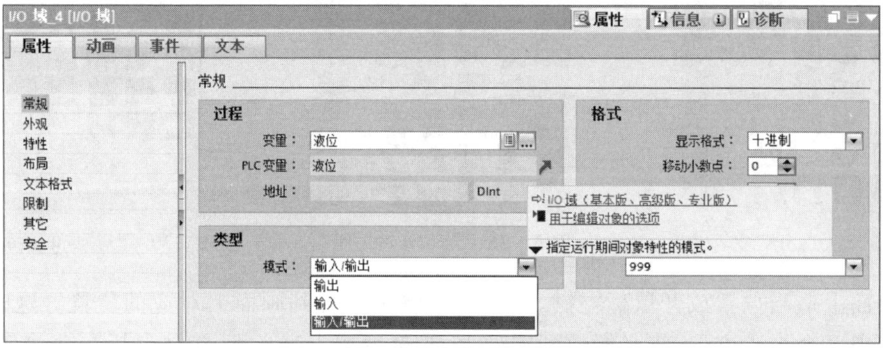

图 5 - 42　I/O 域的"常规"选项

"模式"选项有三种功能可供选择,即"输入""输出""输入/输出"。"输入"功能在系统运行时只能输入值,"输出"功能在系统运行时仅用于输出值,"输入/输出"功能在系统运行时可以在 I/O 字段中输入和输出值。本任务中需选择"输入/输出"功能,使 I/O 域对液位既能显示又能设定。

"显示格式"根据需要可自行选定,本任务中"显示格式"为"十进制",小数位为 0。

进水阀 1、进水阀 2、出水阀的流量调节也用 I/O 域来设置,设置方法可参照图 5 - 42 所示,"模式"选择"输入"。

7. 按钮组态

将"工具箱"的"元素"组中的"按钮"图标 ▆ 拖放到画面上,调节其大小和位置。选中该图标后打开巡视窗口的"属性"选项卡中的"常规"选项,如图 5 - 43 所示,设置按钮的"模式"和"标签"均为"文本"。"按钮'未按下'显示的图形"文本框里的"Text"改为"进水阀 1"。根据需要,可对"外观""设计""布局"等选项中的参数进行修改。

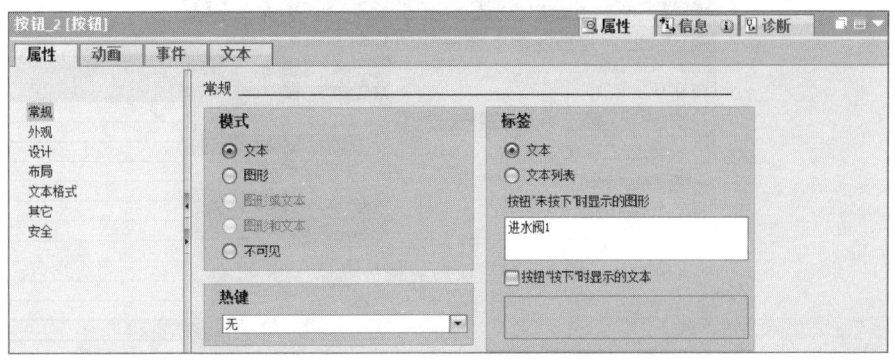

图 5-43　按钮的"常规"选项

选择"事件"选项卡中"单击"选项,在"添加函数"上单击,出现下拉按钮 ▼,单击出现系统函数列表,单击"编辑位"按钮,出现编辑位所有功能,在此选择"取反位"选项。这时会出现"取反位变量连接"对话框,继续单击粉色条格,单击出现的扩展按钮 …,出现变量选择框,选择 PLC 变量表中的"输入水阀 1 控制",单击确定按钮 ✓ 完成变量连接设置。

选中"进水阀 1"按钮,复制和粘贴两个按钮,将按钮的文本和连接的变量修改就可完成"进水阀 2"和"出水阀"两个按钮的组态。"进水阀 2"按钮连接的变量是 PLC 变量表中的"输入水阀 2 控制","出水阀"按钮连接的变量是 PLC 变量表中的"输出水阀控制"。

8. 指示灯组态

单击任务卡上的"库"按钮,打开"全局库"中的"Buttons-and-Switches"→"主模板"→"PilotLights"列表,如图 5-44 所示,用鼠标左键按住绿色指示灯"PlotLight_Round_G",移动鼠标到对应位置松开鼠标,调整其大小和位置。选中指示灯后打开巡视窗口的"属性"选项卡,在指示灯的"属性"选项卡"常规"选项中,选择变量为"输入水阀 1",模式为"双状态"。

图 5-44　"PilotLights"列表

对该指示灯进行复制、粘贴,得到两个指示灯,调整好位置,分别修改这两个指示灯连接的 PLC 变量为"输入水阀 2""输出水阀"。

9. 文本域组态

将工具箱的"基本对象"中的"文本域"图标 A 拖放到画面上,选中此图标后打开巡视窗口的"属性"选项卡的"常规"选项,在右边的"文本"文本框中,把默认的"Text"修改为需要的文字。在"样式"选项下的"字体"选项中单击扩展按钮 …,出现"字体"对话框,可设置文字的字体、字形、大小。选择"外观"选项,可设置文本域的背景颜色、文本颜色、边框线粗细、颜色、线型等参数。

三、任务运行和模拟

1. 使用变量仿真器模拟 HMI

如果没有 HMI 和 PLC 设备,可以使用变量仿真器来检查人机界面的功能。

选中项目树中的"HMI_1"选项,执行"在线(O)"→"仿真(T)"→"使用变量仿真器(T)"菜单命令,如图 5-45 所示,启动变量仿真器。如果启动变量仿真器之前没有预先编译项目,则系统将自动编译,编译成功后才能仿真运行。编译出现错误时,应先修改错误。

编译成功后,将会出现液位监控画面(图 5-30)和变量仿真器(图 5-46)。

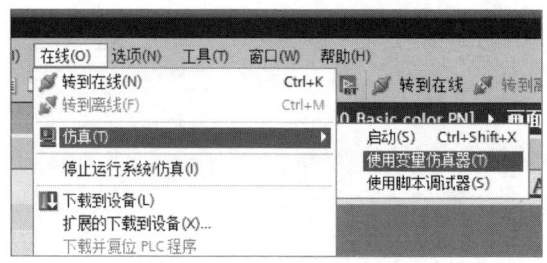

图 5 - 45　使用变量仿真器

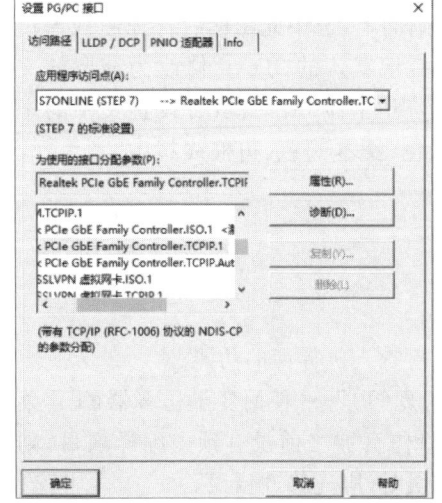

图 5 - 46　变量仿真器

单击变量仿真器空白行的"变量"列,单击下拉按钮 🔽 出现变量列表,选择变量,该变量就出现在变量仿真器上,添加变量如图 5 - 46 所示。模拟运行时,对于需要监视的变量,应勾选"开始"列中的复选框。如在液位监控画面上多次单击按钮"进水阀 1",在变量仿真器上就可观察到变量"输入水阀 1 控制"在 0 和 1 之间变动。如在变量仿真器上对变量"输入水阀 1"的"设置数值"列分别设置 1 和 0,在液位监控画面上就可观察到指示灯亮和灭。如在阀 1 调节 I/O 域中输入数值"12",则在变量仿真器中看到变量"水阀 1 流量调节"的当前值变为"12"。

2. HMI 的在线模拟

如果只有 PLC,没有 HMI 设备,可以进行在线模拟。在线模拟可以达到与实际的 HMI - PLC 系统几乎一致的运行效果。

(1) 组态 PC/PG 接口。

为了实现在线模拟,首先应组态 PC/PG 接口。单击 Windows 的"开始"按钮,打开控制面板,单击查看方式中的"类别"按钮,选择"大图标"选项,这时控制面板变成大图标显示模式。

双击控制面板中的"设置 PG/PC 接口(32 位)"图标 🖳,弹出如图 5 - 47 所示的"设置 PG/PC 接口"对话框,选中"参数分配"列表中的当前网卡"Realtek PCIe GbE Family Controller.TCPIP.1"。用户也可根据实际情况选择对应网卡。

(2) 在线模拟的操作。

先选中项目树中的 PLC 设备,把 PLC 的硬件组态和软件全部下载到 PLC 中,并使 PLC 处于"RUN"模式。然后选中项目树中的 HMI 设备,执行"在线(O)"→"仿真(T)"→"启动(S)"菜单命令,如图 5 - 48 所示,之后会出现液位监控的模拟仿真面板,但不会出现变量仿真器。

图 5 - 47　"设置 PG/PC 接口"对话框

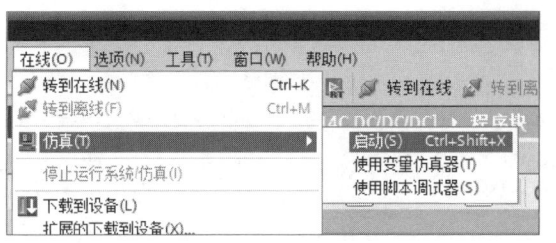

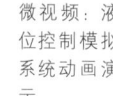

图 5-48　启动在线模拟

四、练习与提高

1. 采用 SIMATIC HMI 精简系列面板和 S7-1200 PLC 控制一台电动机的 Y-△ 降压起动，要求在面板上可以实现电动机的起动和停止控制，用指示灯显示电动机的停止、降压起动、正常运行的状态。

2. 在上一题的基础上，增加显示电动机起动的时间、本次运行的时间以及总的运行时间。

任务2　设计自动车库控制模拟系统

一、控制要求

使用 SIMATIC HMI 精简系列面板 7″ 显示屏 KTP700 Basic、S7-1200 PLC，创建一个自动车库控制模拟系统，该系统能根据汽车给出的开关门信号自动开关门，如图 5-49 所示。

当汽车临近自动车库时，发出开门信号，自动车库的门打开；当汽车开进车库并停靠完毕后，发出关门信号，自动车库门延时关闭。本任务在人机界面上模拟汽车发出开关门信号和门的升降动作。

二、任务实施

1. 添加设备

打开 TIA Portal V16，创建一个名为"自动车库控制"的新项目。

添加 PLC 和 HMI 的步骤同任务 1，同时取消向导操作。

2. 在"设备和网络"中组态 HMI 和 PLC 连接

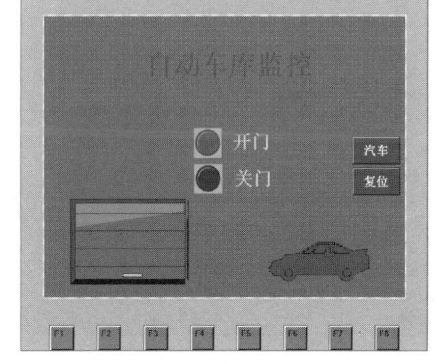

图 5-49　自动车库监控画面

双击项目树中"设备和网络"选项，在工作区出现 HMI_1 和 PLC_1，其中绿色小框分别是它们的以太网接口。移动光标到 HMI_1 接口上，在接口上出现白色小框，按住鼠标左键不松开，并移动到 PLC_1 的接口上，当 PLC_1 的接口四周出现白色小框，松开鼠标左键，出现蓝色连线，表示设备已连接，如图 5-50 所示。

在项目树"HMI_1"文件夹下的"画面"选项中，把原有的画面全部删除。然后双击"添加新画面"选项，打开巡视窗口的"属性"选项卡，选中左边的"常规"选项，把画面名称改为"自动

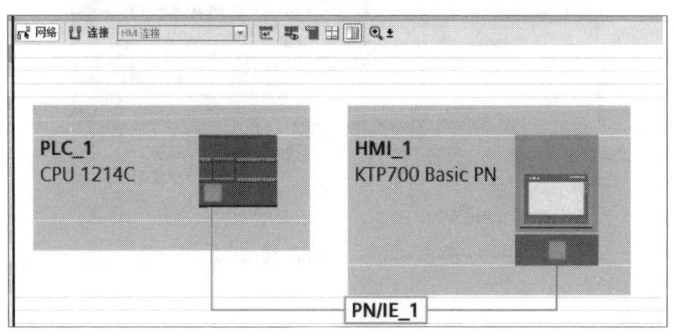

图 5 - 50　HMI 和 PLC 连接示意图

车库监控"。也可在项目树里右键单击该画面,选择"重命名(N)"选项进行画面名称的修改,重命名前的画面如图 5 - 51a 所示。再次右键单击"自动车库监控"画面,选择"定义为启动画面"选项,如图 5 - 51b 所示,这时项目树上的画面图标由 □ 变为 ▷,如图 5 - 51c 所示。

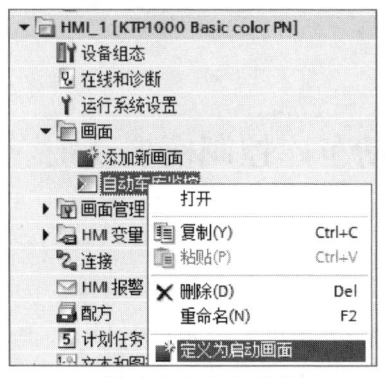

(a) 重命名前的画面　　　　　　(b) 定义为启动画面　　　　　　(c) 定义后的启动画面

图 5 - 51　创建画面

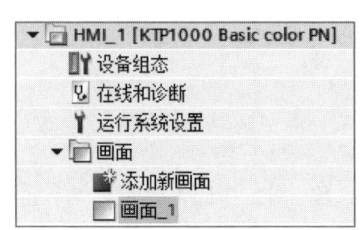

图 5 - 52　在 PLC 变量表中添加变量

3. 编写 PLC 程序

在 PLC 变量表中添加变量如图 5 - 52 所示,"汽车出现"信号 M10.0 给 PLC 发出开门信号,M10.2、M10.3 是 PLC 提供给人机界面的"开门""关门"指示灯信号,MB12、MB13 是 PLC 提供给人机界面的"门升降""汽车移动"数据信号。

4. 自动车库监控画面组态

双击项目树中"自动车库监控画面"选项,打开车库监控画面,界面右边的任务卡自动切换到"工具箱"。图 5 - 53 的工作区中是已组态好的自动车库监控画面。

文本、指示灯、按钮等组件的添加和变量连接方法同任务 1,此处不再赘述。本任务主要介绍对汽车移动和门升降做动画组态。

(1) 门升降动画组态。依次点击右边"工具箱"的"图形"→"WinCC 图形文件夹"→"Equipment"→"Infrastructure[WMF]"→"Architectural",选择图 5 - 53 所示门的图形,选择一个"开着的门" ▉ 和一个"关着的门" ▇,如图 5 - 54 所示。动画设计思路是将"关着的门"覆盖在"开着的门"上,"关着的门"连接一个变量做垂直方向的移动,"关着的门"上移后就是开

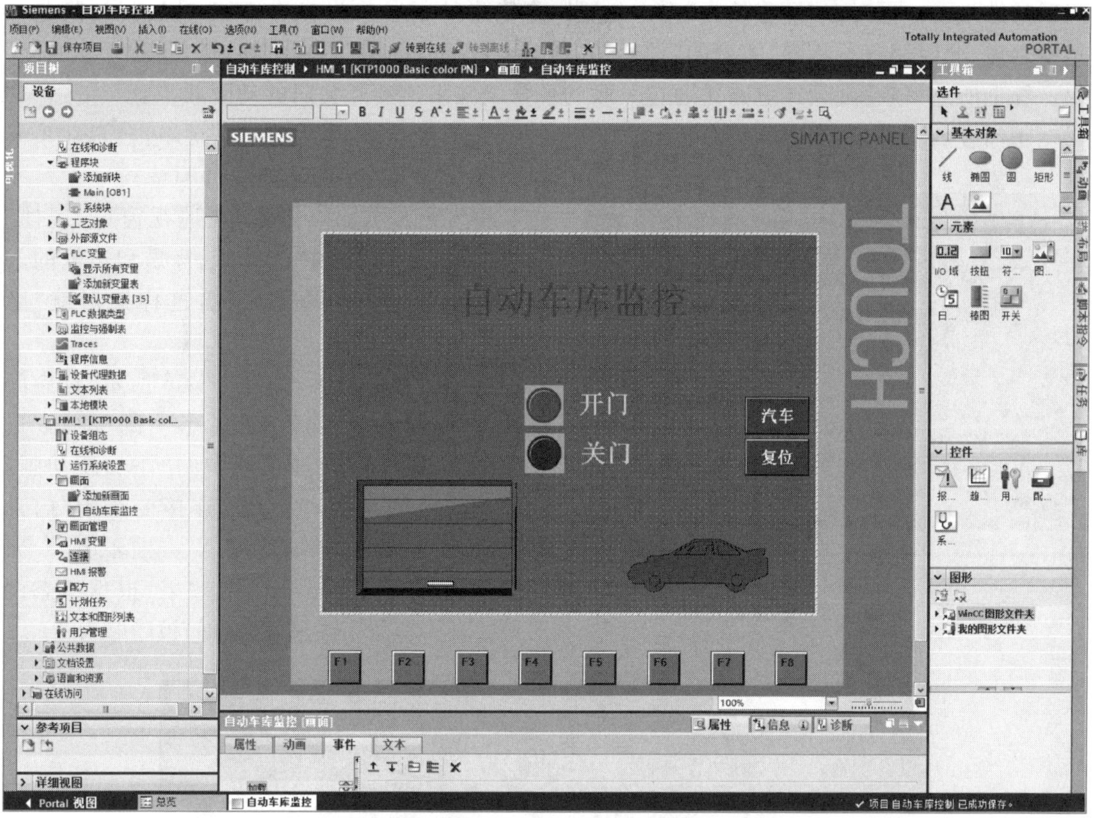

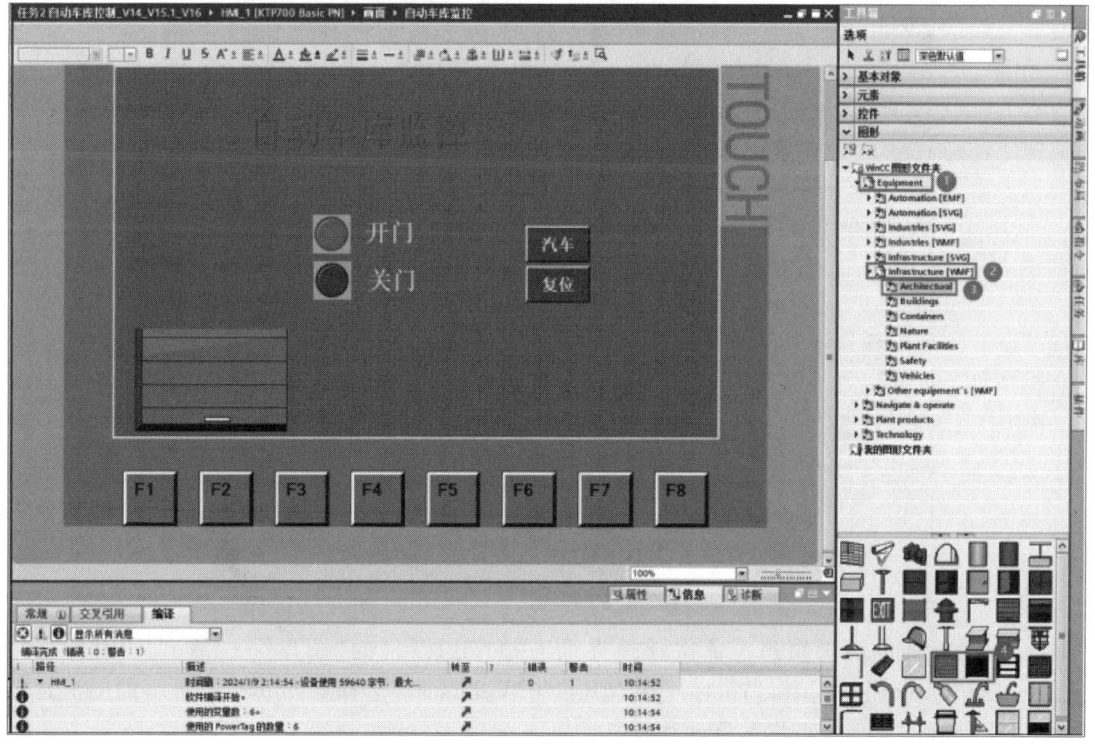

图 5-53 自动车库监控画面

图 5-54 添加门组件

门后的效果了。同时在"开着的门"上方放置一个隐形的矩形,"关着的门"上升后就被隐藏在矩形之后,此时用户看不到"关着的门"。关门就是将"关着的门"垂直下移,覆盖在"开着的门"上。综上所述,该动画设计思路是通过关联的变量增减来达到开关门的动画效果。

把门叠放在一起,如图 5 - 55 所示,如果叠放次序不对的话,可以通过右键单击门,在菜单中选择"顺序"组中的选项进行调整。

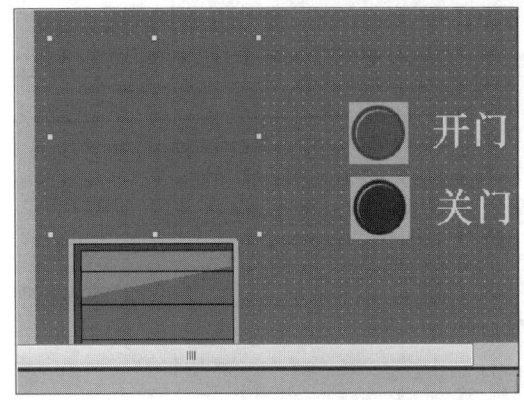

图 5 - 55　叠放门组件和组态矩形框

在门上方添加一矩形,在巡视窗口"属性"选项卡中,选择"外观"选项,把背景和边框的颜色改为和背景色一致的颜色,这样矩形就"隐藏"了,如图 5 - 55 所示。

组态门升降动画,如图 5 - 56 所示,选中门组件,在巡视窗口"属性"选项卡下的"动画"选项卡下,选择"移动"选项组中的"添加新动画"选项,选择"垂直移动"选项,连接变量为"门升降",范围 0～200,目标位置 X 方向不变,Y 方向通过调整时门上下移动的效果,根据组态图形调整具体参数。调整效果以门被隐藏为最佳。

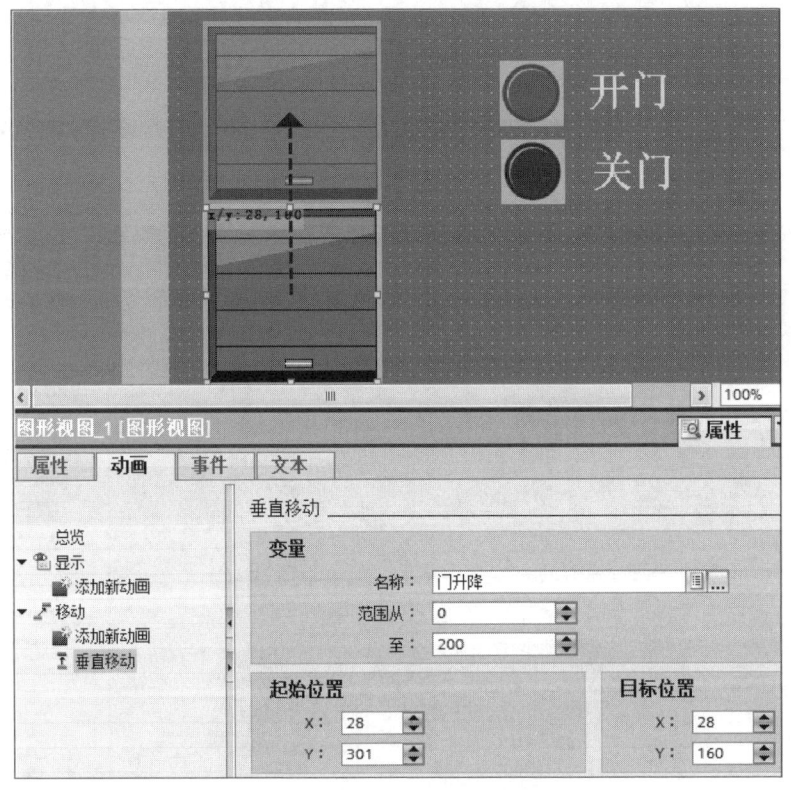

图 5 - 56　门升降动画组态

(2) 汽车移动动画组态。依次选择界面右边"工具箱"的"图形"→"WinCC 图形文件夹"→"Equipment"→"Infrastructure[WMF]"→"Vehicles",选择如图 5 - 57 所示的图形。根据门升降动画的原理组态汽车移动动画。

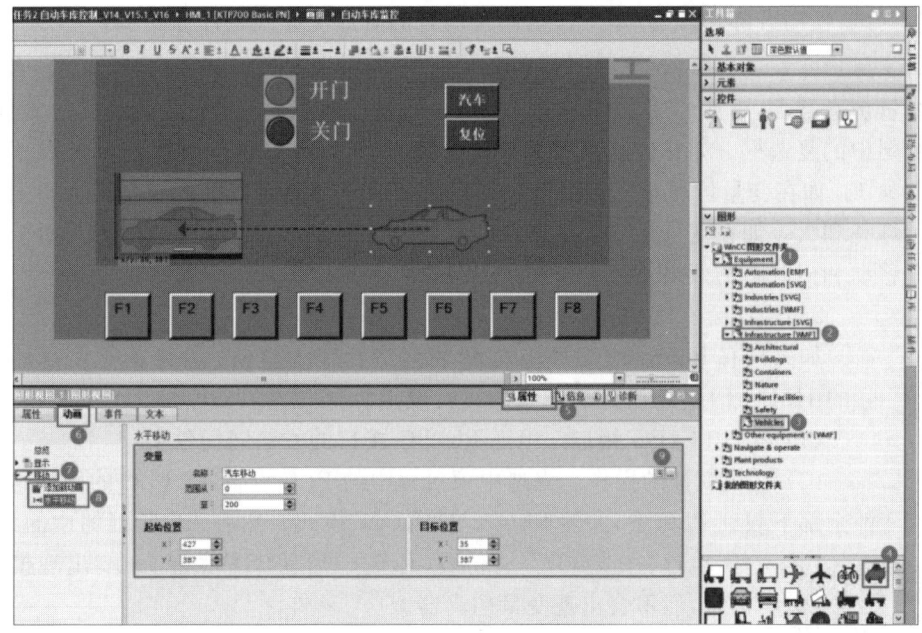

图 5 - 57　汽车移动动画组态

三、任务运行和模拟

1. 使用变量仿真器模拟 HMI

选中项目树中的"HMI_1"选项,执行"在线(O)"→"仿真(T)"→"使用变量仿真器(T)"菜单命令,启动如图 5 - 58 所示的变量仿真器。如果启动变量仿真器之前没有预先编译项目,则系统将自动编译。编译成功后才能仿真运行,编译出现错误时,应先修改错误。

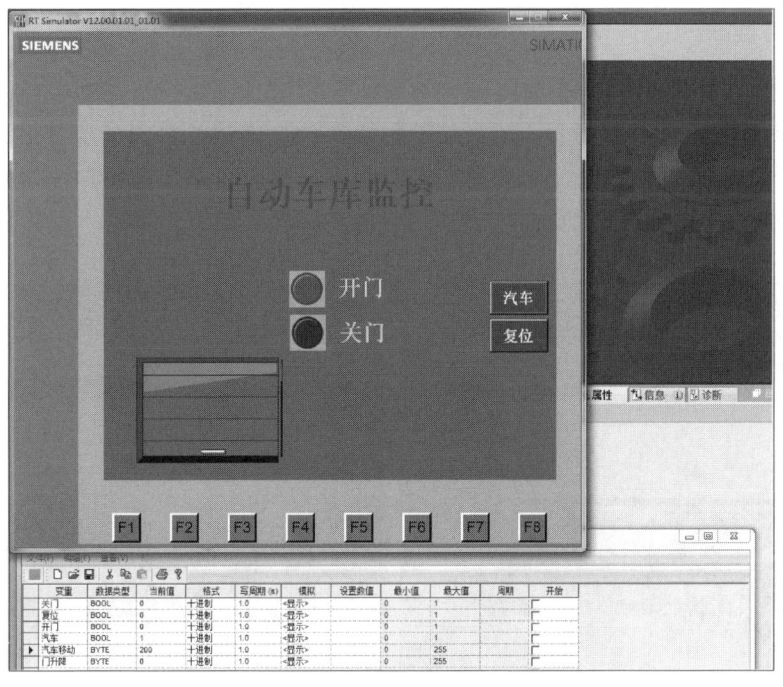

图 5 - 58　变量仿真器模拟调试和变量仿真器

通过调试,使门升降动画、汽车平移动画及两者的叠放次序满足任务要求。

单击变量仿真器空白行的"变量"列,单击下拉按钮  出现变量列表,选择变量,该变量就出现在变量仿真器上,添加的变量如图 5-58 所示。模拟运行时,对于需要监视的变量,应勾选"开始"列中的复选框。如在仿真面板上单击按钮"汽车",在变量仿真器上就可观察到变量"汽车"变为 1。如在变量仿真器上对变量"开门""关门"分别设置 1 和 0,在仿真面板上就可观察到指示灯亮和灭。如在变量仿真器上修改变量"汽车移动""门升降",则在仿真面板上可以看到汽车移动和门升降的效果。

2. HMI 的在线模拟

如果只有 PLC,没有 HMI 设备,可以进行在线模拟。在线模拟可以达到与实际的 HMI-PLC 系统几乎一致的运行效果。

(1) 组态 PC/PG 接口。组态 PC/PG 接口的方法同任务 1。

(2) 在线模拟的操作。先选中项目树中的 PLC 设备,把 PLC 的硬件组态和软件全部下载到 PLC 中,并使 PLC 处于"RUN"模式。然后选中项目树中的 HMI 设备,执行"在线(O)"→"仿真(T)"→"启动(S)"菜单命令,出现模拟仿真面板,但不会出现变量仿真器。

四、练习与提高

把图 5-49 所示的卷帘门改成两边对开门,实现开关门的动画效果。

微视频:自动车库控制模拟系统动画演示

例程:自动车库控制模拟系统下载　互动:项目五任务 2 随堂练习

| 任务 3 | **设计锅炉温度控制模拟系统** |

一、控制要求

使用 SIMATIC HMI 精简系列面板 7" 显示屏 KTP700 Basic、S7-1200 PLC,创建一个锅炉温度控制模拟系统,该系统能在人机界面上把锅炉的温度用趋势图显示出来。要求系统能设定温度的上下限,如温度超过上下限时应进行报警。同时若系统送出加热信号而电流检测不到,则进行报警,如图 5-59 所示。

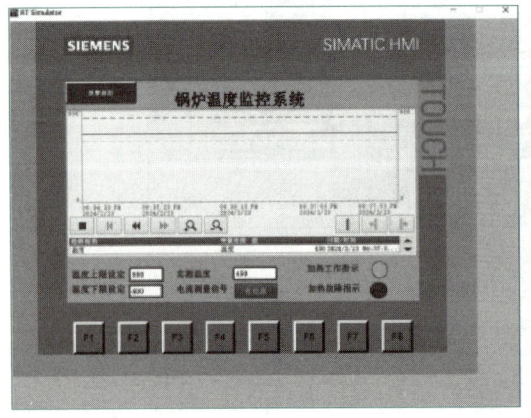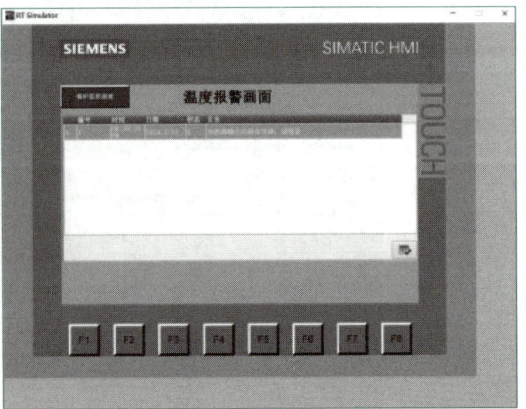

图 5-59　锅炉温度控制模拟系统监控和报警画面

二、任务实施

1. 添加设备

通过与任务 1 类似的方法,创建一个名为"锅炉温度控制"的新项目。其中,PLC 的型号选择"CPU 1214C DC/DC/DC",供货号为"6ES7 214 - 1AG40 - 0XB0",HMI 的型号选择"KTP700 Basic",供货号为"6AV2 123 - 2GB03 0AX0"。

2. 编写 PLC 程序

在 PLC 变量表中添加变量,如图 5 - 60 所示。温度上限和温度下限是通过人机界面上的设定提供给 PLC 的;温度是系统实时采集的锅炉温度,仿真时通过人机界面设定给 PLC;报警信号是给 HMI 数字量报警时触发变量用的;加热电流检测信号在人机界面中被组态成一个开关;加热控制信号在人机界面中被组态成一个指示灯,加热故障信号在人机界面中被组态成一个数字量信号。

	默认变量表						
	名称 ▲	数据类	地址	保持	在 H..	可从..	注释
1	温度下限	UInt	%MW108		☑	☑	
2	温度上限	UInt	%MW106		☑	☑	
3	温度	UInt	%MW100		☑	☑	
4	报警信号	Word	%MW10		☑	☑	
5	加热电流检测信号	Bool	%M20.1		☑	☑	
6	加热故障	Bool	%M10.1		☑	☑	
7	加热控制信号	Bool	%Q0.0		☑	☑	
8	Tag_1	Bool	%M20.0		☑	☑	

图 5 - 60 在 PLC 变量表中添加变量

加热控制采用一个功能来实现,在项目树"PLC_1"文件夹下双击"添加新块"选项,弹出"添加新块"对话框,如图 5 - 61 所示,选中函数(FC),命名为"加热控制",单击"确定"按钮完成添加新块。在"加热控制"函数的工作区,定义临时变量名称,如图 5 - 62 所示,用临时变量编程。

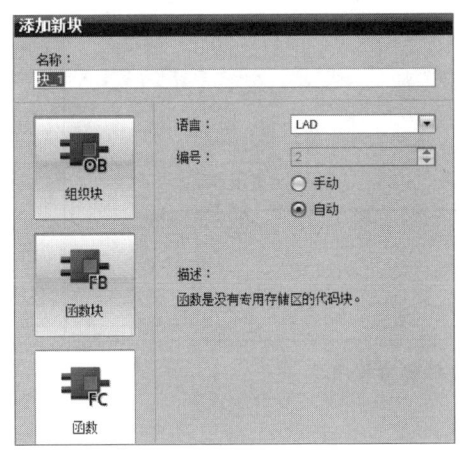

图 5 - 61 "添加新块"对话框

加热控制			
	名称	数据类型	默认值
	▼ Input		
	加热下限设定	UInt	
	加热上限设定	UInt	
	实时采集温度	UInt	
	▼ Output		
	<新增>		
	▼ InOut		
	加热信号	Bool	
	上限标志	Bool	

图 5 - 62 定义临时变量名称

程序功能要求当温度低于温度下限时进行加热,第一次高于温度下限且低于温度上限时仍继续加热,当温度高于温度上限时停止加热。当温度下降,低于温度上限时不加热,降至温度下限时又重新加热。据此编制加热控制 PLC 参考程序,如图 5 - 63 所示。

在 Main(OB1)中,按住"加热控制"(FC1),将其拖曳到编程所需位置即可,如图 5 - 64a 所示。在 <???> 填入相应地址就可较快地完成程序的编制工作,如图 5 - 64b 所示。采用函数(FC)编程的好处是主程序结构清楚,可读性强,如果有多个相同功能的控制需求,可以多次调用编好的功能,就像使用计数器、定时器一样方便。

当加热控制信号有输出时,加热器工作。此时有电流通过,电流检测器件就能检测到电流。图 5 - 65 所示程序能检测加热输出回路是否有故障,并通过 M10.1 报警。

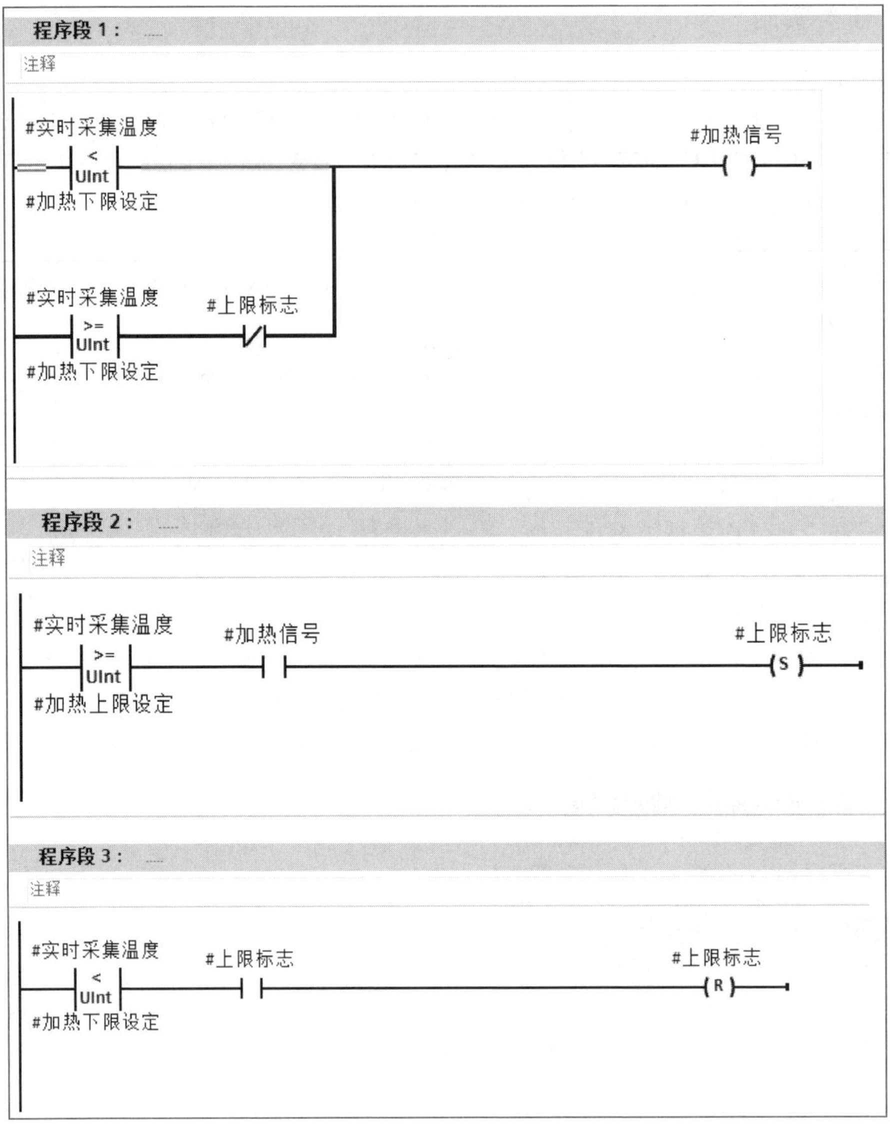

程序段 1：
注释
#实时采集温度
<
UInt
#加热下限设定
#加热信号
#实时采集温度
>=
UInt
#加热下限设定
#上限标志
程序段 2：
注释
#实时采集温度
>=
UInt
#加热上限设定
#加热信号
#上限标志
S
程序段 3：
注释
#实时采集温度
<
UInt
#加热下限设定
#上限标志
#上限标志
R

图 5 - 63　加热控制 PLC 参考程序

注释
%M1.2
"AlwaysTRUE"
%FC1
"加热控制"
EN
ENO
<???> 加热下限设定
<???> 加热上限设定
<???> 实时采集温度
<??.?> 加热信号
<??.?> 上限标志
注释
%M1.2
"AlwaysTRUE"
%FC1
"加热控制"
EN
ENO
%MW108
"温度下限" 加热下限设定
%MW106
"温度上限" 加热上限设定
%MW100
"温度" 实时采集温度
%Q0.0
"加热控制信号" 加热信号
%M20.0
"Tag_1" 上限标志

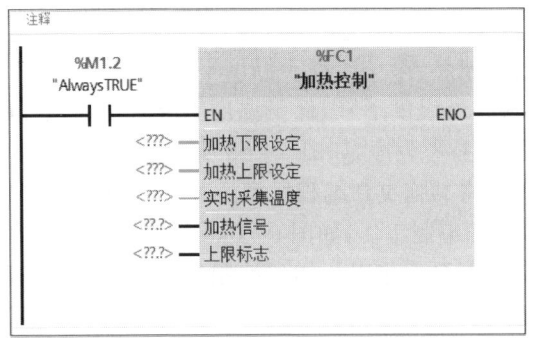

(a) 拖曳到程序所需位置　　(b) 填入相应地址

图 5 - 64　函数的编程

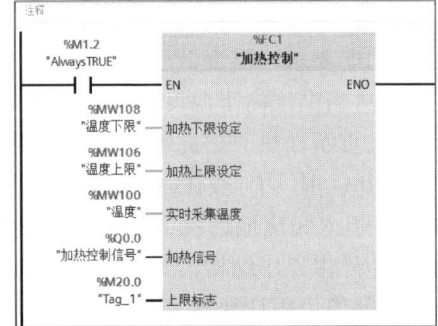

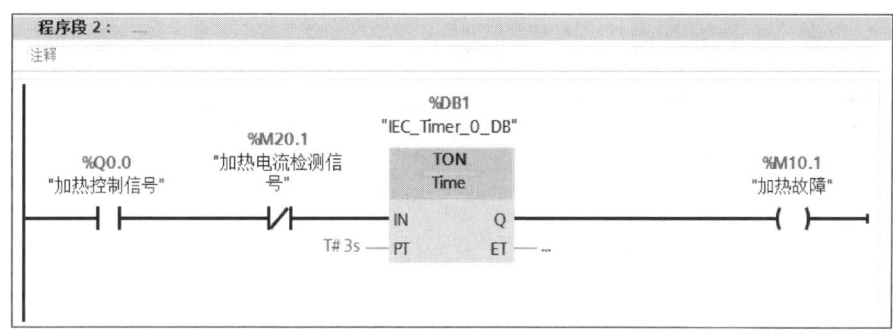

图5-65　加热输出回路故障报警

3. 锅炉监控画面组态

双击项目树中"锅炉监控画面"选项,打开"锅炉监控画面",右边的任务卡自动切换到"工具箱"。图5-66所示是已经组态好的锅炉监控画面。

图5-66　已经组态好的锅炉监控画面

文本、I/O域、开关、指示灯等组件的组态方法同任务1,本任务主要介绍趋势视图、报警视图组态的方法。

(1) 趋势视图组态。

单击工具箱的"控件"组中的"趋势视图",将其拖曳到工作区中并选中此趋势视图,在巡视窗口的"属性"选项卡下,选择"趋势"选项,如图5-67所示,修改趋势的"名称""样式""趋势值""源设置"等,删除多余的行,若要采集显示多个变量,可单击"〈添加〉"选项增加行。

在"工具栏"选项中勾选"显示工具栏",在趋势视图中可显示如图5-68所示的工具栏,可进行时间缩放等操作。

在"表格"选项中将"可见行"修改为"1",如图5-69所示。

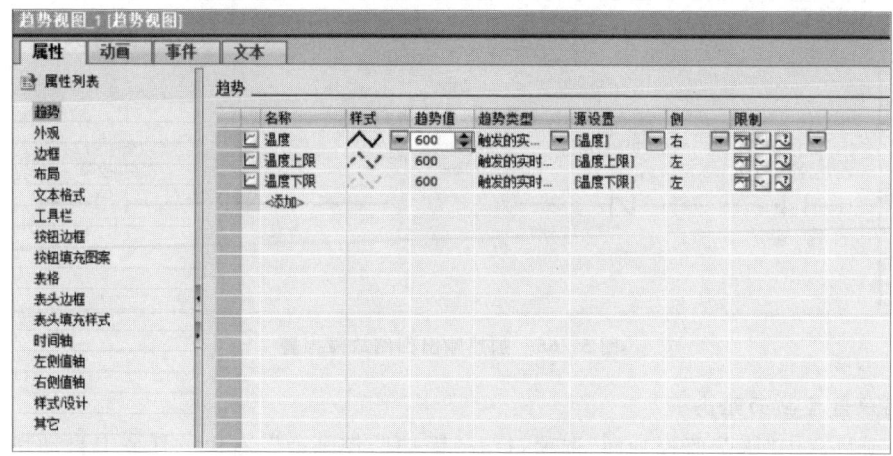

图 5-67 趋势视图的"趋势"选项

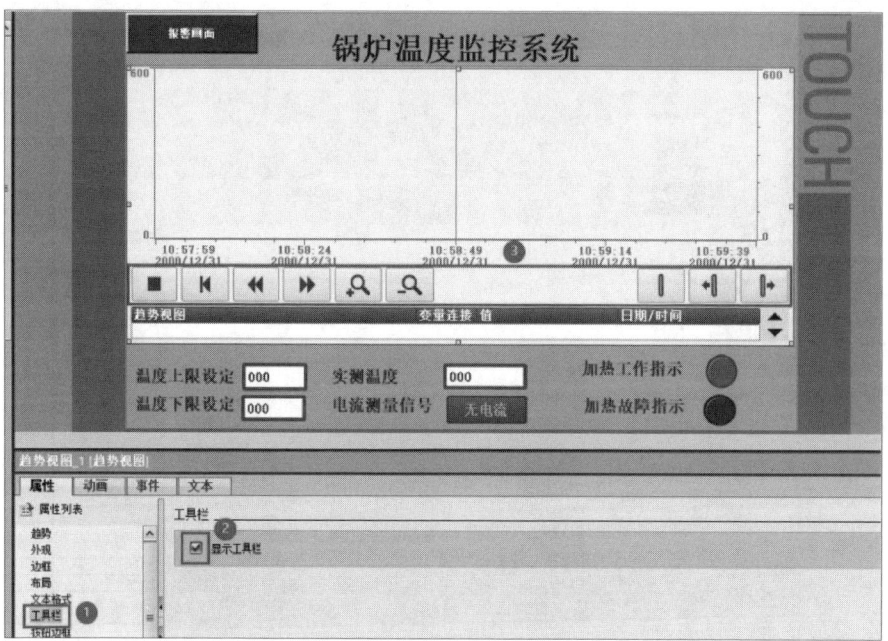

图 5-68 趋势视图中的"工具栏"选项

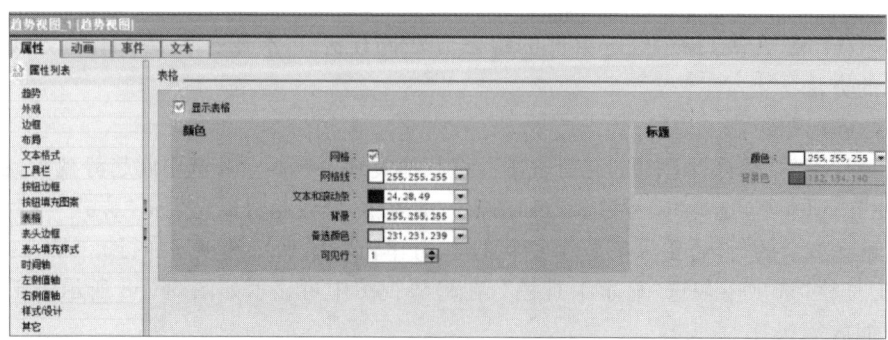

图 5-69 趋势视图的"表格"选项

在"左侧值轴"选项中,根据需要勾选"显示左 Y 轴"复选框,设置"轴起始端"和"轴末端"的值,这里假定为 0~600 ℃。在"标签"区域也进行相应修改。修改数据如图 5-70 所示。右侧值轴的设置方法同左侧值轴。

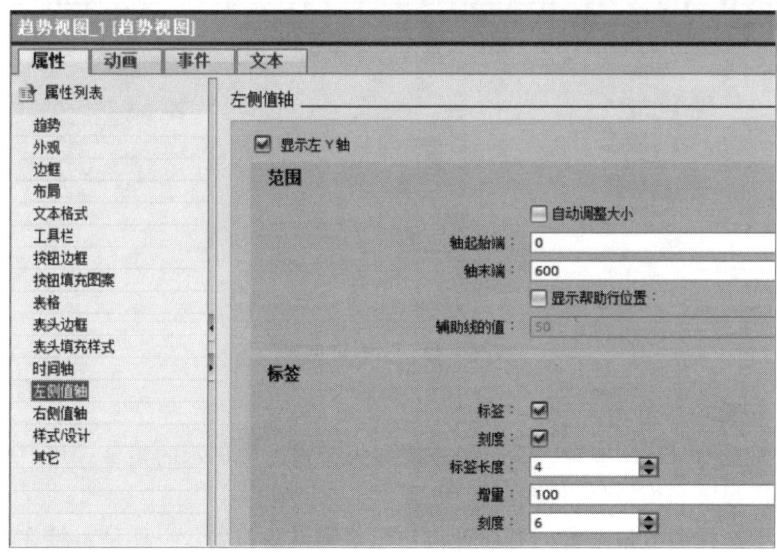

图 5-70 趋势视图的"左侧值轴"选项

(2)报警视图组态。

双击项目树中"报警画面"选项,单击工具箱的"控件"组中的报警视图,将其拖放到工作区中,选中报警画面,如图 5-71 所示。

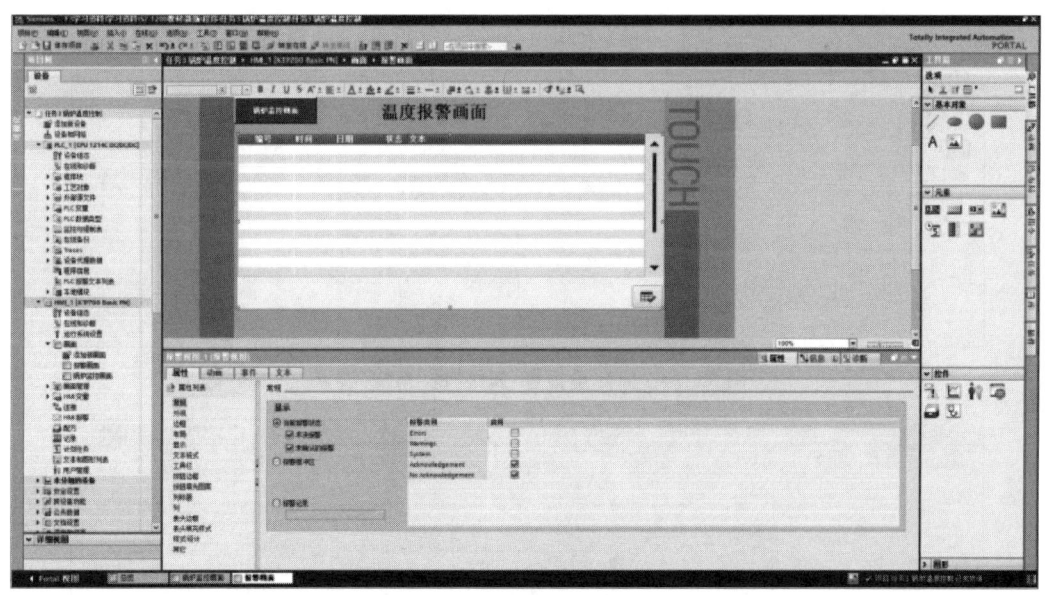

图 5-71 报警视图组态

在"属性"选项卡的"常规"选项中,在"报警类别"中勾选"Acknowledgement"和"No Acknowledgement",Acknowledgement(确认)类报警发生后,即使故障信号消失也一直保留在报警视图中,直到操作员按"确认"键消除报警,No Acknowledgement(未确认)类报警当发生时显示在报警视图中,当报警条件不成立时报警会自动消失。

在"列"选项中,根据需要勾选相应选项,组态可见列,如图 5 - 72 所示。

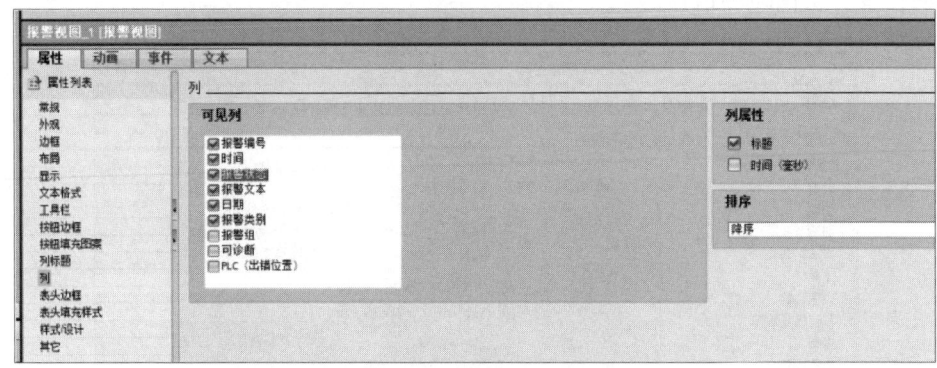

图 5 - 72　组态可见列

(3) HMI 报警项目组态。

双击项目树里的"HMI 报警"选项,组态要在报警视图中显示的报警。用户报警变量分为离散量(数字量)报警和模拟量报警。

在工作区中选择离散量报警。有两种方法组态离散量报警:一种是直接在表格中进行组态,如图 5 - 73 所示;另一种是分别在巡视窗口相应部分组态,如图 5 - 74 和图 5 - 75 所示。

图 5 - 73　离散量报警

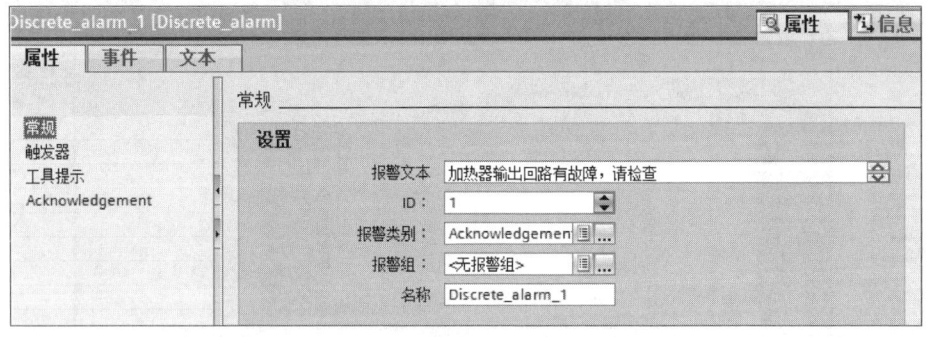

图 5 - 74　离散量报警"属性"的"常规"设置

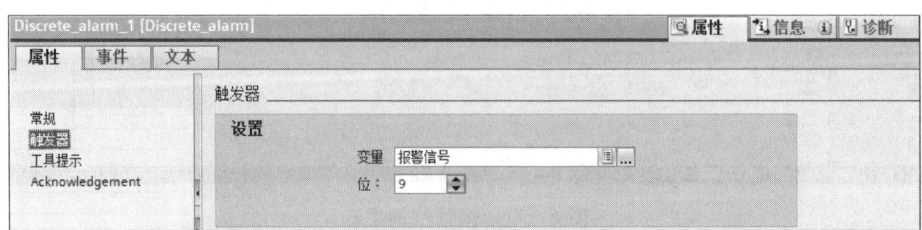

图 5 - 75　离散量报警"属性"的"触发器"设置

特别注意离散量报警触发变量不能直接连接位元件,只能连接无符号整数和字类型的数据。所以连接触发变量"报警信号"(MW10)的数据类型是字。MW10 由 MB10 和 MB11 构成,且 MB10 在高 8 位,位元件"加热故障"(M10.1)在 MW10 排在第 9 位。

模拟量报警组态方法同数字量报警基本相同。

三、任务运行和模拟

1. 使用变量仿真器模拟 HMI

选中项目树中的"HMI_1"选项,执行"在线(O)"→"仿真(T)"→"使用变量仿真器(S)"菜单命令,启动变量仿真器,如图 5-76 所示。使用变量仿真器模拟 HMI 运行画面如图 5-77 所示。如果启动变量仿真器之前没有预先编译项目,则系统将自动编译,编译成功后才能仿真运行,编译出现错误时,应先修改错误。

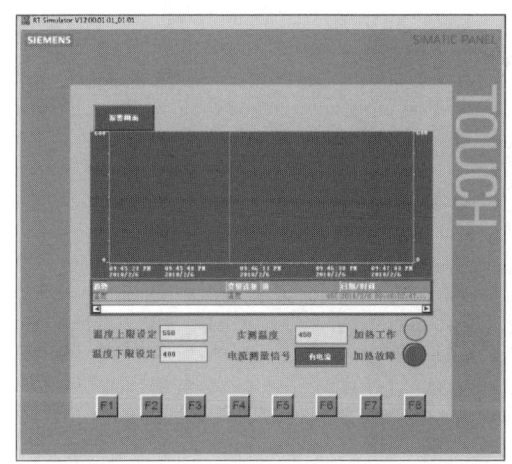

图 5-76 变量仿真器

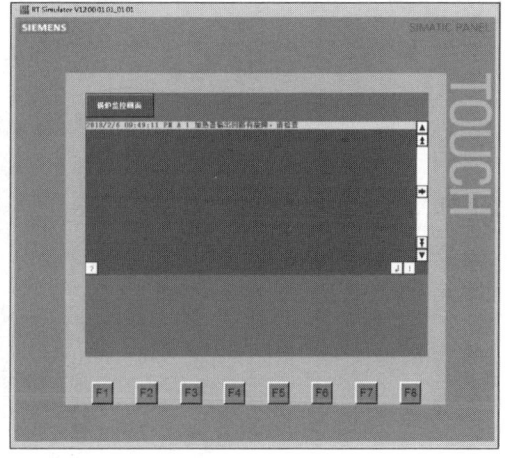

图 5-77 使用变量仿真器模拟 HMI 运行画面

2. HMI 的在线模拟

如果只有 PLC,没有 HMI 设备,可以进行在线模拟。在线模拟可以达到与实际的 HMI-PLC 系统几乎一致的运行效果。

(1) 组态 PC/PG 接口。组态 PC/PG 接口的方法同任务 1。

(2) 在线模拟的操作。先选中项目树中的 PLC 设备,把 PLC 的硬件组态和软件全部下载到 PLC 中,并使 PLC 处于"RUN"模式。然后选中项目树中的 HMI 设备,执行"在线(O)"→"仿真(T)"→"启动(S)"菜单命令,出现模拟仿真面板,但不会出现变量仿真器。

微视频:锅炉温度控制模拟系统动画演示

四、练习与提高

在任务 1 的基础上,增加液位趋势监控画面和液位上、下限报警画面。

互动:项目五任务 3 随堂练习　　互动:项目五单元测验　　例程:锅炉温度控制模拟系统下载

项目描述

　　自动分拣系统主要应用在商业配送与工业生产环节。具体来说,自动分拣设备的下游应用行业主要包括电子商务、邮政快递、仓储物流、医药运输等,其应用场景与使用范围均较为广泛。2022 年,我国使用自动分拣系统占比最大的为电商快递,达到了 30% 左右。

　　如图 6-1 所示,本项目通过 PLC 在自动分拣系统中的应用,认识变频器的结构及功能,会设置变频器的常用参数,掌握自动分拣系统的原理,能采用 PLC 对变频器进行模拟量调速控制,掌握自动分拣系统的硬件设计和软件编程,掌握自动分拣系统的程序调试、故障排查与运行。

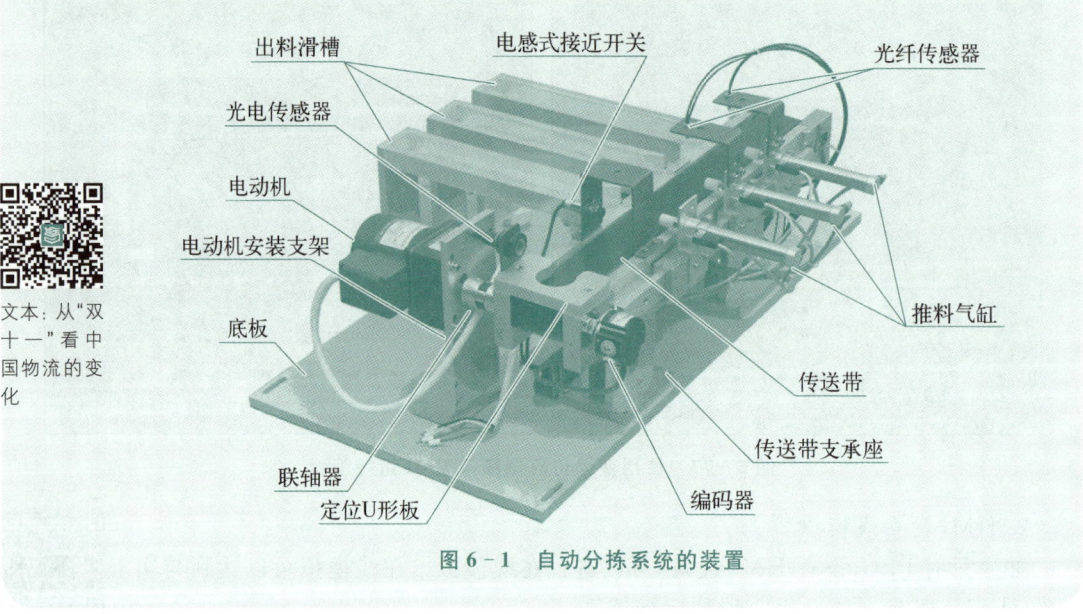

文本:从"双十一"看中国物流的变化

图 6-1　自动分拣系统的装置

任务准备

知识点 1　传感器的应用

1. 磁性开关

　　本自动分拣系统所使用的气缸都是带磁性开关的气缸。这些气缸的缸筒采用导磁性弱、隔磁性强的材料,如硬铝、不锈钢等。在非磁性体的活塞上安装一个由永磁材料制成的磁环,这样就提供了一个反映气缸活塞位置的磁场。而安装在气缸外侧的磁性开关则是用来检测气缸活塞位置,即检测活塞的运动行程的。

触点式磁性开关用舌簧开关作磁场检测元件。带磁性开关气缸的工作原理如图 6-2 所示。当气缸中随活塞移动的磁环靠近舌簧开关时,舌簧开关的两根簧片被磁化而相互吸引,触点闭合;当磁环移开后,簧片失磁,触点断开。触点闭合或断开时发出电信号,在 PLC 控制系统中,可以利用该信号判断气缸的运动状态或所处的位置,以确定工件是否被推出或气缸是否返回。

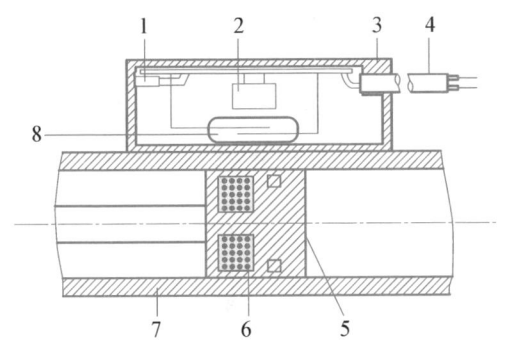

1—指示灯;2—保护电路;3—开关外壳;4—导线;
5—活塞;6—磁环;7—缸筒;8—舌簧开关

图 6-2 带磁性开关气缸的工作原理

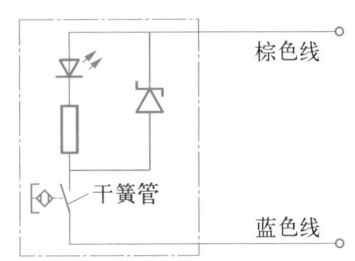

图 6-3 磁性开关内部电路

磁性开关上的指示灯用于显示磁性开关的信号状态,供调试时使用。磁性开关动作时,输出信号 **1**,指示灯亮;磁性开关不动作时,输出信号 **0**,指示灯不亮。

磁性开关的内部电路如图 6-3 所示。

微视频:磁性开关的连接与使用

2. 电感式接近开关

电感式接近开关是利用电涡流效应制造的传感器。电涡流效应是指当金属物体处于一个交变的磁场中,在金属内部会产生交变的电涡流,该涡流又会反作用于产生它的磁场的一种物理效应。如果这个交变的磁场是由一个电感线圈产生的,则这个电感线圈中的电流就会发生变化,用于平衡涡流产生的磁场。

利用这一原理,以高频振荡器(LC 振荡器)中的电感线圈作为检测元件,当被测金属物体接近电感线圈时会产生涡流效应,引起振荡器振幅或频率的变化,由传感器的信号调理电路(包括检波、放大、整形、输出等电路)将该变化转换成数字量输出,从而达到检测目的。电感式传感器工作原理框图如图 6-4 所示。

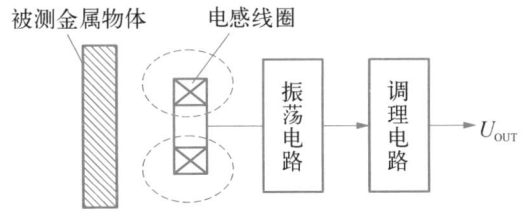

图 6-4 电感式传感器工作原理框图

微视频:电感式接近开关的连接与使用

3. 漫射式光电传感器

光电传感器利用光的各种性质来检测物体的有无和表面状态的变化等。其中输出形式为数字量的光电传感器称为光电接近开关。光电接近开关主要由光发射器和光接收器构成。如果光发射器发射的光线因检测物体不同而被遮掩或反射,那么到达光接收器的量将会发生变化。光接收器中的敏感元件将检测出这种变化,并转换为电气信号,进行输出。光电传感器大多使用可见光(主要为红光,也用绿光、蓝光来判断颜色)和红外线。

按照光接收器接收光的方式的不同,光电接近开关可分为对射式、漫射式和反射式 3 种,如图 6 - 5 所示。

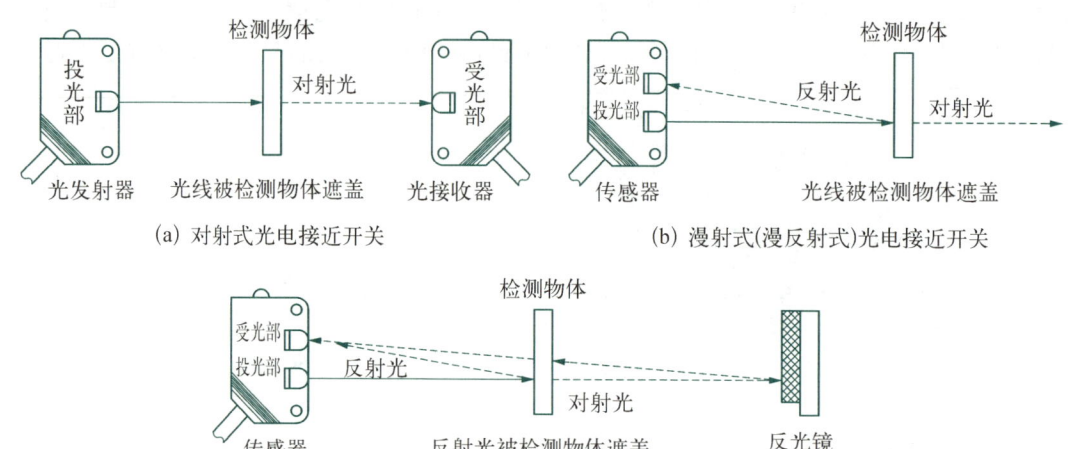

(a) 对射式光电接近开关　　　　　　　　　(b) 漫射式(漫反射式)光电接近开关

(c) 反射式光电接近开关

图 6 - 5　光电接近开关

微视频:漫射式光电传感器的连接与使用

如图 6 - 6 所示是一个圆柱形漫射式光电接近开关外形,该光电接近开关的内部电路原理框图如图 6 - 7 所示。

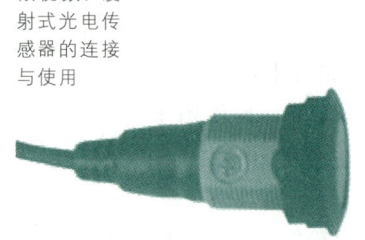

图 6 - 6　漫射式光电接近开关外形

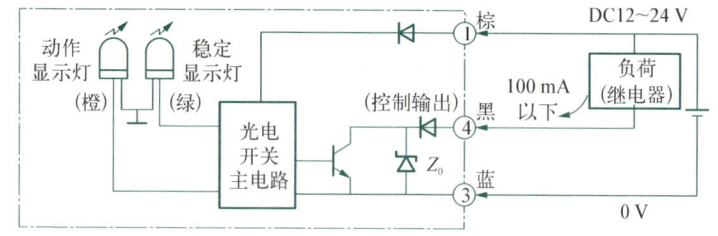

图 6 - 7　漫射式光电接近开关内部电路原理框图

4. 光纤传感器

光纤传感器如图 6 - 8 所示。它主要由光纤检测头和放大器两部分组成,放大器和光纤检测头是分离的两个部分,光纤检测头的尾部分成两条光纤,使用时分别插入放大器的两个光纤孔。

光纤传感器也是光电传感器的一种。光纤传感器具有以下优点:抗电磁干扰、可工作于恶劣环境,传输距离远,使用寿命长。此外,由于光纤检测头具有较小的体积,所以可以在狭小的空间内使用。

微视频:光纤传感器的连接、调整与使用

光纤传感器的灵敏度调节范围较大。当光纤传感器灵敏度调得较低时,对于反射性较差的黑色物体,光纤检测头无法接收到其反射信号;而对于反射性较好的白色物体,光纤检测头就可以接收到其反射信号。反之,若调高光纤传感器灵敏度,则即使对于反射性较差的黑色物体,光纤检测头也可以接收到其反射信号。

光纤传感器的放大器单元俯视图如图 6 - 9 所示。调节其中的“8 旋转灵敏度高速旋钮”就能进行放大器灵敏度调节(顺时针旋转灵敏度调高)。调节时,会看到

"入光量显示灯"的变化。当光纤检测头检测到物料时,"动作显示灯"会亮,提示检测到物料。

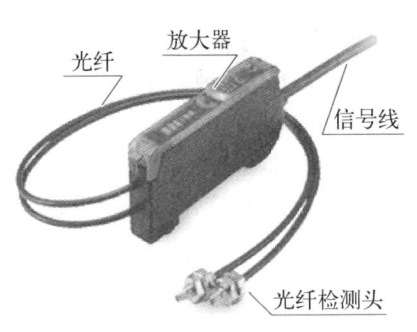

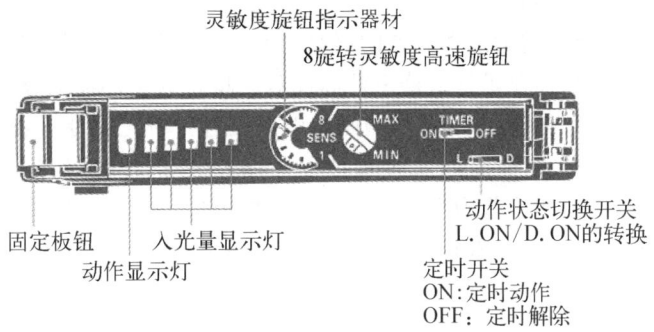

图6-8　光纤传感器　　　　　　图6-9　光纤传感器的放大器单元俯视图

知识点2　认识SM 1232模拟量扩展模块

在工业控制中,某些输入信号(例如温度、压力、流量、转速等)是模拟量信号,某些执行机构(例如电动调节阀和变频器等)要求PLC输出模拟量信号,而PLC的CPU只能处理数字量信号。模拟量I/O模块的任务就是实现模/数转换(A/D转换)和数/模转换(D/A转换)。模拟量信号首先被传感器和变送器转换为标准量程的电压或电流信号,例如4~20 mA,0~10 V,PLC用模拟量输入模块的A/D转换器将它们转换成数字量信号。带正负号的电流或电压信号在A/D转换后用二进制补码来表示。模拟量输出模块的D/A转换器将PLC中的数字量信号转换为模拟量的电压或电流信号,再去控制执行机构。A/D转换器和D/A转换器的二进制位数反映了它们的分辨率,位数越多,分辨率越高。

SM 1232模拟量扩展模块有2路和4路的模拟量输出模块,-10~+10 V电压输出信号的精度为14位,最小负载阻抗1 000 Ω。0~20 mA或4~20 mA电流输出信号的精度为13位,最大负载阻抗600 Ω。输出数字量-27 648~27 648对应满量程电压,输出数字量0~27 648对应满量程电流。

微视频:SM 1232模拟量扩展模块的连接与使用

电压输出信号的负载为电阻时转换时间为300 μs,负载为1 μF电容时转换时间为750 μs。电流输出信号的负载为1 mH电感时转换时间为600 μs,负载为10 mH电感时转换时间为2 ms。

知识点3　高速计数器的使用

PLC普通计数器的计数过程与扫描工作方式有关,CPU通过在每一个扫描周期读取一次被测信号的方法来捕捉被测信号的上升沿。当被测信号的频率较高时,系统会丢失计数脉冲,因此普通计数器的最高工作频率一般仅有几十赫兹。高速计数器(HSC)可以对发生速率快于程序循环组织块执行速率的事件进行计数。

一、编码器

高速计数器一般与增量式编码器一起使用,增量式编码器每圈发出一定数量的计数脉冲和一个复位脉冲,作为高速计数器的输入。编码器有增量式编码器和绝对式编码器两种。

1. 增量式编码器

光电增量式编码器的码盘上有均匀刻制的光栅。码盘旋转时,输出与转角的增量成正比的脉冲,需要用计数器来计脉冲数。增量式编码器又分为单通道和双通道两种。

(1) 单通道增量式编码器内部只有一对光耦合器,只能产生一个脉冲列。

(2) 双通道增量式编码器又称为 A/B 相编码器或正交相位编码器,内部有两对光耦合器,输出相位差为 90°的两组独立脉冲列。码盘正转和反转时两路脉冲的超前、滞后关系相反,如图 6 - 10 和图 6 - 11 所示。使用 A/B 相编码器,PLC 可以识别出转轴旋转的方向。

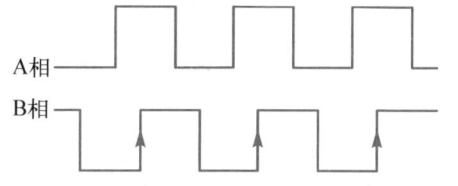
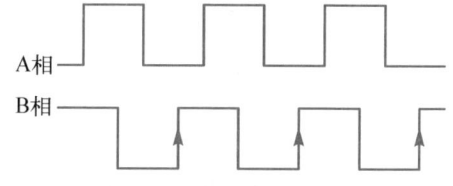

图 6 - 10　A/B 相编码器码盘正转时的输出波形图　　图 6 - 11　A/B 相编码器码盘反转时的输出波形图

A/B 相编码器可以选择 1 倍频模式和 4 倍频模式,1 倍频模式在时钟脉冲的每一个周期内计 1 次数,4 倍频模式在时钟脉冲的每一个周期内计 4 次数。

微视频:增量式编码器的连接与使用

2. 绝对式编码器

N 位绝对式编码器有 N 个码道,最外层的码道对应于编码器的最低位。每一码道有一个光耦合器,用来读取该码道的 **0、1** 数据。绝对式编码器输出的 N 位二进制数反映了运动物体所处的绝对位置,根据位置的变化情况,还可以判别出旋转的方向。

二、高速计数器使用的输入点

S7 - 1200 PLC 系统的系统手册给出了各种型号 CPU 的相关参数,包括它们的 HSC1～HSC6 分别在单向、双向和 A/B 相输入时默认的数字量输入端口,以及各输入端口在不同计数模式下的最高计数频率。

HSC1～HSC6 的实际计数值的数据类型为双整数,默认的地址为 ID1000～ID1020。修改地址可以在组态时进行。

三、高速计数器的功能

1. HSC 的工作模式

HSC 有 4 种高速计数工作模式:具有内部方向控制的单相计数器、具有外部方向控制的单相计数器、具有两路时钟脉冲输入的双相计数器和 A/B 相正交计数器。

每种工作模式都可以选择使用或不使用复位输入。复位输入为 **1** 状态时,HSC 的实际计数值被清除。直到复位输入变为 **0** 状态,才能启动计数功能。

2. 频率测量功能

某些 HSC 的工作模式可以选用 3 种频率测量周期(0.01 s、0.1 s 和 1.0 s)来测量频率值。频率测量周期决定了多长时间计算和报告一次新的频率值。频率测量功能得到的是根据信号脉冲的计数值和测量周期计算出的频率平均值,频率测量的单位为 Hz(每秒的脉冲数)。

3. 周期测量功能

使用扩展高速计数器指令 CTRL_HSC_EXT,可以按指定的时间周期,用硬件中断的方式测量出被测信号的周期数和精确到 μs 的时间间隔,从而计算出被测信号的周期。

知识点 4　程序控制操作指令

1. 跳转指令与标签指令

没有执行跳转指令时,各个程序段按从上到下的先后顺序执行。跳转指令可中止程序的顺序执行,跳转到指令中跳转标签所在的目的地址。跳转时不执行跳转指令与跳转标签(LABEL)之间的程序,跳转到目的地址后,程序继续顺序执行。跳转指令可以向前或向后跳转,可以在同一代码块中从多个位置跳转到同一个标签。但跳转指令只能在同一个代码块内跳转,不能从一个代码块跳转到另一个代码块。在一个块内,跳转标签的名称只能使用一次。一个程度段中只能设置一个跳转标签。

图 6 - 12 所示的程序中,如果 M2.0 的动合触点闭合,跳转条件满足。RLO 为 **1** 时跳转指令的 JMP 线圈得电,跳转被执行,程序将跳转到指令给出的跳转标签 S1 处,执行标签之后的第一条指令,即调用函数 FC2。被跳过的程序段的指令没有被执行。如果跳转条件不满足,系统将继续执行跳转指令之后的程序。

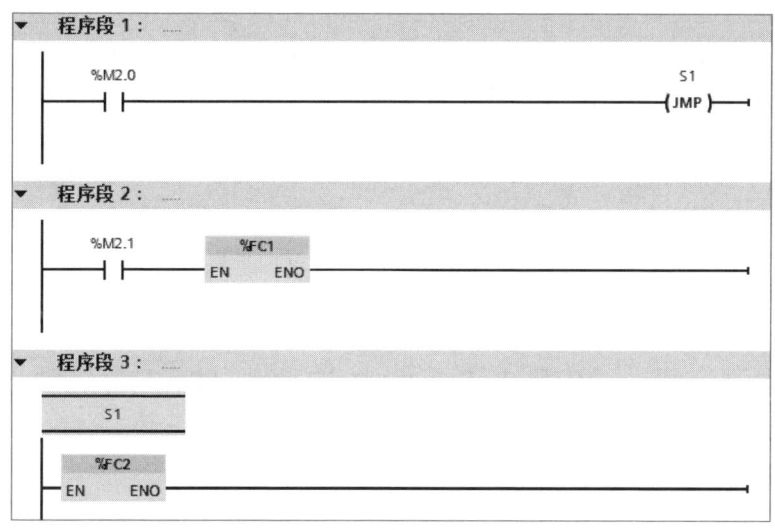

图 6 - 12　跳转指令与标签指令

当 RLO 为 **0** 时跳转指令的 JMP 线圈断开,程序将跳转到指令给出的跳转标签处,执行跳转标签之后的第一条指令。

2. 跳转分支指令与定义跳转列表指令

跳转分支指令 SWITCH 根据一个或多个比较指令的结果,定义要执行的多个程序跳转。跳转分支指令用参数 K 指定要比较的值,将该值与各个输入端提供的值进行比较。可以为每个输入端选择比较符号。

如图 6 - 13 所示,M2.0 的动合触点闭合时,如果 K 的值等于 100,系统将跳转到跳转标签 S1 指定的程序段;如果 K 的值等于 200,系统将跳转到跳转标签 S2 指定的程序段。如果不满

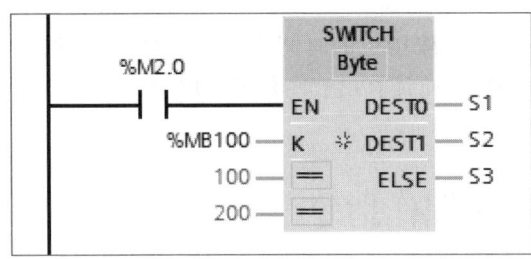

图 6-13　跳转分支指令 SWITCH

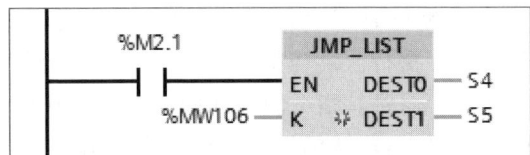

图 6-14　定义跳转列表指令 JMP_LIST

足上述条件，系统将执行输出端 ELSE 对应的跳转标签 S3 指定的程序段。如果输出端 ELSE 未指定跳转标签，则系统从下一个程序段继续执行程序。

使用定义跳转列表指令 JMP_LIST 可以定义多个有条件跳转，并继续执行由参数 K 的值指定的程序段中的程序。该指令用输出端 DEST× 对应的跳转标签定义跳转，输出端 DEST× 的个数可以增加。

如图 6-14 所示，M2.1 的动合触点闭合时，如果 K 的值为 **0**，系统将跳转到跳转标签 S4 指定的程序段；如果 K 的值为 **1**，系统将跳转到跳转标签 S5 指定的程序段。如果 K 的值大于可用的输出编号，则继续执行块中下一个程序段的程序。

单击 SWITCH 和 JMP_LIST 方框中的"添加"按钮 ⚙，可以增加输出端 DEST× 的个数。SWITCH 指令每增加一个输出端都会自动插入一个输入端。

3. 退出程序指令 STP 与返回指令 RET

当有能流流入退出程序指令 STP 的输入端 EN 时，PLC 进入 STOP 模式。

返回指令 RET 用来有条件地结束块，它的线圈得电时，停止执行当前的块，并不再执行该指令后面的指令，返回调用它的块。RET 指令的线圈断电时，继续执行它下面的指令。一般情况并不需要在块结束时使用 RET 指令来结束块，操作系统将会自动地完成这一任务。

RET 线圈上面的参数是返回值，数据类型为布尔型。如果当前的块是组织块，返回值被忽略。如果当前的块是函数或函数块，返回值作为函数或函数块的使能输出端的值传送给调用它的块。返回值可以是"TRUE""FALSE"或指定的位地址。

知识点 5　函数与函数块

一、函数

函数（function，FC）是由用户编写的子程序，它包含完成特定任务的代码和参数。函数是快速执行的代码块，用于执行下列任务：

（1）完成标准的和可重复使用的操作，例如算术运算。

（2）完成技术功能，例如使用位逻辑运算的控制。

系统允许在程序的不同位置多次调用同一个函数，这可以简化重复执行的任务的编程。函数没有固定的存储区，函数执行结束后，其临时变量中的数据就丢失了。可以用全局数据块或位存储器来存储那些在函数执行结束后需要保存的数据。

1. 生成函数

打开项目树"PLC_1"文件夹下的"程序块"文件夹，双击其中的"添加新块"选项，打开"添加新块"对话框，单击其中的"函数"按钮，默认的"语言"为"LAD"（梯形图），"编号"选择"自动"。设置函数的名称,单击"确定"按钮,如图 6 - 15 所示,在项目树的"PLC_1"文件夹下的"程序块"文件夹中可以看到新生成的函数"FC1"。

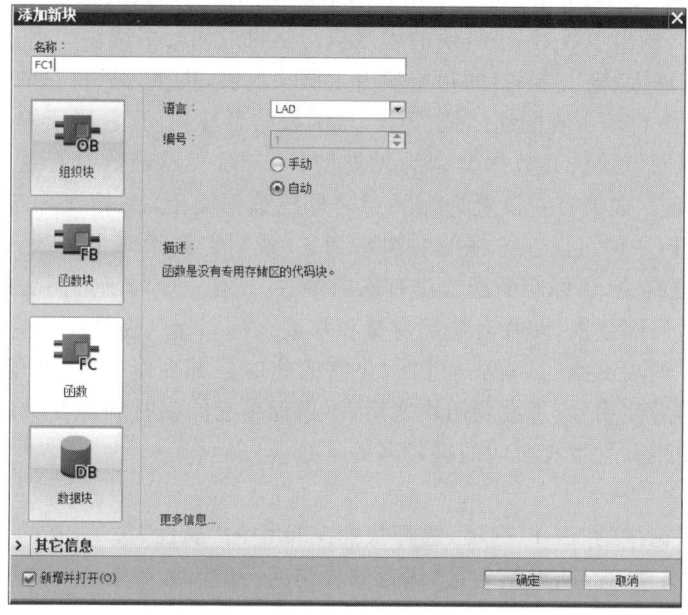

图 6 - 15　生成函数

2. 函数的局部变量

局部变量在块的接口(Interface)区定义,单击"展开"按钮 ,展开函数的接口区,如图 6 - 16 所示。

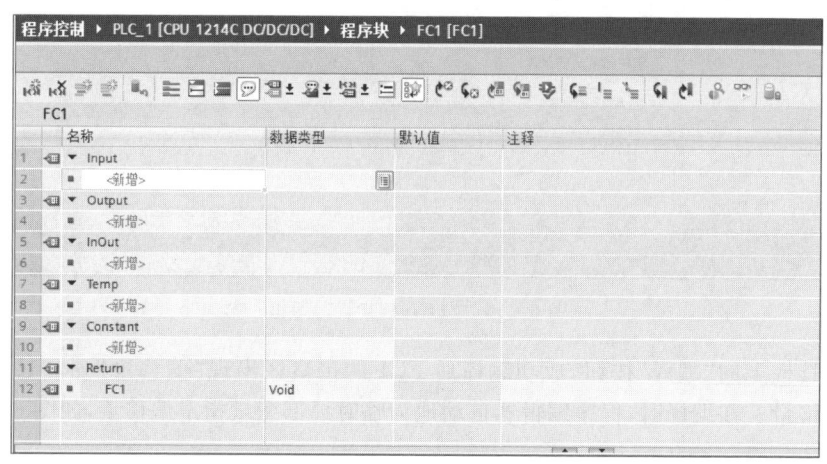

图 6 - 16　展开函数的接口区

单击"收起"按钮 ,收起函数的接口区,如图 6 - 17 所示。

图 6 - 17　收起函数的接口区

函数的局部变量只能在它所在的块中使用。局部变量的名字由字符(包括汉字)和数字组成。局部变量分为输入参数、输出参数、输入/输出参数、返回值,具体含义如下:

(1)"Input"(输入参数)用于接收调用它的主调块提供的输入数据。

(2)"Output"(输出参数)用于将块的程序执行结果返回给主调块。

(3)"InOut"(输入/输出参数)的初始值由主调块提供,块执行后将它的值返回给主调块。

(4)"Return"中自动生成的返回值"FC1"与函数的名称相同,它属于输出参数,其值返回给调用它的块。返回值默认的数据类型为无类型(Void),表示函数没有返回值,在调用 FC1时,程序中看不到它。如果将它设置为无类型之外的数据类型,在 FC1 内部编程时可以使用该输出变量,调用 FC1 时可以在方框的右边看到它,说明它属于输出参数。返回值的设置与IEC 61131-3 标准有关,该标准的函数没有输出参数,只有一个与函数同名的返回值。

函数还有两种局部数据,即临时局部变量和常量。"Temp"(临时局部变量)用于存储临时中间结果的变量。调用函数时,首先应初始化它的临时局部变量(写入数值),然后才能使用它,简称为"先赋值后使用"。每次调用块之后,不再保存它的临时局部变量的值。"Constant"(常量)是在块中使用并且带有声明的符号名的常数。

3.偏移量

右键单击项目树中的"FC1"选项,选择快捷菜单中的"属性"选项,在弹出的"FC1[FC1]"对话框左边选择"属性"选项,取消勾选"优化的块访问"复选框,如图 6-18 所示。

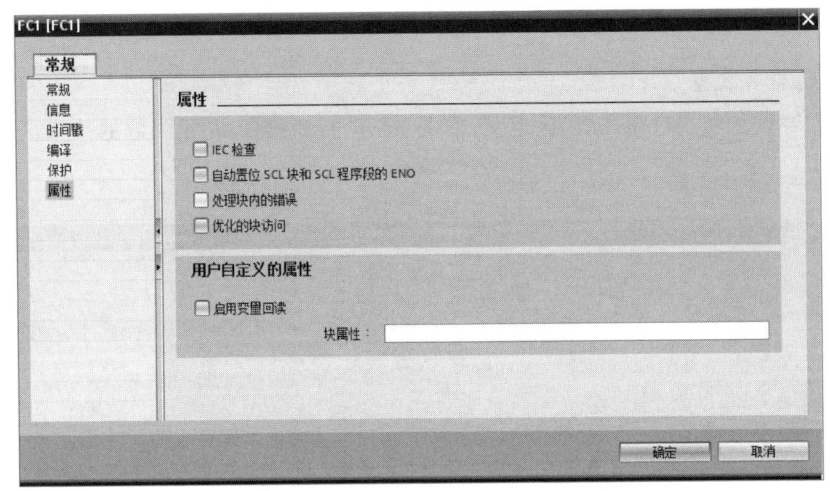

图 6-18 "FC1[FC1]"对话框

单击工具栏上的"编译"按钮,成功编译后 FC1 的接口区出现"偏移量"列。只有临时局部变量才有偏移量。在编译时,程序编辑器自动地为临时局部变量指定偏移量,如图 6-19 所示。

二、函数块

函数块(function block,FB)是由用户编写的有自己的存储区(背景数据块)的代码块。函数块的典型应用是执行不能在一个扫描周期内结束的操作。

背景数据块随函数块的调用而打开,在调用结束时自动关闭,背景数据块中的变量可以供其他代码块使用。函数块的输入、输出参数和静态局部变量(Static)保存在背景数据块中,但是函数块不会保存临时局部变量(Temp)中的数据。函数块执行后,背景数据块中的数据不会丢失。

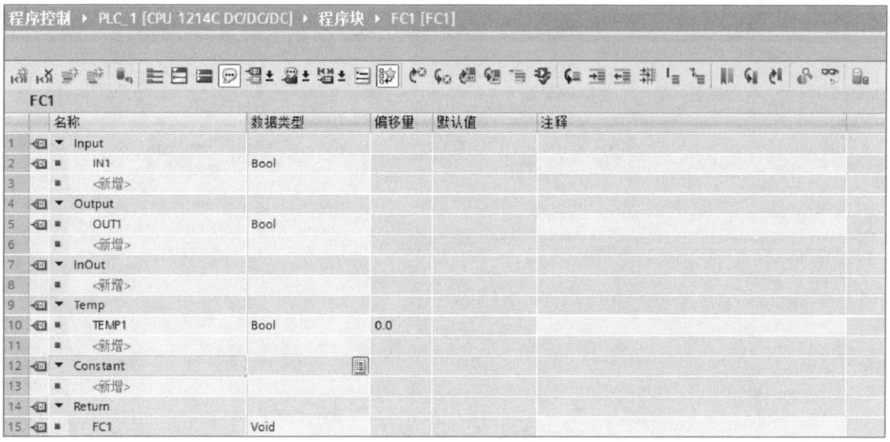

图 6 - 19　为临时局部变量指定偏移量

1. 生成函数块

打开项目树中"PLC_1"文件夹下的"程序块"文件夹,双击其中的"添加新块"选项,在弹出的"添加新块"对话框中单击"函数块"按钮,默认的"语言"为"LAD"(梯形图),"编号"选择"自动"。设置函数块的名称,单击"确定"按钮,如图 6 - 20 所示,可以在项目树的文件夹"PLC - 1"下的"程序块"文件夹中看到新生成的函数块"FB1"。

图 6 - 20　生成函数块

2. 函数块的局部变量

局部变量在函数块的接口区定义,如图 6 - 21 所示,局部变量只能在它所在的块中使用。

与函数相同,函数块的局部变量中也有 Input(输入参数)、Output(输出参数)、InOut(输入/输出参数)和 Temp(临时局部变量)等类型。静态局部变量(Static)不是输入、输出类型的参数,它和临时局部变量是类似的,只不过静态局部变量是可以保存的。函数块执行完后,下一次重新调用它时,其静态局部变量的值保持不变。

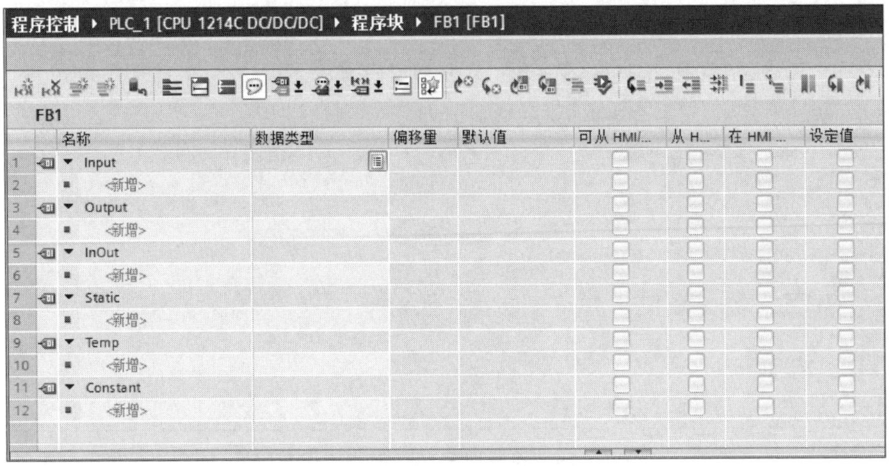

图 6 - 21　函数块的接口区

　　背景数据块中的变量就是其函数块的局部变量中的 Input、Output、InOut 和 Static 变量。函数块中的数据永久性地保存在它的背景数据块中,在函数块执行完后也不会丢失,以供下次执行时使用。其他代码块可以访问背景数据块中的变量。程序运行过程中不能直接删除和修改背景数据块中的变量,这些变量只能在它的函数块的接口区中删除和修改。

　　生成函数块的输入、输出参数和静态局部变量时,它们被自动指定一个默认值。变量的默认值被传送给函数块的背景数据块,作为同一个变量的初始值。用户可以在背景数据块中修改变量的初始值。调用函数块时没有指定实参的形参也会使用背景数据块中的初始值。

　　3. 偏移量

　　右键单击项目树中的 FB1,选择快捷菜单中的"属性"选项,在弹出的"FB1[FB1]"对话框左边选择"属性"选项,取消勾选"优化的块访问"复选框,如图 6 - 22 所示。

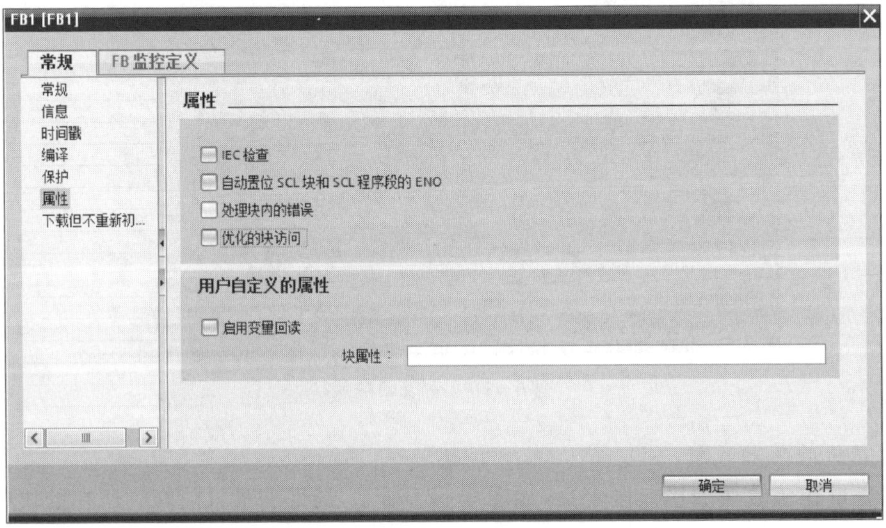

图 6 - 22　函数块的属性

　　单击工具栏上的"编译"按钮,成功编译后 FB1 的接口区出现"偏移量"列,如图 6 - 23 所示。

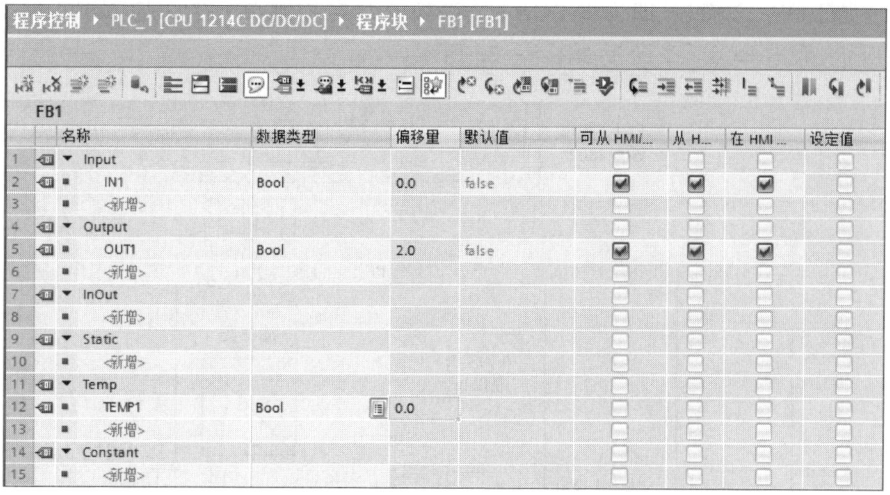

程序控制 ▸ PLC_1 [CPU 1214C DC/DC/DC] ▸ 程序块 ▸ FB1 [FB1]

FB1

	名称	数据类型	偏移量	默认值	可从 HMI/...	从 H...	在 HMI ...	设定值
1	▼ Input							
2	IN1	Bool	0.0	false	✔	✔	✔	
3	<新增>							
4	▼ Output							
5	OUT1	Bool	2.0	false	✔	✔	✔	
6	<新增>							
7	▼ InOut							
8	<新增>							
9	▼ Static							
10	<新增>							
11	▼ Temp							
12	TEMP1	Bool	0.0					
13	<新增>							
14	▼ Constant							
15	<新增>							

图 6－23　为临时数据指定偏移量

任务 1　G120 变频器的使用

一、任务目标

1. 认识 G120 变频器的结构及功能。
2. 会设置 G120 变频器的常用参数。
3. 能使用 G120 变频器对电动机进行简单控制。

二、控制要求

使用 BOP－2 面板对 G120 变频器进行快速调试。

三、硬件电路接线

G120 变频器是一种经济、节能和易于操作的变频器。它功能广泛，特别适用于泵、风机和压缩机的控制。作为一个模块化的变频器系统，G120 由控制单元(CU)、功率模块(PM)和操作面板(智能型操作面板 IOP 或基本操作面板 BOP－2)及盲板组成。其功率模块支持的功率范围为 0.37 kW 至 250 kW(基于轻载功率)。通过控制单元，G120 可与本地控制器以及监视设备进行通信。

本任务采用的 G120 变频器系统包括：PM240 型功率模块(0.55 kW 220 V 单相输入)、CU240B－2 型控制单元和基本操作面板 BOP－2(以下简称 BOP－2 面板)。

1. PM240 型功率模块接线

PM240 型功率模块的接线图如图 6－24 所示。

2. 控制单元安装与拆卸

(1) 安装控制单元，即为将控制单元安装在功率模块上，如图 6－25 所示。拆卸控制单元如图 6－26 所示。

（2）安装 BOP - 2 面板,即为将 BOP - 2 面板安装在控制单元上。插入 BOP - 2 面板如图 6 - 27 所示,取出 BOP - 2 面板如图 6 - 28 所示。

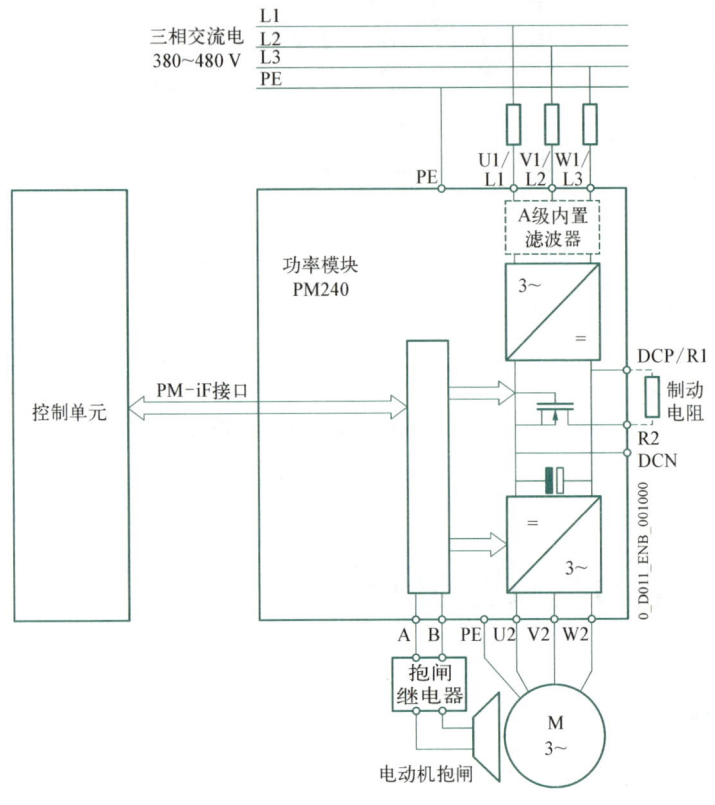

图 6 - 24　PM240 型功率模块的接线图

微视频:G120
变频器的连
接与使用

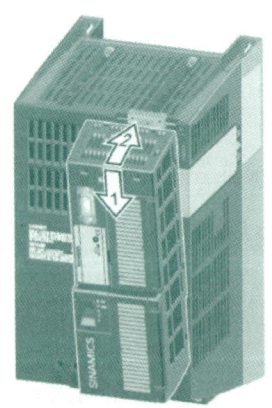

图 6 - 25　安装控制单元

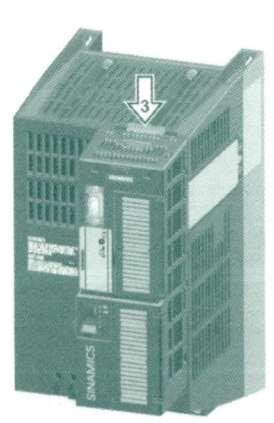

图 6 - 26　拆卸控制单元

图 6 - 27　插入
BOP - 2 面板

图 6 - 28　取出
BOP - 2 面板

四、G120 变频器基本操作

1. BOP - 2 面板基本情况

BOP - 2 用于显示参数的序号和数值以及报警和故障信息,但 BOP - 2 面板不能存储参数的信息。BOP-2 面板示意图如图 6-29 所示,其按键功能见表 6-1,其面板图标见表 6-2。

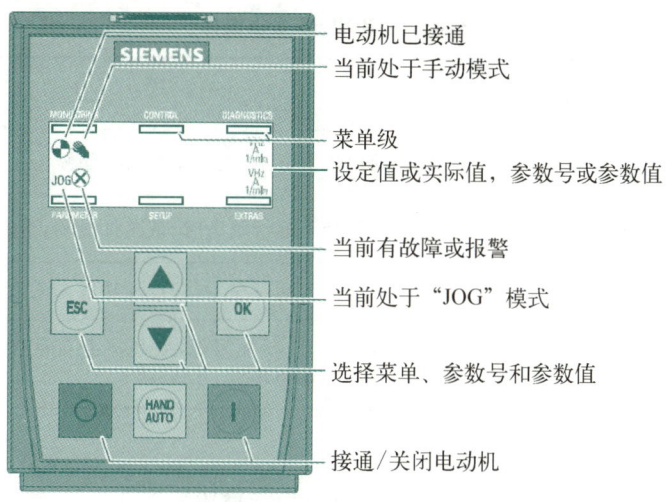

电动机已接通
当前处于手动模式

菜单级
设定值或实际值,参数号或参数值

当前有故障或报警
当前处于"JOG"模式

选择菜单、参数号和参数值

接通/关闭电动机

图 6-29　BOP-2 面板示意图

表 6-1　BOP-2 按键功能

名　称	按键	功　能　描　述
确认键	OK	① 在菜单选择时,按下该按键表示确认所选的菜单项。 ② 在参数选择时,按下该按键表示确认所选的参数和参数值设置,并返回上一级页面。 ③ 在故障诊断页面,使用该按键可以清除故障信息
向上键	▲	① 在菜单选择时,按下该按键表示返回上一级页面。 ② 在参数修改时,按下该按键可改变参数号或参数值。 ③ 在手动模式的点动运行方式下,长时间同时按住向上键和向下键,若变频器处于运行状态,则变频器将切换至与原方向相反的运行状态;若变频器处于停止状态,则变频器将切换至运行状态
向下键	▼	① 在菜单选择时,按下该按键表示进入下一级的页面。 ② 当参数修改时,按下该按键可改变参数号或参数值
取消键	ESC	① 若按下该按键 2 s 以下,表示返回上一级菜单,且不保存所修改的参数值。 ② 若按下该按键 3 s 以上,系统将返回监控页面。 ③ 在参数修改时,按下此按键表示不保存所修改的参数值,除非之前已经按下确认键
起动键	I	① 在自动模式下,该按键不起作用。 ② 在手动模式下,按下该按键则执行起动命令
停止键	○	① 在自动模式下,该按键不起作用。 ② 在手动模式下,若连续按下该按键两次,将执行 OFF2 命令,即自由停车。 ③ 在手动模式下,若按下该按键一次,将执行 OFF1 命令,即按 P1121 的下降时间停车
手自动切换键	HAND AUTO	① 在手动模式下,按下该按键,变频器切换至自动模式。若自动模式的启动命令在,变频器将自动切换至自动模式下的速度给定值。 ② 在自动模式下,按下该按键,变频器切换至手动模式。切换手动模式时,速度设定值保持不变。 ③ 在电动机运行期间按下该按键,可以实现自动模式和手动模式的切换

若要锁住或解锁按键,只需同时按下取消键和确认键 3 s 以上即可。

表 6 - 2　BOP - 2 面板图标

图　标	名　称	描　述
✋	手动模式	在手动模式下显示,在自动模式下隐藏
⬤	运行状态	在变频器处于运行状态时,该图标显示,否则该图标隐藏
JOG	点动功能激活	在点动功能激活时显示,在点动功能未激活时隐藏
⊗	故障和报警	故障状态下,该图标闪烁,变频器会自动停止。静止的图标表示变频器处于报警状态

2. BOP - 2 面板菜单结构

BOP - 2 面板菜单结构如图 6 - 30 所示,菜单功能描述见表 6 - 3。

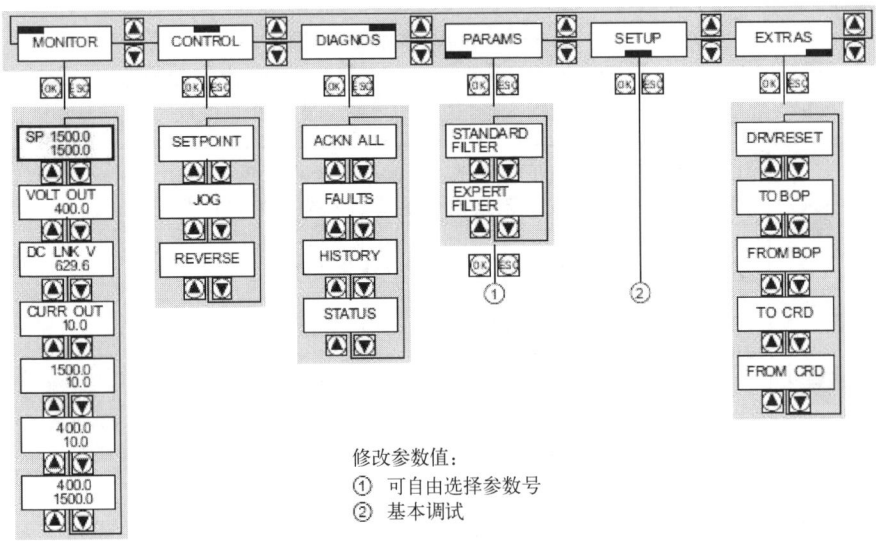

修改参数值:
① 可自由选择参数号
② 基本调试

图 6 - 30　BOP - 2 面板菜单结构

表 6 - 3　菜单功能描述

菜　单	功　能　描　述
监视菜单(MONITOR)	显示运行速度、电压和电流值
控制菜单(CONTROL)	使用 BOP - 2 面板控制变频器
诊断菜单(DIAGNOS)	显示故障报警和控制字、状态字
参数菜单(PARAMS)	查看或修改参数
调试向导(SETUP)	快速调试
附加菜单(EXTRAS)	设备的工厂复位和数据备份

3. BOP - 2 参数修改

修改参数是在 PARAMS 菜单和 SETUP 菜单中进行的。

(1) 选择参数号。当显示的参数号闪烁时,按向上键和向下键选择所需的参数号,按确认键进入参数,显示当前参数值。

(2) 修改参数值。当显示的参数值闪烁时,按向上键和向下键调整参数值,按确认键保存参数值。

【例 6 - 1】 修改 P700[0]参数。

解:修改 P700[0]参数的步骤如下。

① 按向上键和向下键,将光标移动到 PARAMS 菜单。

② 按确认键进入 PARAMS 菜单。

③ 按向上键和向下键选择 EXPERT FILTER 功能。

④ 按确认键进入 EXPERT FILTER 功能,面板显示不断闪烁的参数号,按向上键和向下键选择所需的参数 P700。

⑤ 按确认键,将焦点移动到参数下标"[00]",当"[00]"不断闪烁时,按向上键和向下键可以选择不同的下标。本例选择下标为"[00]"。

⑥ 按确认键,将焦点移动到参数值,参数值不断闪烁,按向上键和向下键调整参数值。

⑦ 按确认键保存参数值,画面返回到步骤④的状态。

4. BOP - 2 面板手动模式操作

BOP - 2 面板上的手自动切换键可以切换变频器的手动/自动模式。手动模式下面板上会显示手动模式符号 ✍。手动模式有起停操作和点动操作两种操作方式。

在起停操作方式下,按一下起动键,变频器起动,并以 SETPOINT 功能中设定的速度运行,按一下停止键,变频器停止。

在点动操作方式下,长按起动键,变频器按照点动速度运行,释放起动键则变频器停止运行。点动速度在参数 P1058 中设置。

在 BOP - 2 面板的 CONTROL 菜单下可以对运行速度、操作方式等进行设置。

(1) SETPOINT 功能。SETPOINT 功能用于设置变频器起停操作的运行速度。通过以下方法设定 SETPOINT 功能。

① CONTROL 菜单下通过向上键或向下键选择 SETPOINT 功能。

② 按确认键进入 SETPOINT 功能。

③ 按向上键或向下键可以修改"SP_0.0"设定值,修改值立即生效。

(2) JOG 功能。JOG 功能用于使能点动控制,其激活方式如下。

① CONTROL 菜单下通过向上键或向下键选择 JOG 功能。

② 按确认键进入 JOG 功能。

③ 按向上键或向下键,选择参数 ON。

④ 按确认键使能点动操作,面板上会显示点动功能激活符号 JOG 。

(3) REVERSE 功能。REVERSE 功能用于反向设定值,其激活方法如下。

① CONTROL 菜单下通过向上键或向下键选择 REVERSE 功能。

② 按确认键进入 REVERSE 功能。

③ 按向上键或向下键,选择参数 ON。

④ 按确认键使能设定值反向。REVERSE 功能激活后,变频器会把起停操作方式或点动

操作方式的速度设定值反向。

5.复位出厂设置

（1）按向上键或向下键,将光标移动到 EXTRAS 菜单。

（2）按确认键进入 EXTRAS 菜单,按向上键或向下键找到 DRVRESET 功能。

（3）按确认键激活复位出厂设置,按取消键取消复位出厂设置。

（4）按确认键后开始恢复参数,BOP－2 上会显示"BUSY"。

（5）复位完成后,BOP－2 显示"DONE",按确认键或取消键返回 EXTRAS 菜单。

五、G120 变频器的快速调试

快速调试是通过设置电动机参数、变频器的命令源、速度设定源等基本参数,从而达到简单、快速运转电动机的一种操作模式。使用 BOP－2 面板进行快速调试的步骤如下。

（1）按向上键或向下键,将光标移动到 SETUP 菜单。

（2）按确认键进入 SETUP 菜单,显示参数复位功能,按确认键进入功能,按向上键或向下键选择 YES,按确认键开始工厂复位,面板显示"BUSY"。

（3）按确认键进入 P1300 参数,按向上键或向下键选择参数值为 0,即线性 V/f 控制,按确认键确认参数。

（4）参照电动机铭牌参数,用同样的方法完成快速调试参数设置,其具体参数见表 6－4。

表 6－4　快速调试的具体参数

参　数	设定值	功　能
P96	1	为各种应用级设置调试视角和控制视角
P100	0	电动机标准 IEC/NEMA(50 Hz)
P210	220	设备输入电压
P300	1	选择电动机类型(异步电动机)
P304	380	电动机额定电压
P305	0.18	电动机额定电流
P307	0.0	电动机额定功率
P310	50	电动机额定频率
P311	1 400	电动机额定转速
P33	0	电动机冷却方式(自冷却)
P501	0	工艺应用恒定负载(SDC)
P15	12	宏文件驱动设备
P1080	0	最小转速
P1082	1 400	最大转速

续　表

参　数	设定值	功　　能
P1900	1	电动机数据检测及旋转检测(电动机数据检测和转速控制器优化)
P1120	1	斜坡函数发生器斜坡上升时间
P1121	0.5	斜坡函数发生器斜坡下降时间

(5) 参数设置完毕后进入结束快速调试页面。按确认键进入,按向上键或向下键选择 YES,按确认键确认结束快速调试。

(6) 面板显示"BUSY",变频器进行参数计算。

(7) 计算完成短暂显示"DONE",随后光标返回到 MONITOR 菜单。

此时面板的显示屏上会出现一个不跳动的小叉。需起动变频器对电动机进行识别,单击面板上手自动切换键,将变频器切换至手动模式,设置一个较小的转速,单击面板上的起动键起动变频器,这时电动机会发出"滋滋"声。一段时间后,自动识别完成,面板的显示屏上小叉消失,基本调试完成。

微视频:G120 变频器恢复 出厂设置

六、练习与提高

1. 写出将参数 P311 设置为 1 400 的步骤。

2. 在实际设备上完成 G120 变频器的快速调试。

互动:项目 六任务 1 随 堂练习

任务 2　**变频器的多段调速**

一、任务目标

1. 认识自动分拣系统。

2. 会正确连接 PLC 与变频器。

3. 能采用 PLC 对变频器进行起停、正反转、多段调速控制。

二、控制要求

按下起动按钮,在入料口检测到工件后,传送带开始以 500 r/min 的速度运行,当工件前进到光纤传感器 1 的位置后,传送带以 900 r/min 的速度运行;当工件前进到废料检测充电传感器处时,传送带以 500 r/min 的速度反转;当工件回到入料口时,系统停止运行(取走工件),等待下次重新起动和放入工件。系统运行时 HL2 运行指示灯常亮。

三、硬件电路设计

1. 硬件选型

(1) 传送和分拣机构。传送和分拣机构主要由传送带、出料滑槽、推料气缸、漫射式光电传感器、光纤传感器、电感式接近开关组成。传送和分拣机构用于传送已经加工、装配好的工件,利用光纤传感器将检测到的工件进行分拣。传送带把从机械手输送过来的加工好的工件进行传输,输送至分拣区。导向器是用来纠正从机械手输送过来的工件。三条出料滑槽分别用于存放加工好的黑色工件、白色工件或金属工件。

(2)传动带驱动机构。传动带驱动机构如图 6 - 31 所示,它主要由电动机安装支架、电动机、联轴器等部件组成。

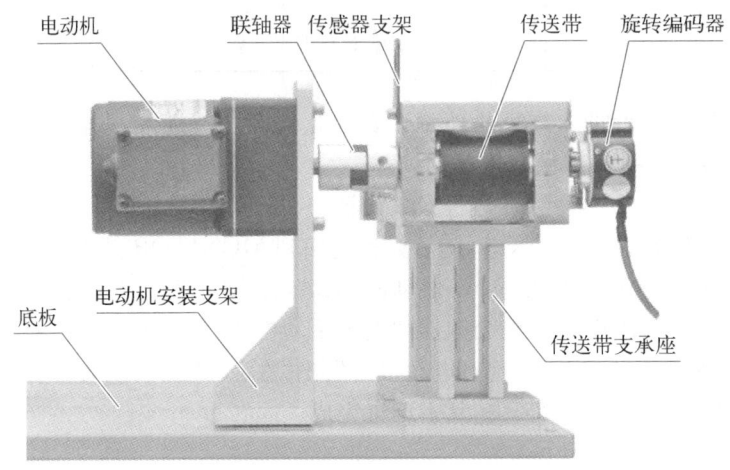

图 6 - 31　传动带驱动机构

电动机是传动机构的主要部分,其转速快慢由变频器来控制。电动机的作用是拖动传送带从而输送物料。电动机安装支架用于固定电动机。联轴器用于把电动机的轴和传送带主动轮的轴连接起来,从而组成一个传动机构。

综上所述,自动分拣系统的硬件选型见表 6 - 5。

表 6 - 5　自动分拣系统的硬件选型

名　　称	型　号　或　要　求
旋转编码器	ZKE48S8GR500Z12 - 24C
磁性开关	D - C73
气缸	CDJ2B16 - 75
电动机	带 1∶10 减速器的 75 W 三相异步电动机
电感式接近开关	OBM - D04NK
漫射式光电传感器	GH3 - N1810NA
光电传感器	MHT15 - N2317
光纤传感器	E3X - NA11
单电控二位五通阀	4V110 - 06
气动三联件	AC2000 - D
单向节流阀	ASC - 08V

名　　称	型 号 或 要 求
调压过滤器	GFR200－08
PLC	CPU 1212C DC/DC/DC
信号模块	SM 1223,16×DC 24 V 输入/16×继电器输出
信号模块	SM 1232,2×模拟量输出
变频器	G120 变频器控制单元：CU240B－2； G120 变频器功率模块：0.55 kW； G120 变频器操作面板：BOP－2
按钮	一佳 LA38－11BN

2. I/O 接口分配

本任务 PLC 采用 S7－1200 CPU 1212C 加 SM 1223 及 SM 1232 扩展模块,I/O 接口分配表见表 6－6。

表 6－6　I/O 接口分配表

输 入 信 号		输 出 信 号	
名　　称	接　口	名　　称	接　口
旋转编码器 A 相	I0.0	DI0(变频器起动)	Q1.0
旋转编码器 B 相	I0.1	DI1(变频器反转)	Q1.1
旋转编码器 Z 相	I0.2	DI2(变频器低速)	Q1.2
进料检测光电传感器 SC1	I0.3	DI3(变频器中速)	Q1.3
电感式传感器 SC2	I0.4	绿灯 HL1	Q2.0
光纤传感器 1 SC3	I0.5	红灯 HL2	Q2.1
光纤传感器 2 SC4	I0.6	推料气缸 1 电磁阀 DT1	Q2.4
推料气缸 1 推杆推出到位磁性开关 SQ2	I0.7	推料气缸 2 电磁阀 DT2	Q2.5
推料气缸 2 推杆推出到位磁性开关 SQ4	I1.0	推料气缸 3 电磁阀 DT3	Q2.6
推料气缸 3 推杆推出到位磁性开关 SQ6	I1.1	黄灯 HL3	Q2.7
起动按钮 SB1	I1.2	变频器模拟电压输入	QW96
停止按钮 SB2	I1.3		
单站/全线开关 SA1	I1.4		
急停按钮 QS1	I1.5		

输　入　信　号		输　出　信　号	
名　　　称	接　口	名　　　称	接　口
推料气缸 1 推杆缩回到位磁性开关 SQ1	I1.7		
推料气缸 2 推杆缩回到位磁性开关 SQ3	I2.0		
推料气缸 3 推杆缩回到位磁性开关 SQ5	I2.1		
废料检测光电传感器 SC5	I2.2		

3. 接线图

根据表 6-6 和控制要求,设计自动分拣系统的 PLC 接线图,如图 6-32 所示。

4. 变频器参数设置

(1) 变频器预定义接口宏。G120 为满足不同的接口定义,提供了多种预定义接口宏,利用预定义接口宏可以方便地设置变频器的指令源和设定值源。可以通过参数 P0015 修改宏。

只有设置 P0010=1 时才能更改参数 P0015。因此修改参数 P0015 步骤如下。

① 设置 P0010=1。

② 修改 P0015。

③ 设置 P0010=0。

CU240B-2 定义了 8 种宏,其中默认取值为宏编号 12,双线制控制,模拟量调速。本任务采用默认方式,所以参数 P0015 不需要修改。

(2) 指令源和设定值源。通过预定义接口宏可以定义变频器用什么信号控制起动,由什么信号来控制输出频率。在预定义接口宏不能完全符合要求时,必须根据需要调整指令源和设定值源。

指令源是指变频器收到控制指令的接口。在设置参数 P0015 时,变频器会自动对指令源进行定义。本任务需要设置指令源起动信号 P0840=r722.0,表示将数字量输入端 DI0(5 号端子)定义为起动信号。

设定值源是指变频器收到设定值的接口,在设置参数 P0015 时,变频器会自动对设定值源进行定义。本任务需要设置设定值源 P1070=1024,表示将固定转速作为主设定值。

(3) 数字量输入功能。CU240B-2 提供了 4 个数字量输入端,必要时也可以将模拟量 AI 作为数字量输入端使用。DI 所对应的状态位见表 6-7。

表 6-7　DI 所对应的状态位

数字量输入端编号	端子号	数字量输入端状态位
数字输入 0,DI0	5	r0722.0
数字输入 1,DI1	6	r0722.1
数字输入 2,DI2	7	r0722.2
数字输入 3,DI3	8	r0722.3

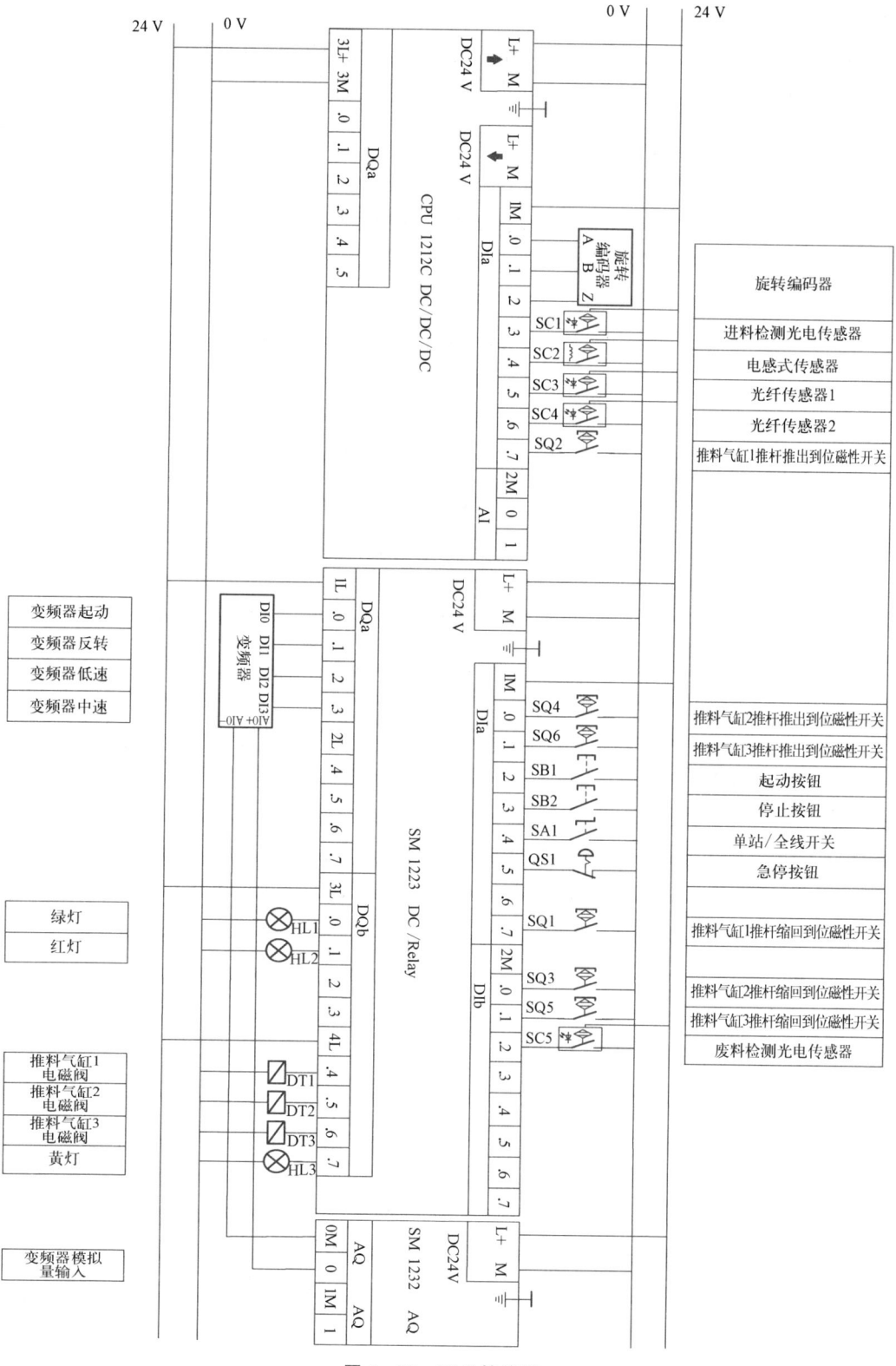

图 6－32　PLC 接线图

设置指令源起动信号 P0840＝r722.0,表示将数字输入 DI0(5 号端子)定义为起动信号。

(4) 多段速功能。多段速功能,也称作固定转速,就是设置在 P1000＝3 的条件下,用数字量端子选择固定设定值的组合,实现电动机多段速运行。

本任务通过 DI2 和 DI3 选择两个固定转速,分别为 500 r/min 和 900 r/min,DI0 为起动信号。多段调速控制参数设置见表 6-8。

表 6-8 多段调速控制参数设置

参　数	设定值	功　　　　能
P0840	r722.0	设定起动信号为 DI0(5 号端子)
P1000	3	转速设定值选择(固定频率)
P1001	500	转速固定设定值 1(500 r/min)
P1002	900	转速固定设定值 2(900 r/min)
P1016	1	转速固定设定值选择模式(直接选择)
P1020	r722.2	转速固定设定值选择位 0 为 DI2(7 号端子)
P1021	r722.3	转速固定设定值选择位 1 为 DI3(8 号端子)
P1070	1 024	转速固定设定值有效
P1113	r722.1	设定值取反为 DI1(反转)

设置上述参数后,将 DI0 和 DI2 置为高电平,变频器输出 500 r/min,电动机正转;将 DI0 和 DI3 置为高电平,变频器输出 900 r/min,电动机正转;将 DI0、DI1 和 DI2 置为高电平,变频器输出 500 r/min,电动机反转。

四、程序设计

多段调速控制 PLC 参考程序如图 6-33 所示。

五、练习与提高

互动:项目六任务 2 随堂练习

按照下列控制要求完成变频器多段速的 PLC 调速控制:当按下起动按钮,在入料口检测工件 3 s 后,传送带开始以 200 r/min 的速度运行;当工件前进到光纤传感器 1 的位置后,传送带以 500 r/min 的速度运行;当前进到废料检测处,停止系统的运行,HL2 运行指示灯以 1 Hz 的频率闪烁。

写出需要设定的参数,并设计相关的 PLC 程序。

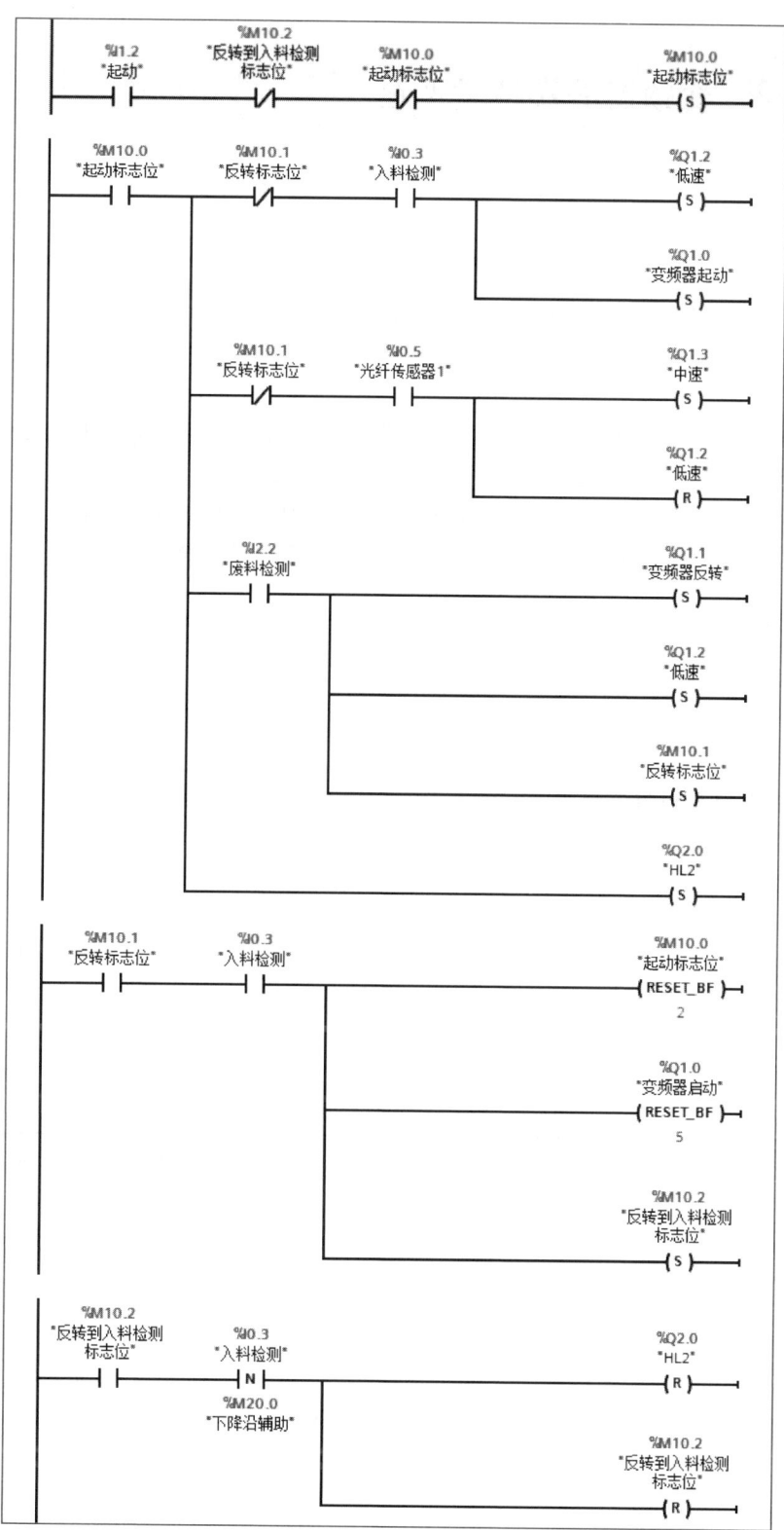

图 6－33　多段速控制 PLC 参考程序

任务3　变频器的模拟量调速

一、任务目标

1. 会使用 PLC 模拟量模块。
2. 能采用 PLC 对变频器进行模拟量调速控制。

二、控制要求

当按下起动按钮，在入料口检测工件后，传送带开始以 300 r/min 的速度运行；当工件前进到光纤传感器 1 的位置后，传送带以 700 r/min 的速度运行；当工件前进到废料检测光电传感器处时，传送带以 1 000 r/min 的速度反转；当工件回到入料口时系统停止运行（取走工件），等待下次重新起动和放入工件。系统运行时 HL2 运行指示灯常亮。

三、硬件设计

1. 硬件选型

本任务的硬件选型见表 6－5。

2. I/O 接口分配

本任务的 I/O 接口分配见表 6－6。

3. 接线图

本任务的 PLC 接线图如图 6－32 所示。

4. 变频器参数设置

CU240B－2 提供 1 路模拟量输入，其 AI0 相关参数在变频器的对应参数中设置。

变频器提供了多种模拟量输入模式，可以使用参数 P0756 进行选择。参数 P0756 设定值见表 6－9。

表 6－9　参数 P0756 设定值

参数号	设定值	说　　明	说　　明
P0756	0	单极性电压输入，0～+10 V	"带监控"是指模拟量输入通道具有监控功能，能够检测断线
	1	单极性电压输入，+2～+10 V，带监控	
	2	单极性电流输入，0～+20 mA	
	3	单极性电流输入，0～+20 mA，带监控	
	4	双极性电压输入，0～+10 V	
	8	未连接传感器	

注意：必须正确设置模拟量输入通道对应的 DIP 拨码开关的位置，该开关位于控制单元正面保护盖的后面，如图 6－34 所示。开关拨到"U"处时，变频器采用电压输入（出厂设置）。当开关拨到"I"处时，变频器采用电流输入。

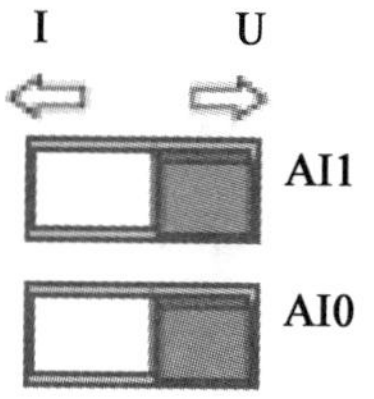

CU240B－2 只有一个模拟量输入，其拨码开关 AI1 无效。

模拟量调速参数设定值见表 6－10。

注意：1 号 2 号端子左边有两个拨码开关应调至右边，即"电压模式"。

图 6－34　DIP 拨码开关

表 6－10　模拟量调速参数设定值

参　数	设定值	功　　　　能
P756	0	模拟输入类型（单极电压，输入 0～＋10 V）
P840	r722.0	设定启动信号为 DI0（5 号端子）
P1000	2	转速设定值选择（模拟量）
P1016	1	转速固定设定值选择模式（直接选择）
P1070	r755.0	转速 AI0 有效
P1113	r722.1	设定值取反为 DI1（反转）

四、程序设计

1. PLC 和变频器的连接

本任务主要使用 Q1.0 控制变频器 DI0 端作为起动信号，Q1.1 控制变频器 DI1 端作为反转信号。模拟量调速所需的模拟电压由 PLC 的模拟量输出模块提供，在项目设备组态中加入 SM 1232 模拟量扩展模块，模拟量输出起始地址设定为 112，SM 1232 模拟量扩展模块共有两路模拟量输出，其输出地址分别为 QW112 和 QW115，如图 6－35 所示。

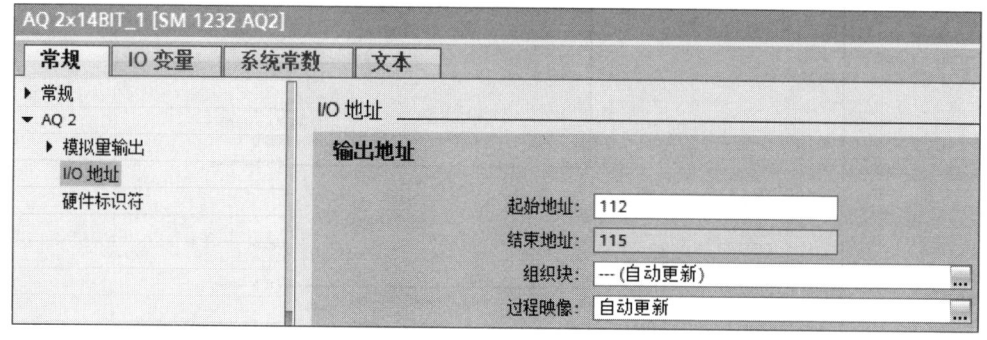

图 6－35　模拟量输出地址

2. 梯形图程序

模拟量调速控制 PLC 参考程序如图 6－36 所示。

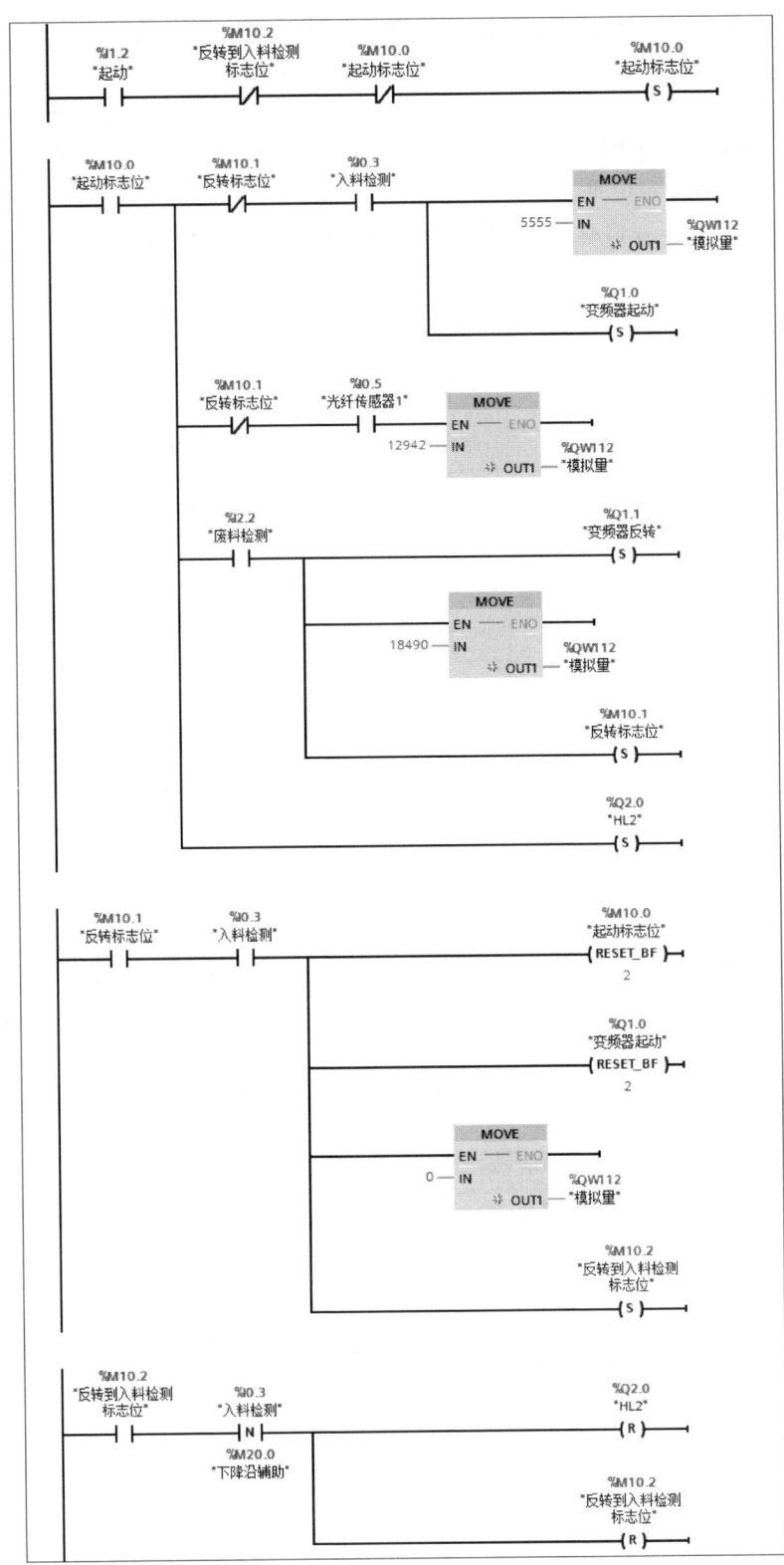

图 6 - 36　模拟量调速控制 PLC 参考程序

五、练习与提高

按照下列控制要求完成变频器模拟量的 PLC 调速控制：当按下起动按钮，在入料口检测工件 3 s 后，传送带开始以 200 r/min 的速度运行；当工件前进到光纤传感器 1 的位置后，传送带以 500 r/min 的速度运行；当前进到废料检测处停止系统的运行，HL2 运行指示灯以 1 Hz 的频率闪烁。写出需要设定的参数，并设计相关的 PLC 程序。

互动：项目六任务 3 随堂练习

任务4　设计自动分拣系统

一、任务目标

1. 掌握自动分拣系统的工作原理。
2. 掌握自动分拣系统的硬件接线和软件编程。
3. 掌握自动分拣系统的程序调试、排查故障与运行。

二、控制要求

本自动分拣系统用于对工件进行分拣，使不同颜色的工件可以从不同的料槽分流，具体的控制要求为：当输送站送来的工件放到传送带上时，变频器起动，电动机运转驱动传送带工作，把工件带至分拣区。如果进入分拣区的工件为金属的，推料气缸 1 动作，将金属料推到 1 号槽里；如果进入分拣区的工件为塑料黑色外壳黑色芯，推料气缸 2 动作，将黑色料推到 2 号槽里；如果进入分拣区的工件为塑料白色外壳白色芯，推料气缸 3 动作，将白色料推到 3 号槽里。其他类型工件运动到废料区后停止，自动分拣系统加工结束。

三、硬件设计

1. 硬件选型

自动分拣系统的硬件选型见表 6-5。

2. I/O 接口分配

自动分拣系统的 I/O 接口分配见表 6-6。

3. 电气原理图

自动分拣系统的电气原理图如图 6-32 所示。

四、气路连接图

分拣单元的电磁阀组使用了 3 个单电控二位五通电磁阀，它们被安装在汇流板上。这 3 个阀分别对推料气缸 1、推料气缸 2 和推料气缸 3 的气路进行控制，以改变各自的动作状态。自动分拣系统的气路连接图如图 6-37 所示。

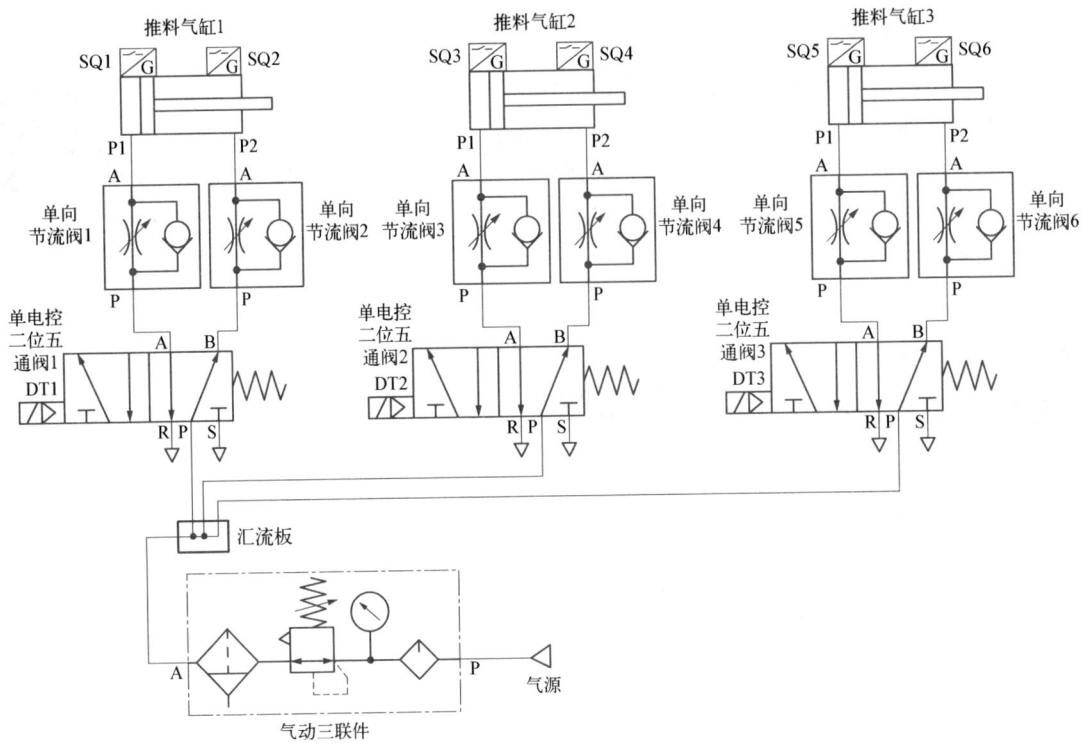

图 6－37　自动分拣系统的气路连接图

五、程序设计

1. 硬件组态

按照项目二中硬件组态的方法,用拖曳的方法把"DI16×24VDC/DQ16×Relay"文件夹中订货号为"6ES7 223－1PL32－0XB0"的 SM 1223 信号模块拖曳到机架中 CPU 右边的 2 号插槽中,把"AQ2×14BIT"文件夹中订货号为"6ES7 232－4HB32－0XB0"SM 1232 模拟量输出模块拖曳到机架中 CPU 右边的 3 号插槽中。

双击项目树中"添加新块"选项,生成名为"高速计数器"的函数块 FB1,以及名为"站"的函数块 FB2。

2. 高速计数器组态

在使用 HSC 之前,应先为 HSC 组态,设置 HSC 的计数模式。某些 HSC 的参数在设备组态中初始化,以后可以用程序来修改。

（1）打开 PLC 的设备视图,选中其中的 CPU。选择巡视窗口的"属性"选项卡下"高速计数器"选项组中的"HSC2"选项组,选择"常规"选项,勾选"启用该高速计数器"复选框。

（2）选择"功能"选项,在右边的"计数类型"下拉列表中选择"计数"选项。在"工作模式"下拉列表中选择"A/B 计数器"选项。在"初始计数方向"下拉列表中选择"加计数"选项,如图 6－38 所示。

（3）选择"硬件输入"选项,可以组态该 HSC 使用的时钟发生器 A 和时钟发生器 B 的输入点。可以看到可用的最高频率,如图 6－39 所示。

（4）选择"I/O 地址"选项,可以修改 HSC 的起始地址。默认的起始地址为"1004",如图 6－40 所示。

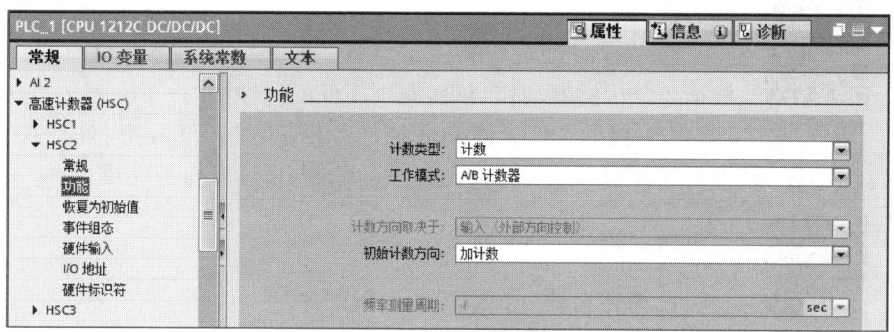

图 6－38　"功能"选项设定

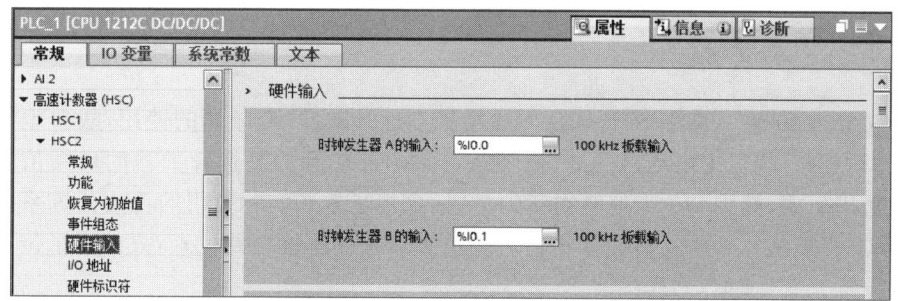

图 6－39　"硬件输入"选项设定

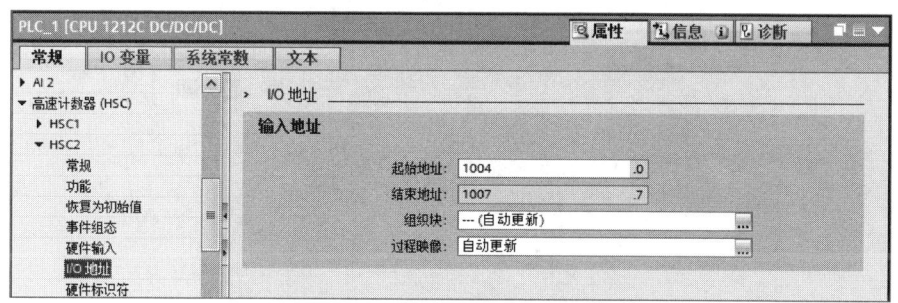

图 6－40　"I/O 地址"选项设定

（5）选择"硬件标识符"选项，可以看到 HSC 的硬件标识符，该选项是灰色的，不能修改。

（6）按照项目二中图 2－24 所示的数字量输入点的参数设置方法，设置 I0.0 和 I0.1 的输入滤波器时间常数为 0.1 ms。

3. PLC 程序编制

（1）OB1 的程序。程序段 1 实现初始化，程度段 2 调用 FB1 函数块和 FB2 函数块。

（2）FB1 中的程序。FB1 中的程序是高速计数器的程序。在高速计数器控制指令 CTRL_HSC 的输入参数 HSC 中输入"258"，该参数是 HSC2 的硬件标识符的值。M365.0 为"TRUE"时，32 位计数值 NEW_CV 被装载到 HSC。M365.1、M365.2、M365.3、M365.4、M365.5、M365.6、M365.7 中任意一个动合触点闭合，复位计数器 M365.0 线圈得电。

（3）FB2 中的程序。分拣过程的编程思路如下：

① 当检测到工件放置到进料口后，复位高速计数器，并以固定频率起动变频器驱动电动

例程：自动 微视频：自
分拣系统的 动分拣系统
参考程序 运动过程

互动：项目 互动：项目
六任务4随 六单元测验
堂练习

机运转。

② 当工件经过传感器支承座上的光纤传感器和电感式传感器时，根据2个传感器动作与否，判别工件的属性。

（3）根据工件属性和分拣任务要求，推料气缸把相应的工件推出。推料气缸程序和复位检测程序的编制，请读者自行完成。

六、练习与提高

1. 简述自动分拣系统的工作原理。
2. 用G120变频器的多段调速功能实现自动分拣。
3. 查阅资料，了解自动分拣系统在各行各业中的应用。

 虚拟场景联调

在自动分拣系统中，由于SFB软件无法模拟高速计数器、变频器的使用，故在虚拟场景的设计中用脚本语言规定了电动机的高、低转速，用MD500存放高速计数器的反馈值。由于物料要自动随机生成，故用Q 0.1控制物料的生成，虚拟场景和实际应用的自动分拣系统略有差别，特别是需要测试并判断物料壳和物料芯的位置以及气缸推料的位置，故编写了位置测试程序和自动分拣系统（虚拟）的程序。

自动分拣系统虚拟场景如图6-41所示。

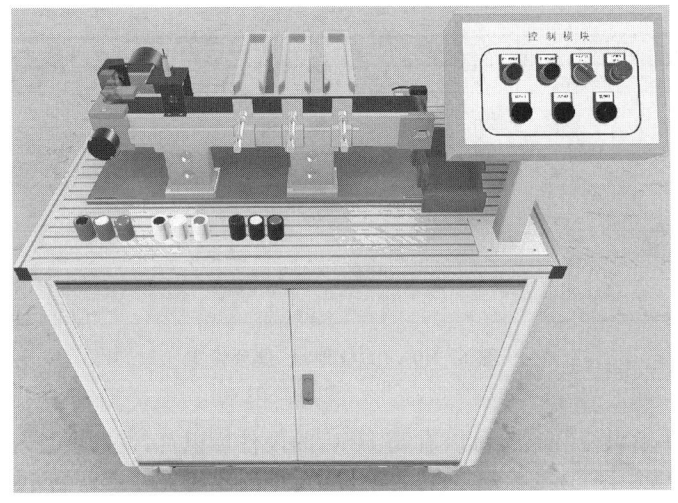

图6-41 自动分拣系统虚拟场景

微视频：自 虚拟场景： 例程：位置 例程：自动 例程：自动
动分拣系统 自动分拣系 测试下载 分拣系统下 分拣系统下
虚拟场景程 统下载 载（虚拟） 载（实物）
序联调

项目七　S7－1200 PLC 在运动控制系统中的应用

项目描述

　　运动控制(motion control，MC)是自动化的一个重要分支,它往往使用伺服机构的一些设备,如伺服阀、线性执行机构或电动机来控制设备。运动控制可实现位置控制、速度控制、加速度控制、转矩或力的控制或者以上控制对象的组合,如速度/转矩组合控制等。运动控制被广泛应用在包装、印刷、纺织、装配等行业领域。随着自动化技术、电力电子技术、计算机技术、数控技术等科技手段的飞速发展,制造业的自动化程度和控制精度正在不断提高,运动控制系统已成为工业控制领域的重要技术环节。

　　本项目利用 S7－1200 PLC 来实现常见的运动控制,包括步进电动机的运动控制、伺服电动机的运动控制等。

任务准备

知识点 1　运动控制基础

一、电气运动控制

　　按照使用动力源的不同,运动控制主要可分为以电动机作为动力源的电气运动控制、以流体的压力和流量作为动力源的气液运动控制、以燃料(煤、油等)作为动力源的热机运动控制等。根据统计,在上述几种运动控制中,电气运动控制应用最为广泛。常见的运动控制电动机有:步进电动机、直流伺服电动机、交流伺服电动机等。

　　电气传动主要研究以电动机为对象的控制系统,而电气运动控制则由常规电气传动发展而来。通常,一个运动控制系统的功能包括:速度控制、点位控制(点到点)、力矩控制等。一个运动控制系统采用外部检测元件可以生成希望输出的轨迹点和闭合位置,或者组成被控制量的反馈环,这能大大提高运动控制的精度和实时性。许多运动控制器也可以在内部实现一个控制量的闭环,比如电动机的电流环、速度环等。

二、运动控制系统组成

　　运动控制系统由运动控制器、驱动器或放大器、反馈传感器、执行器和机械传动部件组成。

　　(1)运动控制器。这是控制电动机运行方式的专用控制器。简易的运动控制,如行程开关控制接触器实现电动机拖动物体运行到达指定位置后又反向运行,或者时间继电器控制电动机正反转或间隙运行。复杂的运动控制器可以实现精密的机械运动，其误差可达几微米。运动控制器是决定自动控制系统性能的主要器件，先进的运动控制器是能实现机械运动的位置、速度、加速度、转矩或力等精确控制的计算机控制装置，如 PLC、运动控制卡等。

（2）驱动器或放大器。它用来将运动控制器的控制信号（通常是速度或扭矩信号）转换为更高功率的电流或电压信号。更为先进的智能化驱动器可以实现位置和速度的闭环控制，以获得更精确的控制。

（3）反馈传感器。如光电编码器、旋转变压器或霍尔效应设备等，用以反馈执行器的实际位置，并将其传送到运动控制器，以实现位置和速度的闭环控制。

（4）执行器。如液压泵、气缸、线性执行机构或电动机，用以驱动负载。

（5）机械传动部件。用以将执行器的运动转换为期望的运动形式，它包括减速箱、轴、联轴器、滚珠丝杠、轴承及轴承座、齿形带等。

知识点 2　步进电动机基础

一、步进电动机的概念

步进电动机(stepper motor)又称为脉冲电动机，它是将电脉冲信号转变为角位移或线位移的开环控制电动机，是现代数字程序控制系统中的主要执行元件，其应用极为广泛。在非超载的情况下，电动机的转速和位置只取决于脉冲信号的频率和脉冲数，而不受负载变化的影响。当步进驱动器接收到一个脉冲信号，它就驱动步进电动机按设定的方向转动一个固定的角度，称为"步距角"，它的旋转是以固定的角度一步一步运行的，所以称之为"步进"电动机。

图片：几种常见的步进电动机外观

步进电动机可以通过控制脉冲个数来控制角位移量，从而达到准确定位的目的。同时它可以通过控制脉冲频率来控制电动机转动的速度和加速度，从而达到调节速度的目的。

二、步进电动机的结构原理

1. 步进电动机的结构

步进电动机是由一组缠绕在电动机固定部件——定子齿槽上的线圈驱动的。通常情况下，一根绕成圈状的金属丝叫作螺线管，而在电动机中，缠绕在齿上的金属丝则叫作绕组、线圈或相。步进电动机的转子凸外表面和定子靠近转子的凹内表面均有细齿，定子绕组通电后产生磁场，在该磁场的作用下，转子的齿就会旋转一定角度与定子的齿对齐。步进电动机的结构如图 7-1 所示。

2. 步进电动机工作原理

步进电动机属于感应电动机，它基于最基本的电磁学原理，将电能转化为机械能。步进电动机的动作原理是利用电子电路，分时供给电动机各相定子绕组直流电源，产生脉动旋转磁场，使步进电动机转子一步一步旋转。步进电动机驱动器就是为步进电动机分时供电的，它是一种时序控制器。

图 7-2 所示是三相反应式步进电动机的工作原理。定子铁心为凸极式，共有三对（六个）磁极，每两个空间相对的磁极上绕有一相控制绕组。转子由软磁性材料制成，也是凸极结构，只有四个齿，齿宽等于定子的极宽。

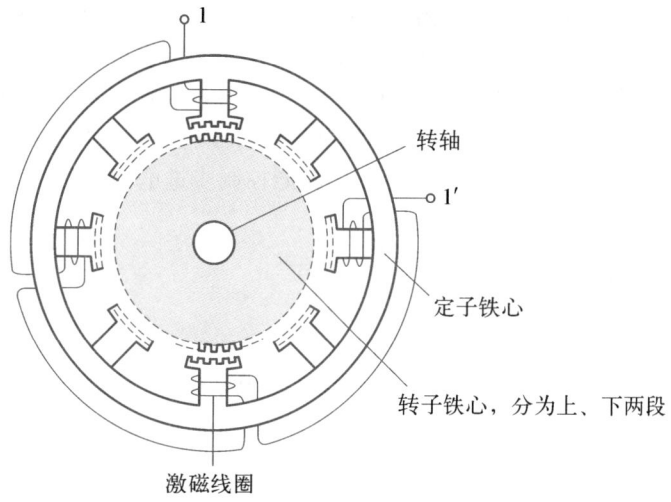

图 7 - 1 步进电动机的结构

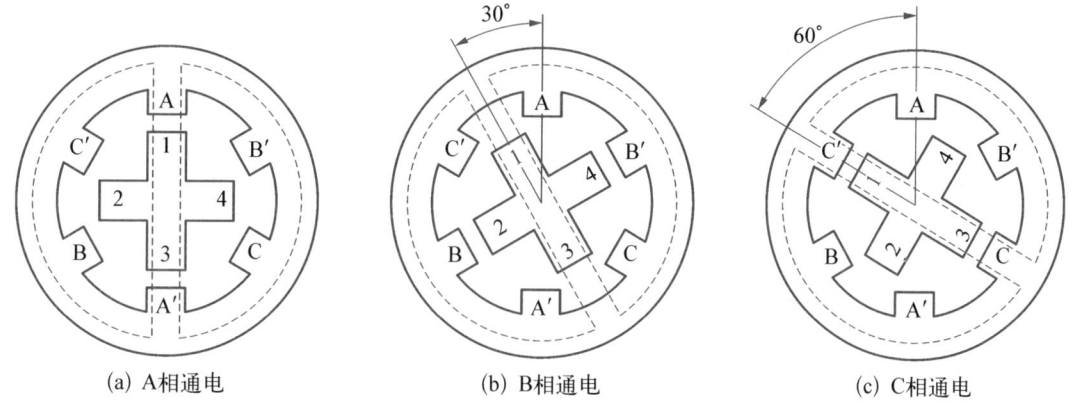

(a) A相通电   (b) B相通电   (c) C相通电

图 7 - 2 三相反应式步进电动机的工作原理

当 A 相控制绕组通电时,其余两相均不通电,电动机内建立以定子 A 相极为轴线的磁场。由于磁通量总是沿着磁阻最小的路径闭合的特点,使转子齿 1、3 的轴线与定子 A 相极轴线对齐,如图 7 - 2a 所示。若 A 相控制绕组断电、B 相控制绕组通电时,转子在反应转矩的作用下,逆时针转过 30°,使转子齿 2、4 的轴线与定子 B 相极轴线对齐,即转子走了一步,如图 7 - 2b 所示。若在 B 相控制绕组断电、C 相控制绕组通电,转子又逆时针转过 30°,使转子齿 1、3 的轴线与定子 C 相极轴线对齐,如图 7 - 2c 所示。如此按 A→B→C→A 的顺序轮流通电,转子就会一步一步地按逆时针方向转动。其转速取决于各相控制绕组通电与断电的频率,旋转方向则取决于控制绕组轮流通电的顺序。若按 A→C→B→A 的顺序通电,则电动机按顺时针方向转动。

上述通电方式称为三相单三拍方式。"三相"是指三相步进电动机;"单三拍"是指每次只有一相控制绕组通电,控制绕组每改变一次通电状态称为一拍,"三拍"是指改变三次通电状态为一个循环。把每一拍转子转过的角度称为步距角,步进电动机以三相单三拍方式运行时,步距角为 30°。显然,这个角度太大,不能付诸实践。

如果把控制绕组的通电方式改为 A→AB→B→BC→C→CA→A,即一相通电接着二相通电间隔地轮流进行,完成一个循环需要经过六次改变通电状态,则称为三相单、双六拍通电方式。当 A、B 两相绕组同时通电时,转子齿的位置应同时考虑到两对定子极的作用,只有 A 相极和 B 相极对转子齿所产生的磁力矩相平衡的中间位置,才是转子的平衡位置。这样,三相单、双六拍通电方式下转子平衡位置增加了一倍,步距角变为 15°。

步进电动机输出的角位移与输入的脉冲数成正比,转速与脉冲频率成正比。改变定子绕组通电的顺序,定子绕组产生的旋转磁场反向,电动机转子就会相应反转。所以控制脉冲数量就能控制步进电动机的运动位置;控制脉冲频率就能控制步进电动机的速度;控制步进电动机各相绕组的通电顺序就能控制其旋转方向。

三、步进电动机的分类

1. 按结构形式分类

步进电动机按照结构形式可以分为:反应式步进电动机、永磁式步进电动机、混合式步进电动机、单相步进电动机、平面步进电动机等多种类型,目前使用最多的是混合式步进电动机。

2. 按定子上绕组分类

步进电动机共有两相、三相和五相等系列。最受欢迎的是两相混合式步进电动机,约占市场份额的 90% 以上,其原因是性价比高。这种电动机的基本步距角为 1.8°,配上半步驱动器后,步距角减少为 0.9°,配上细分驱动器后其步距角可细分达 256 倍(0.007°)。由于摩擦力和制造精度等原因,步进电动机的实际控制精度略低,但可通过配不同细分的驱动器以改变控制精度和控制效果。

3. 按机座号分类

步进电动机横截面都是正方形(或四边倒角的正方形),可以用边长的长度尺寸(单位:mm)作为步进电动机的分类,这个长度尺寸就是机座号系列。例如,42 系列步进电动机的机座截面边长为 42 mm,常见步进电动机的机座号主要有 28、35、39、42、57、86、110、130 等,数字越大表明电动机扭矩、功率和体积越大。

四、步进电动机的选型

步进电动机的选型要考虑应用场合的各种情况,主要选择的技术参数如下:

1. 步距角的选择

电动机的步距角取决于负载精度的要求,将负载的最小分辨率(当量)换算到电动机的轴上,算出每个当量电动机应走多少角度。电动机的步距角应小于或等于此角度。例如,要求 PLC 每发送 100 个脉冲,电动机转一转,即 360°。那么一个 PLC 当量为 360°/100=3.6°,选步进电动机的步距角应小于等于 3.6°。常用的步进电动机的步距角一般有 0.36° 或 0.72°(五相电动机)、0.9° 或 1.8°(两相电动机)、1.5° 或 3°(三相电动机)等。

另外,还要根据定位精度和振动要求等情况,判断步距角是否需细分,该如何细分。

2. 静力矩的选择

步进电动机的动态力矩很难确定,往往需要先确定电动机的静力矩。静力矩选择的依据是电动机工作时的负载,而负载可分为惯性负载和摩擦负载两种。单一的惯性负载和单一的摩擦负载是不存在的。但为计算方便,直接起动时才需要考虑两种负载,加速起动时主要考虑惯性负载,而恒速运行只需要考虑摩擦负载。

一般情况下,静力矩应在摩擦负载的 2~3 倍内,静力矩一旦选定,电动机的机座及长度就能确定下来,即确定了电动机的几何尺寸。

3. 电流参数的选择

静力矩相同的电动机,由于电流参数不同,其运行特性差别很大。可依据矩频特性曲线,判断电动机的电流参数。

知识点 3　伺服系统基础

伺服系统(servo system)是使物体的位置、方向、状态等输出被控量能够跟随输入目标(或给定值)任意变化的自动控制系统。伺服系统是在定位控制中使用非常广泛的一种闭环控制系统,具有控制精度高、转速快、带负载能力强等特点。

现代高性能的伺服系统大多数采用永磁交流伺服系统,其中包括永磁同步交流伺服电动机和全数字交流永磁同步伺服驱动器两部分。

一、伺服电动机的概念

伺服电动机(servo motor),又称执行电动机,是指在伺服系统中控制机械元件运转的电动机,是一种补助马达的间接变速装置。它可以使对速度和位置精度的控制非常准确,可以将电压信号转化为转矩和转速以驱动控制对象。伺服电动机转子转速受输入信号控制,并能快速反应。在自动控制系统中,伺服电动机可用作执行元件,且具有机电时间常数小、线性度高、始动电压小等特性。它可把所收到的电信号转换成电动机轴上的角位移或角速度输出。当信号电压为 0 时伺服电动机无自转现象,且其转速随着转矩的增加而匀速下降。

伺服电动机的应用领域非常广泛。只要对精度有要求的场合一般都可能涉及伺服电动机,如机床、印刷设备、包装设备、纺织设备、激光加工设备、机器人、自动化生产线等对工艺精度、加工效率和工作可靠性等要求相对较高的场合。

二、伺服电动机的分类和结构

伺服电动机可以分为直流伺服电动机和交流伺服电动机。其中,直流伺服电动机又可分为有刷电动机和无刷电动机。有刷电动机成本低、结构简单、起动转矩大、调速范围宽、控制容易,但维护不方便(需换碳刷)、易产生电磁干扰、对环境有要求。因此它可以用于对成本敏感的场合。

交流伺服电动机都属于无刷电动机,可分为同步和异步交流伺服电动机。目前运动控制系统大多采用同步交流伺服电动机,它的功率范围大,适合用作低速平稳运行的控制。与无刷直流伺服电动机相比,交流伺服电动机由于采用了正弦波控制,转矩脉动小、控制效果好。直流伺服电动机采用梯形波控制,具有结构简单、性价比较高的特点。

交流伺服电动机也是由定子和转子构成的。它的定子构造基本上与电容分相式单相异步电动机相似,其定子上装有两个位置互差 90° 的绕组,一个是励磁绕组 R_f,它始终接在交流电压 U_f 上;另一个是控制绕组 L,连接控制信号电压 U_c。

交流伺服电动机的转子通常做成鼠笼式,但为了使伺服电动机满足较宽的调速范围、线性的机械特性、无"自转"现象和快速响应等性能,伺服电动机与普通电动机相比,应具有转子电阻大和转动惯量小这两个特点。

三、伺服电动机工作原理

伺服电动机内部的转子是永磁铁,驱动器控制的 U/V/W 三相电形成电磁场,转子在该磁场的作用下转动。同时电动机自带的编码器反馈信号给驱动器,驱动器根据反馈值与目标值进行比较,调整转子转动的角度。伺服电动机的精度取决于编码器的精度,即伺服电动机每转编码器能发出多少个反馈脉冲(线数)。

伺服电动机主要靠脉冲来定位。大致上,伺服电动机接收到 1 个脉冲,就会旋转 1 个脉冲对应的角度,从而实现位移。因为伺服电动机本身具备发出脉冲的功能,所以伺服电动机每旋转一个角度,都会发出对应数量的脉冲,这样就和伺服电动机接受的脉冲形成了对应关系,即形成闭环。如此一来,系统就会知道发了多少个脉冲给伺服电动机,同时又反馈回来多少个脉冲,能够很精确地控制电动机的转动,即实现精确定位。通过上述方法,伺服电动机控制系统可以达到 0.001 mm 的精度。

四、伺服驱动器

由于技术和其他原因,伺服电动机和伺服驱动器往往是由同一个制造商提供的,即 A 公司的伺服电动机只能使用 A 公司的伺服驱动器,不能和 B 公司的伺服驱动器配合,它们之间无法实现互换,不像普通交流异步电动机能和各公司的变频器随意组合成交流变频驱动系统。

1. 伺服驱动器结构

交流永磁同步伺服驱动器主要由伺服控制单元、功率驱动单元、通信接口单元、伺服电动机及相应的反馈检测器件组成,其中伺服控制单元包括位置控制器、速度控制器、转矩和电流控制器等。伺服驱动器的结构组成如图 7-3 所示。

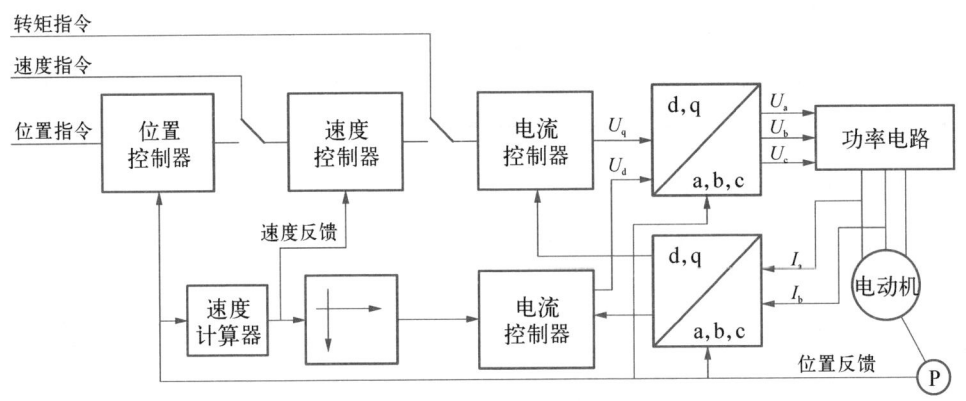

图 7-3　伺服驱动器的结构组成

2. 伺服驱动器工作原理

伺服驱动器均采用数字信号处理器(DSP)作为控制核心,其优点是可以实现比较复杂的控制算法,以及实现数字化、网络化和智能化。功率器件普遍采用以智能功率模块(IPM)为核心设计的驱动电路,IPM 内部集成了驱动电路,同时具有过电压、过电流、过热、欠电压等故障检测保护电路,在主电路中还加入软起动电路,以减小起动过程对驱动器的冲击。

功率驱动单元首先通过整流电路对输入的三相电或者单相电进行整流,得到相应的直流电,再通过三相正弦 PWM 电压型逆变电路变频来驱动三相永磁式同步交流伺服电动机。伺服驱动器三相逆变电路(DC-AC)采用功率器件集成驱动电路、保护电路和功率开关于一体的智能功率模块(IPM),主要拓扑结构采用了三相桥式电路,其原理图如图 7-4 所示。它利用脉宽调制技术(PWM),通过改变功率晶体管交替导通的时间来改变逆变电路输出波形的频率,改变每半个周期内晶体管的通断时间,也就是说通过改变脉冲宽度来改变逆变器输出电压幅值的大小以达到调节功率的目的。

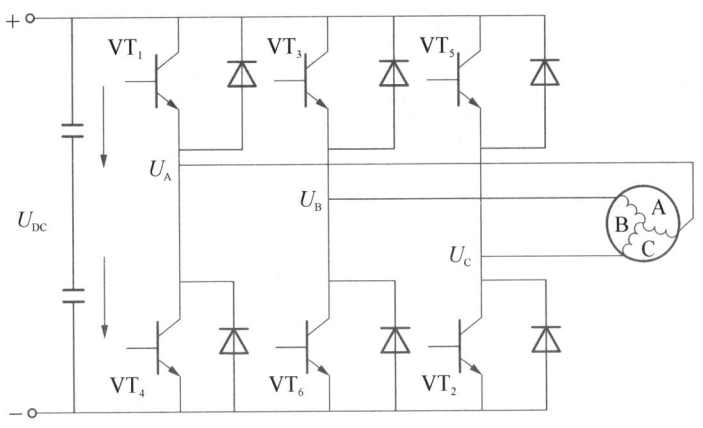

图 7 – 4 伺服驱动器三相逆变电路

任务 1 　步进电动机的运动控制

一、任务目标

1. 掌握步进电动机及其驱动器的工作原理、主要参数及设置，了解它们的主要应用。

2. 实现 S7 – 1200 PLC 对步进电动机驱动系统的运动控制。包括 PLC 对步进电动机的起停控制、正反转控制以及位置和速度控制。

二、控制要求

按下起动按钮 SB1，使能控制；按下停止按钮 SB2，复位轴使能；按下正向点动按钮 SB3，系统正向点动运行；按下反转点动按钮 SB4，系统反向点动运行；按下故障复位按钮 SB6，确认报警，复位故障。

三、硬件设计

1. 硬件选型

硬件选型见表 7 – 1。

表 7 – 1　硬件选型

名　称	型　号	名　称	型　号
步进电动机	3S57Q – 04079	按钮	LA 38 – 11BN
步进驱动器	Kinco 3M458	行程开关	YBLX – 2/121
PLC	CPU 1214C DC/DC/DC	电阻	RJ25 系列 1/2 W 金属膜电阻

（1）Kinco 3M458 步进驱动器。步进电动机不能直接接到工频交流电源或直流电源上工作，而必须使用专用的步进驱动器。PLC 也需要通过控制步进驱动器去间接控制步进电动机

的运行。步进驱动器由脉冲发生控制单元、功率驱动单元、保护单元等部件组成。

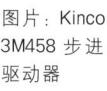

图片：Kinco 3M458 步进驱动器　图文：Kinco 步进驱动器的选型与连接

一般来说，每一台步进电动机大都有其对应的步进驱动器。例如，Kinco 三相步进电动机 3S57Q－04079 配套的步进驱动器是 Kinco 3M458。

步进驱动器使用时一般需要经过设定，这些设定常常通过驱动器外部的 DIP 开关进行。在 Kinco 3M458 步进驱动器的侧面连接端子中间有一个 8 位 DIP 功能设定开关，可以用来设定驱动器的工作方式和工作参数，包括细分设置、静态电流设置和运行电流设置，其划分说明如图 7－5 所示。

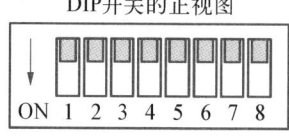

DIP开关的正视图

ON 1 2 3 4 5 6 7 8

开关序号	ON功能	OFF功能
DIP1～DIP3	细分设置用	细分设置用
DIP4	静态电流全流	静态电流半流
DIP5～DIP8	电流设置用	电流设置用

图 7－5　Kinco 3M458 步进驱动器 DIP 开关功能划分说明

（2）步进电动机的细分驱动。步进电动机的细分技术实质上是一种电子阻尼技术，其主要目的是减弱或消除步进电动机的低频振动，同时提高电动机的运转精度。

细分后电动机运行时的实际步距角可能是基本步距角的几分之一。两相步进电动机的基本步距角是 1.8°，即 1 个脉冲走 1.8°，200 个脉冲走一圈（360°）。细分是通过步进驱动器精确控制电动机的相电流所产生的，与电动机无关。如果是 10 细分，则 1 个脉冲下电动机走 1.8°/10＝0.18°，即 2 000 个脉冲走一圈（360°），依次类推。至于电动机的精度能否达到或接近 0.18°，还取决于步进驱动器的细分电流控制精度等因素。

2. I/O 接口分配

根据控制要求列出所需的 I/O 接点，并为其分配相应的接口，I/O 接口分配表见表 7－2。

表 7－2　I/O 接口分配表

输入信号		输出信号	
名　称	接　口	名　称	接　口
原点开关 SC1	I0.0	脉冲信号	Q0.0
下限位行程开关 SC2	I0.1	方向信号	Q0.1
上限位行程开关 SC3	I0.2	控制器使能	Q0.4（备用）
起动按钮 SB1	I0.3		
停止按钮 SB2	I0.4		
正向点动按钮 SB3	I0.5		
反向点动按钮 SB4	I0.6		
暂停按钮 SB5	I0.7		
复位按钮 SB6	I1.0		
回原点按钮 SB7	I1.1		

3. 接线图

根据表 7-2 和控制要求，设计步进电动机的运动控制的 PLC 接线图，如图 7-6 所示。限流电阻 R_1、R_2 和 R_3 可根据实际情况选定阻值，一般为 $1\sim2$ kΩ。

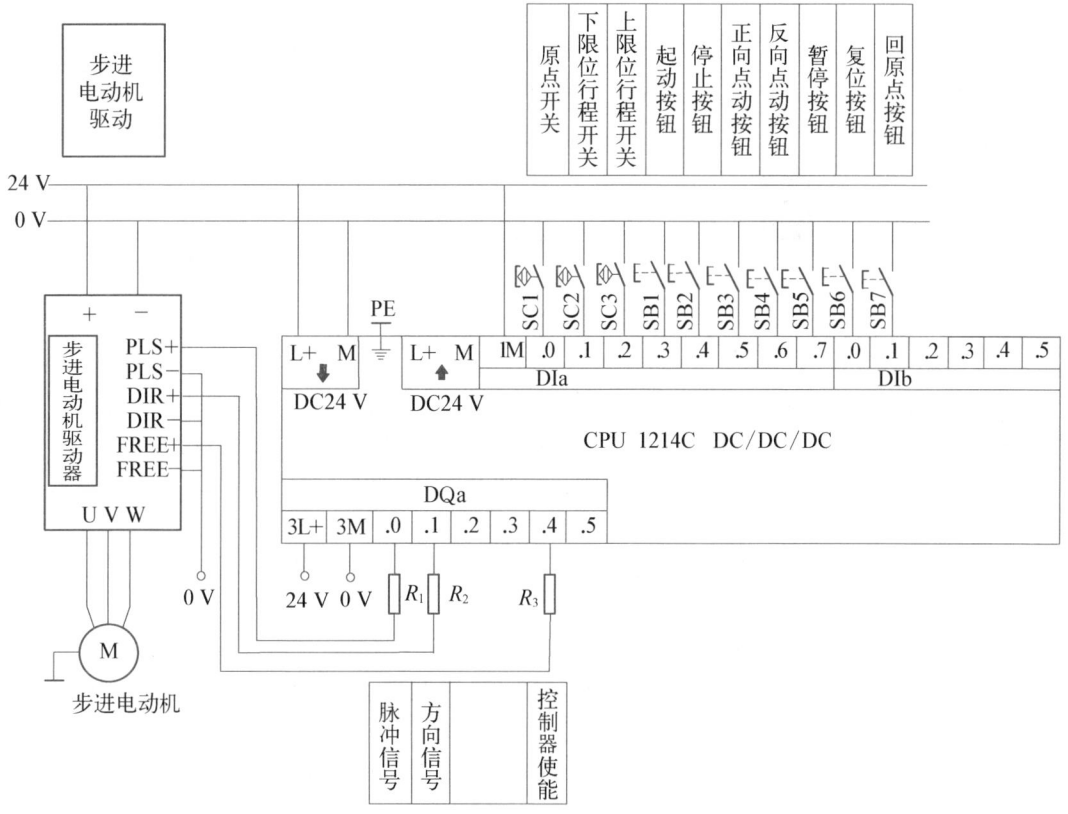

图 7-6　步进电动机的运动控制的 PLC 接线图

PLC 的 Q0.0 向步进驱动器发送一定数量和频率的脉冲信号，控制步进电动机的转动角度及转动速度，Q0.1 向步进驱动器发送电动机旋转方向的信号，Q0.1 为"ON"时电动机正转，Q0.1 为"OFF"时电动机反转。

PLC 的 Q0.4 接步进驱动器的脱机信号输入端"FREE"，当这一信号为"ON"时，步进驱动器将断开输入到步进电动机的电源回路。该信号也可以不接。

四、运动控制的组态配置

1. S7-1200 PLC 的 PTO 运动控制

（1）S7-1200 PLC 的运动控制方式。S7-1200 PLC 的运动控制根据连接驱动方式不同，分成以下三种控制方式。

① Profidrive 方式：S7-1200 PLC 通过基于 Profibus/Profinet 的 Profidrive 总线通信方式与支持 Profidrive 的驱动器连接进行运动控制，该方式又称总线方式。

② PTO 方式：S7-1200 PLC 通过发送 PTO 脉冲的方式控制驱动器。

PTO 方式是目前为止所有版本的 S7-1200 PLC 的 CPU 都支持的控制方式，该控制方式由 CPU 向轴驱动器发送高速脉冲信号（以及方向信号）来控制轴的运行。

PTO 方式是开环控制方式,但是用户可以选择通过编码器,利用 S7-1200 的高速计数功能(HSC)来采集编码器信号得到轴的实际速度或是位置来实现闭环控制,如图 7-7 所示。

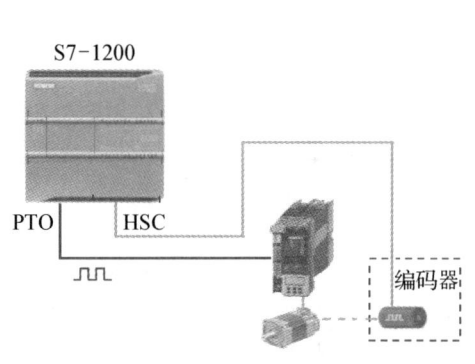

图 7-7 用编码器实现 PTO 方式的闭环控制

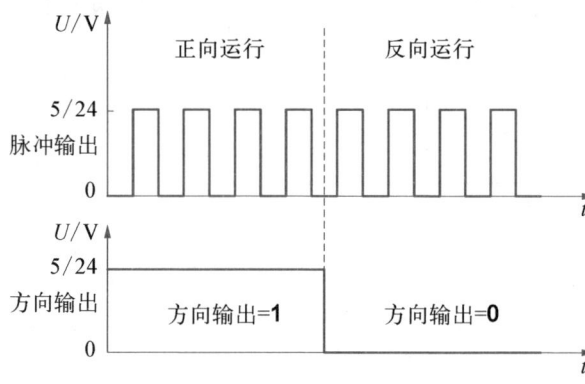

图 7-8 PTO"脉冲+方向"控制方式

PTO 方式也分为很多种,其中最常用的是"脉冲+方向"控制方式,如图 7-8 所示。其中 PTO 脉冲输出 A 信号用来产生高速脉冲串,方向输出 B 信号用来控制轴运动的方向。

③ 模拟量方式:S7-1200 PLC 通过输出模拟量信号,如 0~10 V、4~20 mA 信号来控制驱动器。

综上,PTO 方式是目前普遍应用的运动控制方式,模拟量方式已逐步淘汰,总线方式是未来发展的趋势。

(2) S7-1200 运动控制轴资源。

开环控制方式下,S7-1200 运动控制轴的资源个数是由 S7-1200 PLC 硬件能力决定的,不是由单纯地添加 I/O 扩展模块来实现的。

S7-1200 PLC 目前最大的轴个数为 4。其中,CPU 1214C 的轴控制资源个数为 2,该值不能扩展。如果客户需要控制多个轴,并且在对轴与轴之间的配合动作要求不高的情况下,可以使用多个 S7-1200 PLC 的 CPU,这些 CPU 之间可以通过以太网的方式进行通信。

2. S7-1200 运动控制组态

(1) S7-1200 运动控制组态步骤如下。

① 在 TIA Portal 软件中对 S7-1200 PLC 的 CPU 进行硬件组态。

② 插入轴工艺对象,设置参数,下载项目。

③ 使用调试面板进行调试。S7-1200 运动控制功能的调试面板是一个重要的调试工具,使用该工具可在编写控制程序前测试轴的硬件组件以及轴的参数是否正确。

④ 调用"工艺"程序进行编程并调试,最终完成项目的编写。

(2) S7-1200 运动控制硬件组态。本任务以 CPU 1214C DC/DC/DC 为例进行硬件组态。在 TIA Portal 软件中插入 S7-1200 PLC 的 CPU(晶体管输出类型),在"设备视图"中配置 PTO。

① 选中巡视窗口中的"属性"选项卡下的"常规"选项卡,选择"脉冲发生器(PTO/PWM)"选项组下的"PTO1/PWM1"选项,勾选"启用该脉冲发生器"复选框,启用 PTO 脉冲发生器,如图 7-9 所示。

② 选择脉冲选项的"信号类型"为"PTO(脉冲 A 和方向 B)",如图 7-10 所示。

S7-1200 PLC 的 PTO 脉冲输出有四种方式,分别是脉冲 A 和方向 B、脉冲上升沿 A 和脉冲下降沿 B、A/B 相移、A/B 相移-四倍频。

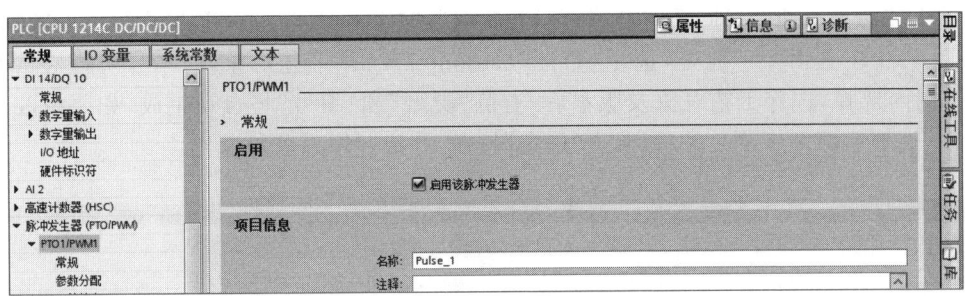

图 7 - 9　启用 PTO 脉冲发生器

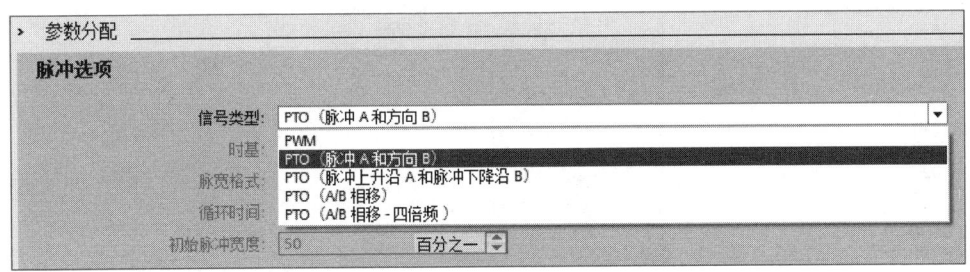

图 7 - 10　配置 PTO 脉冲信号类型

PTO(脉冲 A 和方向 B)的方式是比较常用的"脉冲＋方向"方式,其中脉冲 A 用来产生高速脉冲串,方向 B 用来控制轴运动的方向。

③ 在启用 PTO1 脉冲发生器后,指定"PTO1/PWM1"的硬件输出点,即"脉冲输出"和"方向输出"。此处"脉冲输出"选择"％Q0.0","方向输出"选择"％Q0.1",如图 7 - 11 所示。

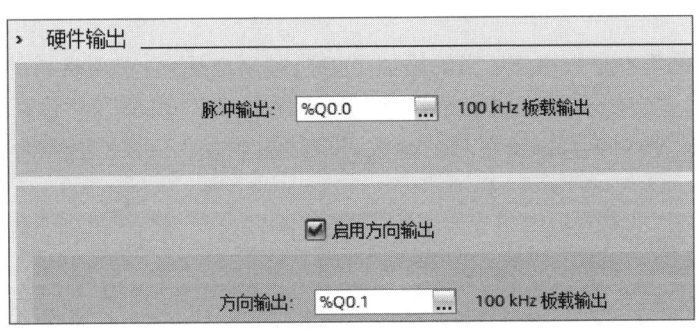

图 7 - 11　配置 PTO 脉冲输出和方向输出

由于采用的是"脉冲＋方向"方式,"脉冲输出"点可以根据实际硬件分配情况改成其他晶体管输出点;"方向输出"点也可以根据实际需要修改成其他晶体管输出点。也可以取消勾选"启用方向输出"复选框,这样修改后该控制方式变成了单脉冲,就无法进行方向控制了。

④ PTO1 通道的硬件标识符是软件自动匹配生成的,用户不能修改,此处硬件标识符为"265"。

(3) 组态轴工艺对象。组态轴工艺对象的步骤为添加轴工艺对象、轴工艺对象基本参数组态。

① 添加轴工艺对象:无论是开环控制方式还是闭环控制方式,每一个轴都需要添加一个轴工艺对象,添加步骤如下。

在项目树中,选择"工艺对象"文件夹下的"新增对象"选项,定义轴名称,如图 7 - 12 所示。

微视频:运动控制硬件组态

其中,轴工艺对象有两个,即"TO_PositioningAxis"和"TO_CommandTable"。每个轴都至少需要插入一个工艺对象。此处,选择"TO_PositioningAxis"工艺对象,版本号可以在 V1.0～V7.0 范围内选择,选好工艺对象及版本后,右侧"类型"和"编号"将自动生成,如要修改,在选择"手动"选项后即可修改。最后,单击"确定"按钮,完成新增对象的操作。

图 7 – 12　新增对象并定义轴名称

② 轴工艺对象基本参数组态:当轴添加了工艺对象之后,会在项目树的"工艺对象"文件夹下的"轴_1[DB1]"文件夹中新增三个选项,分别是"组态""调试"和"诊断",如图 7 – 13 所示。其中,在"组态"选项下可以设置轴的参数,包括"基本参数"和"扩展参数"。

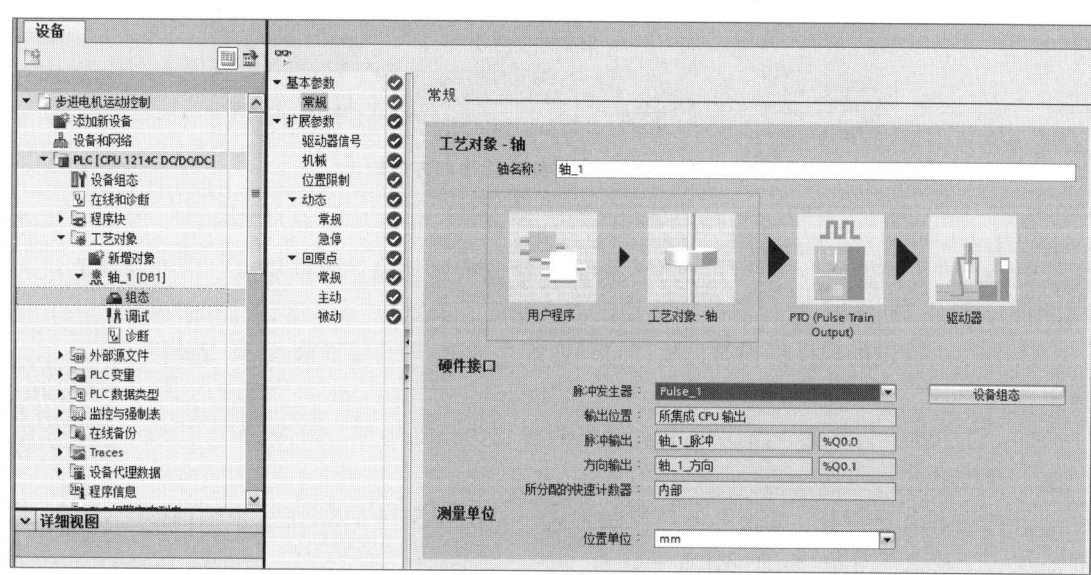

图 7 – 13　"组态""调试"和"诊断"选项

选择"基本参数"的"常规"参数,在"工艺对象-轴"区中的"轴名称"文本框中填写"轴_1";在"硬件接口"区的"脉冲发生器"下拉列表中选择"Pulse_1","脉冲输出"为"%Q0.0","方向输出"为"%Q0.1",在"测量单位"区中根据实际选择下拉列表中合适的长度单位,如图 7 - 13 所示。

③ 轴工艺对象扩展参数组态:如图 7 - 14 所示,"驱动器信号"参数主要用于选择 PLC 与驱动器的握手信号,"使能输出"即 PLC 发送给驱动器的信号,"就绪输入"即驱动器将准备好的信号发给 PLC。

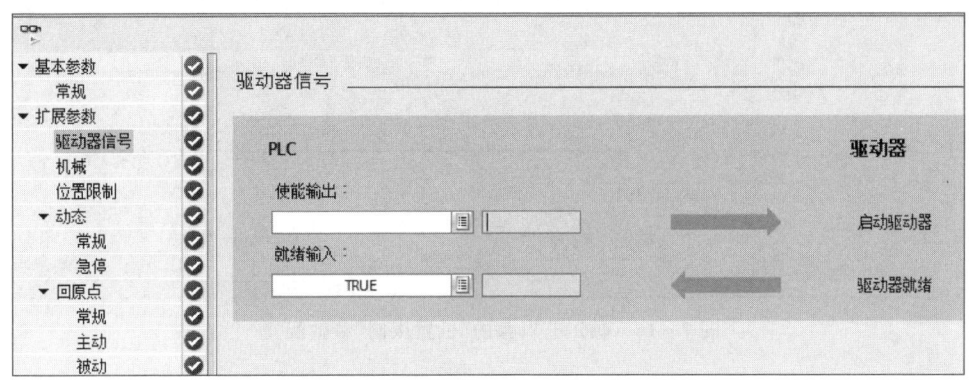

图 7 - 14　轴工艺对象的"驱动器信号"参数配置

如果在"就绪输入"栏中选择"TRUE",表示外部驱动器状态正常,随时可以响应 PLC 发给驱动器的运动控制命令。

如图 7 - 15 所示,"机械"参数用于设置电机每转的脉冲数、电机每转的负载位移。

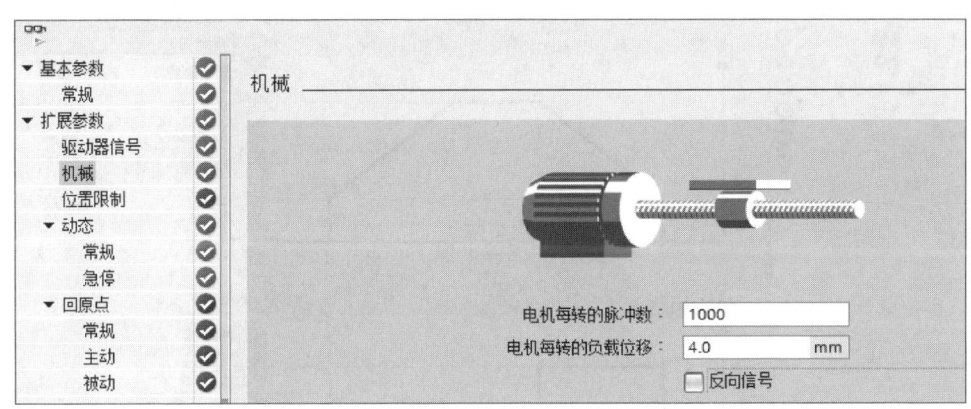

图 7 - 15　轴工艺对象的"机械"参数配置

轴工艺对象的"位置限制"参数配置如图 7 - 16 所示。勾选"启用硬限位开关"复选框,设置"硬件下限位开关输入"和"硬件上限位开关输入","选择电平"为"低电平",表示行程开关的动断触点接入 PLC,信号消失后电平为 **0** 就意味碰到了行程开关。

勾选"启用软限位开关"复选框,可以分别设置"软限位开关下限位置"和"软限位开关上限位置"。这两个软限位开关位置值一般要在硬件限位开关范围内,以便在硬件限位开关动作之前停止电动机运行。

"动态"参数组下有"常规"和"急停"两个参数如图 7 - 17 所示。

"动态"选项组中的"常规"选项如图 7 - 17 所示。在"速度限值的单位"的下拉列表中,可以选择"转/分钟""脉冲/秒"和"毫米/秒"三种类型。

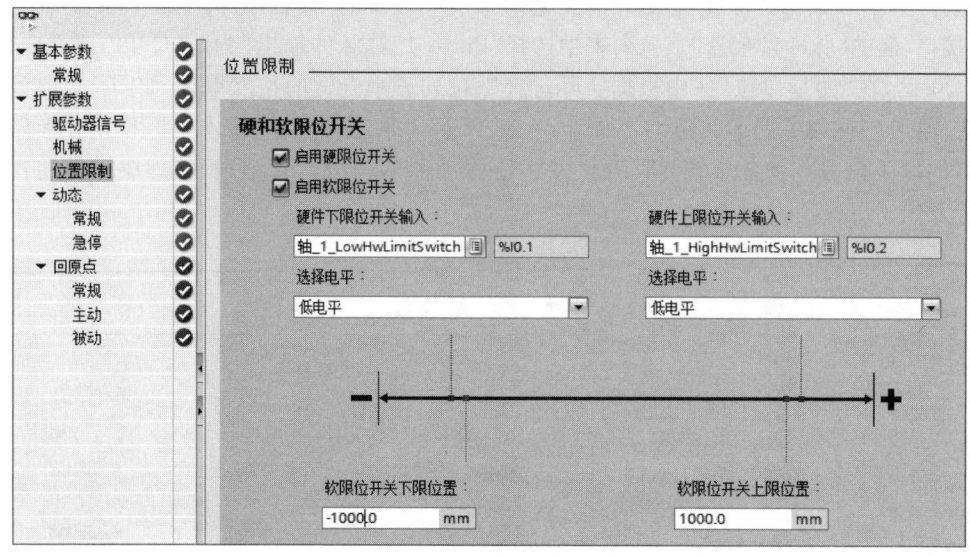

图 7-16 轴工艺对象的"位置限制"参数配置

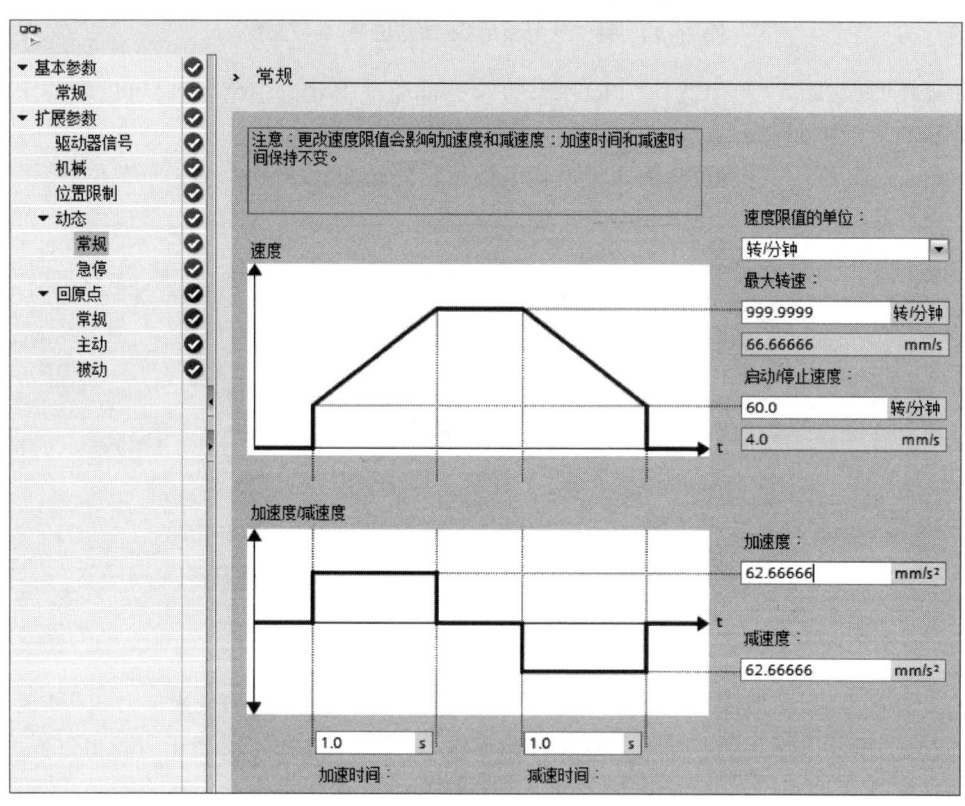

图 7-17 轴工艺对象的"动态"参数组

"最大转速"参数用于定义电动机的最大运行速度,当设定"1 000 转/分钟"后,软件自动修改为 999.999 9 转/分钟,后面的 66.666 66 mm/s 转速数据也由软件自动生成。

在"扩展参数"下的"机械"选项中,用户定义了参数"电动机每转的脉冲数"以及"电动机每转的负载位移",则最大转速为

$$最大转速=\frac{PTO输出最大频率×电动机每转的负载位移}{电动机每转的脉冲数}=\frac{100\ 000×4.0}{1\ 000}\ mm/s=400\ mm/s$$

"起动/停止速度"参数用于定义系统运行的起动速度和停止速度。"加速度"和"减速度"参数用于定义系统运行时的加速度(加速时间)、减速度(减速时间)。

"动态"选项组中的"急停"参数用于定义"紧急减速度"或者"急停减速时间"参数,如图 7－18 所示。

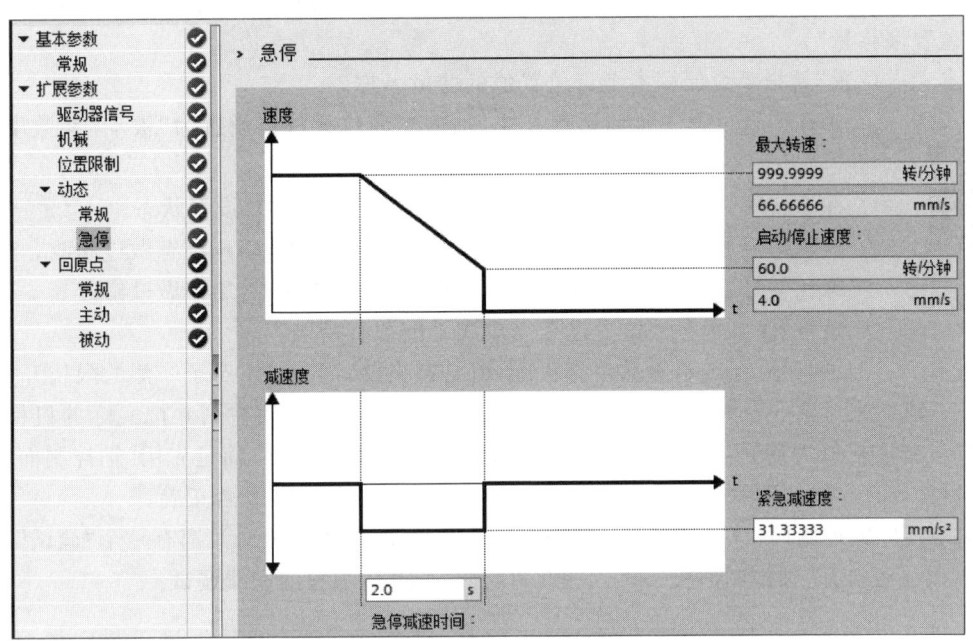

图 7－18　轴工艺对象"动态"参数组下的"急停"参数

"回原点"参数组下有"常规""主动"和"被动"三个参数。

在"常规"参数中,设置"返回原点开关"为"I0.0",下面的"选择电平"选项用于设置轴行程撞块碰到原点开关时,该原点开关对应的 DI 点是高电平有效还是低电平有效。此处选择低电平有效,即原点开关采用动断方式接入 PLC,行程撞块没有碰到原点开关时 I0.0 是高电平,碰到原点开关时 I0.0 是低电平。为了安全起见,一般原点开关"选择电平"选项应选择"低电平"。

在"主动"参数中进行主动回原点设置,即运动机构搜索到原点开关后,停留在原点开关处附近,并将该位置作为系统的参考原点。"回原点方向"设置为正方向,"逼近速度"设置为"20 mm/s","参考速度"选择为"10 mm/s"。

"逼近/回原点方向"选项用于选择回主动原点时轴首先向哪个运动方向运行。

如果勾选"允许硬限位开关处自动反转"复选框,激活该功能后,轴在回原点过程中没有碰到原点开关前,若先碰到硬件行程限位开关,系统会认为原点开关在反方向,则立即按照组态好的减速曲线停止并反转运行去寻找原点开关。如果没有激活该功能,轴在回原点过程中若先碰到硬件行程限位开关,则回原点的过程就会产生错误而终止,导致系统急停。如果轴在回原点的一个方向上没有碰到原点开关,则需要勾选该复选框,这样轴可以自动调头,向反方向寻找原点开关。

"参考点开关一侧"选项用于设置回原点结束后行程撞块与原点开关的相对位置。"上侧"是指行程撞块刚离开原点开关的瞬间位置,"下侧"指的是行程撞块刚碰到原点开关的瞬间位置。

"逼近速度"是指系统刚开始回原点时的速度,这个速度会一直保持到系统碰到原点开关为止。"参考速度"是指系统碰到原点开关后的速度,这个速度会一直保持到回原点过程结束为止。注意,一般情况下"参考速度"<"逼近速度"<"最大速度"。

"起始位置偏移量"用来设置实际原点位置与期望原点位置的差值。有时因为机械安装位置冲突的问题,期望原点位置无法安装原点开关,就只能在其他位置安装原点开关,导致产生"起始位置偏移量"。

"参考点位置"是指系统保存参考点位置值的变量名称。

微视频:组态轴工艺对象

轴在运行过程中碰到原点开关,轴的当前位置将被设置为"被动"参数中的回原点位置值。

注意:每个参数页面都有状态标记,提示用户轴参数设置状态。

蓝色勾号 ✅ 表示参数配置正确,为系统默认配置,用户没有做过修改。

绿色勾号 ✅ 表示参数配置正确,不是系统默认配置,用户做过修改。

叉号 ❌ 表示参数配置没有完成或是配置有错误。

感叹号 ⚠ 表示参数组态正确,但是有报警,比如只组态了一侧的限位开关。

(4)轴工艺对象的在线调试。当用户在组态了 S7 - 1200 运动控制并把实际的机械及电气硬件设备连接好之后,可以先不着急调用运动控制指令编写程序,而是先用"轴控制面板"来测试 TIA Portal 软件中关于轴的参数和实际硬件设备接线等安装是否正确。

① 开启"轴控制面板"调试功能:如图 7 - 19 所示,每个轴工艺对象都有一个"调试"选项,双击该选项后打开"轴控制面板",可以在此进行无须 PLC 编程的在线调试。

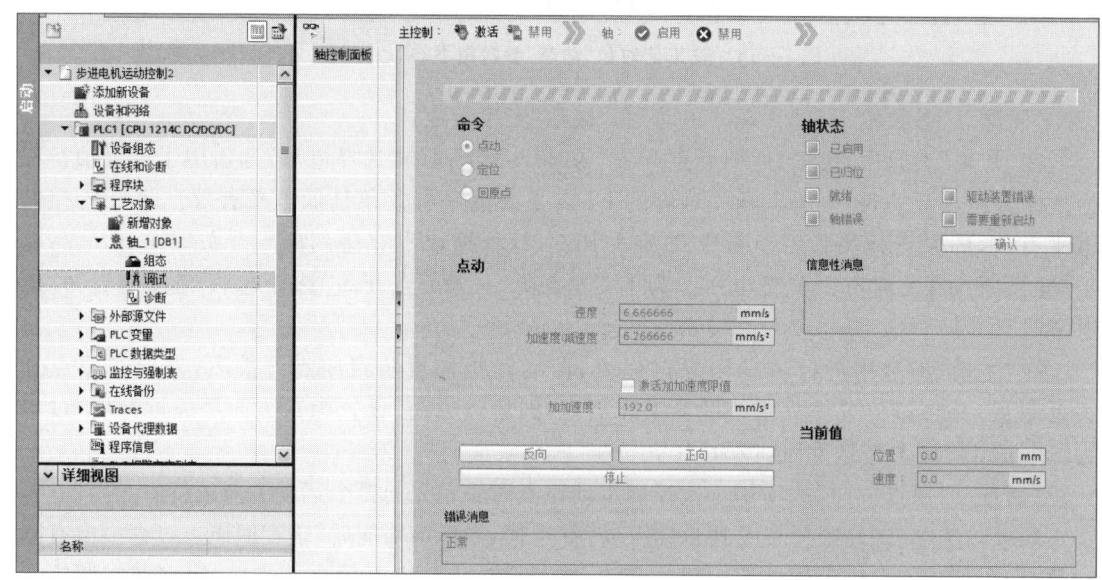

图 7 - 19　轴工艺对象的在线调试

在图 7 - 19 中,单击界面上方"主控制"栏的"激活"按钮,系统弹出警告框,提醒用户注意在线调试的危险性,单击"确定"按钮,进入下一步。系统调试画面进入激活状态后,调试画面自动转入在线监控状态,单击界面上方的"启用"按钮,系统正式进入在线调试控制状态,如图 7 - 20 所示。

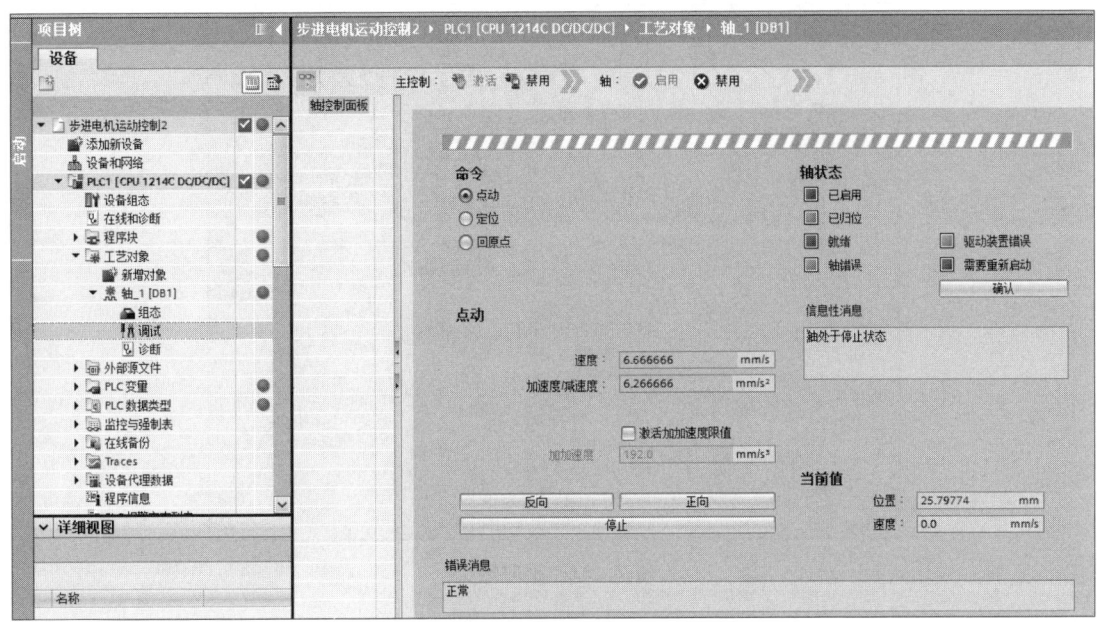

图 7－20　系统正式进入在线调试控制状态

在轴控制面板中，"命令"选项有"点动""定位"和"回原点"三项。"轴状态"有"已启用""已归位""就绪""轴错误""驱动装置错误""需要重新启动"共六种，另有"确认"按钮用来确认相关状态信息。在"点动"区中可以进行速度、加速度/减速度设置。在"当前值"区中，可以显示轴当前的"位置"和"速度"。"错误消息"栏中显示当前状态消息，如有错误时，在此处给出错误信息。

② 轴点动调试：选择"命令"为"点动"。为了调试的安全，点动运行时尽量设置低的速度。按下"正向"按钮，这时 PLC 的脉冲输出端口 Q0.0 就有方波脉冲输出，PLC 的方向输出端口 Q0.1 就有方向信号输出，即 Q0.1＝1。如果在前面的"机械"参数里勾选"反向信号"复选框，那么此时 Q0.1＝0，电动机驱动机构将按照定义的正向运行。

按下"反向"按钮，这时 PLC 的脉冲输出端口 Q0.0 也同样有方波脉冲输出，PLC 的方向输出端口 Q0.1 就有方向信号输出，即 Q0.1＝0。如果在前面的"机械"参数里勾选"反向信号"复选框，那么此时 Q0.1＝1，电动机驱动机构将按照定义的反向运行。

在正向运行时，当前轴位置的值递增，速度为设置的点动速度；在反向运行时，当前轴位置的值递减，速度为设置的点动速度。

③ 轴定位调试：轴定位调试又分为相对定位和绝对定位。

a. 相对定位。选择"命令"为"定位"，如果系统没有回过原点，则系统只能进行相对定位操作。按下"相对"按钮，轴根据"目标位置/行进路径"栏设定的数值（数值为正即正向运行，数值为负即反向运行）进行恒定速度运行，到达设定的相对目标位置对应的数值时停止运行，轴运行过程中的当前值不断变化，停止时轴的当前值为起动前的位置值与相对目标位置设定值的代数和，如图 7－21 所示。

比如，相对目标位置设定值为－30，起动前的位置值为＋100，相对定位动作完成后，当前实际位置值就是 100－30＝70。

b. 绝对定位。选择"命令"为"定位"，如果系统已经回过原点，就可以进行绝对定位操作。按下"绝对"按钮，轴根据"目标位置/行进路径"栏设定的数值进行恒定速度运行，到达设定的

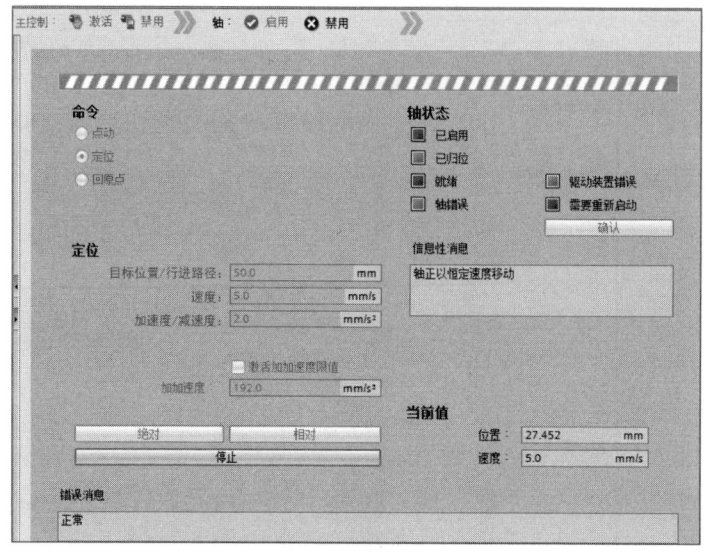

图 7－21　相对定位

目标位置对应的数值时停止运行,轴运行过程中的当前值不断变化,停止时轴的当前值为目标位置设定值。

　　绝对定位轴运行时的方向根据目标位置和当前值位置进行比较判断,如果目标位置大于当前值位置,轴正向运行;如果目标位置小于当前值位置,轴反向运行。

　　轴调试控制面板的绝对定位运行界面类似相对定位运行界面。

　　④ 回原点调试。选择"命令"为"回原点"。如果单击"设置回原点位置"按钮后,轴并不运行,可直接将"参考点位置"的设置值赋值给"当前值"的"位置"。单击"回原点"按钮,轴按照组态时回原点方式开始动作运行,搜索原点开关,到达原点开关后,轴自动停止同时将"参考点位置"的设置值赋值给"当前值"的"位置",如图 7－22 所示。

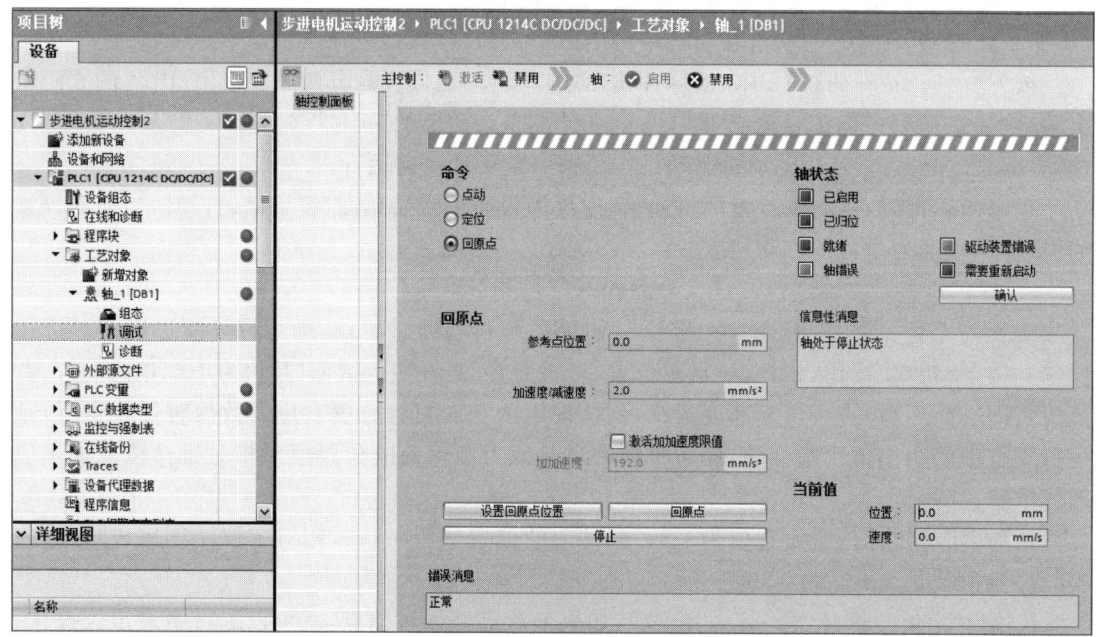

图 7－22　回原点调试

要退出轴在线调试状态,可单击"禁用"按钮,并单击"转至离线"菜单工具。

通过控制面板调试成功后,可证明系统的组态正确,硬件连接无误,这样就可以开始根据工艺要求编写控制程序了。

五、程序设计

1. S7－1200 运动控制指令的基本概念

(1) 添加运动控制指令。打开 OB1 块,在 TIA Portal 页面右侧"指令"任务卡中的"工艺"选项中找到"Motion Control"文件夹,可以看到所有的 S7－1200 运动控制指令。可以使用拖曳或是双击的方式在程序段中插入运动指令。

(2) 运动控制指令的背景数据块。

① 背景数据块的产生:将运动控制指令插入到程序中时需要使用背景数据块,如图 7－23 所示,可以选择"手动"或是"自动"选项生成数据块的编号。

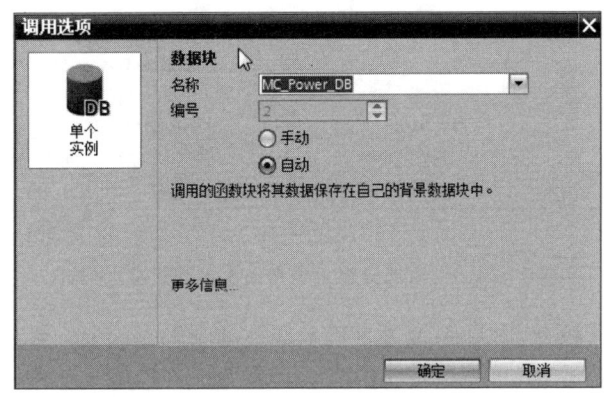

图 7－23　设置运动控制指令的背景数据块

注意:运动控制指令之间不能使用相同的背景数据块,可在插入指令时让系统自动分配背景数据块,这样可以保证数据块不会重叠。

② 背景数据块的监控:运动控制指令的背景数据块可在项目树的"程序块"文件夹下"系统块"文件夹下的"程序资源"文件夹中找到。用户在调试时可以直接监控该数据块中的数值。

③ 背景数据块的打开:每个轴的工艺对象都有一个背景数据块,用户可以通过右键单击项目树中对应轴对象,在快捷菜单中选择"打开 DB 编辑器"选项,打开这个背景数据块,可以对数据块中的数值进行监控或是读写。

(3) 运动控制指令的输入端和输出端。

① 指令部分输入端和输出端的折叠和展开:每个运动控制指令下方都有一个黑色三角,如图 7－24a 所示。单击此三角后可以显示该指令的所有输入端和输出端,如图 7－24b 所示。展开后的部分输入端和输出端是灰色的,表示它们不常用。

② 指令的快捷按钮:指令右上角有两个快捷按钮,可以快速切换到轴的工艺对象参数组态界面和轴的诊断界面。

③ 部分 S7－1200 运动控制指令有一个名为"Execute"的输入端,该输入端需要用上升沿触发,有两种方式:

方式一:用上升沿检测触点。

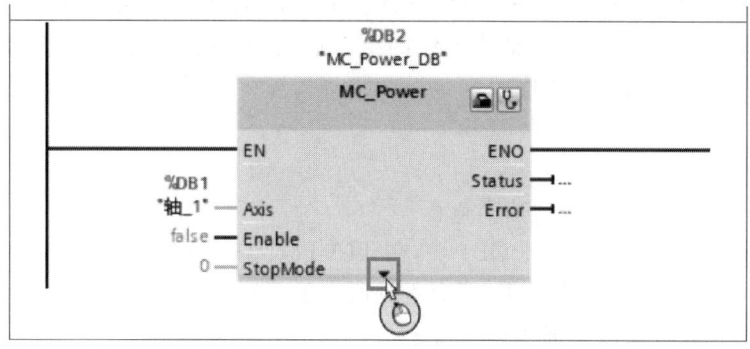

(a) 折叠

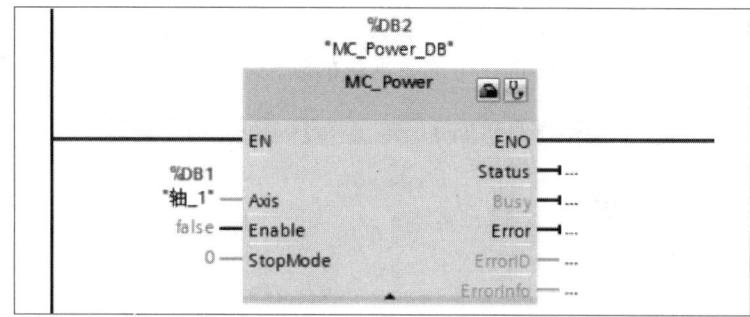

(b) 展开

图 7－24　指令部分输入端和输出端的折叠和展开

方式二：使用动合触点，PLC 系统可自动采样该动合触点的上升沿信号。例如，用户通过触摸屏上的按钮来操作控制，可将该按钮的有效动作为上升沿触发信号。

因此，如果用户用上升沿检测触点触发带有输入端"Execute"的指令，则该指令的输出端 Done 只在一个扫描周期内为 1，因此在监控程序时看不到输出端 Done 为 1。

图 7－25　S7－1200 PLC 运动控制指令

2. 常用的运动控制指令

S7－1200 PLC 运动控制指令可以在"指令"任务卡中的"工艺"选项下的"Motion Control"文件夹中选取，如图 7－25 所示。

（1）MC_Power 指令。启动/禁用轴指令 MC_Power 如图 7－26 所示。使用某个轴之前必须先启动轴，且必须在程序里一直调用，并且在其他运动控制指令之前就要调用 MC_Power 指令。

MC_Power 指令的输入端和输出端如下。

① 输入端 EN 是 MC_Power 指令的启动端，不是轴的启动端。MC_Power 指令必须在程序里一直调用，即 EN 一直要为 1，并保证 MC_Power 指令调用在其他运动控制指令之前。

② 输入端 Axis 用于输入轴名称。用以下四种方式可以输入轴名称：

a. 从 TIA Portal 软件左侧的项目树中拖曳轴的工艺对象。

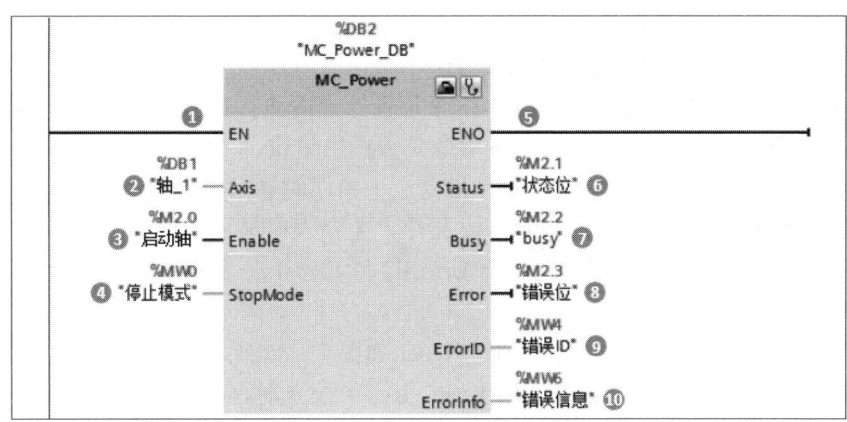

图 7－26　启动/禁用轴指令 MC_Power

b. 用键盘输入字符,则 TIA Portal 软件会自动显示出可以添加的轴对象。

c. 用"复制-粘贴"的方式把轴的名称"复制-粘贴"到指令上。

d. 双击 Aixs 端,会出现带可选按钮的白色长条框,这时单击输入框右侧的选择按钮,就可以在出现的下拉列表中进行轴选择。

③ 输入端 Enable 为轴启动端。

当 Enable＝0 时,系统将根据 StopMode 设置的模式来停止当前轴的运行。

当 Enable＝1 时,如果组态了轴的驱动信号,则 PLC 已准备好随时发送控制信号给驱动器。

④ 输入端 StopMode 用于设置轴停止模式。

当 StopMode＝0 时,表示紧急停止,按照轴工艺对象参数中的急停速度或时间来停止轴,如图 7－27 所示。

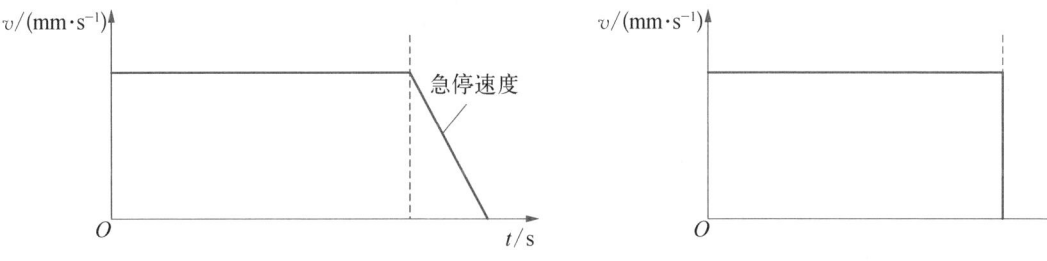

图 7－27　StopMode＝0 时的速度曲线　　　　图 7－28　StopMode＝1 时的速度曲线

当 StopMode＝1 时,表示立即停止,PLC 立即停止发送脉冲,如图 7－28 所示。

当 StopMode＝2 时,表示带有加速度变化率控制的紧急停止。如果用户组态了加速度变化率,则轴在减速时会把加速度变化率考虑在内,使减速曲线变得平滑,如图 7－29 所示。

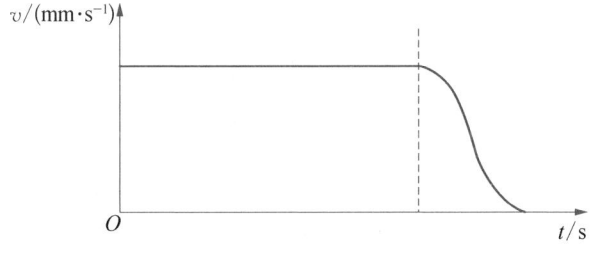

图 7－29　StopMode＝2 时的速度曲线

⑤ 输出端 ENO 是使能输出端。

⑥ 输出端 Status 用于显示轴的使能状态。

⑦ 输出端 Busy 用于标记 MC_Power 指令是否处于活动状态。

⑧ 输出端 Erro 用于标记 MC_Power 指令是否产生错误。

⑨ 输出端 ErrorID 用来在 MC_Power 指令产生错误时显示错误号。

⑩ 输出端 ErrorInfo 用来在 MC_Power 指令产生错误时显示错误信息。

当 MC_Power 指令产生错误时,应结合 ErrorID 和 ErrorInfo 数值,查看手册或 TIA Portal 软件帮助信息,分析错误原因。

(2) MC_Reset 指令。轴复位指令 MC_Reset 如图 7－30 所示,用来确认并复位伴随轴停止出现的"运行错误"和"组态错误"。使用 MC_Reset 指令前,应当消除引起错误的错误源。例如,轴正向运行过程中碰到上限位行程开关,导致轴停止,系统认为出错,必须要用该指令复位后,才能反方向运行轴。复位后轴不能继续正向运行,否则会再次引起错误。

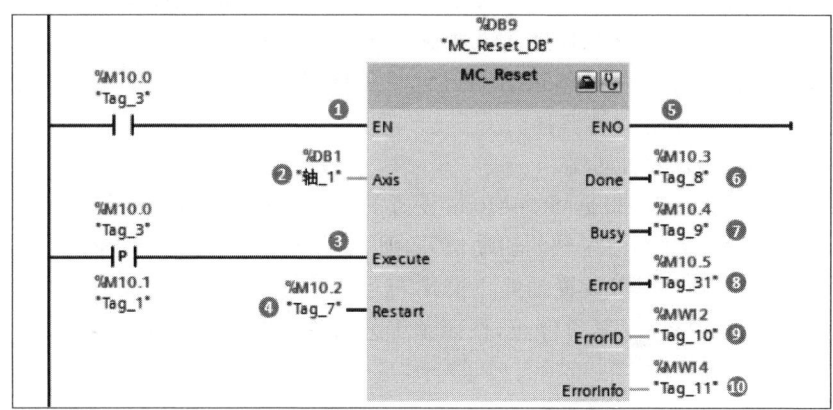

图 7－30 轴复位指令 MC_Reset

MC_Reset 指令的输入端和输出端如下。

① 输入端 EN 是 MC_Reset 指令的使能端。

② 输入端 Axis 用于输入轴名称。

③ 输入端 Execute 是 MC_Reset 指令的启动位,用上升沿触发。

④ 输入端 Restart 的作用如下。

当 Restart＝0 时,用来确认错误。

当 Restart＝1 时,将轴的组态从装载存储器下载到工作存储器(只有在禁用轴的时候才能执行该命令)。

⑤ 输出端 Done 用于显示轴的错误已确认。

其他输出端同 MC_Power 指令,此处不再赘述。

(3) MC_Halt 指令。轴停止运行指令 MC_Halt 如图 7－31 所示。它用于停止当前指定轴的所有运动并以组态的减速度停止轴。轴停止位置不赋值定义。

MC_Halt 指令的输入端 Execute 检测到上升沿信号时就停止当前轴的运行,轴停止后当前位置值仍保持,意味着原点不丢失。

(4) MC_MoveRelative 指令。轴相对位移指令 MC_MoveRelative 如图 7－32 所示,用于使轴以某一速度在轴当前位置的基础上正向或者反向移动一个相对距离。MC_MoveRelative 指令的执行不需要轴一定执行回原点命令,当然执行完回原点命令后也能执行 MC_MoveRelative 指令。

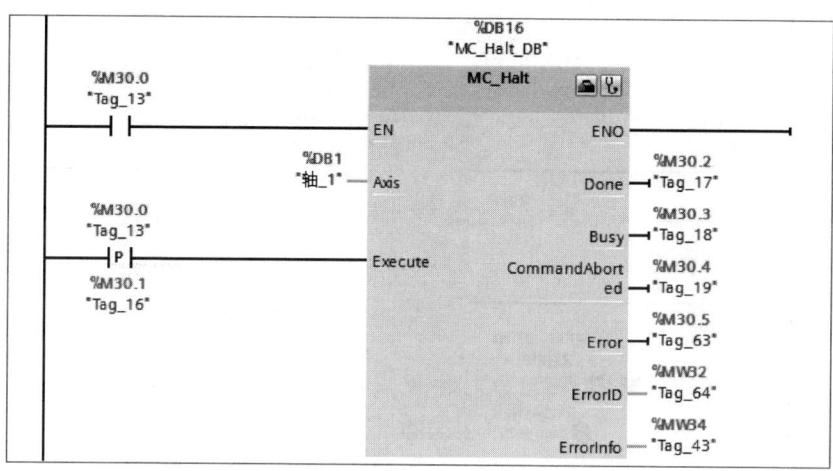

图 7-31　轴停止运行指令 MC_Halt

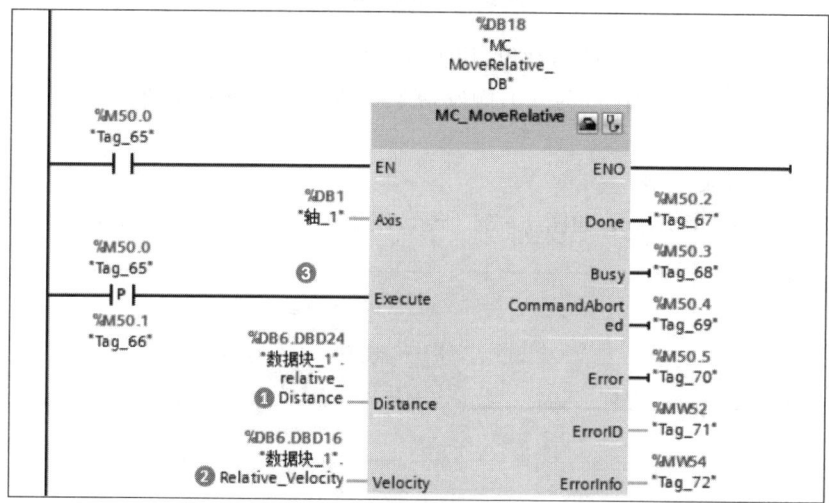

图 7-32　轴相对位移指令 MC_MoveRelative

① 输入端 Distance 是相对轴当前位置移动的距离。Distance 端的操作数的正/负表示方向，正表示轴正方向运动，负表示轴负方向运动。Distance 端的操作数的数值大小表示距离的远近。

② 输入端 Velocity 用于在相对位移运动时设定轴运行速度。

③ 输入端 Execute 是指令的启动位，用上升沿触发。

（5）MC_MoveVelocity 指令。速度运行指令 MC_MoveVelocity 如图 7-33 所示，用于使轴以预设的速度运行。

① 输入端 Velocity 用于设置轴的运行速度。

② 输入端 Direction 用于设置轴的运行方向。

当 Direction=0 时，旋转方向取决于 Velocity 端操作数的符号。

当 Direction=1 时，轴正方向旋转，忽略 Velocity 端操作数的符号。

当 Direction=2 时，轴负方向旋转，忽略 Velocity 端操作数的符号。

③ 输入端 Current 用于设置轴按照/忽略 Velocity 端和 Direction 端操作数运行。

当 Current=0 时，轴按照 Velocity 端和 Direction 端操作数运行。

当 Current=1 时，轴忽略 Velocity 端和 Direction 端操作数，以当前速度运行。

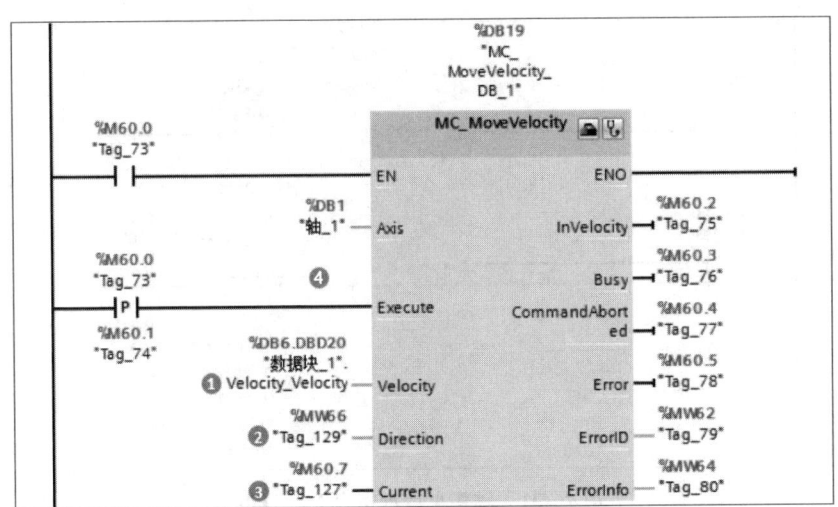

图 7-33　速度运行指令 MC_MoveVelocity

④ 输入端 Execute 是指令的启动位,用上升沿触发。

可以设定 Velocity 端操作数为 0.0,触发指令后轴会以组态的减速度停止运行,功能相当于 MC_Halt 指令。

（6）MC_MoveJog 指令

轴点动指令 MC_MoveJog 如图 7-34 所示,用于在点动模式下以指定的速度连续移动轴。

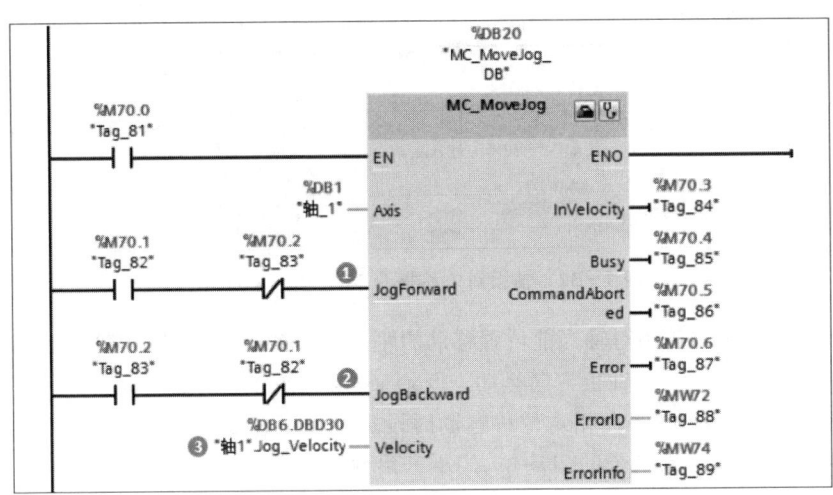

图 7-34　轴点动指令 MC_MoveJog

① 输出端 JogForward 为正向点动。它不是用上升沿触发的,而是用普通动合触点触发的。JogForward 为 1 时,轴运行;JogForward 为 0 时,轴停止。它类似于点动按钮功能,按下按钮,M70.1 得电,轴运行;松开按钮,M70.1 失电,轴停止运行。

② 输出端 JogBackward 为反向点动,使用方法可参考 JogForward。

注意:在执行点动指令时,保证 JogForward 和 JogBackward 不会同时触发,可以用动断触点逻辑进行互锁。

③ 输出端 Velocity 用于设置点动速度。PLC 运行过程中可以随时修改 Velocity 端操作数,且修改将立即生效。

3. 程序设计

(1) PLC硬件组态。本任务的TIA Portal软件版本为TIA Portal V16。

① 在TIA Portal软件中新建一个名为"步进电动机的运动控制"的新项目。在选择CPU类型、订货号时,不要忘记相同的订货号还有不同的硬件版本号,硬件组态时必须选择正确的硬件版本。

② 配置PLC1的脉冲输出使能。

③ 配置PLC1的以太网地址为:192.168.0.1。系统时钟存储器分别为MB100和MB101。

④ 组态轴工艺对象,完成PLC硬件组态。

(2) PLC程序设计。打开OB1主程序,在右侧的"指令"任务卡中的"工艺"选项下的"Motion Control"文件夹中,添加相应指令到OB1的梯形图中。OB1的参考程序如下,现对各程序段中的程序进行分析。

程序段1:使能轴控制,如图7-35所示。

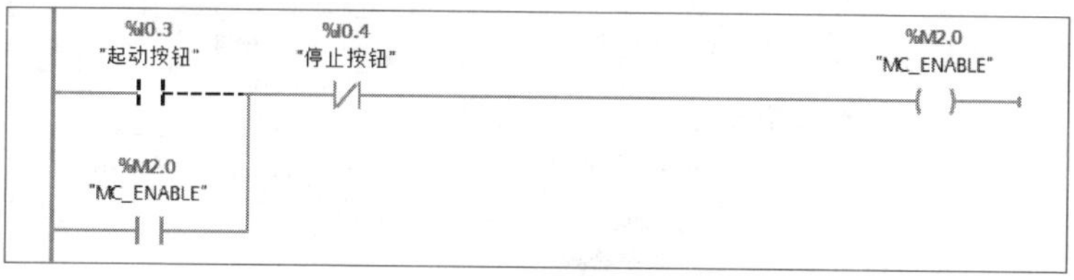

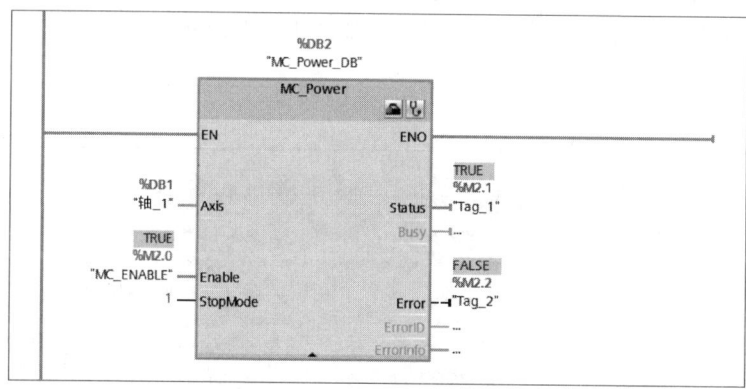

图7-35 使能轴控制

程序段2:使能/禁用轴,如图7-36所示。

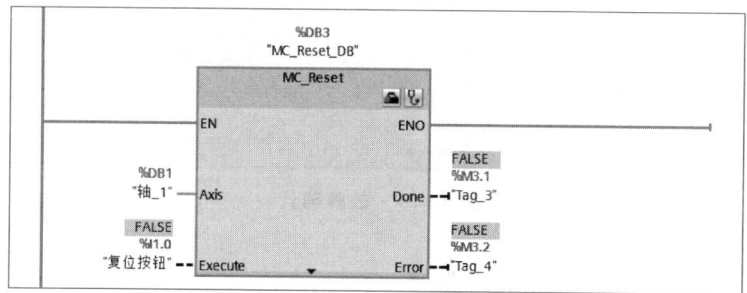

图7-36 使能/禁用轴

程序段3:轴复位,如图7-37所示。

图7-37 轴复位

当步进电动机运行过程中碰到上、下限位行程开关,导致超限错误,轴自动停止,如图 7－38 所示。

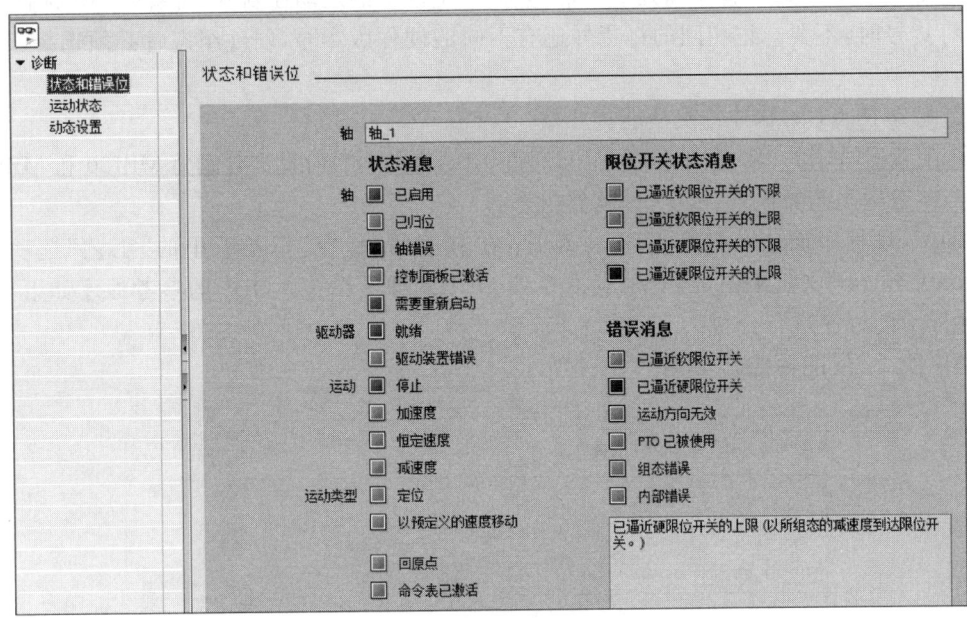

图 7－38　轴超限错误

轴发生错误停止后,如果要再次正常起动运行,必须要先执行 MC_Reset 指令,复位故障后,才能运行。MC_Reset 指令执行后,故障确认如图 7－39 所示。

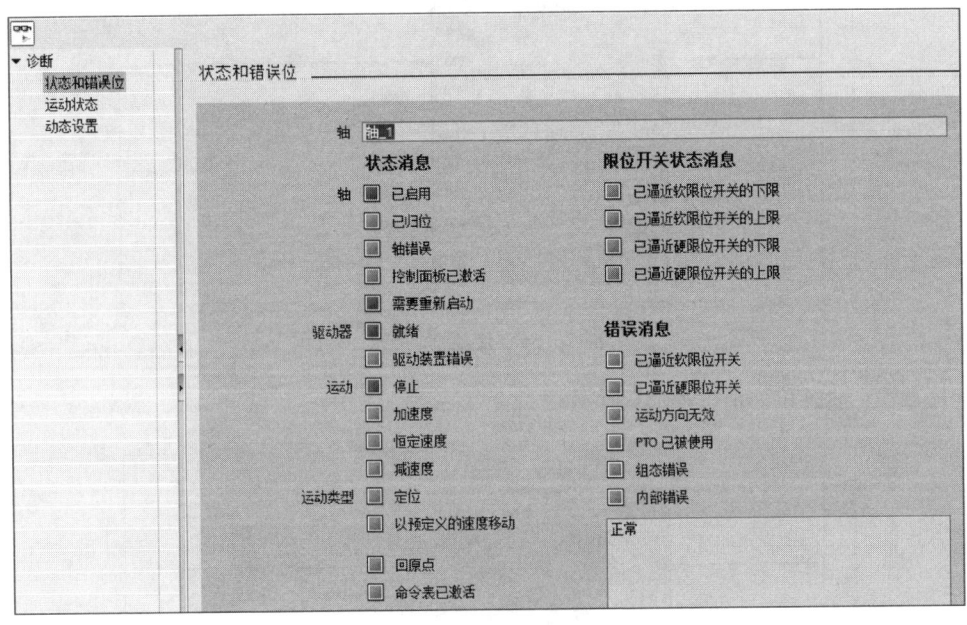

图 7－39　故障确认

程序段 4:停止轴运行,如图 7－40 所示。
程序段 5:相对位移控制,如图 7－41 所示。

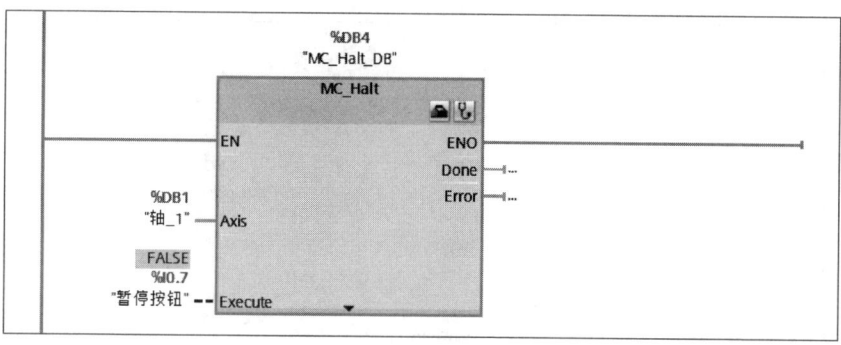

图 7 - 40　停止轴运行

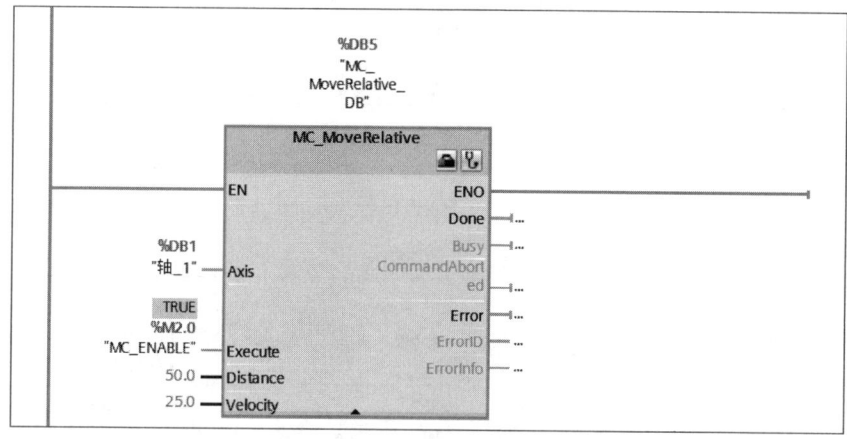

图 7 - 41　相对位移控制

MC_MoveRelative 指令的输入端 Execute 检测到上升沿到来时,就执行相对位移动作。PLC 控制脉冲和方向信号输出,使轴在当前位置的基础上以设定的速度 25 mm/s 正方向移动 50 mm,之后轴自动停止。可以通过轴的"诊断"选项下的"运动状态"参数监控当前位置、当前速度等,如图 7 - 42 所示。

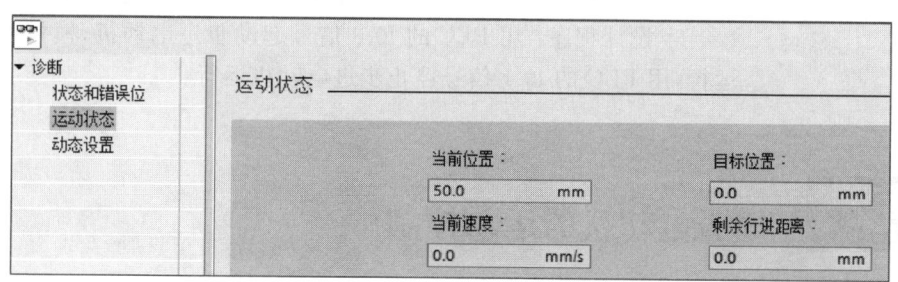

图 7 - 42　监控当前位置、当前速度等参数

　　程序段 6:正反转点动控制,如图 7 - 43 所示。
　　MC_MoveJog 指令能实现正反转的点动操作,方便运动控制系统的调试。要注意正向点动和反向点动信号要互锁,正向点动时当前位置值递增,反向点动时当前位置值递减。点动操作时系统以速度的设定值运行,此处为恒定的 10 mm/s。点动操作时可以通过轴的"诊断"选项下"运动状态"参数监控当前位置、当前速度等,如图 7 - 44 所示。

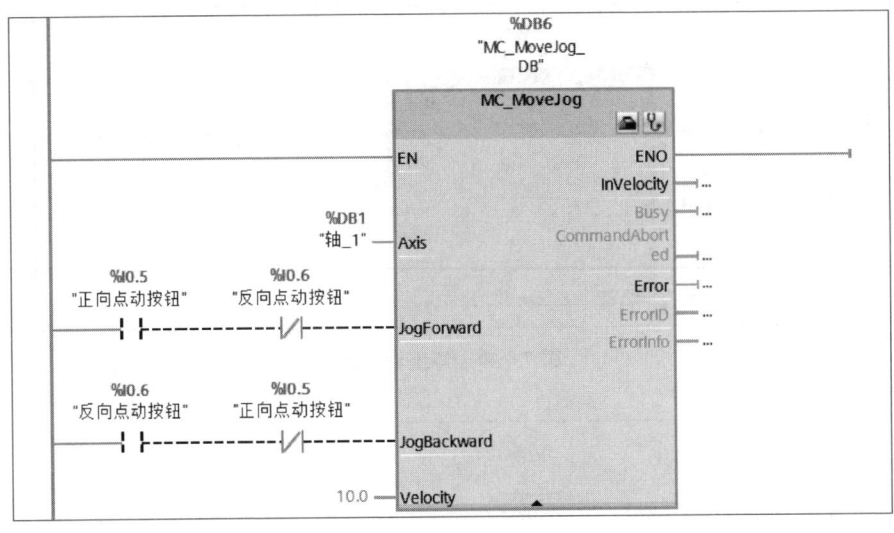

图 7 - 43　正反转点动控制

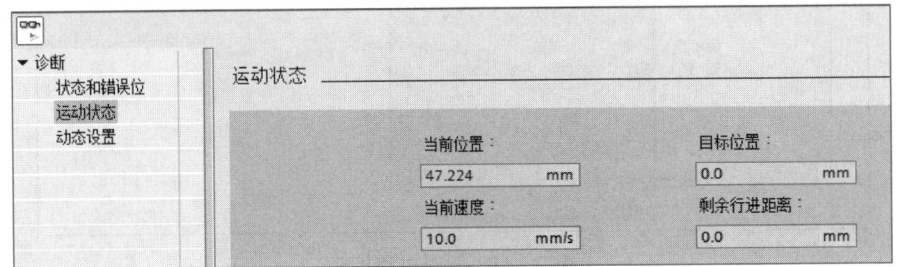

图 7 - 44　监控当前位置、当前速度等参数

六、练习与提高

1. 练习 PLC 轴工艺对象的设置。

2. 设计程序：按下回原点按钮(I1.1)，起动步进电动机回原点动作。

3. 设计程序：用 PLC 的 I0.0 信号起动步进电动机，模拟钟表指针运行，用 PLC 的 I0.1 信号停止步进电动机运行。

微视频：步进电动机的运动控制　　互动：项目七任务 1 随堂练习

任务 2　　**伺服电动机的运动控制**

一、任务目标

1. 掌握伺服电动机及其驱动器的基本原理、主要参数及设置，了解它们的主要应用。

2. 能够正确使用 PLC 实现伺服电动机驱动系统的运动控制。

3. 实现 S7 - 1200 PLC 对伺服电动机的控制。

二、控制要求

按下起动按钮 SB1,伺服系统使能;按下停止按钮 SB2 后,伺服系统停止动作。用 S7-1200 PLC 可以实现对伺服电动机的相对位置控制、绝对位置控制、回原点以及速度设定、暂停复位等。

三、硬件设计

1. 硬件选型

硬件选型见表 7-3。

表 7-3 硬件选型

名　称	型　号	名　称	型　号
伺服驱动器	SINAMICS V90 PN	按钮	LA38-11BN
伺服电动机	SIMOTICS S-1FL6	行程开关	YBLX-2/121
PLC	CPU1214 DC/DC/DC	配件	电机及编码器电缆等

伺服系统在定位控制中应包含三种设备,一是伺服电动机,二是伺服驱动器,三是控制的上位机。上位机可以是 PLC,还可以是专用的运动控制单元或模块,如三菱 FX5-40SSC-S 运动控制模块等。

(1) 伺服系统构成。本任务采用 S7-1200 PLC 与伺服系统构成一个丝杆的定位控制系统。PLC 型号为 S7-1214C PLC,晶体管输出型。伺服驱动器型号为西门子 SINAMICS V90 PN。伺服电动机采用 SIMOTICS S-1FL6,参数为 200 W,3 000 转/分钟,增量型编码器的分辨率为 2 500 脉冲/转。

图片:伺服电机及其驱动器

(2) 脉冲当量与长度单位 LU

伺服系统中常用到脉冲当量的概念,脉冲当量是指伺服系统接收到控制器输出的一个控制脉冲时,伺服系统装置所产生的位移。如果是直线运动,位移是指移动的距离;若是圆周运动,则是指转动的角度。脉冲当量是伺服控制系统中一个重要的参数,它直接影响到伺服电动机的运动精度和控制精度。在实际应用中,脉冲当量的设置需要根据具体设备的要求和控制精度的需求来确定。

本任务的丝杆导程是 4 mm(即丝杆旋转 360°,直线位移 4 mm)。现设置脉冲当量为 0.001 mm,也就是 PLC 发 1 个脉冲给伺服驱动器,丝杆直线位移 0.001 mm,故丝杆位移 1 mm 则需要 PLC 发 1 000 脉冲。

LU 是"length unit"的缩写,是西门子伺服系统中的长度单位。它用于表示电动机运动的位置或距离。具体来说,长度单位 LU 是电动机转一圈所设定的脉冲数量,这个脉冲数量可以用来计算电动机移动的实际距离。例如,如果电动机转一圈设定为 4 000 LU,而负载移动为 4 mm,那么 1 mm 的移动就对应 1 000 LU 的脉冲当量。由此可以看出长度单位 LU 相当于脉冲当量,用于描述伺服运动的位移与实际脉冲数量之间的关系。

(3) 伺服驱动器参数设置

伺服驱动器的参数设置可以通过 BOP 面板设置,也可以通过 V-ASSISTANT 软件设置。V90 伺服系统全部参数及含义可参考相关手册,一些常见的参数举例见表 7-4。

表 7 - 4　伺服系统参数举例

参数号	说　明	参数值举例
r0021	电动机速度的实际平滑值(r/min)	1 000
P0922	报文的选择	111
P8920	PN 接口的站名称	V90_1
P8921	PN 接口的 IP 地址	192.168.0.1
P8922	PN 接口的默认网关	192.168.0.1
P2611	搜索参考点的速度(1 000 LU/min)	200
P29150	激活反向挡块选择,0 为不激活,1 为激活	1
P29247	负载每转 LU	4 000

微视频：V90
调试软件的
设置与使用

（4）伺服电动机的手动调试

伺服系统在 PLC 程序控制之前,应当先行采用手动方式进行必要的起停控制、速度调节等工作,以验证硬件接线是否正常。本任务的 V90 伺服系统调试操作既可以采用 BOP 操作面板,也可以采用西门子 V - ASSISTANT 调试软件进行手动调试,具体见下文所述。

2. I/O 接口分配

根据控制要求列出所用的 I/O 接点,并为其分配相应的接口,I/O 分配见表 7 - 5。

表 7 - 5　I/O 接口分配表

输　入　信　号		输　出　信　号	
名　称	接　口	名　称	接　口
原点开关 SC1	I0.0	正向点动按钮 SB3	I0.5
下限行程开关 SC2	I0.1	反向点动按钮 SB4	I0.6
上限行程开关 SC3	I0.2	暂停按钮 SB5	I0.7
起动按钮 SB1	I0.3	复位按钮 SB6	I1.0
停止按钮 SB2	I0.4	回原点按钮 SB7	I1.1

3. 接线图

根据控制要求,设计伺服电动机的运动控制的 PLC 接线图,如图 7 - 45 所示。

V90 伺服控制器需要同时接入两种外部电源,一种电源是交流 220 V 的动力用电源,另一种电源是直流 24 V 的控制用电源。伺服控制器的 U、V、W 端子必须严格对应地接入伺服电动机的三根相线,不能调换相序。伺服控制器的 X9 接口通过电缆接入编码器脉冲信号。正、负向的硬件限位开关以常闭方式分别连接到 PLC 的 DI 输入端口的 I0.1 和 I0.2 上。

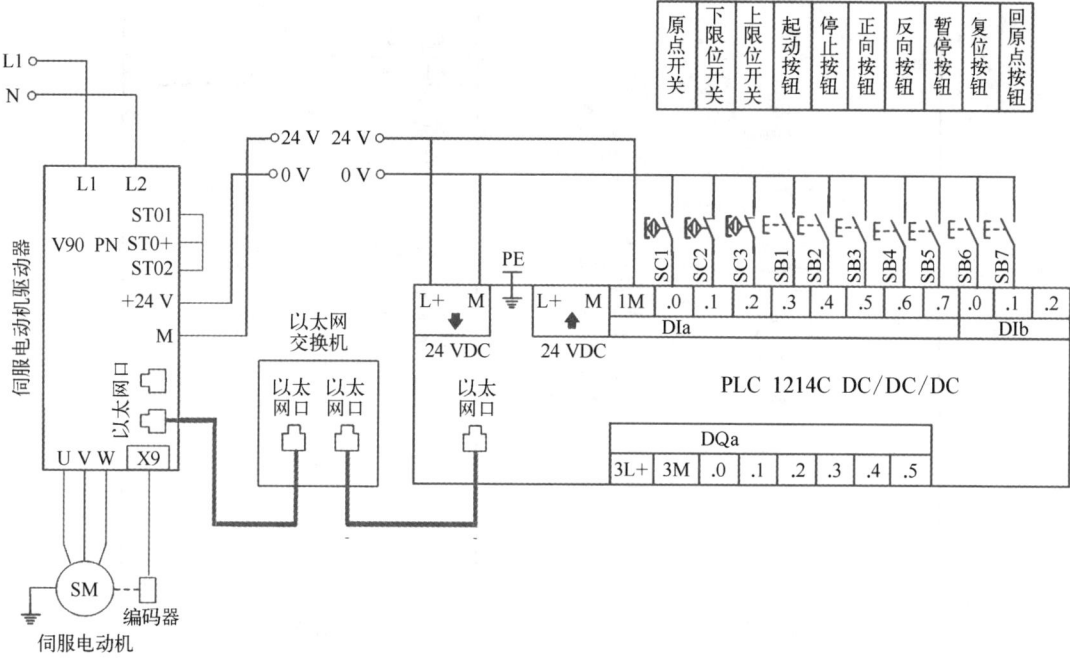

图 7－45　伺服电动机的运动控制的 PLC 接线图

PLC 的以太网口与伺服驱动器的 X150 通信接口中的任一以太网口（P1 或 P2 端口）通过交换机连接。

由于 PLC 是通过总线方式与 V90 伺服通信，所以两者之间没有使用 PLC 的 DO 输出端口子信号线连接。

四、程序设计

1. V－ASSISTANT 调试软件设置

本任务采用西门子公司推出的一款可用于 SINAMICS V90 伺服系统的调试软件 V－ASSISTANT，该款软件具有选择驱动类型和报文种类、配置网络、设置参数、监控及测试电机和驱动系统优化等功能。

软件：V－ASSISTANT 调试软件下载　图文：V－ASSISTANT 调试软件使用说明

2. FB284 功能块的添加

V90 PN 的基本定位（EPOS）功能可用于直线轴或旋转轴的绝对定位和相对定位，TIA Portal V16 中库文件 DriveLib_S7_1200_1500 中的 SINA_POS 功能块可用于 SINAMICS S/G/V 系列驱动器的基本定位控制。

此外，需要在 V－ASSISTANT 调试软件中选择控制模式为"基本定位"，激活基本定位器。主要运行模式有 Jog、Homing、MDI、程序段几种，关于 V90 PN 的基本定位功能的详细描述可参考西门子操作手册。

微视频：SINA_POS 功能块实现基本定位控制

在 TIA Portal V16 中打开右侧"选件包"选项，找到"SINAMICS"文件夹下的"SinaPos"，拖曳或双击该图标就可添加 V90 PN 的基本定位功能块 FB284 到程序编辑器中，如图 7－46 所示。

如果 TIA Portal V16 中安装了 HSP 支持包，也可以通过选择"指令"任务卡下的"选件包"选项中的"SINAMICS"文件夹下的"SinaPos"功能块添加，该功能块的编号是 FB300，如图 7－47 所示。

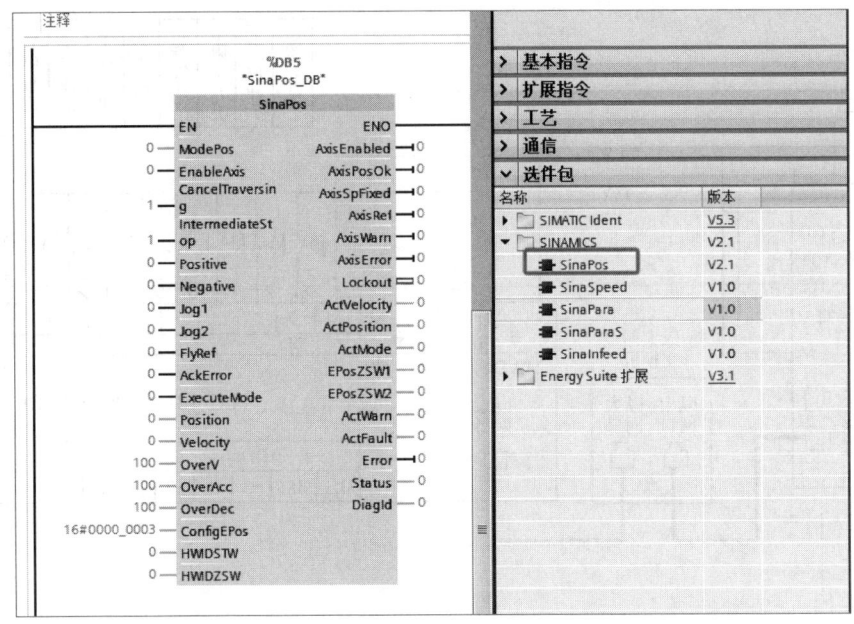

图 7-46　添加 V90 PN 的基本定位功能块 FB284 到程序编辑器

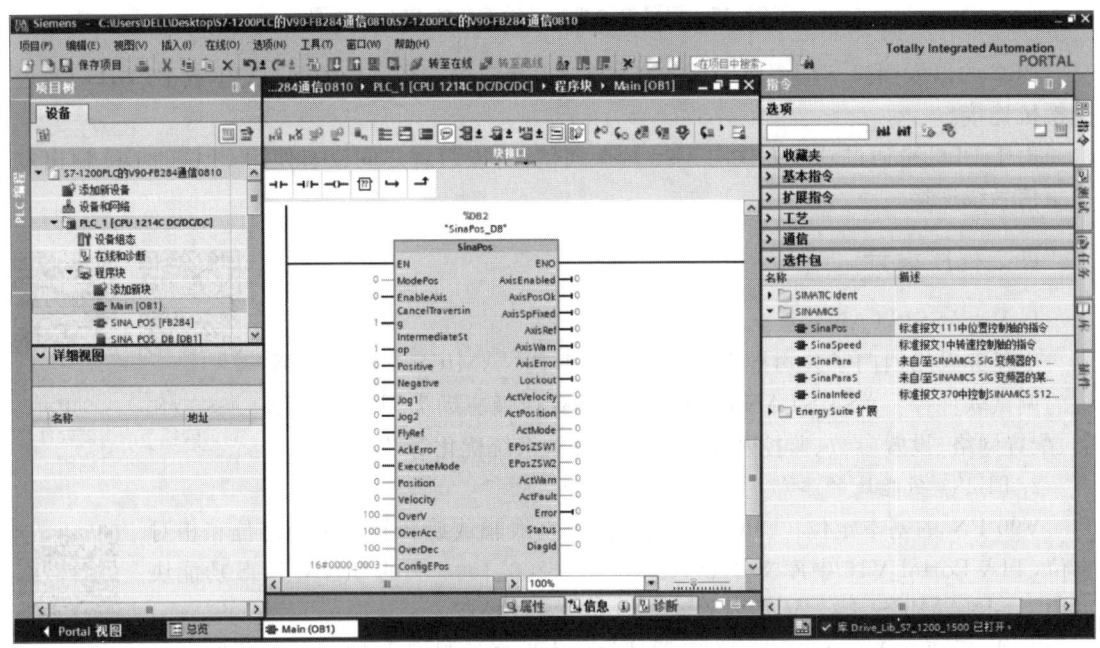

图 7-47　"选件包"提供的定位功能块 FB300

FB300 与 FB284 功能块这两者功能类似,从 TIA Portal V16 开始,Startdrive 不再提供 Drive_Lib 库文件,而是以"选件包"里面 FB 功能块的方式提供。

另外,西门子还提供了一个 FB284 的简易版本,就是 FB38002(Easy_SINA_Pos 库),该库将 FB284 里面的部分功能删减,保留了常用功能。

3. SINA_POS(FB284)指令

S7-1200 PLC 可以通过 PROFINET 通信连接 V90 PN 伺服驱动器,PLC 的 CPU 通过西门子提供的驱动库中的功能块 FB284 实现对 V90 PN 的基本定位控制。

（1）FB284 功能块的输入参数

FB284 功能块的输入参数说明见表 7－6。

表 7－6　FB284 功能块的输入参数说明

输入参数	数据类型	默认值	说　　明
ModePos	整型	0	运行模式选项如下： 1：相对定位； 2：绝对定位； 3：连续运行模式（按指定速度运行）； 4：主动回零； 5：直接设置回零位置； 6：运行程序段 0～15； 7：按指定速度点动； 8：按指定距离点动
EnableAxis	布尔型	0	伺服运行命令如下： 0：停止（OFF1）； 1：启动
CancelTraversing	布尔型	1	0：取消当前的运行任务； 1：不取消当前的运行任务
IntermediateStop	布尔型	1	0：暂停当前运行任务； 1：不暂停当前运行任务
Positive	布尔型	0	正方向选择
Negative	布尔型	0	负方向选择
Jog1	布尔型	0	点动信号 1（正向点动）
Jog2	布尔型	0	点动信号 2（负向点动）
FlyRef	布尔型	0	此输入对 V90 PN 无效
AckError	布尔型	0	故障应答复位
ExecuteMode	布尔型	0	激活请求的模式
Position	双整型	0	ModePos＝1 或 2 时为位置设定值； ModePos＝6 时为程序段号
Velocity	双整型	0 ［1 000 LU/min］	ModePos＝1、2、3 时的速度设定值
OverV	整型	100［％］	设定速度百分比，范围：0％～199％
OverAcc	整型	100［％］	ModePos＝1、2、3 时的设定加速度百分比，范围：0％～100％
OverDec	整型	100［％］	ModePos＝1、2、3 时的设定减速度百分比，范围：0％～100％
ConfigEPos	双字	0	可以通过此参数控制基本定位的相关功能，部分位的对应关系见表 7－7

输入参数	数据类型	默认值	说　明
HWIDSTW	硬件输入/输出 标识(HW_IO)	0	V90 设备视图中报文 111 的硬件标识符
HWIDZSW	硬件输入/输出 标识(HW_IO)	0	V90 设备视图中报文 111 的硬件标识符

(2) 输入参数 ConfigEPos 的控制位

可以通过输入参数 ConfigEPos 所包含的位实现对基本定位的相关功能的控制。ConfigEPos 中常见位的控制功能见表 7-7。

表 7-7　ConfigEPos 中常见位的控制功能说明

ConfigEPos 位	控制功能说明
ConfigEPos.％X0	OFF2 自由停车。 0：自由停车;1：允许运行
ConfigEPos.％X1	OFF3 紧急停车。 0：紧急停车;1：允许运行
ConfigEPos.％X2	激活软件限位。 0：不激活软件限位;1：激活软件限位
ConfigEPos.％X3	激活硬件限位。 0：不激活硬件限位;1：激活硬件限位
ConfigEPos.％X6	外部零位开关信号
ConfigEPos.％X7	上升沿进行外部程序的切换
ConfigEPos.％X8	1：持续传输 MDI 设定值

要使能轴,至少要将 ConfigEPos 的 bit0("ConfigEPos.％X0")和 bit1("ConfigEPos.％X1")保持为 1。可通过对 ConfigEPos 位赋值的方式将硬件限位使能、回零开关信号等传输给 V90 PN,来实现相应的控制功能。

表格中出现的 PLC 变量的位元件,其表示格式为:"变量名"+"."(位分隔符)+"％"+ "X"+"位元件序号"(位元件序号一般从 0 开始),如"ConfigEPos.％X0""ConfigEPos.％X1"。

(3) FB284 功能块的输出参数

FB284 功能块的输出参数说明见表 7-8。

表 7-8　FB284 功能块的输出参数说明

输出参数	数据类型	默认值	说　明
AxisEnabled	布尔型	0	伺服驱动器已使能
AxisPosOk	布尔型	1	目标位置到达

输出参数	数据类型	默认值	说　明
AxisSpFixed	布尔型	1	设定位置到达
AxisRef	布尔型	0	已设置参考点
AxisWarn	布尔型	0	驱动报警
AxisError	布尔型	0	驱动故障
Lockout	布尔型	0	驱动处于禁止接通状态,检查 ConfigEPos 引脚控制位中的第 0 位及第 1 位是否置 1
ActVelocity	双整型	0	实际速度[十六进制的 40 000 000H 对应 P2000 参数设置的转速]
ActPosition	双整型	0[LU]	当前位置 LU
ActMode	整型	0	当前激活的运行模式
EPosZSW1	字	0	EPos ZSW1 的状态
EPosZSW2	字	0	EPos ZSW2 的状态
ActWarn	字	0	驱动器当前的报警代码
ActFault	字	0	驱动器当前的故障代码
Error	布尔型	0	0：正常;1：存在错误
Status	字	0	16♯7002：无错误,功能块正在执行 16♯8401：驱动错误 16♯8402：驱动禁止启动 16♯8403：运行中回零不能开始 16♯8600：DPRD_DAT 错误 16♯8601：DPWR_DAT 错误 16♯8202：不正确的运行模式选择 16♯8203：不正确的设定值参数 16♯8204：选择了不正确的程序段号
DiagID	字	0	通信错误,在执行 SFB 调用时发生错误

（4）基本定位器(EPos)的报文

基本定位器(EPos)的报文就是西门子报文 111,它是一种用于驱动系统控制的重要通信协议,是西门子驱动系统中的一种标准报文格式。基本定位器(EPos)的报文常用于 PLC 与驱动器之间的通信,能实现速度控制、定位控制和力矩控制等功能,具体报文结构此处不再赘述。

4. V90 PN 伺服运动控制编程

（1）打开 TIA Portal V16 软件并新建项目。在 TIA Portal V16 的"Portal 视图"中选择"创建新项目",创建一个新项目。

（2）添加硬件并命名 PLC。进入"项目视图"，在"项目树"下双击"添加新器件"，在弹出的对话框中选择所使用的 S7-1200 PLC 的 CPU，并将其添加到机架上，命名为"PLC_1"。

（3）为 PLC 分配以太网地址

在"设备视图"中点击 CPU 上代表 Profinet 通信口的绿色小方块，在下方会出现 Profinet 接口的属性，在"以太网地址"下分配 IP 地址为"192.168.0.1"，子网掩码为"255.255.255.0"，并采用默认选项"自动生成 Profinet 设备名称"。

（4）组态 V90 PN 伺服驱动器

软件：V90 PN 伺服驱动器 GSD 文件下载

图文：V90 PN 伺服驱动器 组态步骤

首先需要在"网络视图"中添加 V90 PN 驱动器设备，然后创建该设备与 PLC 之间的网络连接，再对 V90 PN 驱动器进行相关参数配置。

（5）PLC 程序设计

打开 OB1 主程序，可在"库"任务卡中的"全局库"选项下找到"SINA_POS"选项，双击或拖曳该指令，可将其添加到 OB1 的梯形图中。OB1 的参考程序如下，现对各程序段中的程序进行分析。

程序段 1：初始程序及复位程序，如图 7-48 所示。

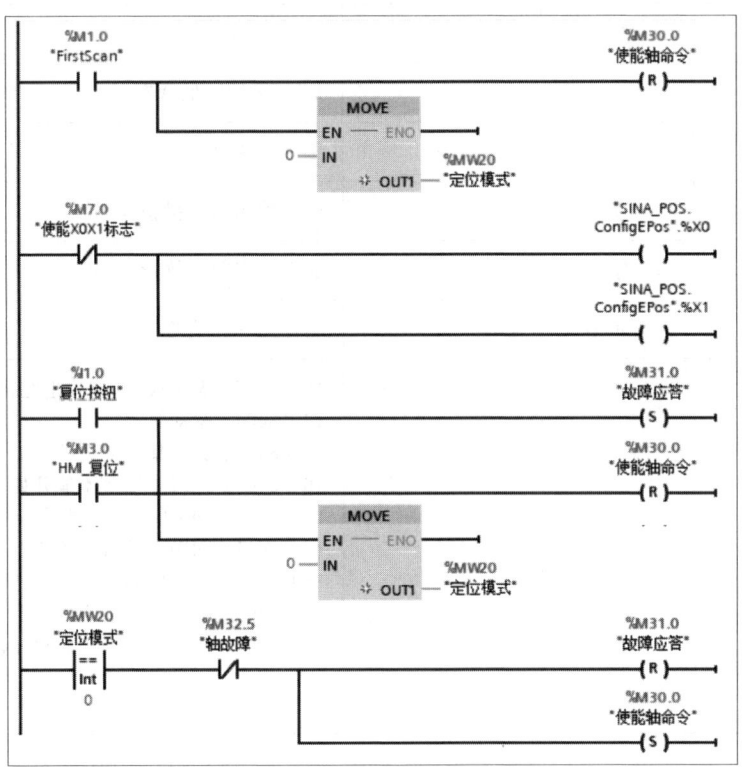

图 7-48　初始程序及复位程序

图 7-48 中用初始化脉冲 M1.0 复位使能轴命令 M30.0，同时对定位模式 MW20 赋初值 0，即无效空模式；用 M7.0（程序未用的位元件）的动断触点让"SINA_POS.ConfigEPos.％X0"和"SINA_POS.ConfigEPos.％X1"这两位为 1，为 FB284 控制 V90 PN 伺服驱动器做好准备；可分别在按钮盒或人机界面上按下复位按钮，通过置位故障应答 M31.0 实现对故障复位并置位使能轴命令 M30.0。

程序段 2：FB284 块指令，如图 7-49 所示。

图 7 - 49 FB284 块指令

图 7 - 49 中的 FB284 块指令的输入参数和输出参数的相关含义可以分别参考表 7 - 6 和表 7 - 8。其中,CancelTraversing 和 IntermediateStop 这两个输入参数必须要分别提前置"1",否则,V90 PN 伺服驱动器无法运行。事实上也可以将 CancelTraversing 输入参数接在急停开关上,实现伺服电动机急停;将 IntermediateStop 输入参数接在暂停开关上,实现伺服运动的暂停,待暂停开关释放后,伺服运动可继续运行至原先设定的目标位置。

程序段 3：Jog 点动控制，如图 7-50 所示。

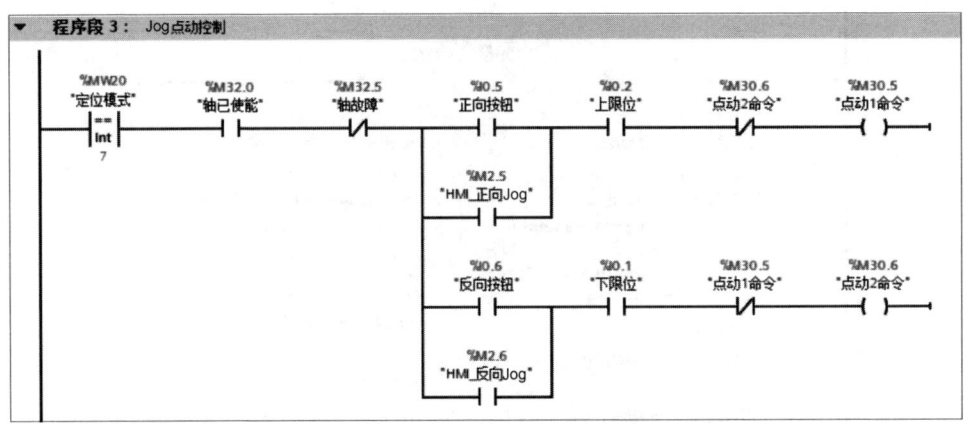

图 7-50　JOG 点动控制

V90 PN 伺服驱动器的 Jog 点动控制必须要在定位模式为"7"时，且轴已使能和无故障的情况下通过点动按钮进行点动运行，要点步骤如下：

① 运行模式选项 ModePos 设置为"7"。

② 点动速度预先通过 V-ASSISTANT 软件设置，速度的 OverV 参数可对点动速度的设定值进行倍率缩放，一般使用默认值 100%。

③ 运行条件 CancelTraversing 及 IntermediateStop 与点动运行模式无关。

④ 使能轴命令 AxisEnable 设置为"1"。

⑤ 启动 Jog1 或 Jog2 的控制命令。

注意：Jog1 及 Jog2 用于控制 EPOS 的点动运行，其运动方向由 V90 PN 伺服驱动器中设置的点动速度数值的正负来决定，默认设置为 Jog1 代表负向点动速度，Jog2 代表正向点动速度，与 Positive 或 Negative 参数无关。

程序段 4：相对定位控制，如图 7-51 所示。

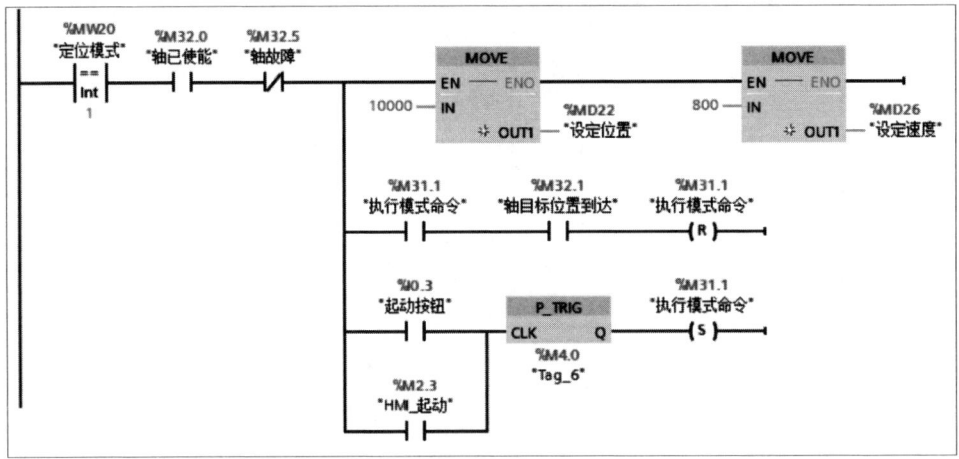

图 7-51　相对定位控制

V90 PN 伺服驱动器的相对定位控制必须要在定位模式为"1"时，且轴已使能和无故障的情况下通过起动按钮进行相对定位运行，要点步骤如下：

① 运行模式选项 ModePos 设置为"1"。

② Jog1 和 Jog2 输入均为"0"。

③ 轴无须回零或不校正绝对值编码器。

④ 运行条件 CancelTraversing 及 IntermediateStop 均要设置为"1"。

⑤ "SINA_POS.ConfigEPos.％X0"和"SINA_POS.ConfigEPos.％X1"这两位均为"1"，即 ConfigEPos 输入参数的值至少要保证最低两位为"1"，比如 16♯00000003。

⑥ 设置定位长度 Position 和速度 Velocity，运动方向由 Postion 给定值的正负决定。

⑦ 通过输入参数 OverV、OverAcc、OverDec 指定速度、加速度和减速度的倍率，一般使用默认值 100％。

⑧ 轴使能命令 EnableAxis 设置为"1"。

⑨ 激活请求的模式 ExecuteMode 设置为输入信号的上升沿触发定位运动。

程序段 5：轴回原点，如图 7-52 所示。

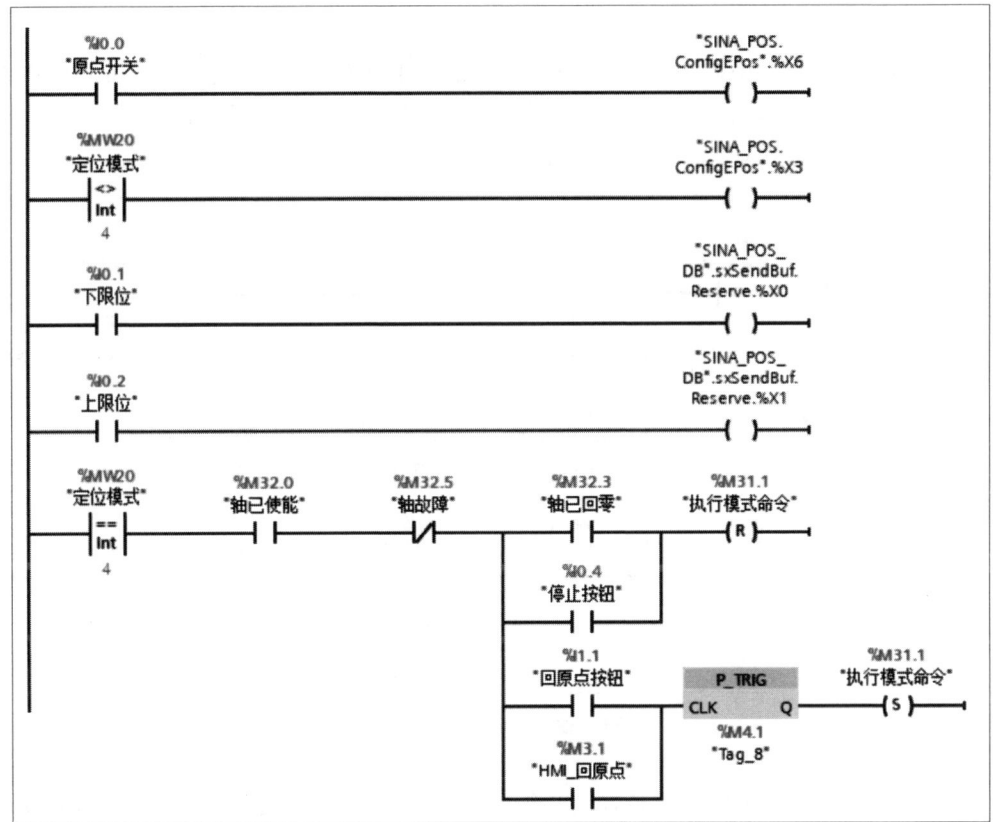

图 7-52　轴回原点

V90 PN 伺服驱动器的主动回原点控制必须要在定位模式为"4"时，且轴已使能和无故障的情况下通过回原点按钮进行相对定位运行，要点步骤如下：

① 如前所述回零方式选择"参考挡块＋零脉冲方式回零"（即参数 P29240 设置为"1"）。

② 将回零开关接入 PLC 的数字量输入点 I0.0。

③ 在 PLC 程序中将回零开关的状态传送到 FB284 功能 ConfigEPos 输入参数的 bit6。

④ 运行模式选项 ModePos 设置为"4"。

⑤ Jog1 和 Jog2 输入均为"0"。

⑥ 运行条件 CancelTraversing 及 IntermediateStop 均要设置为"1"。

⑦ "SINA_POS.ConfigEPos.%X0"和"SINA_POS.ConfigEPos.%X1"这两位均为"1"。

⑧ 通过 V-ASSISTANT 软件设置回零速度和运动方向。

⑨ 通过输入参数 OverV、OverAcc、OverDec 指定速度、加速度和减速度的倍率,一般使用默认值 100%。

⑩ 使能轴命令 EnableAxis 设置为"1"。

⑪ 激活请求的模式 ExecuteMode 设置为输入信号的上升沿触发回零运动。

回零动作正常完成后,回零完成标志 AxisRef 将自动输出为"1"。

另外,V90 PN 伺服驱动器固件版本为 V1.04.01 及以上,才可以支持使用回零时通过接入 PLC 上的硬件限位实现自动反转搜索零点开关的功能。否则,正、负向的硬件限位开关只可连接到 V90 PN 伺服驱动器 X8 端口定义为 CWL、CCWL 的 DI 点上。同时要在 V-ASSISTANT 软件中,设置参数 P29150(用户自定义 PZD 接收字)为"4:Travel limit signal",并保存参数到 ROM。

FB284 的背景 DB 块中的"SINA_POS_DB.sxSendBuf.Reserve"控制字的 bit0 位代表负限位信号,bit1 位代表正限位信号,需要把接入 PLC 的限位开关分别关联这两位。

程序段 6:轴运动到设定的绝对位置,如图 7-53 所示。

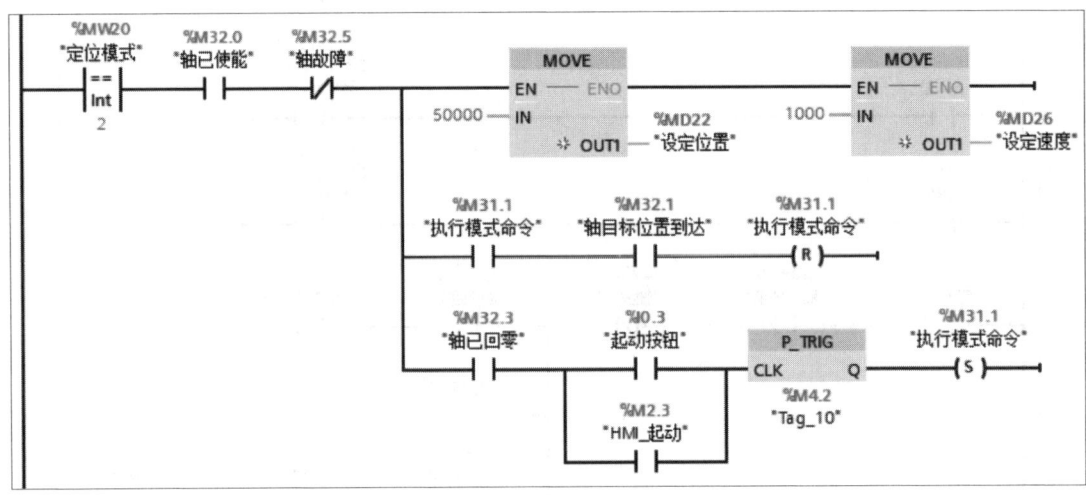

图 7-53 轴运动到设定的绝对位置

V90 PN 伺服驱动器的绝对定位控制必须要在定位模式为"2"时,且轴已使能和无故障的情况下通过起动按钮进行绝对定位运行,要点步骤如下:

① 运行模式选项 ModePos 设置为"2"。

② Jog1 和 Jog2 输入均为"0"。

③ 轴必须已回零或编码器已被校准(即回零完成标志 AxisRef 要为"1")。

④ 运行条件 CancelTraversing 及 IntermediateStop 均要设置为"1"。

⑤ "SINA_POS.ConfigEPos.%X0"和"SINA_POS.ConfigEPos.%X1"这两位均为"1"。

⑥ 输入参数 Positive 及 Negative 必须为"0"。

⑦ 设置目标位置 Position 和速度 Velocity。其中,运动方向由系统根据当前位置和目标

位置自动判定其正负运行的方向。

⑧ 通过输入参数 OverV、OverAcc、OverDec 指定速度、加速度和减速度的倍率,一般使用默认值 100%。

⑨ 使能轴命令 EnableAxis 设置为"1"。

⑩ 激活请求的模式 ExecuteMode 设置为输入信号的上升沿触发绝对定位运动。

绝对定位运动正常完成后,定位完成标志 AxisPosOk 自动输出为"1"。

五、V90 PN 伺服驱动器的故障处理

V90 PN 伺服驱动器运行时可能会产生各种报警和故障。发生报警时,需要引起注意,但设备还可以继续运行;发生故障时,设备必须要停机。

通电前必须要仔细检查 V90 PN 伺服驱动器的电源接入、编码器连接、伺服电动机电缆连接等硬件部分是否正常,检查无误后才能上电调试。在通电调试过程中,读者可以通过在线监控 FB284 功能块的输出参数 ActWarn、ActFault、Status 和 DiagID 的代码当前值查找故障原因,也可以通过 V90 PN 伺服 BOP 面板上的报警和故障代码来分析,一些故障举例如下。

① Status 为"16♯7002",表示系统正常,任务正在执行。

② Status 为"16♯8403",表示正在运行中,不能开始执行回零。

③ V90 PN 伺服 BOP 面板上显示"A8526",表示伺服驱动器和上位机 PLC 之间有通信故障,但可能在 V90 PN 上电起动过程完成后,该报警就自动消失,恢复正常。

④ BOP 面板上显示"F7941",表示当在负向运行方向上碰到负向限位开关就会触发 F7491 故障报警,之后应答故障,重新置位使能轴,再沿正向移动轴。在轴正向移动过程中,CCWL 信号由"0"跳变为"1"才可消除报警。注意,发生 F7491 或 F7492 故障后,必须确保轴在反向后退过程中使限位开关信号实现由"0"到"1"的跳变,否则始终无法消除 F7491 或 F7492 的越限故障。

微视频:伺服电动机的运动控制

当伺服驱动器上电后,应确保信号 CWL 与 CCWL 正负方向的限位开关均处于高电平,详细的 V90 PN 伺服驱动器的故障处理可参阅西门子相关资料。

六、练习与提高

1. 练习 PLC 伺服控制系统 SINAMICS V－ASSISTANT 调试软件的使用。

2. 设计程序:PLC 控制伺服电动机进行精确位置的运动定位。

互动:项目七任务2随堂练习   互动:项目七单元测验

虚拟场景联调

在运动控制系统中,S7－1200 PLC 不支持运动仿真功能,故选择了 S7－1500 PLC 进行运动控制仿真,针对 TIA Portal V16 的软件,在进行 S7－1500 PLC 仿真时要安装 S7－PLCSIM Advanced 软件,同时由于 SFB 软件无法模拟高速计数器的功能,用 MD500 存放编码器的反馈值用于确定当前位置。虚拟场景和真实的运动控制系统略有差别,故编写了虚拟运动控制的程序。

运动控制系统虚拟场景如图 7－54 所示。

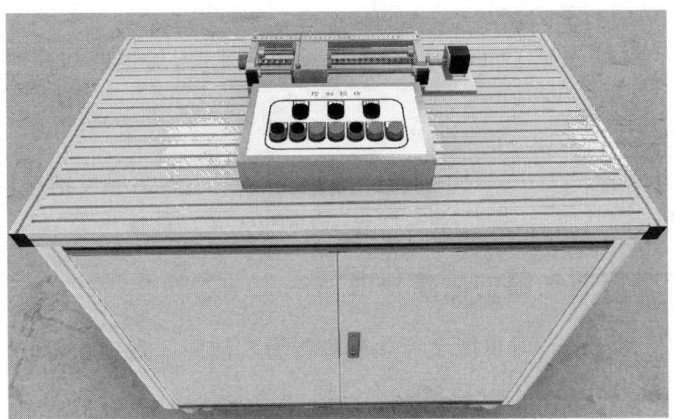

图 7 - 54　运动控制系统虚拟场景

软件：S7 - PLCSIM Advanced 下载	微视频：运动控制系统虚拟场景程序联调	虚拟场景：运动控制系统下载	例程：运动控制系统下载(虚拟)	例程：步进电动机运动控制系统下载	例程：伺服电动机运动控制系统下载

项目描述

　　工业中的过程控制是指以温度、压力、流量、液位和成分等工艺参数作为被控变量的自动控制。过程控制也称实时控制，是计算机及时地采集检测数据，按最佳值迅速地对控制对象进行自动控制和自动调节，如数控机床和生产流水线的控制等。在过程控制中，按偏差的比例（P）、积分（I）和微分（D）进行控制的 PID 控制器（又称 PID 调节器）是应用最为广泛的一种自动控制器。它具有原理简单、易于实现、适用面广、控制参数相互独立、参数选定比较简单、调整方便等优点；而且它的参数整定方式简便，结构改变灵活，可根据需要改为 PI 调节、PD 调节等。长期以来，PID 控制器被广大科技工作者及现场操作人员所采用。本项目介绍用 S7－1200 PLC 对模拟过程控制系统进行液位、流量、压力和温度的测量及控制。

任务准备

文本：绿色工厂的"智能管家"

知识点 1　PID 参数的含义

1. 比例控制（P）

比例控制是最简单、最常用的控制方式，如放大器、减速器和弹簧等都是比例控制的应用范例。比例控制器能够立即成比例地响应输入的变化量，但当仅有比例控制时，系统输出存在着稳态误差。

2. 积分控制（I）

在积分控制中，控制器的输出量是输入量对时间的积累。对一个自动控制系统，如果在进入稳态后存在静态误差，则称这个控制系统是具有稳态误差的或简称其为有差系统。为了消除稳态误差，在控制器中必须引入"积分项"。积分项也会随着时间的增加而加大，它推动控制器的输出增大，使稳态误差进一步减少，直到等于零。因此，采用"比例＋积分"（PI）控制器，可以使系统在进入稳态后无稳态误差。

3. 微分控制（D）

在微分控制中，控制器的输出与输入误差信号的微分（即误差的变化率）成正比。自动控制系统在克服误差的调节过程中可能会出现振荡甚至失稳，其原因是系统存在较大的惯性组件（环节）或滞后组件，具有抑制误差的作用，其变化总是落后于误差的变化。解决的办法是使抑制误差的作用的变化"超前"，在误差接近于零时，抑制误差的作用就应该是零。

因此在控制器中仅引入比例控制往往是不够的,比例控制的作用仅是放大误差的幅值,需要增加的是"微分项",它能预测误差变化的趋势。这样,具有"比例＋微分"(PD)功能的控制器能够提前使抑制误差的控制作用等于零,甚至为负值,从而避免被控量的严重超调。所以对有较大惯性组件或滞后组件的被控对象,"比例＋微分"(PD)控制器能改善系统在调节过程中的动态特性。

4. PID 控制器的优点

PID 控制器是应用最广的闭环控制器,这是由于它具有以下优点。

(1)不需要被控对象的数学模型。自动控制理论中的分析和设计方法主要是建立在被控对象的线性定常数学模型的基础上的。这种模型忽略了实际系统中的非线性和时变性,与实际系统有较大的差距。对于许多工业控制对象,根本就无法建立较为准确的数学模型,因此自动控制理论中的设计方法很难用于大多数控制系统。对于这一类系统,使用 PID 控制可以得到令人满意的效果。

(2)结构简单,容易实现。PID 控制器的结构简单,程序设计容易,计算量较小,各参数有明确的物理意义,参数调整方便,容易实现多回路控制、串级控制等复杂控制。

(3)有较强的灵活性和适应性。根据被控对象的具体情况,可以采用 PID 控制器的多种变种和改进控制方式,例如：PI 控制器、PD 控制器、带死区的 PID 控制器、被控制量微分 PID 控制器、积分分离的 PID 控制器和变速积分的 PID 控制器等。

(4)使用方便。现在已经有许多 PLC 生产厂家开发出具有 PID 控制功能的产品,例如：PID 闭环控制模块、PID 控制指令和 PID 控制功能块等,它们使用起来十分方便,只需要设置一些参数即可。

知识点 2　PID 控制的系统结构

PID 控制器就是根据系统的误差,利用比例、积分、微分计算出控制参数,进行系统控制。当不能完全掌握控制对象的结构和参数或得不到精确的数学模型时,难以采用控制理论的其他技术,系统控制器的结构和参数必须依靠经验和现场调试来确定,这时应用 PID 控制技术最为方便。即当我们不完全了解一个系统和被控对象,或不能通过有效的测量手段获得系统参数时,采用 PID 控制技术最为适宜。

PID 闭环控制系统框图如图 8-1 所示,其中虚线部分在 PLC 内。在模拟量闭环控制系统中,被控制量 $c(t)$(即系统的输出量,例如：压力、温度、流量、转速等)是连续变化的模拟量,大多数执行机构(例如直流调速装置、电动调节阀或变频器等)要求 PLC 输出模拟量信号 $M(t)$,

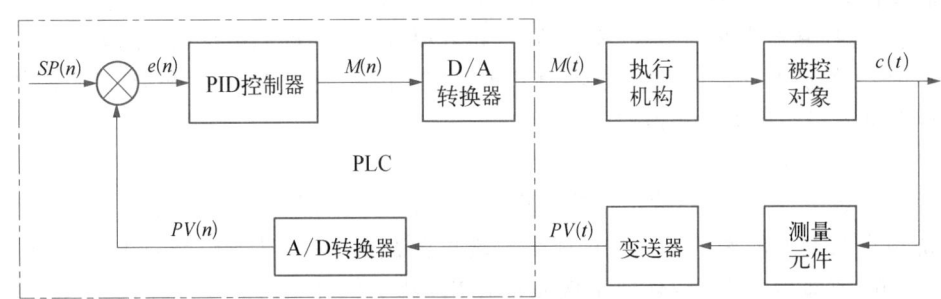

图 8-1　PID 闭环控制系统框图

而 PLC 的 CPU 只能处理数字量信号。$c(t)$ 首先被测量元件和变送器转换为标准量程（例如 DC 4～20 mA 和 DC 0～10 V）的直流电流信号或直流电压信号，然后通过 A/D 转换器得到与被测数字量成比例的 $PV(n)$，这时 CPU 将它与设定的值 $SP(n)$ 进行比较，并按某种控制规律（如 PID 控制算法）对误差值 $e(n)$ 进行运算，将运算结果通过 D/A 转换器转换成标准量程的电流信号或电压信号 $M(t)$，用来控制执行机构，执行机构再控制被控对象，实现闭环控制。

一、PID 控制算法

PID 控制器调节输出，保证偏差（e）为零，使系统达到稳定状态，偏差是给定值（SP）和过程变量（PV）的差。PID 控制的原理基于以下公式

$$M(t) = K_c e + K_c \int_0^1 e \, \mathrm{d}t + M_{\text{initial}} + K_c \frac{\mathrm{d}e}{\mathrm{d}t} \tag{8-1}$$

式中　　$M(t)$——PID 回路的输出；

$\quad\quad K_c$——PID 回路的增益；

$\quad\quad e$——PID 回路的偏差（给定值与过程变量的差）；

$\quad M_{\text{initial}}$——PID 回路输出的初始值。

由于式（8-1）是连续量的算式，必须将连续量离散化才能在 CPU 中运算，离散处理后的公式为

$$M_n = K_c e_n + K_i \sum_1^N e_x + M_{\text{initial}} + K_d (e_n - e_{n-1}) \tag{8-2}$$

式中　　M_n——在采样时刻 n，PID 回路输出的计算值；

$\quad\quad K_i$——积分项的比例常数；

$\quad\quad K_d$——微分项的比例常数；

$\quad\quad e_n$——在采样时刻 n，PID 回路的偏差值；

$\quad e_{n-1}$——在采样时刻 $n-1$，PID 回路的偏差值；

$\quad\quad e_x$——在采样时刻 x，PID 回路的偏差值；

$\quad M_{\text{initial}}$——PID 回路输出的初始值。

设 $M_{\text{initial}} = 0$，再对式（8-2）进行改进和简化，得出如下 PID 输出的公式

$$M_n = MP_n + MI_n + MD_n \tag{8-3}$$

式中　　MP_n——第 n 采样时刻比例项的值；

$\quad\quad MI_n$——第 n 采样时刻积分项的值；

$\quad MD_n$——第 n 采样时刻微分项的值。

$$MP_n = K_c (SP_n + PV_n) \tag{8-4}$$

式中　　SP_n——第 n 次采样时刻的给定值；

$\quad\quad PV_n$——第 n 次采样时刻的过程变量值。

很明显，根据式（8-4）比例项 MP_n 的数值大小和增益 K_c 成正比，增益 K_c 增加可以直接导致比例项 MP_n 快速增加，从而直接导致 M_n 增加。

$$MI_n = \frac{K_c T_S}{T_i (SP_n - PV_n)} + MX \tag{8-5}$$

式中　　T_S——回路的采样时间;

　　　　T_i——积分时间;

　　　　MX——第 $n-1$ 时刻的积分项(也称为积分前项)。

很明显,根据式(8-5)积分项 MI_n 的数值大小随着积分时间 T_i 的减少而增加,T_i 的减小可以直接导致积分项 MI_n 增加,从而直接导致 M_n 增加。

$$MD_n = \frac{K_c(PV_{n-1} - PV_n)T_d}{T_S} \qquad (8-6)$$

式中　　T_d——微分时间;

　　　　PV_n——第 n 次采样时刻的过程变量值;

　　　　PV_{n-1}——第 $n-1$ 次采样时间的过程变量。

很明显,根据式(8-6)微分项 MD_n 的数值大小随着微分时间 T_d 的增加而增加,T_d 的增加可以直接导致积分项 MD_n 增加,从而直接导致 M_n 的增加。

注意:根据这几个公式,增益 K_c 增加可以直接导致比例项 MP_n 快速增加,T_i 减小可以直接导致积分项 MI_n 增加,微分项 MD_n 的数值大小随着微分时间 T_d 的增加而增加,从而直接导致 M_n 增加。理解这一点,对于正确调节 P、I、D 三个参数是至关重要的。

文本: PID 整定口诀

二、PID 控制器的参数整定

PID 控制器的参数整定是控制系统设计的核心内容。它是根据被控过程的特性,确定 PID 控制器的增益、积分时间和微分时间的大小。PID 控制器参数整定的方法很多,最常用的有理论计算整定法和工程整定法。

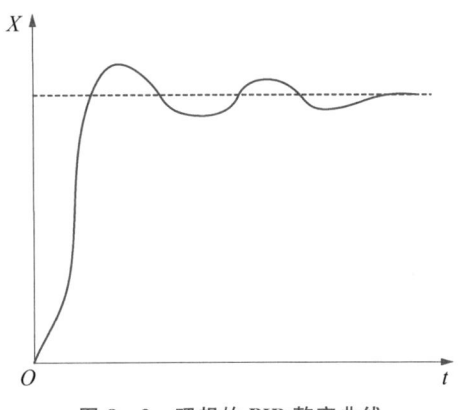

图 8-2　理想的 PID 整定曲线

理论计算整定法主要依据系统的数学模型,经过理论计算确定 PID 控制器参数。这种方法所得到的计算数据未必能够直接使用,往往还需要通过工程实际进行调整和修改。

工程整定法主要依赖于工程经验,直接在控制系统的试验中进行 PID 控制器的参数整定,方法简单、易于掌握,在工程实际中得到了广泛应用。PID 控制器参数的工程整定法,又分为临界比例法、反应曲线法和衰减法。这三种方法各有特点,其共同点都是首先通过试验,然后按照工程经验公式对控制器的参数进行整定。理想的 PID 整定曲线如图 8-2 所示。

知识点 3　S7-1200 PLC 中 PID 模块调用及参数定义

S7-1200 使用 PID_Compact 指令来实现 PID 控制,该指令的背景数据块称为 PID_Compact 技术对象。由该指令实现的 PID 控制器具有参数自整定功能和自动、手动模式。

PID 控制器连续地采集被控变量的实际值(简称为实际值或输入值),并与期望的设定值比较。根据得到的系统误差,PID 控制器计算控制器的输出,使被控变量尽可能快地接近设定值或进入稳态。

PID 控制器的输出值由以下 3 个分量组成：

(1) 与系统误差成比例的比例分量；

(2) 与系统误差的积分成比例的积分分量；

(3) 与系统误差的变化率(微分)成比例的微分分量,系统误差减小时,微分部分为负值。

一、生成一个新的项目

打开 TIA Portal V16 的项目视图,生成一个名为"PID"的新项目。双击项目树中的"添加新设备"选项,添加一个 PLC 设备。CPU 型号为"CPU 1214C"。

二、调用 PID_Compact 指令

调用 PID_Compact 指令的时间间隔称为采样时间,为了保证精确的采样时间,用固定时间间隔执行 PID_Compact 指令,应在循环中断组织块中调用 PID_Compact 指令。

打开项目树中"PLC_1"文件夹下的"程序块"文件夹,双击其中的"添加新块"指令,在弹出的"添加新块"对话框中单击"组织块"按钮,选择"Cyclic interrupt"选项,生成循环中断组织块 OB30,设置适当的循环时间间隔,如图 8‑3 所示。单击"确定"按钮,自动生成和打开 OB30。

图 8‑3　添加循环中断组织块 OB30

注意：因为程序执行的扫描周期不相同,一定要在循环中断组织块里调用 PID_Compact 指令。这样可以保证系统以恒定的采样时间间隔执行 PID_Compact 指令。

在"指令"任务卡的"工艺"选项下,选择"PID 控制"文件夹下"Compact PID"文件夹下的"PID_Compact"选项,如图 8‑4a 所示,将 PID_Compact 指令添加至循环中断组织块,如图 8‑4b 所示。将默认的背景数据块的名称改为"PID_DB",单击"确定"按钮,在项目树的"系统块"文件夹中生成名为"PID_Compact"的功能块 FB1130,在文件夹"工艺对象"中生成背景数据块"PID_DB[DB1]",如图 8‑4c 所示。

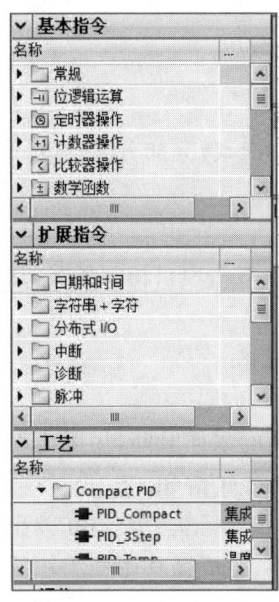 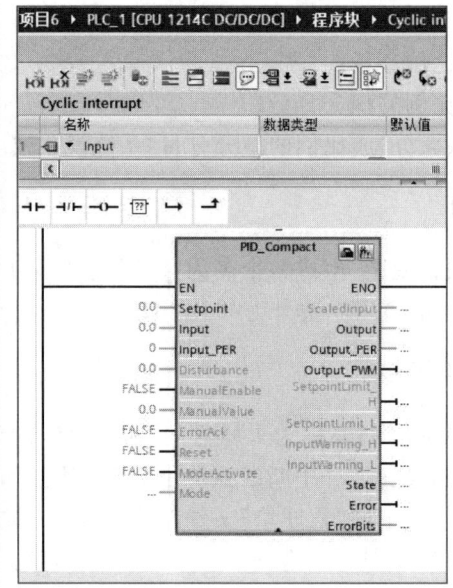 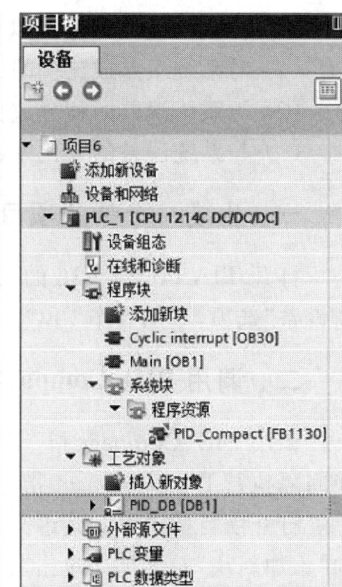

(a)"PID_Compact"选项　(b)将PID_Compact指令添加到循环中断组织块　(c)生成背景数据块"PID_DB[DB1]"

图 8 - 4　工艺对象中关联生成 PID_Compact

三、PID_Compact 指令的模式

1. 未激活模式

PID_Compact 指令的技术对象被组态并首次下载到 CPU 之后,PID 控制器处于未激活模式,此时需要在调试窗口中进行自整定初始启动。在运行出现错误时,或者单击"采样时间"旁的"STOP"按钮后,PID 控制器将进入未激活模式,如图 8 - 5 所示。此时若直接选择其他运行模式,会出现活动状态的错误提示。

2. 预调节模式

在预调节模式下可确定对输出值跳变的过程响应,并搜索拐点。根据受控系统的最大上升速率与时间计算 PID 参数。

3. 精确调节模式

精确调节模式将使过程值出现恒定受限的振荡。根据该振荡的幅度和频率重新计算 PID 参数。精确调节得出的 PID 参数通常比预调节得出的 PID 参数具有更好的主控和扰动特性。可在预调节模式和精确调节模式下获得最佳的 PID 参数。

4. 自动模式

在自动模式下,PID_Compact 指令会按照指定的参数来校正受控系统。

满足下列任意一个要求时,控制器将进入自动模式。

(1)预调节模式完成。

(2)精确调节模式完成。

(3)Mode=3 且 ModeActivate 出现上升沿。

从自动模式到手动模式的切换只有在调试编辑器中执行时,才是无扰动的。

自动模式下需要考虑变量 ActivateRecoverMode 的影响。

5. 手动模式

在手动模式下,可以在参数 ManualValue 中指定手动输出值。还可以使用"ManualEnable=

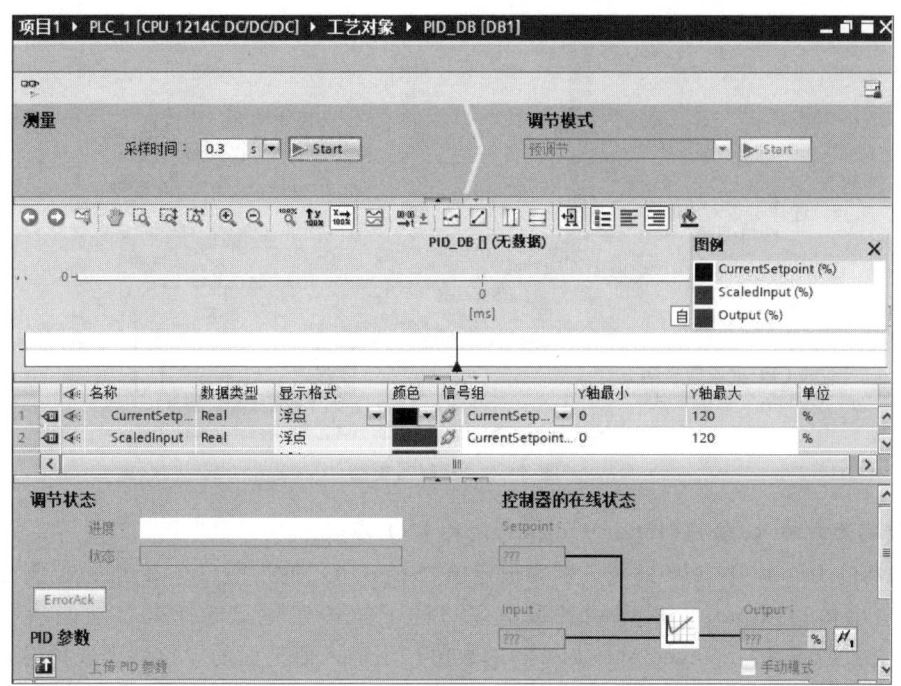

图 8 - 5 PID 控制器未激活模式

1"激活该工作模式。建议只使用参数 Mode 和 ModeActivate 更改工作模式。从手动模式到自动模式的切换是无扰动的,当存在错误未解决时也可使用手动模式。

6. 带错误监视的替代输出值模式

在带错误监视的替代输出值模式下取消激活控制算法,变量 SetSubstituteOutput 确定此工作模式下输出哪个输出值。

如果满足以下所有条件,PID_Compact 指令出现错误时会激活该工作模式而不激活未激活模式。

(1) 自动模式(Mode=3)。

(2) ActiveRecoverMode=**1**。

(3) 已出现一个或多个错误,并且 ActiveRecoverMode 生效。

当错误不再处于未解决状态时,PID_Compact 指令会切换回自动模式。

四、组态基本参数

打开 OB30,选中 PID_Compact 指令,然后选中监视窗口左边的"常规"选项,在窗口右边设置 PID 的基本参数。

1. 控制器类型

控制器类型默认选项为"常规",可以用下拉列表选择控制器类型为所需的物理量,例如:转速、压力、流量等,对应的单位随之变化,如图 8 - 6 所示。

2. 反向调节

有些控制系统需要反向调节,例如在冷却系统中,增大阀门开度来降低液位,或者增大制冷作用来降低温度。可以勾选"反转控制逻辑"复选框,在 PID 控制器的输出值增大时,减小实际的被控值,如图 8 - 6 所示。

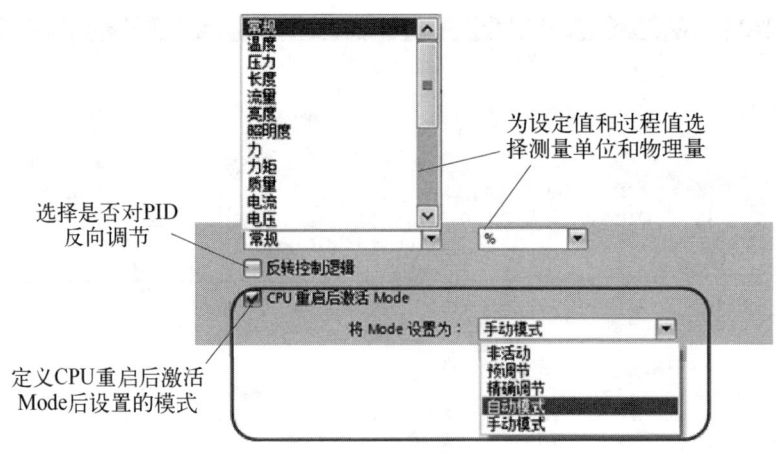

图 8 - 6　控制器类型

3. 控制器的输入/输出(Input/Output,简称 I/O)参数

控制器的 Input/Output 参数分别为设定值(Setpoint)、输入值(Input,即被控制变量的反馈值)和输出值(Output)。可以用各数值左边的下拉按钮 选择来自功能块(function block)或背景数据块(instance data block)的数值。用输入值上面的下拉列表选择输入值为来自用户程序的"Input"或"Input_PER(analog)"(模拟量处设输入,即直接指定模拟量输入的地址),用输出值上面的下拉列表选择输出值为来自用户程序的"Output""Output_PWM"(脉冲宽度调制的数字量开关输出)或"Output_PER"(外设输出,即直接指定模拟量输出的地址)。上述设置可以通过下拉列表完成,如图 8 - 7a 所示;也可以直接在梯形图中添加输出参数的绝对地址或符号地址,如图 8 - 7b 所示。

(a) 通过下拉列表设置　　　　　　　　　(b) 直接在梯形图中添加

图 8 - 7　定义 Input/Output 参数

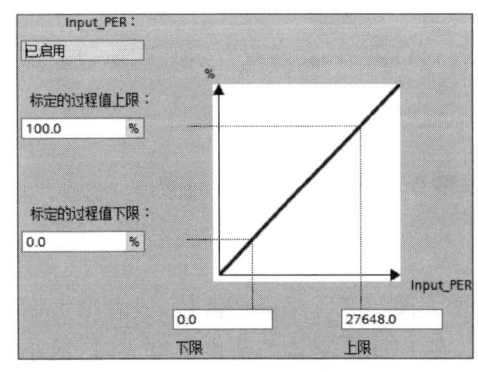

图 8 - 8　过程值的设置

4. 过程值设置

选中监视窗口左边的"过程值设定",可以设置输入值及其偏移量,如图 8 - 8 所示。默认的比例为模拟量的实际值(或来自用户程序的输入值)为 0.0%～100.0%,A/D 转换后的对应值为 0.0～27 648.0,以上参数均可修改。

可以设置输入的上限值和下限值。在运行时一旦超过上限值或低于下限值,将停止正常控制,输出值被设置为 0。单击"Default"按钮,可以用默认值替换现有的值。

5．组态控制器的控制参数

为了设置 PID 的高级参数，打开项目树"PLC_1"文件夹下"工艺对象"文件夹下的"PID_DB"文件夹，双击其中的"组态"选项，打开"PID_Compact 技术对象"。选中窗口左边的"高级设置"选项组，在窗口右边设置更多的参数。

（1）过程值监视。选中窗口左边的"过程值监视"选项，在右边的"输入监视"区，可以设置输入的上限报警值和下限报警值，如图 8-9 所示。运行时如果过程值超过上限值或低于下限值，指令的输出参数"InputWarning_H"或"InputWarning_L"将变为 **1** 状态。

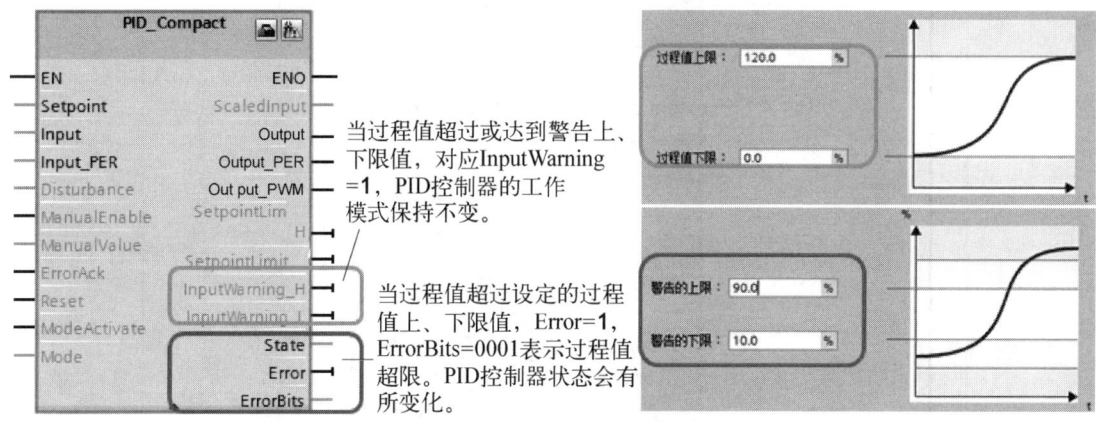

图 8-9　输入监视区

（2）PWM 限制。选中"PWM 限制"选项，在窗口右边的"PWM 限制"区中可以设置 PWM 允许为 ON 和 OFF 的最小时间。该设置将会影响指令的输出变量 Output_PWM。PWM 的输出受 PID_Compact 指令的控制，与 CPU 集成的脉冲发生器无关。

（3）输出值限制。选中窗口左边的"输出值限制"选项，在窗口右边的"PID 参数"区，勾选"使用手动 PID 参数设置"复选框，如图 8-10 所示，可以手动设置 PID 参数。

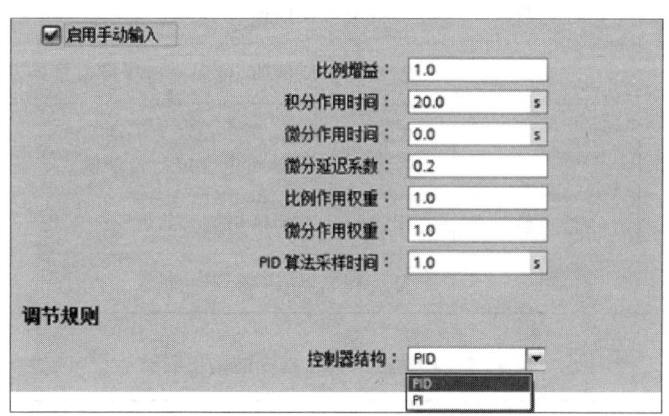

图 8-10　手动设置 PID 参数

6．直接设置 PID 控制器的参数

除了在 PID_Compact 指令的工艺对象组态窗口和指令下面的巡视窗口中设置 PID_Compact 的参数外，也可以直接输入指令的参数，如图 8-11 所示。

PID_Compact 指令的输入参数和输出参数见表 8-1 和表 8-2。

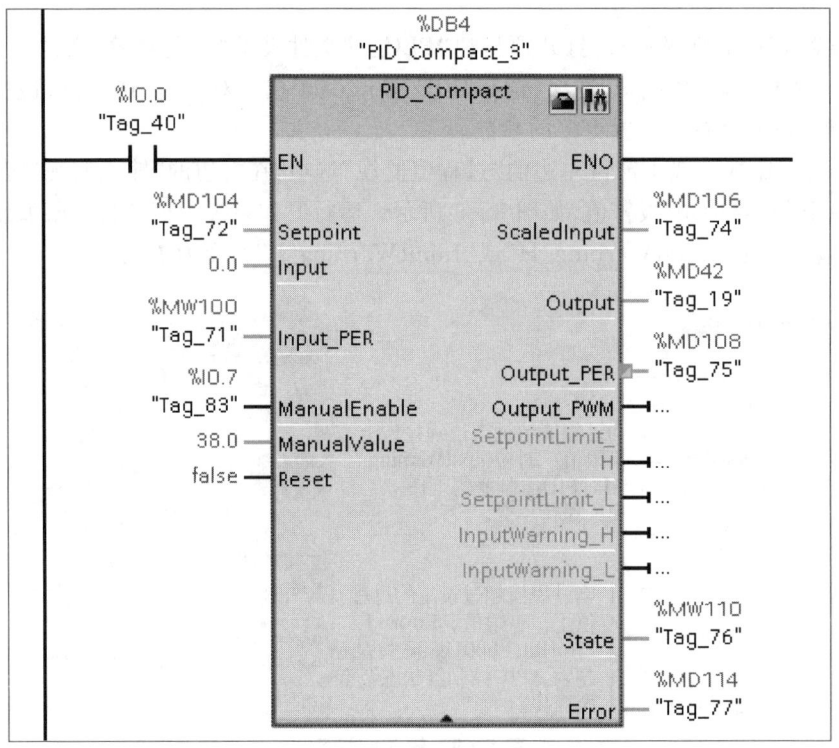

图 8 - 11　直接输入 PID_Compact 指令的参数

表 8 - 1　PID_Compact 指令的输入参数

参　数	数据类型	描　述
Setpoint	浮点数	自动模式下的给定值
Input	浮点数	实数类型反馈值
Input_PER	字	整数类型反馈值,可用于连接模拟量外设输入
ManualEnable	位	0 到 1 上升沿,指令设定为手动模式, 1 到 0 下降沿,指令设定为自动模式
ManualValue	浮点数	手动模式下的输出值
Reset	位	复位控制器及控制器的错误

表 8 - 2　PID_Compact 指令的输出参数

参　数	数据类型	描　述
ScaledInput	浮点数	当前的输入值
Output	浮点数	实数类型输出值
Output_PER	字	整数类型输出值

参　数	数据类型	描　　述
Output_PWM	位	PWM 输出
SetpointLimit_H	位	当给定值大于上限时置位报警
SetpointLimit_L	位	当给定值小于下限时置位报警
InputWarning_H	位	当反馈值超过上限报警时置位报警
InputWarning_L	位	当反馈值低于下限报警时置位报警
State	整数	控制器状态：State＝0 为未激活模式，State＝1 为自调节模式，State＝2 为精确调节模式，State＝3 为自动模式，State＝4 为手动模式
Error	双字	PID 出错报警

可以组态使用输入变量 Input 或 Input_PER，可以同时使用输出变量 Output、Output_PER 和 Output_PWM。

知识点 4　传感器和模块的使用

一、传感器的使用

1. 投入式液位传感器

投入式液位计是基于所测液体静压与该液体的高度成比例的原理，采用先进的隔离型扩散硅敏感元件或陶瓷电容压力敏感传感器制作而成，将静压转换为电信号，再经过温度补偿和线性修正，转化成标准电信号（一般为 DC 4～20 mA 或 DC 0～5 V）的一种用于测量液位的压力传感器。投入式液位传感器的参数见表 8-3，其外形如图 8-12 所示，接线图如图 8-13 所示。

表 8-3　投入式液位传感器的参数

参　数	参　数　值	参　数	参　数　值
量程	0～2 000 m（一体式）	工作温度	－20～60℃
精度	0.25%FS	温度补偿	－10～60℃
外型尺寸	$L≈110$ mm，$\phi≈26$ mm	存储温度	－40～80℃
测量范围	0～200 m	供电电源	DC 15～36 V（标定电压 DC 24 V）
最大工作压力	满量程压力的 2 倍		

图 8-12　投入式液位传感器的外形

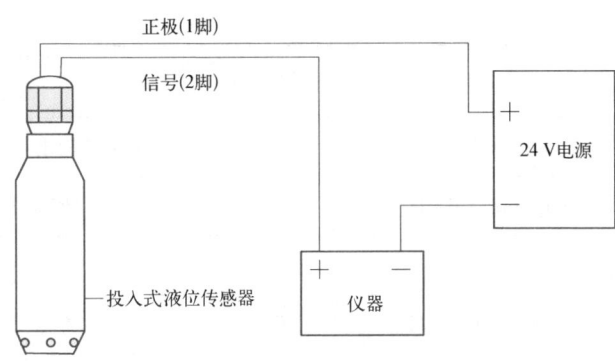

图 8-13　投入式液位传感器的接线图

图 8-14　涡轮流量计的外形

2. 涡轮流量计

涡轮流量计是采用涡轮进行测量的流量计。它先将流速转换为涡轮的转速,再将转速转换成与流量成正比的电信号。这种流量计用于检测瞬时流量和总的积算流量,其输出信号的物理量为频率,易于数字化。涡轮流量计的参数见表 8-4,其外形如图 8-14 所示,接线图如图 8-15 所示。

表 8-4　涡轮流量计的参数

参　数	参　数　值	参　数	参　数　值
环境温度	−10～+55℃	信号传输线	STVPV3×0.3(三线制)
相对湿度	5%～90%	传输距离	≤1 000 m
大气压力	86～106 kPa	信号线接口	内螺纹 M20×1.5
输出信号	脉冲频率信号,低电平≤0.8 V, 高电平≥8 V	防爆等级	Ex dIIBT6
		防护等级	IP6.5
供电电源	DC12 V、DC24 V(可选)		

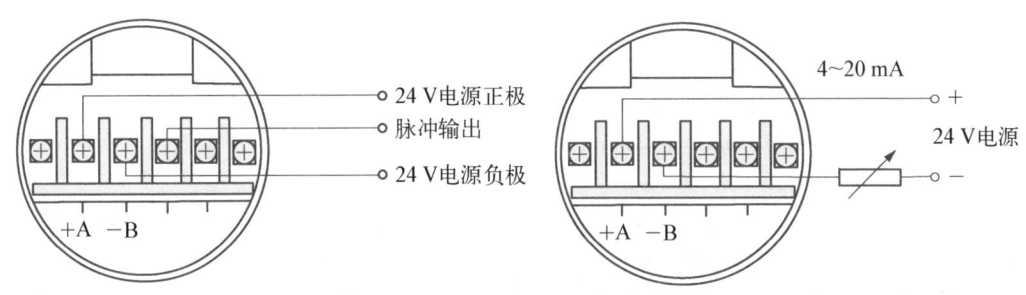

图 8-15　涡轮流量计的接线图

3. 压力变送器

压力变送器是指输出为标准信号的压力传感器,是一种接受压力变量并按比例转换为标准输出信号的仪表。它能将测压元件传感器感受到的气体、液体等压力参数转变成标准的电信号(如 DC 4~20 mA),以供给指示报警仪、记录仪、调节器等二次仪表进行测量、指示和过程调节。压力变送器的参数见表 8-5,其外形如图 8-16 所示。两线制电流输出压力变送器接线图如图 8-17 所示。

表 8-5 压力变送器的参数

参 数	参 数 值	参 数	参 数 值
供电电压	DC24 V(12~32 V)	输出信号	4~20 mA,1~5 V;0~10 mA,0~20 mA,0~5 V
量程	-0.1~100 MPa		
介质温度	-40~85℃	外壳防护	IP6.5
补偿温度	-10~70℃	综合精度	0.1 级、0.3 级、0.5 级可选
最大工作压力	满量程压力的 2 倍		

图 8-16 压力变送器的外形

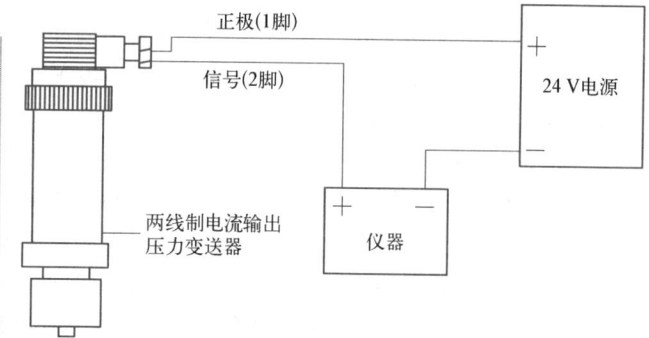

图 8-17 两线制电流输出压力变送器的接线图

4. 温度变送器

温度变送器采用热电偶、热电阻作为测温元件,测温元件的输出信号送到变送器模块,经过稳压滤波、运算放大、非线性校正、电压/电流转换、恒流及反向保护等电路处理后,转换成与温度成线性关系的 4~20 mA 电流信号 0~5 V 或 0~10 V 电压信号,RS485 数字信号输出。温度变送器的参数见表 8-6,其外形如图 8-18 所示,其接线图如图 8-19 所示。

表 8-6 温度变送器的参数

参 数	参 数 值	参 数	参 数 值
温度测量范围	-50~300 ℃	供电电源	DC24 V
输出信号	4~20 mA	功耗	≤1 W
负载电阻	≤500 Ω	基本误差	0.2%~0.5% FS

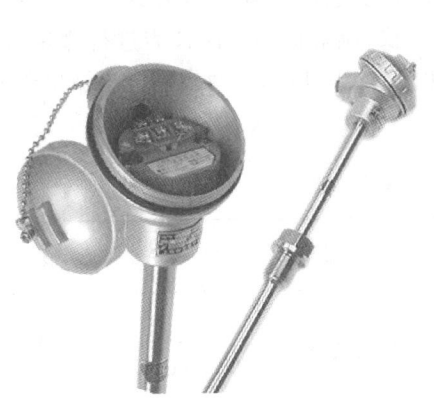

图 8 - 18 温度变送器的外形

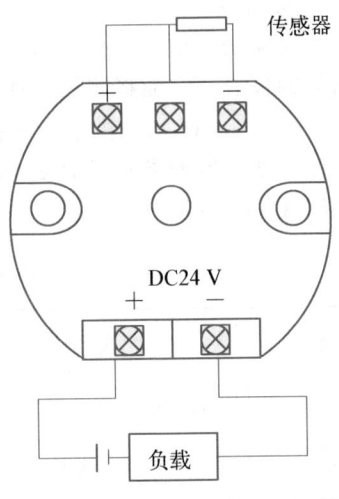

图 8 - 19 温度变送器的接线图

二、模块的使用

1. 变频器

MM420(MICROMASTER420)系列变频器是西门子公司的通用变频器产品,属于第 2 代通用变频器。该系列变频器有多种型号,可使用单相电源和三相电源,其额定功率为 120 W～11 kW。例如,本项目中所用的变频器为单相 220 V 电源电压,额定功率 750W 的 MM420,它采用 BOP 面板作为操作面板。

MM420 系列变频器采用 IGBT 作为功率输出器件,其脉冲宽度调制的开关频率从 2～16 kHz 可分级选择,其额定值为 4 kHz。用户可根据运行要求、环境情况选择不同的开关频率(参数 P1800),达到降低电动机运行噪声、减少变频器的损耗、降低射频干扰的发射强度等目的。

变频器由微处理器控制,所以其控制功能和保护功能较为全面且完善,具备功能的多样性和很高的运行可靠性,并且为变频器和电动机提供良好的保护。

变频器的控制方式都是基于 U/f 控制特性,包括变通 U/f 控制,用于如风机和水泵等类型负载的抛物线(平方)U/f 控制,带磁能电流控制(FCC)的高性能 U/f 控制。根据不同的应用对象可选择不同的控制方式。

变频器的参数设置见表 8 - 7。

表 8 - 7 变频器的参数设置

参　　数	设定值	说　　　　明
P0003	1	设置用户访问级为标准级
P0010	1	快速调试
P0100	0	设置使用模式,P0100＝0 表示采用国际单位制,此时功率用 kW 表示,频率为 50 Hz
P0304	380	电动机额定电压/V

参　数	设定值	说　　明
P0305	0.18	电动机额定电流/A
P0307	0.12	电动机额定功率/kW
P0310	50	电动机额定频率/Hz
P0311	1300	电动机额定转速/(r·min⁻¹)
P0700	2	命令源信号由外部给定
P0701	1	用于设置 DIN1 ON 时接通正转,OFF 时停止
P1000	2	频率源信号由外部模拟电压信号给定

2. SM 1234 模拟量 I/O 模块

本项目的控制系统需要检测液位、温度、流量、压力等模拟量信号,并且需要输出模拟量信号电压去控制变频器以达到控制水泵的目的,所以本项目选择 SM 1234 模拟量 I/O 模块,它具有 4 路模拟量输入和 2 路模拟量输出。SM 1234 模块的参数见表 8-8,其外形如图 8-20 所示。

表 8-8　SM 1234 模块的参数

参　数	参 数 值	参　数	参 数 值
尺寸	45 mm×100 mm×75 mm	输入对应值	满量程范围:-27 647～+27 648
重量	220 g		
功耗	2.0 W	输出物理量类型	电压或电流
电流消耗(SM总线)	80 mA	输出物理量范围	±10 V 或 0～20 mA
电流消耗(DC24 V)	60 mA(无负载)	输出对应值	电压:-27 647～+27 648,电流:0～27 648
输入物理量类型	电压或电流		
输入物理量范围	-10～+10 V、-5～+5 V、0～2.5 V 或 0～20 mA		

3. 固态继电器

固态继电器是由微电子电路、分立电子器件、电力电子功率器件组成的无触点开关。它采用隔离器件实现了控制端与负载端的隔离。固态继电器的输入端用微小的控制信号,可以直接驱动大电流负载。固态继电器的参数见表 8-9,其外形如图 8-21 所示。

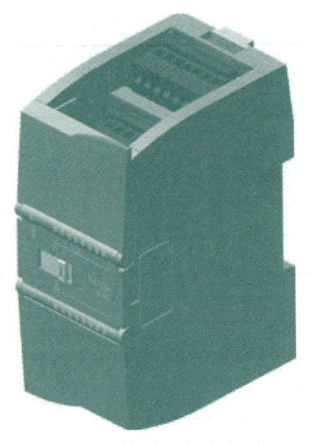

图 8 - 20 SM 1234 模块的外形

图 8 - 21 固态继电器的外形

表 8 - 9 固态继电器的参数

参　数	参　数　值	参　数	参　数　值
负载电压	48～530 V	断态漏电流	≤3 mA
负载最大电流	100 A	电压上升率	500 V/μs
隔离电压	≥AC 2 500 V	通断时间	10 ms
绝缘电压	≥AC 2 500 V	频率范围	47～63 Hz
控制电压	DC 3～32 V	工作环境温度	−40～80℃
控制电流	6～20 mA	动作状态指示	LED 指示灯
通态压降	≤1.3 V		

任务 1 　恒液位、恒流量、恒压力控制

一、任务目标

1. 了解压力变送器、液位变送器、流量变送器的应用和安装。
2. 掌握 S7 - 1200 中 SM 1234 模块的使用方法。
3. 掌握恒液位、恒流量、恒压力控制系统的设计与调试,掌握 PID 控制器参数组态。

二、控制要求

　　系统控制包含压力、温度、流量、液位测量与控制,其组成如图 8 - 22 所示。系统的压力、流量、液位传感器都为模拟量传感器。系统有上、下两个水箱,通过 PLC 的 PID 控制器控制变频器驱动水泵电动机将下水箱的水输送到上水箱,上水箱到下水箱设置一个手动放液阀,具体的控制过程如下。

通过传感器将检测到的上水箱的液位、压力、流量转化为电流信号，经过 A/D 转换后转换成数字量供 PLC 进行处理，可在人机界面上设置液位、压力、流量值，经过 PLC 将设置值与当前值进行比较后，通过变频器来控制水泵的转速，从而达到恒液位、恒流量、恒压力的控制要求。可打开上水箱手动放水阀，来保证压力、液位、流量的动态平衡。

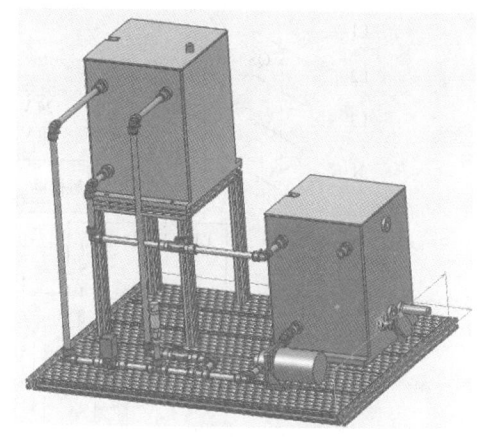

图 8-22 过程控制系统组成

三、硬件设计

1. 硬件选型

硬件选型见表 8-10。

表 8-10 硬件选型

名　　称	型　　号	名　　称	型　　号
PLC	CPU 1214C DC/DC/DC	水泵	JET-G17-37
触摸屏	汇川 IT510E-J	中间继电器	RXM2LB2BD
模拟量模块	SM 1234	投入式液位传感器	MIK-P260
按钮	XB2-BVB1LC 24 V	涡轮流量计	LWGYS-A
变频器	MM420	压力变送器	BST6600-BB

2. I/O 接口分配

I/O 接口分配表见表 8-11。

表 8-11 I/O 接口分配表

输 入 信 号		输 出 信 号	
名　　称	接　口	名　　称	接　口
正转起动按钮 SB1	I0.0	变频器起动信号	Q0.0
停止按钮 SB2	I0.1	变频器模拟电压输入	QW96
投入式液位传感器	IW96		
压力变送器	IW98		
涡轮流量计	IW100		

3. 接线图

恒液位、恒流量、恒压力控制的 PLC 接线图如图 8-23 所示。

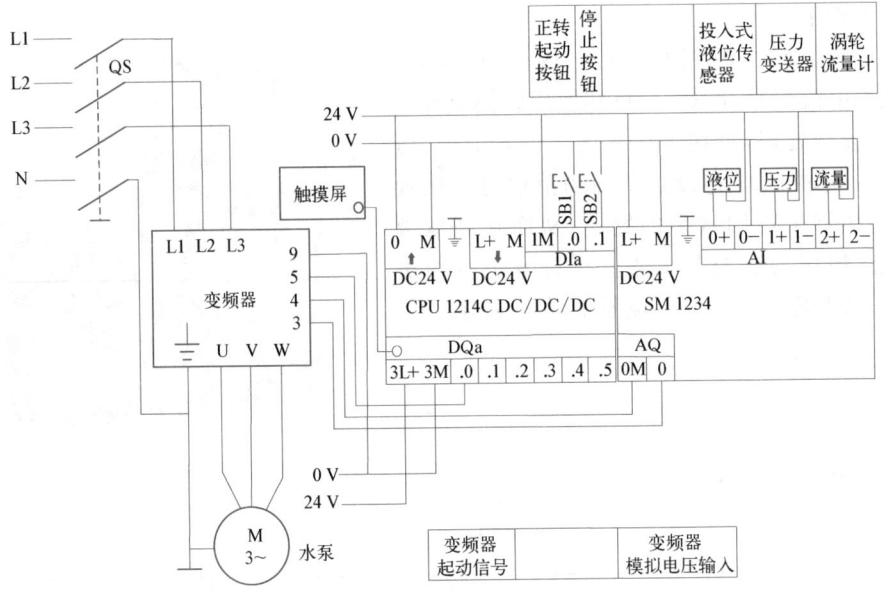

图 8 - 23　PLC 接线图

四、程序设计

1. 硬件组态

（1）新建工程。新建工程，因为液位、流量和压力的控制原理与过程都是相对的，此处以压力的 PID 控制为例，新建一个名为"压力 PID"的工程。

（2）硬件组态。单击项目树中"添加新设备"选项，双击所要组态的 CPU 型号，并用同样的方法组态模拟量模块 SM 1234。可以在巡视窗口的"模拟量输入"选项组下的各通道中选择不同的测量类型和对应的范围，本任务需要选择 0～20 mA 电流范围，如图 8 - 24 所示。

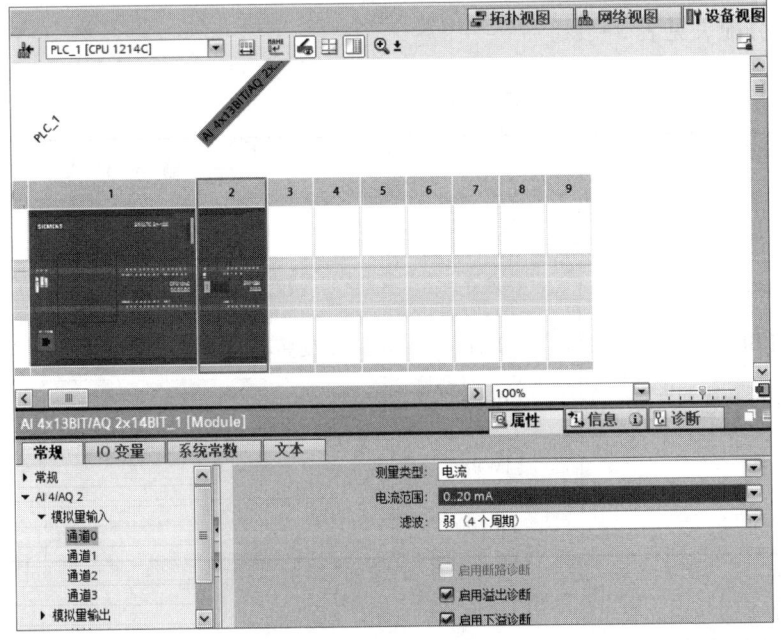

图 8 - 24　硬件组态

2. 参数组态

（1）添加循环中断组织块。

（2）基本参数组态。展开界面左侧的目录树，双击"工艺对象"文件夹下的"组态"参数，可以组态PID控制器的基本参数，如图8-25所示。

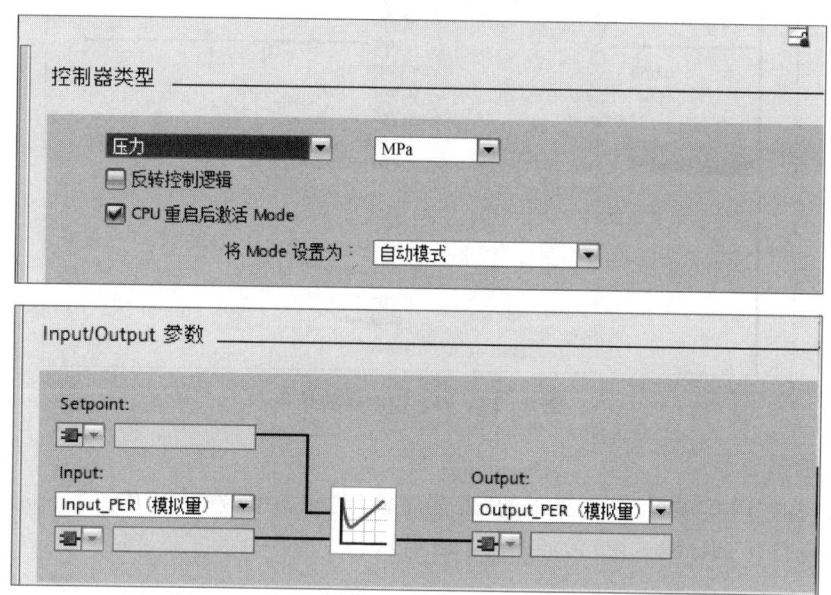

图8-25　组态PID控制器的基本参数

在"控制器类型"区域中选择"压力"选项，输入值为"Input_PER"（整数类型反馈值），输出值为"Output_PER"（整数类型输出值）。

（3）反馈值量程化。模拟量输入经过A/D转换后的最大值（上限）为"27 648.0"，该数值对应压力是0.6 MPa，如图8-26所示。

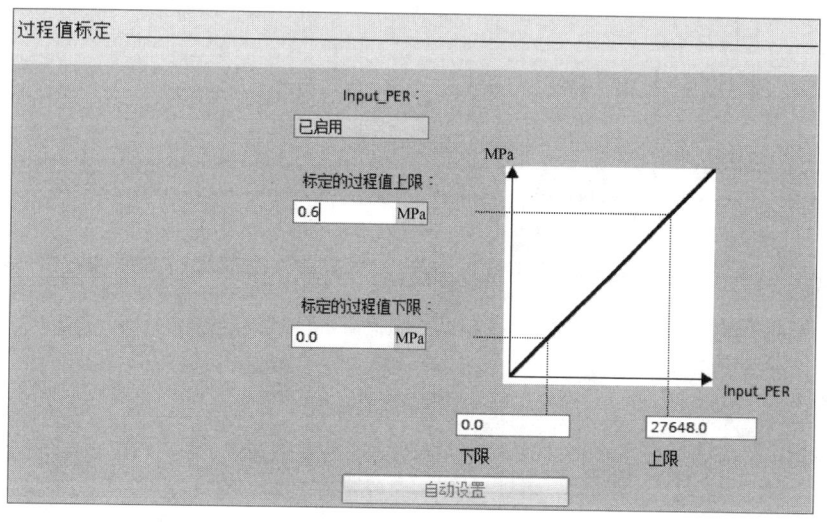

图8-26　反馈值量程化

不同的模拟量输入信号应选择不同的模拟量输入地址（见表8-11），并将设定值根据不同的标定范围转换成0～27 648的数字量。

3. 编写程序

在硬件组态和参数组态完成后,PID 控制器的编程工作也就完成了,如图 8 – 27 所示。

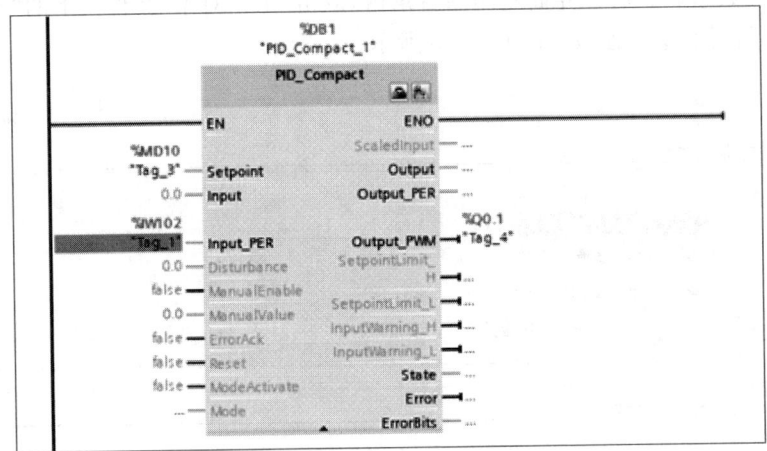

图 8 – 27　PID 控制器的编程

4. 程序调试

在项目树的"PLC 项目"文件夹下的"工艺对象"文件夹中,选择"PID_Compact"文件夹下的"调试"选项打开 PID 调试窗口,如图 8 – 28 所示。

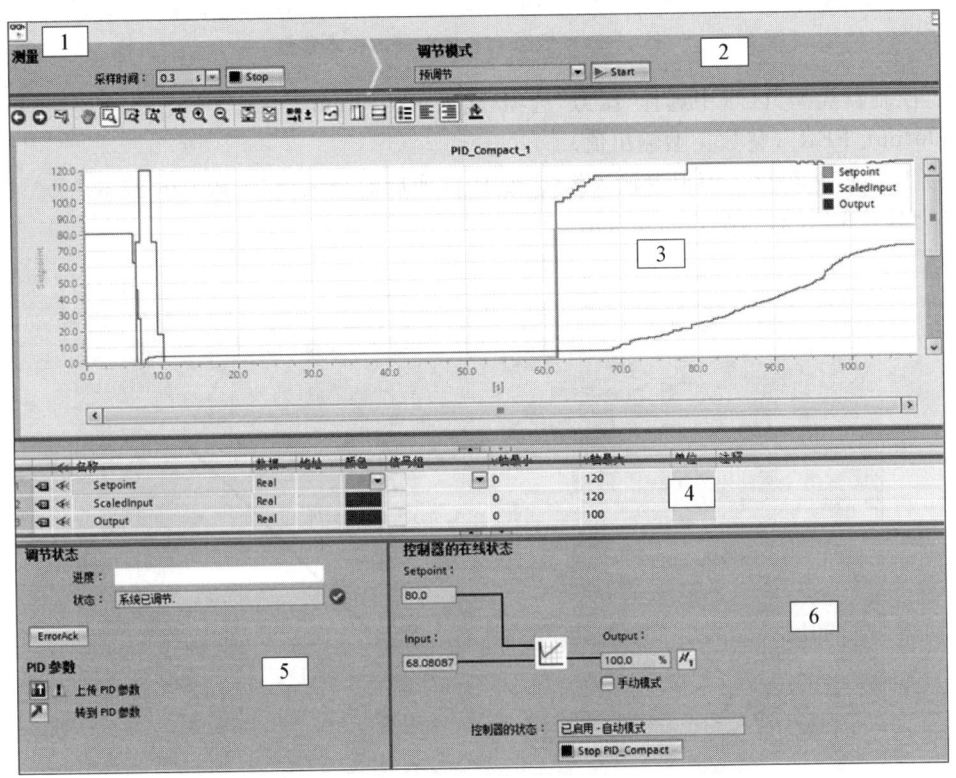

图 8 – 28　PID 调试窗口

(1)"测量"区域:"采样时间"选项用于选择调试窗口测量功能的采样时间,其右边的"Start/Stop"按钮用于激活 PID_Compact 指令的趋势采集功能。

（2）"调节模式"区域：通过下拉列表选择整定方式，其右边的"Start/Stop"按钮用于激活调节模式。

若当进度条或控制器调节功能看似受阻时，请单击"调节模式"区域中的"Stop"按钮。检查工艺对象的组态，必要时可重新启动控制器调节功能。

（3）实时趋势图：以曲线方式显示 Setpoint（给定值）、ScaledInput（输入值）和 Output（输出值）。

（4）标尺：更改趋势图中曲线颜色和标尺中的最大/最小值。

（5）"调节状态"区域：显示进度条与调节状态。当调节完成后，整定后的参数会实时更新至"工艺对象背景"数据块的"Retain"选项组下"PID 参数"页面中。

"ErrorAck"按钮用于确认警告和错误，按住时"ErrorAck＝1"，释放时"ErrorAck＝0"。

"上传 PID 参数"左边的按钮将调节出的参数更新至初始值。

"转到 PID 参数"左边的按钮转换到"PID 参数"设置界面，如图 8-9 和图 8-10 所示。

（6）"控制器的在线状态"区域：可监视给定值、输入值、输出值的在线状态，并可手动强制输出值。"Stop PID_Compact"按钮用于禁用 PID 控制器至非活动状态。

微视频：恒液位、恒压力、恒流量的控制

注意：上传参数时要保证软件与 CPU 之间的在线连接，并且调试模板要处于"测量"模式，即能实时监控状态值，单击"上传 PID 参数"左边的按钮后，PID 工艺对象数据块会显示与 CPU 中不一致的值，因为此时项目中工艺对象数据块的初始值与 CPU 中的值不一致，需要将此块重新下载。

五、练习与提高

1. 当传感器的输出是 4～20 mA 时，应如何接入 MM420 的模拟量输入端？

2. MM420 变频器如何恢复出厂设置？

3. 改变 A/D 转换模块或 D/A 转换模块的量程，变频器的频率会有何变化？现象如何？

互动：项目八任务 1 随堂练习

任务 2　　恒温的 PID 控制

一、任务目标

1. 了解温度变送器的应用和安装。

2. 掌握 PID_Compact 指令使用方法。

3. 在调试窗口中整定 PID 控制器。

二、控制要求

本任务的控制系统结构如图 8-22 所示。系统有上、下两个水箱，通过 PLC 的 PWM 输出控制固态继电器的动合触点，从而控制加热棒的通电时间，上水箱到下水箱设置一个手动放液阀，变频器驱动水泵电动机将下水箱的水输送到上水箱，具体的控制过程如下。

通过投入式液位传感器和温度变送器将检测到的下水箱的当前液位和当前温度信号转换为模拟量信号，经过 A/D 转换后转换成数字量信号供 PLC 处理，可在触摸屏上设置液位、温度的设定值，通过上水箱到下水箱的手动阀，来控制上水箱到下水箱的水的流量，液位传感器检测到当前下水箱的液位变化后,起动变频器来控制水泵,来保证下水箱的液位是不变的,同时通过 PID 控制器来控制加热器的通电时间,此时上、下水箱是流通的,而且下水箱的液位是不变的,这样就可以做到恒液位、恒温的动态平衡。

三、硬件设计

1. 硬件选型

硬件选型见表 8 - 12。

表 8 - 12　硬件选型

名　称	型　号	名　称	型　号
PLC	CPU 1214C DC/DC/DC	固态继电器	MGR - 1 DD220D25
模拟量模块	SM 1234	投入式液位传感器	MIK - P260
触摸屏	汇川 IT5104E - J	变频器	MM420
按钮	XB2 - BVB1LC 24 V	水泵	JET - G17 - 37
温度传感器	WRN - 130	中间继电器	RXM2LB2BD
加热棒	单头螺纹加热管		

2. I/O 接口分配

I/O 接口分配见表 8 - 13。

表 8 - 13　I/O 接口分配表

输　入　信　号		输　出　信　号	
名　称	接　口	名　称	接　口
正转起动按钮 SB1	I0.0	变频器起动信号	Q0.0
停止按钮 SB2	I0.1	固态继电器	Q0.1
投入式液位传感器	IW96	变频器模拟量电压输入	QW96
温度传感器	IW102		

3. 接线图

恒温的 PID 控制的 PLC 接线图如图 8 - 29 所示。

四、程序设计

1. 硬件组态

(1) 新建工程,并命名为"温度 PID"。

(2) 硬件组态。单击项目树中"添加新设备"选项,双击所要组态的 CPU 型号,并用同样的方法组态模拟量模块 SM 1234,如图 8 - 24 所示。可以在巡视窗口的"模拟量输入"选项组

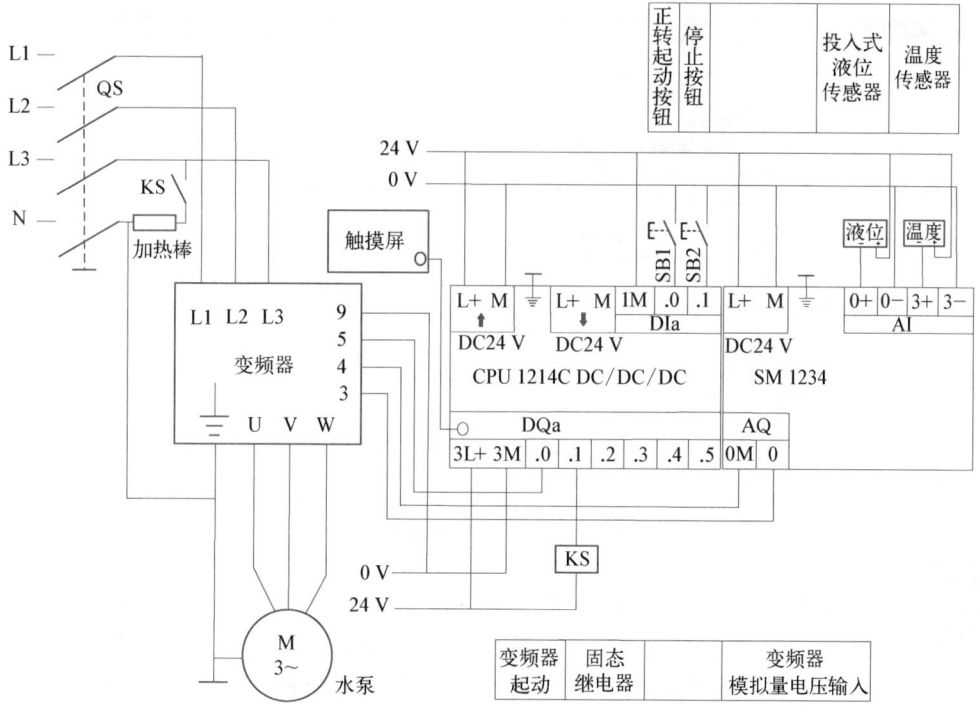

图 8－29 PLC 接线图

下的各通道中选择不同的测量类型和对应的范围,本任务需要选择 0～20 mA 电流范围。

2. 参数组态

(1) 添加循环中断组织块。

(2) 基本参数组态。展开界面左侧的目录树,双击"工艺对象"文件夹中的"组态"参数,可以组态 PID 控制器的基本参数,如图 8－25 所示。

在"控制器类型"区域中选择"温度"选项,输入值为"Input_PER()"(模拟量整数反馈),输出值为"Output_PWM"(PWM 输出)。

(3) 反馈值量程化。模拟量输入经过 A/D 转换后的最大值(上限)为"27 648.0",该数值对应温度是 100℃。

3. 编写程序

(1) 设定参数。PID_Compact 指令的参数分为输入参数和输出参数,其含义见表 8－1 和表 8－2。

(2) 编写程序。程序如图 8－30 和图 8－31 所示。

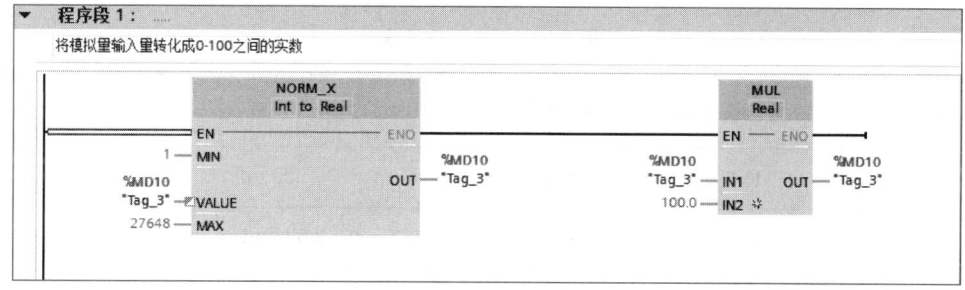

图 8－30 OB1 中的程序

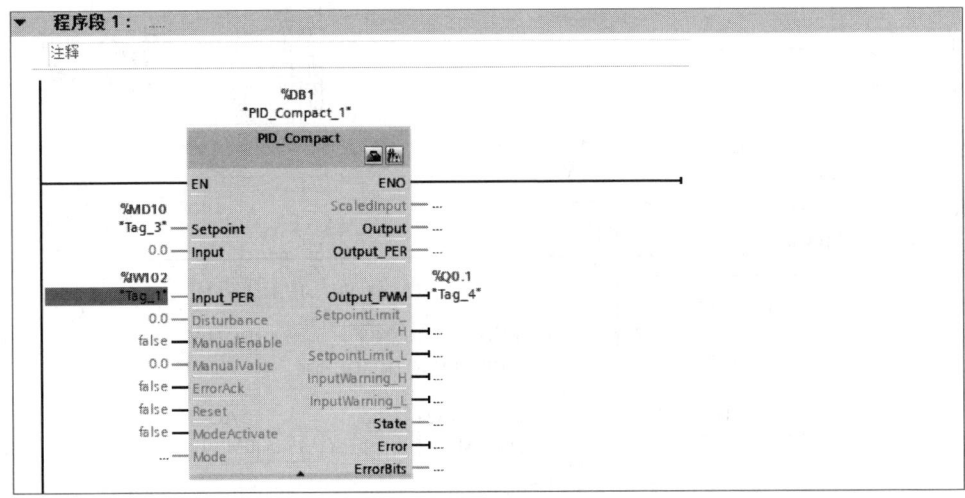

图 8 - 31   OB30 中的程序

微视频:恒温的 PID 控制

注意:用 PID_Compact 指令编写程序,首先要理解 PID 控制的原理,这点非常重要;再者就是要理解指令各参数的含义;要达到令人满意的效果,还要对 P、I、D 三个参数进行调节,这需要经验的积累;最后,硬件线路的接线正确和变频器参数的设置正确也是非常重要的。

互动:项目八任务 2 随堂练习

互动:项目八单元测验

五、练习与提高

1. PID 控制三个参数的含义是什么?

2. 简述闭环控制的优点。

3. 简述调整 PID 控制三个参数的方法。

4. 简述 PID 控制器的主要优点。

 虚拟场景联调

在过程控制系统中,西门子 S7 - 1200 PLC 不支持 PID 仿真功能,故我们选择了 S7 - 1500 PLC 进行过程控制仿真,针对 TIA Portal V16 的软件,在进行 S7 - 1500 PLC 仿真时要安装 S7 - PLCSIM Advanced 软件,同时需要模拟温度传感器、压力传感器、流量传感器、液位传感器的反馈值并将其存到相应的寄存器中,需要采用四档开关来对温度、压力、流量、液位进行切换,信号连接如表 8 - 14 所示。

表 8 - 14   信号连接表

传感器	四挡切换开关	传感器反馈值	量　　程	初　　值
液位	I0.6	MD208	0～530 ml	0 ml
流量	I0.4	MD200	0～2 000 ml/s	0 ml/s
压力	I0.5	MD204	0～100 000 Pa	0 Pa

传感器	四挡切换开关	传感器反馈值	量　　程	初　值
温度	I0.7	MD232	25～85℃	25℃
设定值		MD240		

上、下水阀可按比例打开或关闭,由于虚拟场景中的过程控制系统和实际生产应用中的略有不同,故提供过程控制系统(虚拟)程序,过程控制系统虚拟场景如图 8-32 所示。

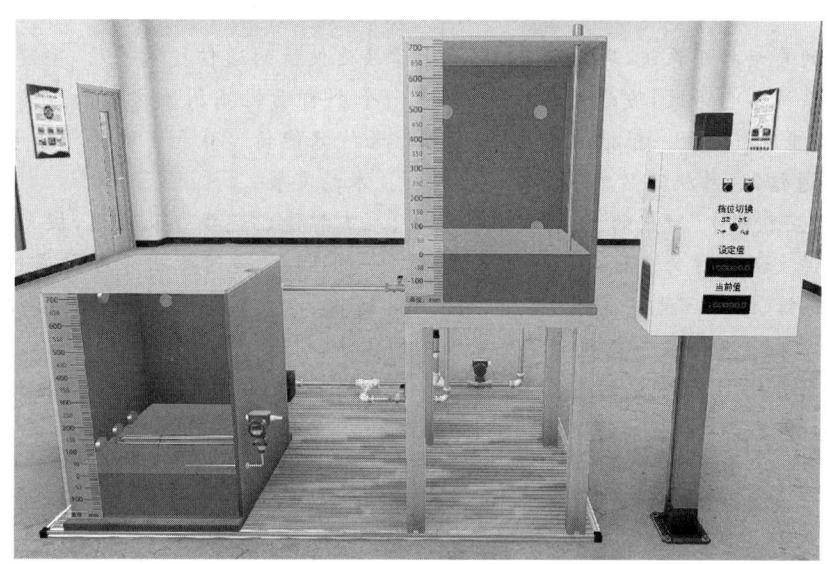

图 8-32　过程控制系统虚拟场景

微视频:过程控制系统虚拟场景程序联调

虚拟场景:过程控制系统下载

例程:过程控制系统下载(虚拟)

项目描述

　　传统的自动控制系统,即使有 PLC,但由于缺乏便捷的通信技术手段,导致工厂内的各控制子系统各自为政,彼此互相独立,形成一个个自动化孤岛。这些孤岛若要彼此握手通信,只能通过布置一根根的信号线,每根信号线只能传递 0 和 1 的逻辑信号,进行所谓的 I/O 通信,这种状况显然不适应现代控制技术的发展。

　　随着"互联网+"时代的到来,目前网络化、人工智能已逐步普及应用,极大地方便了信息的传递交互。作为当代自动化技术支柱之一的 PLC,适时推出了各种通信手段,例如:串口通信、RS485 通信、OSS 通信、Modbus 通信、以太网通信等,使 PLC 彼此之间、PLC 与计算机等其他设备之间有了交互信息的方法。

　　本项目介绍 PLC 常见的通信方式,包括 RS485 通信、USS 通信、Modbus 通信、以太网通信等,并使学生学习如何实现网络通信控制。

任务准备

知识点 1　串口通信基础

文本:从单机到产线——PLC 协同的智慧

　　1. 串口通信概念

　　串口通信(serial communication),是指外设和计算机间通过数据信号线、地线等方式,按位进行传输数据的一种通信方式。

　　串口是一种接口标准,它规定了接口的电气标准,没有规定接口插件电缆以及使用的协议。常见的串口有 RS232、RS485、USB 等。

　　2. 通信方式

　　串口通信常用的通信方式有单工模式、半双工模式和全双工模式。

　　(1) 单工模式(simplex communication)。单工模式的数据传输是单向的。通信双方中,一方固定为发送端,一方则固定为接收端。信息只能沿一个方向传输。单工模式只需使用一根传输线。

　　(2) 半双工模式(half duplex)。半双工模式通信使用同一根传输线,通信的一方既可以发送数据又可以接收数据,但不能同时进行发送和接收。数据传输允许数据在两个方向上传输,但是在任何时刻只能由其中的一方发送数据,另一方接收数据。因此半双工模式既可以使用一条数据线,也可以使用两条数据线。

半双工通信中每端需有一个收发切换电子开关,通过切换来决定数据向哪个方向传输。因为存在切换等待,所以会产生时间延迟,信息传输效率较低。

(3)全双工模式(full duplex)。全双工模式通信允许数据同时在两个方向上传输。因此,全双工通信可以视作两个单工通信方式的结合,它要求发送设备和接收设备都有独立的接收和发送能力。在全双工模式中,每一端都有发送器和接收器,有两条传输线,信息传输效率高。

由此可见,在其他参数都一样的情况下,全双工模式比半双工模式传输速度更快,效率更高。

3.串口通信的数据格式

串口通信涉及在一根数据线上传递信息的问题,必须要有一些数据传递的约定。数据在网络上最小是以"帧(Frame)"为单位传输的,就是数据链路层的协议数据单元,它包括三部分:帧头、数据部分和帧尾。其中,帧头和帧尾包含一些必要的控制信息,比如同步信息、地址信息、差错控制信息等,数据部分则包含从网络上传下来的数据,比如数据包。串口通信的数据帧格式具体如图 9-1 所示。

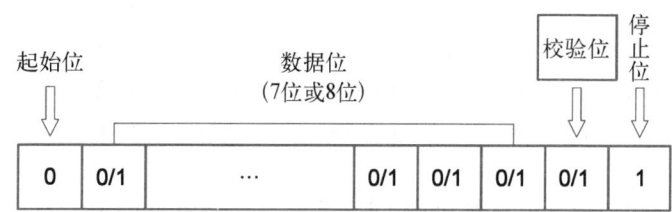

图 9-1 串口通信的数据帧格式

串口数据传递是 1 个字符(数据长度往往是 1 个字节)、1 个字符地传输,而每个字符要 1 位(1 个二进制位)、1 位地传输,并且传输 1 个字符时,总是以"起始位"开始,以"停止位"结束,字符之间没有固定的时间间隔要求。

每一个字符的前面都有 1 位起始位(低电平),字符本身由 7 位或者 8 位数据位组成,字符后面是 1 位校验位(检验位可以是奇校验位、偶校验位或无校验位),最后是 1 位、1 位半或 2 位停止位,停止位后面是不定长的空闲位,停止位和空闲位都规定为高电平。实际传输时每 1 位的信号宽度与波特率有关,波特率越高,信号宽度越小。在进行传输之前,通信双方一定要设置在同一个波特率上。

最常用的数据帧格式是(N,8,1)。其中,N 代表无"奇偶校验位",8 代表数据是 8 位的,1 代表停止位。于是,在这种情况下一个数据帧共包括 10 位:1 个起始位(低电平,用于通信同步),8 个数据位(要传递的信息)以及 1 个停止位(高电平,用于表示数据帧结束)。

(1)校验位。在标准 ASCII 码中,其最高位(bit7)用作奇偶校验的校验位,非标准 ASCII 码有单独的校验位。所谓奇偶校验,是指在代码传送过程中用来检验是否出现通信传递错误的一种方法,一般分奇校验和偶校验两种。

奇校验规定:正确的代码一个字节中 1 的个数必须是奇数,若非奇数,则在最高位 bit7 补充 1,凑满奇数个 1。

偶校验规定:正确的代码一个字节中 1 的个数必须是偶数,若非偶数,则在最高位 bit7 补充 1,凑满偶数个 1。

有时,为了简化通信过程,也可以没有校验位,这时就称为无校验。

(2)起始位、停止位。起始位是用来告知通信的另一方(接收端),现在彼此间已经开始通信了。起始位一般用作通信同步,长度固定为 1 位。

停止位是用来告知通信的另一方(接收端),现在彼此间通信结束了。串行异步通信从计时开始,以单位时间为间隔(1 个单位时间就是波特率的倒数),依次接受所规定的数据位和奇偶校验位,并拼装组合成 1 个字符的信息,最后应接收到规定长度的停止位 **1**。停止位都是逻辑 **1**。停止位的长度,即停止位的逻辑电平保持若干个单位时间长度,一般有 1、1.5、2 个单位时间的三种长度可供选择,没有强制规定必须选择哪种。

4. 波特率

波特率就是每秒传输的数据位数。波特率的单位是每秒比特数(bps),常用的单位还有每秒千比特数 Kbps 和每秒兆比特数 Mbps。串口通信典型的传输波特率 600 bps、1.2 Kbps、2.4 Kbps、4.8 Kbps、9.6 Kbps、19.2 Kbps、38.4 Kbps 等。PLC 或计算机与仪表通信时,最常用的波特率是 9.6 Kbps、19.2 Kbps。PLC、计算机或仪表与大屏幕通信时,最常用的波特率是 600 bps。

5. RS232 串口

RS232 是计算机在工业通信中应用最广泛的一种串行接口。它以全双工方式工作,需要地线、发送线和接收线三条线。RS232 只能实现点对点的通信方式,彼此间通信对象就只有 2 个。

RS232C 标准规定+3～+15 V 表示逻辑 **0** 电平,-15～-3 V 表示逻辑 **1** 电平。

(1) RS232 串口缺点。接口信号电平值较高,接口电路芯片易遭损坏。传输速率低,最高波特率 19.2 Kbps。抗干扰能力较差。传输距离有限,一般在 15 m 以内。只能实现点对点的通信。

(2) RS232 串口接口定义。计算机的 DB9 针接口是最常见的 RS232 串口。RS232 串口 DB9 针接口引脚图如图 9-2 所示,部分引脚定义如下,其他引脚一般不常用。

2 号脚:RXD(接收数据)。

3 号脚:TXD(发送数据)。

5 号脚:SG 或 GND(信号地)。

其他引脚一般不常用。

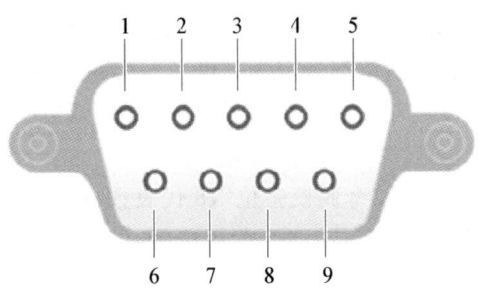

图 9-2　RS232 串口 DB9 针接口引脚图

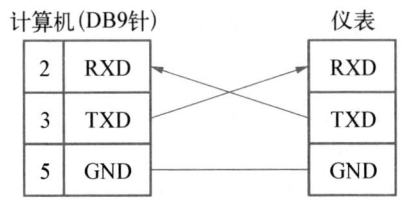

图 9-3　RS232 串口通信连接图

(3) RS232 串口通信连接图。

RS232 通信对象 1 的 RXD 端要与通信对象 2 的 TXD 相连,通信对象 1 的 TXD 端要与通信对象 2 的 RXD 相连,如图 9-3 所示。

知识点 2　RS485 通信基础

1. RS485 通信的优势

当前 PLC 控制的自动化系统中,与各类控制仪表采用 RS485 通信进行控制的应用越来越广泛,与传统的非通信控制方式相比较,通信控制有以下几个方面主要优点。

（1）控制线路硬件连接简单。大多数工业总线的物理层协议均为 RS485,由控制器（工业控制计算机或 PLC）与控制仪表的连接线路可采用简单的屏蔽双绞线实现。与传统的端子控制相比较,不仅可以节省线缆的费用,同时也避免了人工配线过程中出现的错误。

（2）通信数字给定精度高。采用通信控制可以实现通信对象之间的直接数字交换。与传统的控制方式相比较,不仅可以节省控制系统 A/D 转换模块和 D/A 转换模块的费用,同时,其控制精度也得到了极大地提高。

（3）多台通信设备的远程集中监控。RS485 通信仅通过一条通信电缆连接,无须其他外部接线,不但能完成传统应用的所有功能,还能进行各种复杂的数据通信,可方便地从通信设备中获取各种现场控制参数如:设定值、测量值、频率、电流、电压、功率等,可将上述参数直接显示在人机界面上。

2. 初步认识 RS485 通信串口

RS485 采用差分信号负逻辑,＋2～＋6 V 表示 **0**,－6～－2 V 表示 **1**。RS485 的数据最高传输速率为 10 Mbps。

（1）RS485 通信串口特点。RS485 采用平衡发送和差分接收,具有良好的抗干扰能力,信号传输能达上千米。

RS485 有两线制和四线制两种接线方式。四线制是全双工通信方式,两线制是半双工通信方式。采用四线制时,RS485 只能实现单主多从的通信（即只能有一个主设备,其余为从设备）。四线制现在已很少采用,两线制成为主要的接线方式。两线制 RS485 只能以半双式方式工作,收、发不能同时进行。

RS485 在同一总线上最多可以接 32 个节点,可实现真正的多点通信,但一般采用的是主从通信方式,即一个主机带多个从机。

RS485 由于具有抗干扰能力优良、传输距离长和多个设备通信能力等优点,使其成为首选的通信串口。

（2）RS485 通信串口定义。数据信号线 A 端、Data＋（D＋）或＋表示信号正。数据信号线 B 端、Data－（D－）或－表示信号负。

注意:西门子 S7－1200 PLC 通信模块 RS485 串口的接口定义与一般的定义相反,即 A 端为 Data－（D－）、信号负;B 端为 Data＋（D＋）、信号正。

（3）RS485 通信串口设备连接。在工业控制场合,RS485 总线因其接口简单,组网方便,传输距离远等特点而得到广泛应用。

RS485 接口组成的半双工网络,一般是两线制,多采用屏蔽双绞线传输。这种接线方式为总线型拓扑结构,在同一总线上最多可以挂接 32 个节点。在 RS485 通信网络中一般采用的是主从通信方式,即一个主机带多个从机。

很多情况下,连接 RS485 通信链路时只需要简单地用一对双绞线将各个接口的 A 端、B 端分别连接起来,即将所有的数据信号线 A 端都短接在一起,所有的数据信号线 B 端都短接在一起。RS485 通信连接图如图 9－4 所示。

西门子 PLC 的 RS485 接口连接器一般采用 DB9 针接口,目前智能终端的 RS485 通信接口一般采用端子排,以方便现场接线连接。

如果计算机只有 RS232 串口,没有 RS485 串口,此时若要与 RS485 串口的设备进行通信,必须将 RS232 串口转换为 RS485 串口,或装上 RS485 串口转换卡后才能进行通信。现在的计算机一般不提供 RS232 串口,可以采用 USB 转换 RS485 串口的通信转换器。

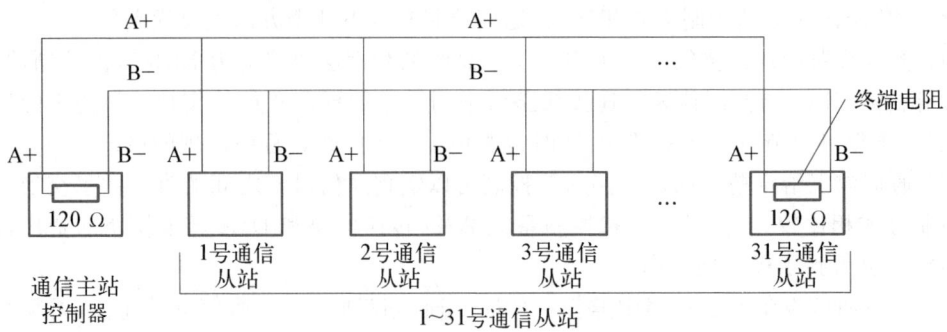

图 9-4　RS485 通信连接图

（4）RS485 通信串口的终端电阻

在 RS485 通信距离超过 100 m 的情况下，要在 RS485 通信网络的两端（即开始端和结束端）增加终端电阻，RS485 典型的终端电阻是 120 Ω。终端电阻是为了消除信号在通信过程中的信号反射。在电缆的末端跨接一个与电缆的特性阻抗同样大小的终端电阻，使电缆的阻抗连续。由于信号在电缆上的传输是双向的，因此在通信电缆的另一端可跨接一个同样大小的终端电阻。

3. 认识 S7-1200 串口通信模块

S7-1200 串口通信模块支持的串行通信方式有点对点通信、Modbus 主从通信（RTU、ASCII 协议）、USS 通信等。

（1）串口通信模块的特征参数。常见的 S7-1200 串口通信模块有 CM 1241 RS232、CM 1241 RS485、CM 1241 RS485/RS485 这三种。S7-1200 串口通信模块的特征参数见表 9-1。

表 9-1　S7-1200 串口通信模块的特征参数

名　称	CM 1241 RS232	CM 1241 RS485	CM 1241 RS422/485
订货号	6ES7241-1AH30-0XB0	6ES7241-1CH30-0XB0	6ES7241-1CH32-0XB0
通信口类型	RS232	RS485	RS422/RS485
通信距离（屏蔽电缆）	10 m	1 000 m	1 000 m
波特率	300 bps, 600 bps, 1.2 Kbps, 2.4 Kbps, 4.8 Kbps, 9.6 Kbps, 19.2 Kbps, 28.4 Kbps 57.6 Kbps, 76.8 Kbps, 115.2 Kbps		
校验方式	None(无校验)、Even(偶校验)、Odd(奇校验)、Mark(校验位始终置为 1)、Space(校验位始终为 0)		
接收缓冲区	1 KB		
电源规范（DC 5 V）	220 mA		

另外，CB 1241 RS485 信号板（安装在 CPU 机本体上），订货号为：6ES7 241 1CH30-1XB0。

（2）通信模块的 LED 状态指示灯。S7-1200 通信模块面板上通信 LED 状态指示灯，包括诊断 LED 状态指示灯、发送 LED 状态指示灯和接收 LED 状态指示灯。

图片：S7-1200通信模块

① 诊断 LED 状态指示灯：诊断 LED 状态指示灯一直红色闪烁时，表明 CPU 未正确识别到通信模块；诊断 LED 状态指示灯绿色闪烁时，表明 CPU 上电后已经识别到通信模块，但是通信模块还没有配置；诊断 LED 状态指示灯绿色长亮时，表明 CPU 已经识别到通信模块，且配置也已经下载到了 CPU。

② 发送 LED 状态指示灯：点亮时代表数据正在通过通信口传送出去。

③ 接收 LED 状态指示灯：点亮时代表数据正在通过通信口接收进来。

注意：安装于 CPU 本体上的通信板只有发送 LED 状态指示灯和接收 LED 状态指示灯，而没有诊断 LED 状态指示灯。

（3）RS485 模块连接器。西门子提供了 RS485 模块专用连接器，其引脚定义见表 9-2。

表 9-2 RS485 模块连接器引脚定义

针 脚	9 针连接器	针 脚	9 针连接器
1	RS485/逻辑接地	6	RS485/5 V 电源
2	RS485/未使用	7	RS485/未使用
3	RS485/TXD+	8	RS485/TXD-
4	RS485/RTS	9	RS485/未使用
5	RS485/逻辑接地	外壳	—

注意：3 号针脚对应 RS485 信号 B(+)；8 号针脚对应 RS485 信号 A(-)；5 号针脚对应接屏蔽等电位点。

RS485 终端电阻安装方法如图 9-5 所示。

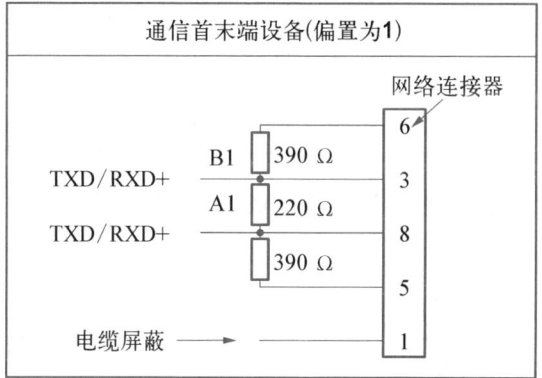
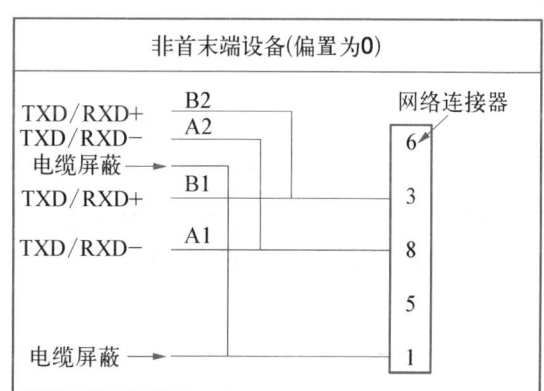

图 9-5 RS485 终端电阻安装方法

知识点 3 USS 通信基础

USS 通信是一种基于 RS485 与西门子变频器通信的专用通信协议，因此其他的第三方未授权设备不能使用。

1. USS 协议

USS(universal serial interface,通用串行接口)协议是西门子公司电气传动产品的通用数据通信协议,它是一种基于串行总线进行数据通信的协议,是西门子专为驱动装置开发的通信协议。

西门子 M420、G120 等变频器均支持基于 RS485 和 RS232 的 USS 通信。

由于 RS485 有着抗干扰能力好、传输距离远以及支持多点通信等特点,实际应用中使用基于 RS485 的 USS 通信居多,通常 RS232 接口只用来调试变频器。

2. USS 协议特点与工作机制

(1) USS 协议的基本特点。USS 协议支持多点通信(因而可以应用在 RS485 等网络上);它采用单主站的"主-从"访问机制;它的每个网络上最多可以有 32 个节点(1 个主站和最多 31 个从站);它采用简单可靠的报文格式,使数据传输灵活高效;USS 协议容易实现、成本较低、接线简单。

(2) USS 通信的工作机制。USS 通信总是由主站发起,USS 主站不断轮询各个从站,从站根据收到的指令,决定是否以及如何响应。从站永远不会主动发送数据。从站只在以下条件满足时应答:

① 接收到的主站报文没有错误。

② 本从站在接收到主站报文中被正确寻址。

上述条件不满足,或者主站发出的是广播报文,从站不会作任何响应。对于主站来说,从站必须在接收到主站报文之后的一定时间内发回响应,否则主站将视为出错。从站和从站之间不能直接通信,只能通过主站中转才能使从站和从站之间交换数据。

(3) USS 通信的数据传输格式。USS 通信的字符传输格式符合 UART 规范,即使用串行异步传输方式。USS 通信在串行数据总线上的字符传输帧长度为 11 位,详见表 9 – 3。

表 9 – 3 USS 字符传输帧

起始位	数据 位							校验位	停止位
1 位	0 (LSB)	1	2	3	4	5	6	7 (MSB)	1 位 偶校验	1 位

USS 协议的报文简洁可靠、高效灵活。其报文由一连串的字符组成,协议中定义了它们的特定功能。USS 协议的报文结构见表 9 – 4。

表 9 – 4 USS 协议的报文结构

STX	LGE	ADR	净 数 据 区					BCC
			1	2	3	…	N	

每小格代表一个字符(字节)。其中:

STX 为起始字符,总是十六进制数 02H。

LGE 为报文长度。

ADR 为从站地址及报文类型。

BCC 为校验符。

USS 净数据区由 PKW 区和 PZD 区组成,见表 9－5。

表 9－5　USS 净数据区

PKW 区						PZD 区			
PKE	IND	PWE1	PWE2	⋯	PWEm	PZD1	PZD2	⋯	PZDn

PKW 区用于读写参数值、参数定义或参数描述文本,并可修改和报告参数的改变,其中:

PKE 是参数的 ID,包括代表主站指令和从站响应的信息,以及参数号等;

IND 是参数索引,主要用于与 PKE 配合定位参数;

PWE1~PWEm 是参数值数据;

PZD 区用于在主站和从站之间传递控制和过程数据,控制参数按设定好的固定格式在主、从站之间对应往返,如,PZD1 是主站发给从站的控制字以及从站返回主站的状态字,PZD2 是主站发给从站的给定以及从站返回主站的实际反馈。

根据传输的数据类型和驱动装置的不同,PKW 区和 PZD 区的数据长度都不是固定的,它们可以灵活改变以适应具体的需要。但是,在用于与控制器通信的自动控制任务时,网络上的所有节点都要按相同的设定工作,并且在整个工作过程中不能随意改变。

注意:对于不同的驱动装置和工作模式,PKW 和 PZD 的长度可以按一定规律定义,但这个规律一旦确定就不能在运行过程中随意改变。

PKW 区可以访问所有对 USS 通信开放的参数,而 PZD 区仅能访问特定的控制和过程数据。

PKW 区在许多驱动装置中是作为后台任务处理的,因此 PZD 区的实时性要比 PKW 区好。

知识点 4　Modbus 通信基础

Modbus 协议是 Modicon 公司(即现在的施耐德公司)于 1979 年开发的一种通信协议,它可以采用一根双绞线实现多个设备之间的通信。通过 Modbus 协议,可以轻松地实现不同厂家的控制设备(例如 PLC、变频器、智能仪表、DCS 等)之间的通信。Modbus 协议早已就成为自动化工业领域实际应用上的标准,Modicon 公司把 Modbus 协议的技术标准向社会公开发布,不收取任何专利费用。

一、Modbus 通信简介

Modbus 通信采用问答式的通信方式,具有结构简单、硬件便宜、通用性强、使用方便的优点,且易于开发和实现。Modbus RTU 几乎成了 PLC 与智能仪表、变频器等工控设备之间首选的通信协议。

Modbus RTU 通信采用主-从方式,一次最多可传送 255 个字节的数据。主设备与一个或多个从设备进行通信。比较典型的主设备是 PLC、计算机、DCS(集散控制系统)或者 RTU(远程终端单元)。

二、Modbus 协议版本

目前使用的 Modbus 协议有三个版本:Modbus ASCII、Modbus RTU 和 Modbus/TCP。

Modbus ASCII 协议需要将 1 个字节的数据转换为 2 个字节的 ASCII 码后发送。数据通信量比 Modbus RTU 大。

Modbus RTU 协议的数据以二进制进行编码,每个字节的数据只需要 1 个字节的通信量。同等情况下,Modbus RTU 协议的数据量是 Modbus ASCII 协议的一半,通信效率较高,所以在大多数情况下会采用 Modbus RTU 协议进行通信。

Modbus/TCP 可以被理解为以太网上的 Modbus。Modbus/TCP 采用 TCP/IP 标准,把 Modbus 信息包简单地打包压缩。这样 Modbus/TCP 设备就可以通过以太网和光纤网络进行连接和通信了。

常用的 Modbus RTU 协议分为 Modbus RTU 主站协议和 Modbus RTU 从站协议。Modbus 通信是由功能码来控制的,主站可以直接访问从站的数据区。

知识点 5 以太网通信基础

一、以太网通信基础知识

1. 以太网的概念

以太网(Ethernet)指的是由 Xerox 公司创建并由 Xerox、Intel 和 DEC 公司联合开发的基带局域网规范,是当今现有局域网最通用的通信协议标准。早期以太网以 10 Mbps 的速率运行在多种类型的电缆上,这种早期的以太网被称为标准以太网。

目前以太网分类和发展包括标准以太网(10 Mbps)、快速以太网(100 Mbps)、千兆以太网(1 Gbps)和 10 G 以太网(10 Gbps)。它们都符合 IEEE 802.3 标准。快速以太网在 20 世纪末飞速发展后,千兆以太网甚至 10 G 以太网正在国际组织和行业领军企业的推动下不断拓展应用范围。

2. 以太网的工作原理

以太网采用带冲突检测的载波监听多路访问(CSMA/CD)机制。以太网是一种广播网络,以太网中的每个节点都可以看到在网络中发送的所有信息。

以太网中所有的站点共享一个通信信道,在发送数据之前,发送数据的工作站需要先监听网络上是否有数据在发送,如果检测到网络空闲时,工作站才能发送数据,否则就继续监听,直到网络空闲后才发送数据。站点将自己要发送的数据帧在整个信道上进行广播,以太网上的所有其他站点都能够接收到这个帧,它们通过比较自己的 MAC 地址和数据帧中包含的目的地 MAC 地址来判断该帧是否是发给自己的,一旦确认是发给自己的,则复制该帧作进一步处理。

3. 以太网的通信协议

现在比较通用的以太网通信协议是 TCP/IP 协议,TCP/IP 协议与开放互联模型 OSI 相比,采用了更加开放的方式,它已经被全世界认可,并被广泛应用于实际工程。

TCP/IP 协议可以用在各种各样的信道和底层协议(如 T1、X.25 以及 RS232 串行接口)之上。确切地说,TCP/IP 协议是包括 TCP、IP、UDP(user datagram protocol)、ICMP(internet control message protocol)和其他协议的协议组。

TCP/IP 协议并不完全符合 OSI 的七层参考模型。传统的开放式系统互连参考模型(OSI 模型),是一种通信协议的七层抽象参考模型,其中每一层执行某一特定任务。该模型的目的是使各种硬件在相同的层次上相互通信。而 TCP/IP 通信协议采用了四层结构,每一层都呼叫它的下一层所提供的网络来完成自己的需求。这四层分别是应用层、传输层、网络层和接口层。

（1）应用层。它是应用程序间沟通的层，其应用有简单电子邮件传输协议（SMTP）、文件传输协议（FTP）、网络远程访问协议（Telnet）等。

（2）传输层。在此层中提供了节点间的数据传输服务，如传输控制协议（TCP）、用户数据包协议（UDP）等，TCP 和 UDP 给数据包加入传输数据并把它传输到网络层中。传输层负责传输数据，并且确定数据已被送达和接收。

（3）网络层。网络层负责提供基本的数据包传输功能，让每一块数据包都能够到达目的主机（但不检查是否被正确接收）。网络层的典型应用是网际协议（IP）。

（4）接口层。接口层对实际的网络媒体进行管理，定义如何使用实际网络（如以太网串行线等）来传送数据。

4. 以太网通信优点

（1）应用广泛。以太网是应用最广泛的计算机网络技术，几乎所有的编程语言如 Visual C++、Java、Visual Basic 等都支持以太网的应用开发。

（2）通信速率高。10 Mbps 和 100 Mbps 的快速以太网现已被广泛应用，千兆以太网技术也逐渐成熟，而传统的现场总线最高速率只有 12 Mbps（如西门子 Profibus－DP）。

（3）资源共享能力强。随着 Internet/Intranet 的发展，以太网已渗透到全世界各个角落，网络上的用户已解除了资源地理位置上的束缚，在连入互联网的任何一台计算机上都能浏览工业控制现场的数据，实现"控管一体化"。

（4）可持续发展潜力大。以太网的引入将为控制系统的后续发展提供可能性，用户在技术升级方面无须独自研究投入，对于这一点，任何现有的现场总线技术都是无法比拟的。

5. 以太网的连接

（1）以太网的传输介质。以太网可以使用粗同轴电缆、细同轴电缆、非屏蔽双绞线、屏蔽双绞线和光纤等多种传输介质进行连接。其中双绞线多用于从主机到集线器或交换机的连接，而光纤则主要用于交换机间的级联和交换机到路由器间的点到点链路上。同轴信号电缆作为早期的主要连接介质已经趋于淘汰。

（2）以太网的连线方法。用于以太网网络的双绞线有 8 芯和 4 芯两种，双绞线的电缆连接方式也有两种，即正线（标准 568B）和反线（标准 568A），其中正线也称为直通网线，反线也称为交叉网线。千兆以太网的双绞线接法与上述接法不同，可查阅相关文献。

对于 4 芯的双绞线，只用连接水晶头上编号为 1、2、3 和 6 的 4 个引脚。西门子的 Profinet 工业以太网采用 4 芯的双绞线。

现在西门子 S7－1200 PLC 的网络接口能自动辨识直通网线和交叉网线，所以这两种网线均可在西门子 PLC 的网络接口中使用。

图片：以太网连接

二、工业以太网简介

所谓工业以太网，通俗地讲就是应用于工业的以太网，它在技术上与商用以太网（IEEE 802.3 标准）兼容，但是实际产品和应用却又与之不同。工业以太网在产品设计时，在材质的选用，产品的强度和适用性，以及实时性、互用性、可靠性、抗干扰性、本质安全性等方面要能满足工业现场的需要，因此在工业现场控制应用的工业以太网与普通以太网不完全相同。

1. 商用以太网的局限

虽然商用以太网有众多的优点，但作为信息技术基础的商用以太网是为信息技术领域应用而开发的，在工业自动化领域只能得到有限地应用，其局限如下。

（1）商用以太网采用 CSMA/CD 碰撞检测方式,该方式通信采用竞争发送、冲突检测、载波侦听机制,且速率不确定。特别是当该局域网内的网络设备数量越多时,产生的通信数据包也越多,加之采用双绞线,带宽有限,速率瓶颈现象也就越明显。在网络负荷太重时,网络的确定性不能满足工业控制的实时性要求。

（2）商用以太网所用的插件、集线器、交换机以及电缆等硬件是为办公室民用等级应用而设计,不符合工业现场恶劣的环境要求。

（3）在工业环境中,商用以太网抗干扰性能较差。若应用于危险场合,以太网不具备本质安全性能。

（4）商用以太网不具备通过信号线向仪表供电的性能。

2. 工业以太网的特点

工业以太网技术具有价格低廉、稳定可靠、通信速率高、软硬件产品丰富、应用广泛以及支持技术成熟等优点,已成为最受欢迎的通信网络之一。工业以太网的技术特点如下。

（1）工业以太网是全开放、全数字化的网络。遵照网络协议,不同厂商的设备可以很容易地实现互联。

（2）工业以太网能实现工业控制网络与企业信息网络的无缝连接,形成企业级管控一体化的全开放网络。

（3）软硬件成本低廉。由于工业以太网技术已经非常成熟,支持工业以太网的软硬件受到厂商的高度重视和广泛支持,有多种软件开发环境和硬件设备供用户选择。

（4）通信速率高。随着企业信息系统规模的扩大和复杂程度的提高,对信息量的需求也越来越大,有时甚至需要音频、视频数据的传输。当前通信速率为 100 Mbps 的快速工业以太网开始广泛应用,千兆以太网技术也逐渐成熟,10 G 工业以太网也正在逐步发展,这些工业以太网的传输速率比现场总线快很多。

（5）可持续发展潜力大。在信息时代,企业的生存与发展将很大程度上依赖于一个快速而有效的通信管理网络,信息技术与通信技术的发展将更加迅速,也将更加成熟,由此保证了工业以太网技术不断地持续向前发展。

三、工业以太网相关协议

当以太网用于信息技术时,应用层包括 HTTP、FTP、SNMP 等常用协议,但当它用于工业控制时,体现在应用层的是实时通信、用于系统组态的对象以及工程模型的应用协议。目前,工业以太网还没有统一的应用层协议,应用最广泛的有 4 种协议,分别是 Modbus TCP/IP、Profinet、HSE、Ethernet/IP。其中,Modbus TCP/IP 协议由施耐德公司推出,以较为简单的方式将 Modbus 数据帧嵌入到 TCP 数据帧中,使 Modbus 得以与以太网和 TCP/IP 相结合,成为 Modbus TCP/IP。

四、西门子工业以太网的通信协议

西门子工业以太网的通信主要利用第二层(ISO)和第四层(TCP)的协议。西门子工业以太网的通信方式有 ISO 传输协议、ISO－on－TCP、UDP、TCP/IP、S7 通信、PG/OP 通信。

1. ISO 传输协议

ISO 传输协议支持基于 ISO 的发送和接收,使得设备(例如 SIMATIC S5 或 PC)在工业以太网上的通信非常容易。该协议支持大数据量的数据传输(最大 8 KB),可用于 SIMATIC S5 和 SIMATIC S7 的工业以太网连接。

2. ISO－on－TCP

ISO－on－TCP 支持第四层 TCP/IP 协议的开放数据通信。它支持 SIMATIC S7 和个人计算机以及部分支持非西门子结构体系的 TCP/IP 以太网系统。

3. UDP

UDP(user datagram protocol,用户数据报协议),属于 OSI 七层模型中的第四层协议,提供了 S5 兼容通信协议,适用于简单的、交叉网络的数据传输。它没有数据确认报文,不检测数据传输的正确性。UDP 支持基于 OSI 七层模型的第四层协议的发送和接收,使得设备(例如个人计算机或非西门子公司设备)在工业以太网上的通信非常容易。该协议支持较大数据量的数据传输(最大 2 KB),数据可以通过工业以太网或 TCP/IP 网络(拨号网络或因特网)传输。

4. TCP/IP

TCP/IP 中的 TCP(传输控制协议)支持开放数据通信。该协议提供了数据流通信,但并不将数据封装成消息块,因而用户不会接收到每一个任务的确认信号。TCP 支持面向 TCP/IP 的端口号(Socket),并基于 TCP/IP 的发送和接收,使得设备在工业以太网上的通信非常容易。该协议支持大数据量的数据传输(最大 8 KB),通过 TCP,SIMATIC S7 可以通过建立TCP 连接来发送和接收数据。

5. S7 通信

S7 通信(S7 Communication)集成在每一个 SIMATIC S7/M7 和 C7 的系统中,属于 OSI参考模型第七层(应用层)的协议。它独立于各个网络,可以应用于多种网络(MPI、Profibus、工业以太网)。S7 通信通过不断地重复接收数据来保证网络报文的正确。在 SIMATIC S7中,通过组态建立 S7 连接来实现 S7 通信;在个人计算机上,S7 通信需要通过 SAPI－S7 接口函数或 OPC(过程控制用对象链接与嵌入)来实现。在 TIA Portal 软件中,S7 通信需要调用功能块 SFB,其最大的通信数据量可达 64 KB。

6. PG/OP 通信

PG/OP 通信分别通过 PG 和 OP 与 PLC 通信,来进行组态、编程、监控以及人机交互等操作。

五、工业以太网设备

1. 工业以太网集线器(HUB)

通过集线器,可以方便地连接各种基于以太网的设备,如个人计算机、PLC 等。HUB 是一个多端口的转发器,当以 HUB 为中心设备时,网络中某条线路产生了故障,并不影响其他线路的工作。所以 HUB 在局域网中得到了广泛的应用。大多数的时候 HUB 用在星状与树状网络拓扑结构中,以 RJ45 接口与各主机相连(也有用 BNC 接口)。HUB 按照对输入信号的处理方式上,可以分为无源 HUB、有源 HUB、智能 HUB 和其他 HUB。

2. 工业以太网非管理型交换机

集线器的发展产生了一种叫非管理型交换机的设备。它能实现消息从一个端口到另一个端口的路由功能,相比集线器更加智能化。非管理型交换机能自动探测每台网络设备的网络速度。另外,它具有一种称为“MAC 地址表”的功能,能识别和记忆网络中的设备。换言之,如果某端口收到一条带有特定识别码的消息,此后交换机就会将所有具有那种特定识别码的消息发送到该端口。这种功能避免了消息冲突,提高了传输性能,相对集线器是一次巨大的改进。然而,非管理型交换机不能实现任何形式的通信检测和冗余配置功能。

3. 工业以太网管理型交换机

相对集线器和非管理型交换机,管理型交换机拥有更多更复杂的功能,价格也高出许多。

管理型交换机通常可以通过基于网络的接口实现完全配置,它可以自动与网络设备交互,用户也可以手动配置每个端口的网速和流量控制。

4. 工业以太网管理型冗余交换机

高级的管理型冗余交换机提供了一些特殊的功能,特别是针对稳定性、安全性方面有严格要求的冗余系统进行了设计上的优化。

5. 路由器

路由器(Router)又称网关设备(Gateway),它用于连接多个逻辑上分开的网络,所谓逻辑上分开的网络是代表一个单独的网络或者一个子网。当数据从一个子网传输到另一个子网时,可通过路由器的路由功能来完成。因此,路由器具有判断网络地址和选择 IP 路径的功能,它能在多网络互联环境中建立灵活的连接,可用完全不同的数据分组和介质访问方法连接各种子网。路由器只接受源站或其他路由器的信息,属于网络层的一种互联设备。

任务 1　S7-1200 PLC 的自由口通信

一、任务目标

1. 掌握自由口通信的基本概念、主要参数,了解它们的主要应用。

2. 能够用 TIA Portal V16 软件编写程序,并能正确使用 PLC 与 PLC、PLC 与其他设备实现自由口通信。

二、控制要求

通过 S7-1200 PLC 的自由口通信方式自行设计组织通信双方的数据格式和数据长度,也可以自由定义通信双方的通信规约,实现 2 个或以上设备的信息交互。

S7-1200 PLC 的自由口通信是基于 RS485 通信基础的半双工通信,因此发送和接收通信命令指令不能同时执行。

三、硬件设计

1. 硬件选型

硬件选型见表 9-6。

表 9-6　硬件选型

名　称	型　号
PLC1、PLC2	CPU 1214C DC/DC/DC
通信模块	CM 1241 RS422/485

表 9-7　I/O 接口分配表

输　入　信　号	
名　称	接　口
测试按钮 SB1~SB8	IB0

2. I/O 接口分配

根据控制要求列出所需的 I/O 接口,并为其分配相应的接口,I/O 接口分配表见表 9-7。

3.接线图

根据控制要求,设计自由口通信 PLC 接线图,如图 9-6 所示。2 个 PLC 的 RS485 端口之间直接用导线对应连接两者 DB9 插座的 3 号和 8 号引脚即可。

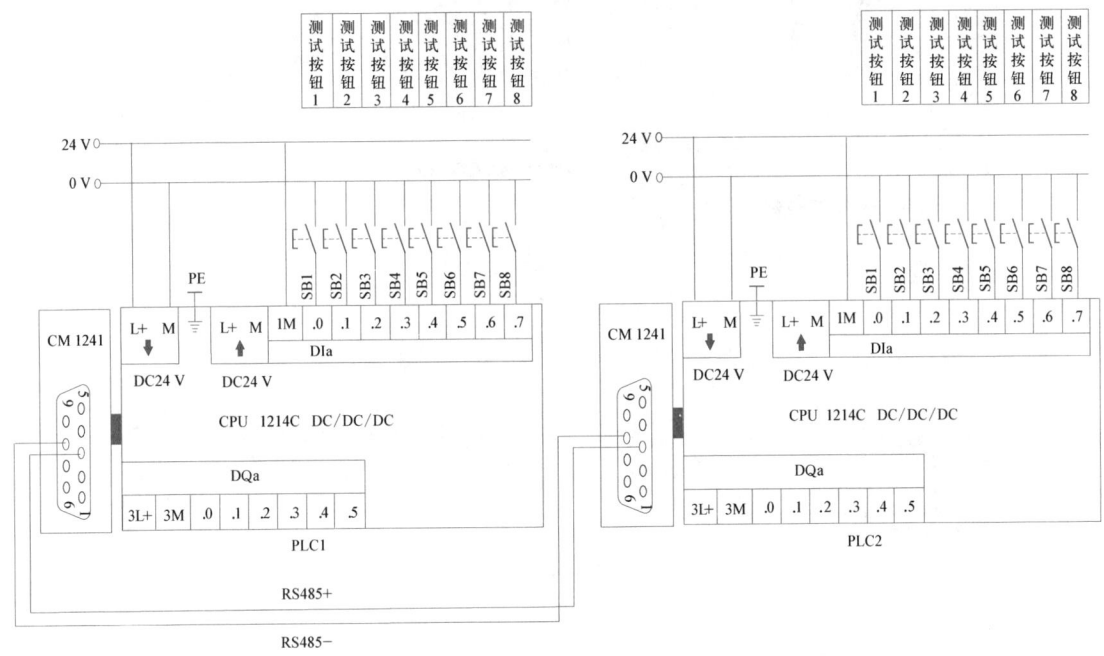

图 9-6　自由口通信 PLC 接线图

四、程序设计

1. S7-1200 PLC 之间的自由口通信

PLC 程序中使用的自由口通信指令有发送数据指令 SEND_PTP 和接收数据指令 RCV_PTP。用 S7-1200 PLC 的自由口进行通信时,SEND_PTP 指令和 RCV_PTP 指令可以同时接通。

S7-1200 PLC 的自由口通信的数据格式和数据长度可由用户自行定义,也可以通信双方自行协商而定,故称为自由口通信。

S7-1200 PLC 的自由口通信相对 S7-200 PLC 而言简化了许多,只需要上述两条指令就可以实现自由口通信。

(1) PLC 硬件组态

本任务的 TIA Portal 软件版本为 V16。

① 在 TIA Portal 中新建一个名为"S7-1200 PLC 的自由口通信"的新项目。

② 在机架的 101 槽位上,添加"CM 1241(RS422/485)"通信模块,订货号为"6ES7 241-1CH32-0XB0"。

③ 右键单击机架 RACK_0 上的"CM 1241(RS422/485)"通信模块,选择"更改设备"选项,修改"新设备"的"版本"为"V2.0",如图 9-7 所示。

④ 右键单击机架 RACK_0 上的"CM 1241(RS422/485)"通信模块,选择"属性"选项,在"常规"选项卡选择"RS422/485 接口"选项组下的"IO_LINK"选项,在"接收线路初始状态"区组态通信模块的有关通信属性,如图 9-8 所示。

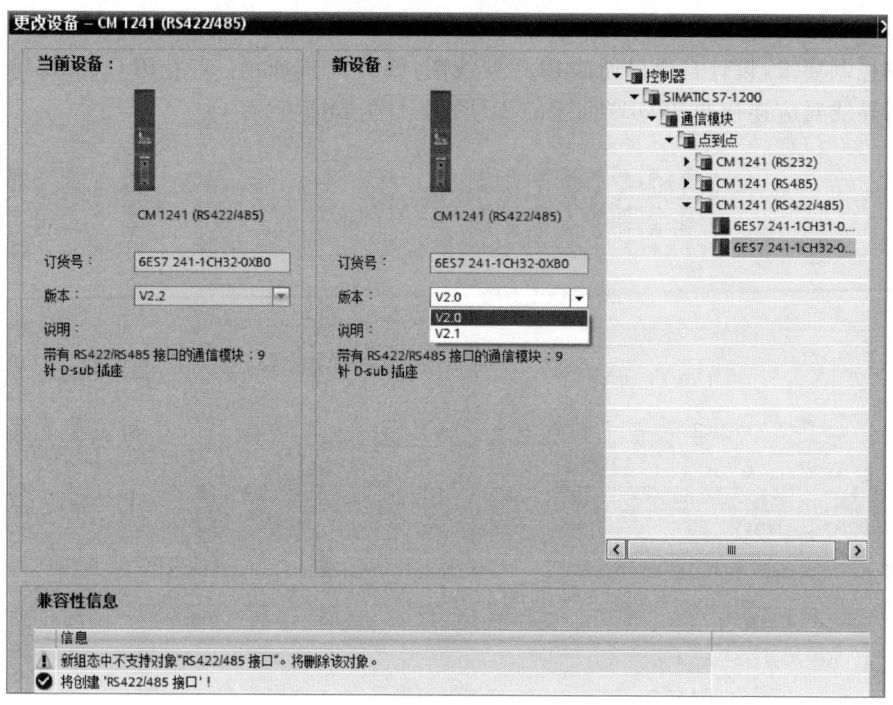

图 9 - 7　修改通信模块的硬件版本号

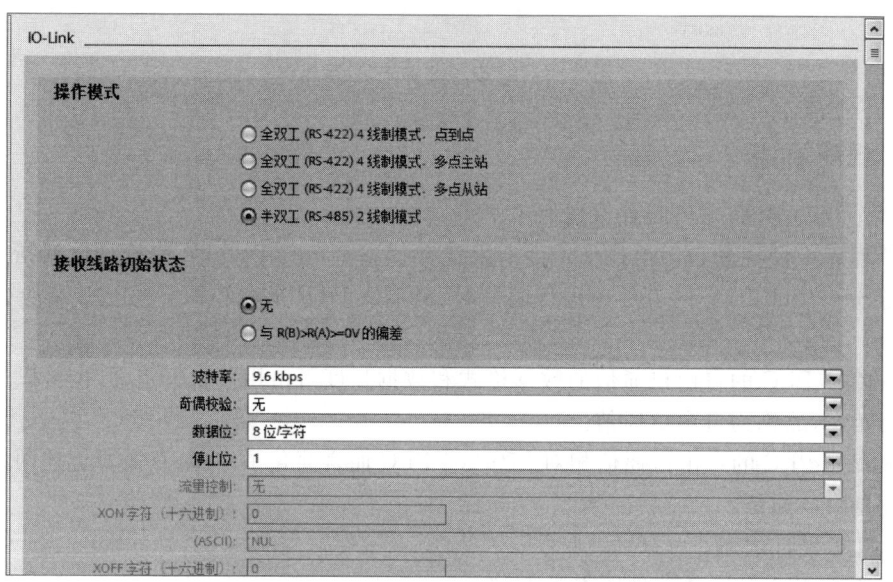

图 9 - 8　组态通信模块的有关通信属性

　　设置 PLC1 的 CM 1241 RS422/485 通信模块的主要通信参数如下:"波特率"为"9.6 Kbps","奇偶校验"为"无","数据位"为"8 位字符","停止位"为"1"。

　　⑤ CM 1241 RS422/485 通信模块在编程时要有一个通信端口号用于识别,类似于串行口的 COM1、COM2,CM 1241 RS422/485 通信模块的端口识别号就是通信模块的硬件标识符。它是由系统自动生成的,一般不需要设置,如图 9 - 9 所示。

　　该通信端口硬件标识符由系统自动生成为"269"。编程时可以在下拉列表中选择,也可手动输入。

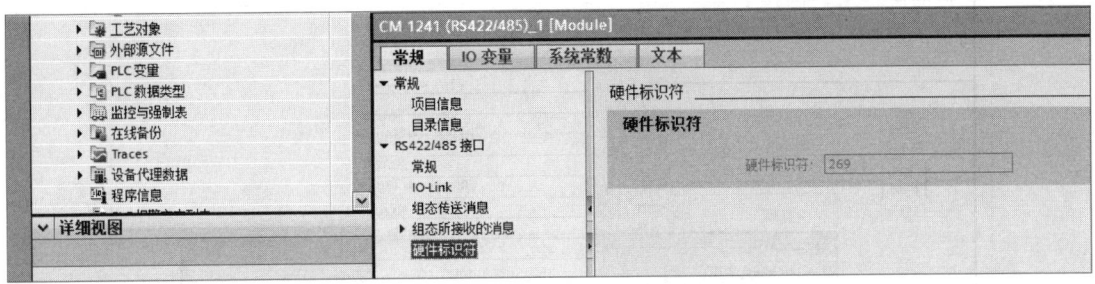

图 9 - 9　RS485 通信端口硬件标识符

⑥ 配置 PLC1 的以太网地址为"192.168.0.1"。系统时钟存储器分别为"MB100"和"MB101"。此 PLC1 的硬件组态已完成，另一个通信对象 PLC2 可按同样的方法新建和组态设置，配置 PLC2 的以太网地址为"192.168.0.2"。

（2）PLC 程序设计

① SEND_PTP 指令：打开 OB1 主程序，在"指令"任务卡的"通信"选项下，选择"点到点"文件夹下的 SEND_PTP 指令，双击或拖曳该指令，将其添加到 OB1 的梯形图中，如图 9 - 10 所示。

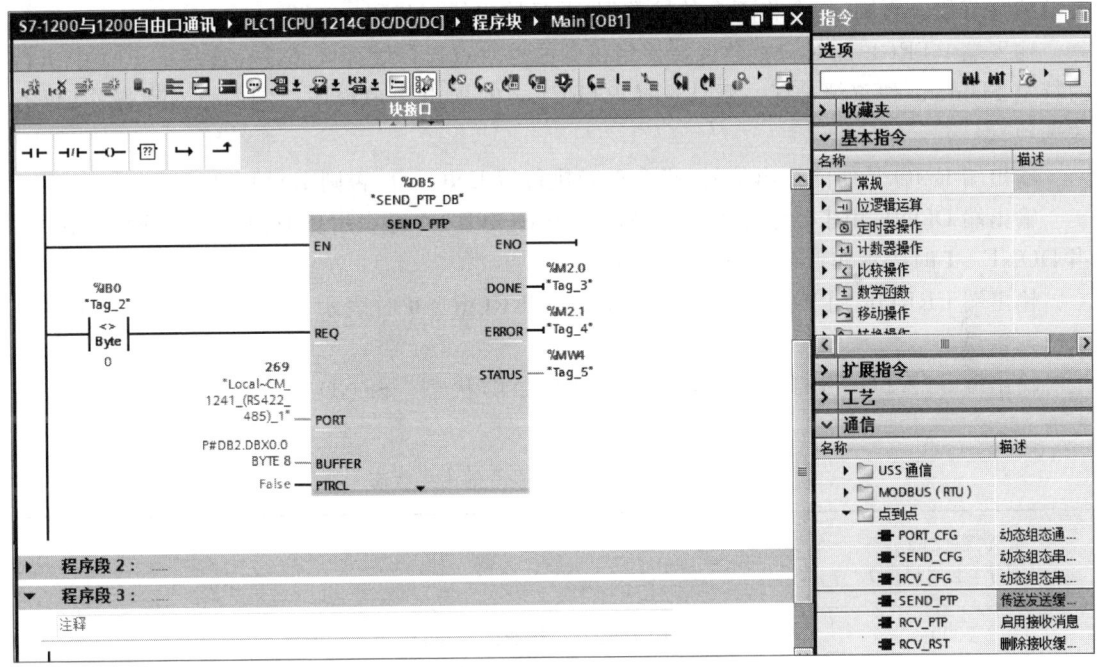

图 9 - 10　添加 SEND_PTP 指令

SEND_PTP 指令的输入端和输出端定义如下。

输入端 EN 是指令的使能输入信号，当 EN＝1 时，指令执行；当 EN＝0 时，指令不执行。

输入端 REQ 在上升沿启用所请求的传输，即将缓冲区中的内容传输到点对点通信模块（CM）中。

输入端 PORT 是标识通信端口，即 CM 1241 通信模块的硬件标识符。可以在该输入端的右侧下拉列表中选取类型是"PORT"的"LOCAL～CM_1241_（RS422_485）_1"选项，如图 9 - 11 所示。

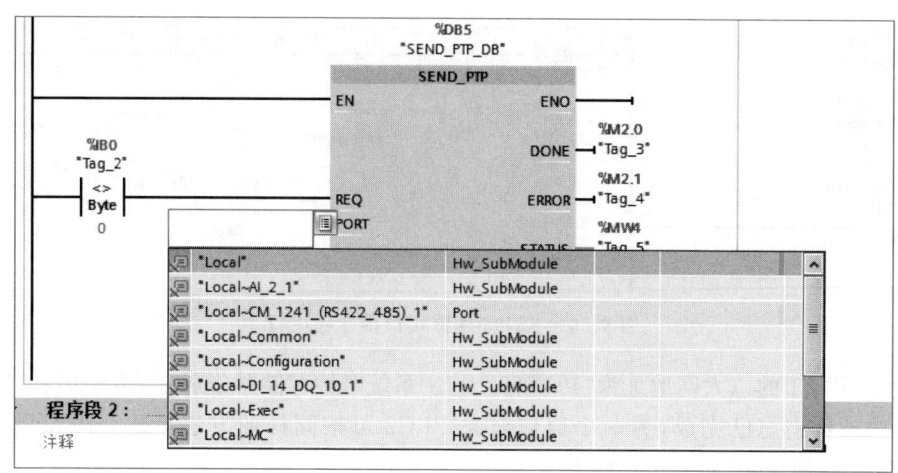

图 9 - 11　SEND_PTP 指令通信端口选择

输入端 BUFFER 是指向发送缓冲区起始地址的指针。它不支持布尔值或布尔值数组。

输入端 LENGTH 用于发送 BUFFER 参数所定义的完整数据长度。当 LENGTH＝0 时,无须指定传输的字节数。当 LENGTH＞0 时,LENGTH 端的对应操作数必须包含该数据类型的字节数。否则,指令将不会传输数据,并且输出错误代码:8088。

输入端 PTRCL 的对应参数选择使用正常的点对点通信缓冲区还是在连接的 CM 中执行的特定 Siemens 协议缓冲区。默认选择 PTRCL＝0,即由用户程序控制的点对点操作(仅有效选项)。

输出端 ENO 是使能输出信号,指令正确执行后 ENO＝1,否则 ENO＝0。

输出端 DONE 用于指示作业运行情况。当 DONE＝0 时表示作业尚未启动或仍在执行;当 DONE＝1 时表示作业已执行,且无任何错误。

输出端 ERROR 用于指示运行有无错误。ERROR＝0 时表示无错误,ERROR＝1 时表示出现错误。

输出端 STATUS 用于显示 SEND_PTP 指令的状态。SEND_PTP 指令的常见状态见表 9 - 8。

表 9 - 8　SEND_PTP 指令的常见状态

状态代码 (双字,十六进制)	解　释　说　明
7000	发送操作未激活;发送作业已完成,块处于空闲状态
7001	发送操作正在处理第一个调用
7002	发送操作正在处理后续调用(即第一个调用之后的查询)
8080	通信端口号输入的标识符无效
8088	LENGHT 端的对应操作数的长度与要发送的数据长度不符
80D0	传送进行期间收到新的发送请求
80D1	传送中断,因为在指定的等待时间内未确认 CTS 信号

状态代码 （双字，十六进制）	解　释　说　明
80D2	发送请求中断，因为通信伙伴（DCE）发出信号表示不愿意接收（DSR）
80D3	由于超出等待循环的最大大小（大于 1 024 字节），发送请求已中断

SEND_PTP 指令发送数据序列如下：

总字符数	当前字符数	字符 1	字符 2	…	字符 256

在上面 S7 - 1200 PLC 发送数据序列中，第一个字节是总字符数，第二个字节是当前字符数，所以真正的用户有效数据字符内容应该从数据序列的第三个字节开始，因此发送字符串都要进行相应的存储位置转换。

S7 - 1200 PLC 不像三菱 PLC 那样提供直接的数据寄存器，用户必须自己根据实际需要定义数据寄存器。在项目树的"程序块"文件夹中双击"添加新块"选项，定义一个名为"SEND_DATA"的数据块 DB2，打开 DB2 数据块，添加一个数组变量，可以在"数据类型"列中设置数组的每个数据的数据类型和数组限值（数组元素的起始元素及结束元素的标号），如图 9 - 12 所示。

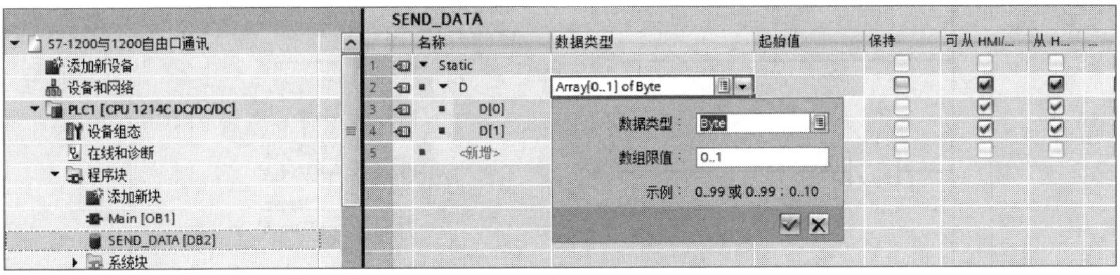

图 9 - 12　定义发送数据块

数据限值可以决定数组元素的个数。例如，要发送 8 个字节的数据序列，根据前述，还要加上总字符数、当前字符数这 2 个字节，所以实际要定义一个字节长度为 10 的数据块。因此数组限值可以定义为"0..9"，也可以定义为"1..10"。

由于数据块要进行绝对地址的访问，数据块 DB2 的属性也要进行相应设置。在项目树中右键单击 DB2，选择快捷菜单中的"属性"选项，在弹出的"SEND_DATA[DB2]"对话框中选择"属性"选项，取消勾选"优化的块访问"复选框，如图 9 - 13 所示。在弹出的警告对话框中，单击"确认"按钮，警告对话框消失后，再单击右下角的"确认"按钮，退出数据块属性设置。

通过以上方法设置数据块的访问属性，就可以通过绝对地址方式访问数据块。例如："P♯DB2.DBX0.0 BYTE 10"就表示数据块 DB2 中 DB2.DBB0～DB2.DBB9 这 10 个字节长度的数据寄存器区域。

发送数据的梯形图参考程序如图 9 - 14 所示。

在以上程序中，只要 IB0 不等于 0，系统就将 PLC1 的输入端 IB0 的信息传送到发送 SEND_DATA 数据块 DB2.DBB2 中去，同时通过串行口 RS485（端口号为 269）发送给 PLC2。发送数据长度为 8 个字节。

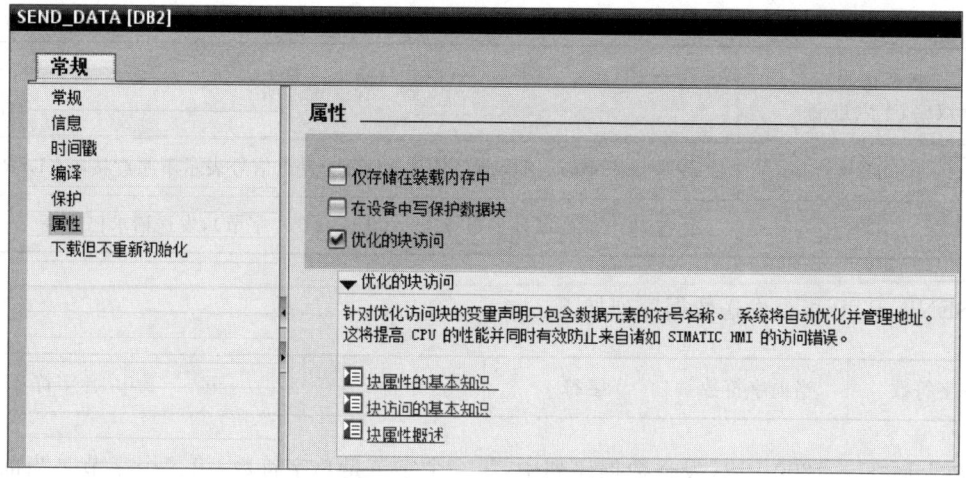

图 9－13　更改数据块访问属性

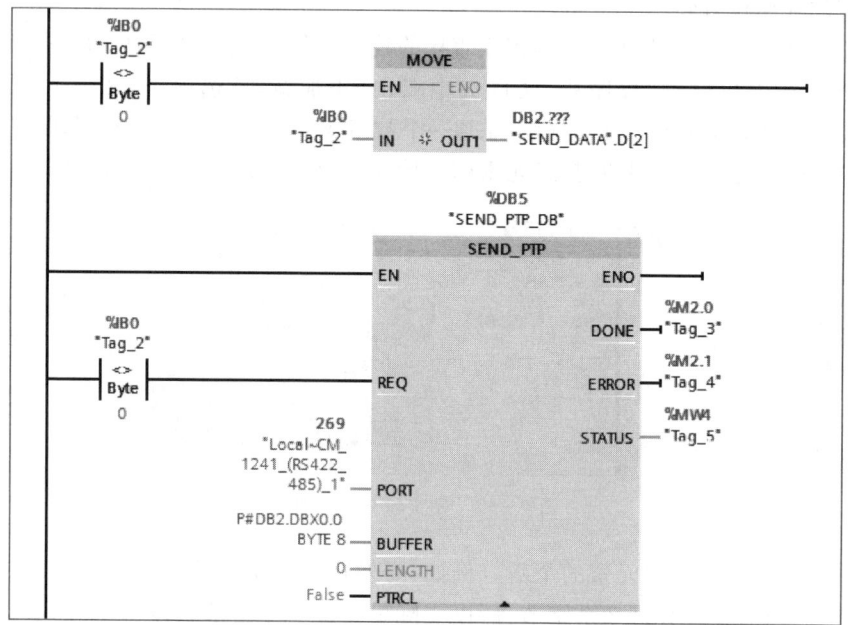

图 9－14　发送数据的梯形图参考程序

监控梯形图，STATUS 的监视值为"16♯7000"，表示当前数据已发送完毕，串行口处于空闲状态，如图 9－15 所示。

② RCV_PTP 指令：打开 OB1 主程序，在"指令"任务卡的"通信"选项下，选择"点到点"文件夹下的"RCV_PTP"指令，双击或拖曳该指令，将其添加到 OB1 的梯形图中，如图 9－16 所示。

RCV_PTP 指令的输入端和输出端定义如下。

输入端 EN 是指令的使能输入信号，当 EN＝1 时，指令执行；当 EN＝0 时，指令不执行。

输入端 EN_R 在上升沿启用所请求的接收动作，即将缓冲区中的内容传输到指令的 BUFFER 端操作数中。

输入端 PORT 是标识通信端口，即 CM 1241 通信模块的硬件标识符。可以在该输入端的右侧下拉列表中选取类型是"PORT"的"LOCAL～CM_1241_(RS422_485)_1"选项。

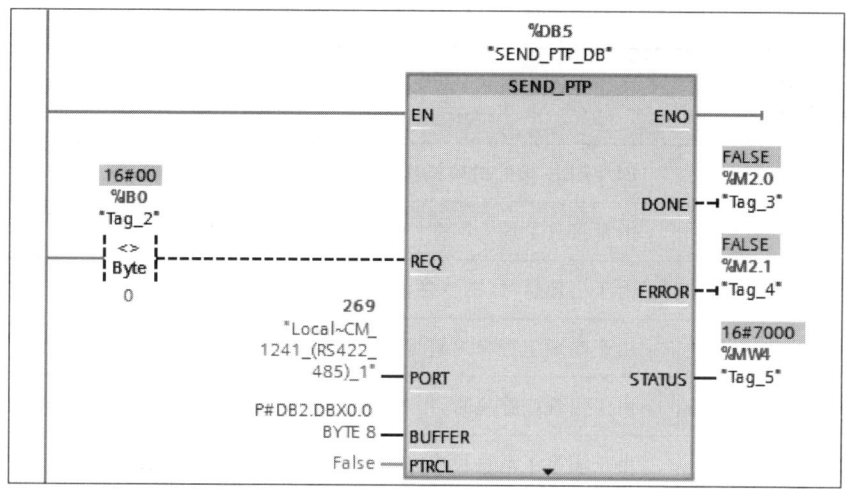

图 9 – 15　监控梯形图

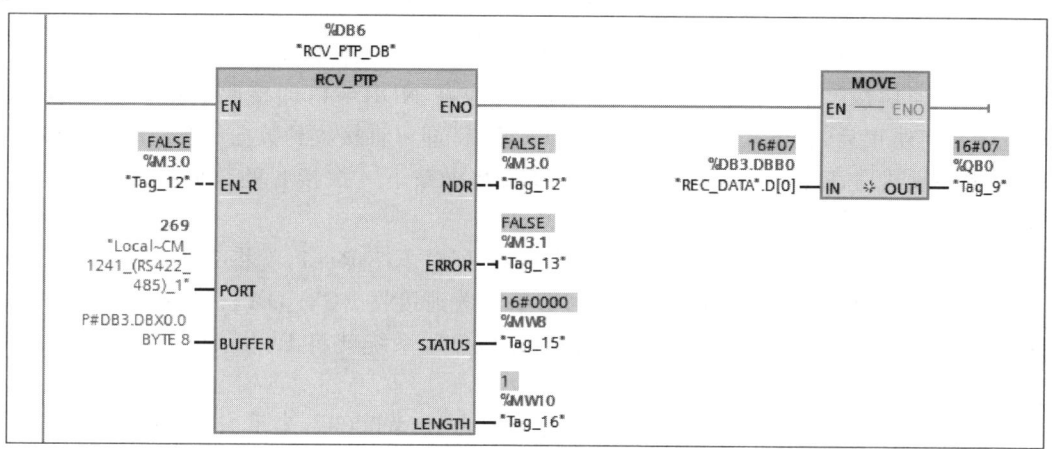

图 9 – 16　添加 RCV_PTP 指令

输入端 BUFFER 是指向接收数据块缓冲区起始地址的指针。请勿在接收缓冲区中使用 STRING（字符）类型的变量。

输出端 ENO 是使能输出信号，指令正确执行后 ENO＝**1**，否则 ENO＝**0**。

输出端 NDR 用于指示作业运行情况。NDR＝**0** 时，表示作业尚未启动或仍在执行；NDR＝**1** 时，表示作业已执行，且无任何错误。

输出端 ERROR 用于指示运行有无错误。ERROR＝**0** 时，表示无错误；ERROR＝**1** 时，表示出现错误。

输出端 STATUS 用于显示 RCV_PTP 指令的状态，RCV_PTP 指令的常见状态见表 9 – 9。

表 9 – 9　RCV_PTP 指令的常见状态

状态代码 （双字，十六进制）	解　释　说　明
80E4	由于计算的消息长度超过接收缓冲区大小，指令终止了消息接收
8080	通信端口号输入的标识符无效

续　表

状态代码 （双字,十六进制）	解　释　说　明
8088	BUFFER 端的对应操作数采用了 STRING 数据类型
0094	由于接收了最大字符长度,指令终止了消息接收
0095	由于出现超时,指令终止了消息接收
0096	由于出现字符串内超时,指令终止了消息接收
0097	由于出现应答超时,指令终止了消息接收
0098	由于满足了消息长度终止条件,指令终止了消息接收
0099	由于接收到定义的结束条件字符串,指令终止了消息接收

输出端 LENGTH 用于接收缓冲区 BUFFER 端的对应操作数中信息的长度。

自由口通信接收指令应用时要注意,编程时应在 NDR＝1,即接收数据作业已执行完毕,且无任何错误后,让 EN_R＝1,产生一个上升沿,即可将接收到数据从系统缓存转移到用户定义的接收数据寄存器区域,防止本次的接收数据被下一次接收的数据覆盖。同时由于 EN_R＝1,PLC 会自动复位 NDR,即 NDR＝0。

如图 9 - 16 所示,只要 M3.0＝1（即 NDR＝1）,同时 EN_R＝1,就将 PLC1 通过串行端口 RS485（端口号为 269）接收到的信息传送到接收 RCV_DATA 数据块 DB3 中去,接收数据长度为 8 个字节。只要 ENO＝1,系统就将 RCV_DATA 数据块 DB3. DBB0 传送到 QB0 中去。

监控梯形图,STATUS 端的监视值为"16♯0000",表示当前数据已接收完毕,串行口处于正常状态。LENGTH＝1,表示接收缓冲区 BUFFER 中信息的长度为 1 个字节。

微视频：S7 - 1200 PLC 自由口通信

互动：项目 九任务 1 随 堂练习　　例程：S7 - 1200 PLC 的 自由口通信 下载

五、练习与提高

1. 练习 PLC 与计算机的串口通信。

2. 半双工通信与全双工通信有什么区别?

3. 设计通过 RS485 通信由 PLC1 控制 PLC2 的输出。

任务 2　S7 - 1200 PLC 的 USS 通信

一、任务目标

1. 掌握 USS 通信的基本概念、主要参数,了解它们的主要应用。

2. 能够用 TIA Portal V16 软件编写程序,并能实现 PLC 与西门子变频器之间的 USS 通信。

二、控制要求

S7－1200 PLC 通过 USS 通信控制西门子变频器的起动、停止和急停，并可进行速度调节。变频器的通信控制方式是一种非常重要的变频器控制手段。

西门子 S7－1200 PLC 与西门子 MM420、G120 等系列变频器的 USS 通信在工程上有着非常广泛的应用。本任务将使用 USS 通信协议来实现 S7－1200 PLC 与 MM420 变频器的通信。

三、硬件设计

1. 硬件选型

硬件选型见表 9－10。

表 9－10　硬件选型

名　　称	型　　号	名　　称	型　　号
变频器	西门子 MM420	通信模块	CM 1241 RS485
PLC	CPU 1214C DC/DC/DC		

2. I/O 接口分配

本任务要求实现通信控制，所以没有占用 I/O 接口。

3. 接线图

USS 通信是基于串口 RS485 的，所以通信的信号线只有 2 根。CM 1241 通信模块上 DB9 插头的红色导线 B＋，即 RS485 的正信号应当连接到 MM420 通信端口的"P＋"端；绿色导线 A－，即 RS485 的负信号应当连接到 MM420 通信端口的"N－"端。USS 通信的 PLC 接线图如图 9－17 所示。

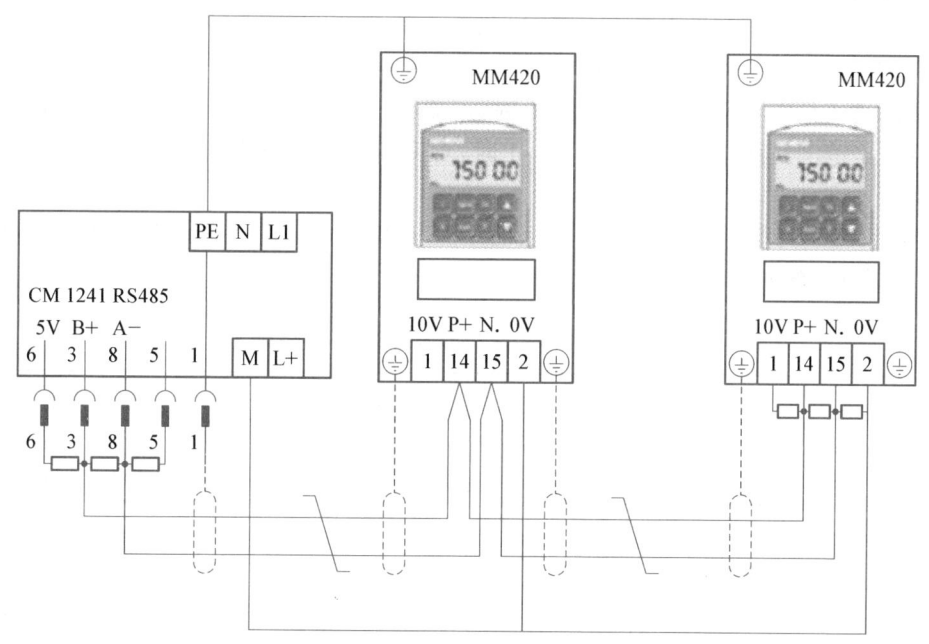

图 9－17　USS 通信 PLC 接线图

4. MM420 变频器参数设置

假定驱动装置的基本参数设置和调试（如电动机参数辨识等）已经完成，本任务只涉及与 S7－1200 PLC 连接相关的参数设置。

MM420 变频器的参数分为几个访问级别，以便于过滤不需要查看的部分。与 S7－1200 PLC 连接时，MM420 需要设置"控制源"和"设定源"两组参数。要设置此类参数，需要的参数访问级别为"专家"，因此首先需要把用户访问等级参数 P0003 设置为 3 级，即可以访问全部参数。

参数 P0700 用于控制驱动装置的起动、停止、正反转等功能。参数 P0700 的设置决定了驱动装置从何种途径接受控制信号，参数 P0700 的功能定义见表 9－11。

表 9－11 参数 P0700 的功能定义

取 值	功 能 定 义
P0700＝0	工厂的缺省设置
P0700＝1	由变频器的基本面板 BOP 设置
P0700＝2	由变频器的开关量输入端（DIN1～DIN4）进行控制，DIN1～DIN4 的控制功能通过参数 P0701～P0704 定义
P0700＝4	通过 BOP 链路的 USS 通信设置
P0700＝5	通过 COM 链路的 USS 通信设置
P0700＝6	通过 COM 链路的通信板（CB）设置

MM420 变频器中，涉及 USS 通信的相关参数有：

① 设置 P0700＝5，即控制源来自 COM 链路上的 USS 通信。

② 设置 P1000＝5，即设定源来自 COM 链路上的 USS 通信。

③ 参数 P2009 决定是否对 COM 链路上的 USS 通信设定值规格化，即设定值是运转频率的百分比形式还是绝对频率值。P2009＝0 时，不规格化 USS 通信设定值，即设定值为变频器中的频率设定范围的百分比形式；P2009＝1 时，对 USS 通信设定值进行规格化，即设定值为绝对频率值。

④ 参数 P2010 用于设置 COM 链路上的 USS 通信速率。根据 S7－1200 PLC 通信口的限制，变频器支持的通信波特率见表 9－12。

表 9－12 变频器支持的通信波特率设定表

数 值	波 特 率	数 值	波 特 率
4	2 400 bps	8	38 400 bps
5	4 800 bps	9	57 600 bps
6	9 600 bps	12	115 200 bps
7	19 200 bps		

　　⑤ 设置 P2011=0～31,具体参数取决于驱动装置 COM 链路上的 USS 通信口在网络上的从站地址。

　　⑥ 设置 P2012=2,即将 USS PZD 区的长度设置为 2 个字节。

　　⑦ 设置 P2013=127,即 PWK 部分可以变化。

　　⑧ 设置 P2014=0～65 535,即 COM 链路上的 USS 通信控制信号中断超时时间,单位为 ms;设置为 P2014=0,则不进行此端口上的超时检查。

　　⑨ 设置 P0971=1,上述参数将保存至 MM420 的 EEPROM 中。

四、程序设计

1. USS 通信程序设计

S7-1200 PLC 提供了专用的 USS 库进行 USS 通信,USS 库有 4 条指令,分别是 USS_PORT 指令、USS_DRV 指令、USS_RPM 指令、USS_WPM 指令,如图 9-18 所示。

（1）USS_DRV 指令。USS_DRV 指令用于与 MM420 变频器进行数据交换,从而读取 MM420 的状态以及控制 MM420 的运行,如图 9-19 所示。每个 MM420 使用唯一的一个 USS_DRV 功能块,但是同一个 CM 1241 RS485 模块的 USS 网络的所有 MM420(最多 16 个)都使用同一个背景数据块 USS_DRV_DB。

图 9-18　USS 库中的指令

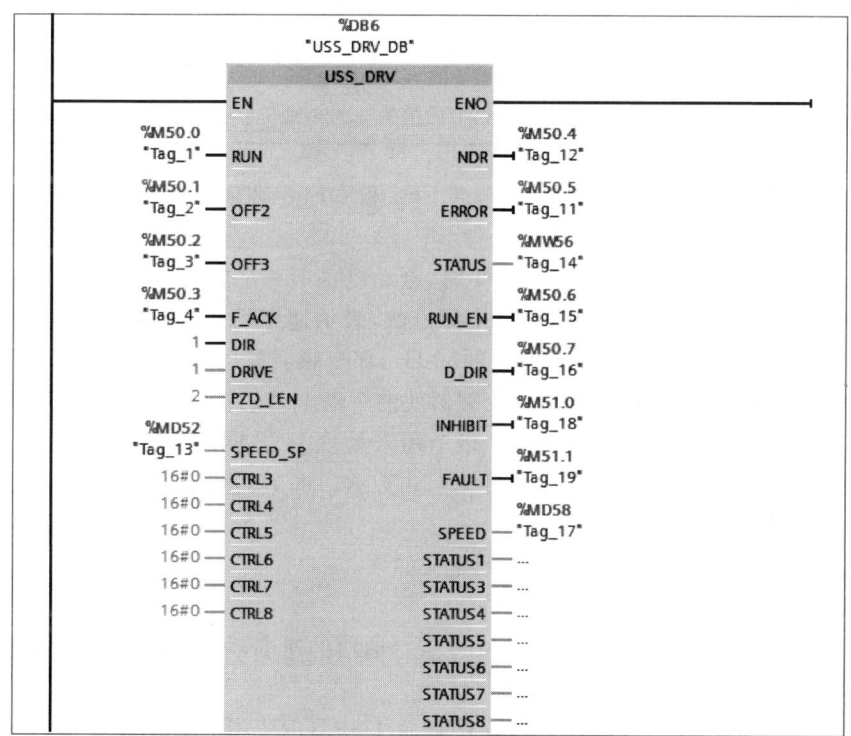

图 9-19　USS_DRV 指令

USS_DRV 指令输入端和输出端的功能见表 9-13。

表 9-13　USS_DRV 指令输入端和输出端的功能

输入端和输出端	功　　能
RUN	指定 DB 块的 MM420 起动指令,该位为 **1** 时运行,该位为 **0** 时停车
OFF2	紧急停止,自由停车。该位为 **0** 时停车
OFF3	快速停车,带制动停车。该位为 **0** 时停车
F_ACK	MM420 故障确认
DIR	MM420 控制电动机的转向
SPEED_SP	MM420 的速度设定值
NDR	新数据就绪指示
ERROR	程序输出错误指示
RUN_EN	MM420 运行状态指示
D_DIR	MM420 运行方向状态指示
INHIBIT	MM420 是否被禁止的状态指示
FAULT	MM420 故障指示
SPEED	MM420 变频器反馈的实际速度值
DRIVE	MM420 的 USS 站地址。MM440 参数 P2011 设置该 USS 站地址
PZD_LEN	PZD 数据的字数,有效值为 2、4、6 或 8 个字,由 MM420 参数 P2012 设置

注意:USS_DRV 指令的输入端 RUN、OFF2 和 OFF3 必须要为 **1**,变频器才能运行;否则,变频器会停机。

当输入端 RUN、OFF2 和 OFF3 均为 **1** 时,电动机也不一定能旋转,因为速度信号可能还没有给定,在输入端 SPEED_SP 中设定一个浮点数,表示速度的百分比,比如 50.00 表示设定的速度为额定频率的 50%,如果额定频率为 50 Hz,那变频器就以 25 Hz 运行。以上四个条件均满足,PLC 程序能正常无报错地运行,变频器就能驱动电动机正常旋转。

(2) USS_PORT 指令。USS_PORT 指令用来处理 USS 网络上的通信,它是 S7-1200 PLC 的 CPU 与 MM420 的通信接口,如图 9-20 所示。每个 CM 1241 RS485 通信模块只能且必须对应一个 USS_PORT 指令。

USS_PORT 指令的输入端和输出端的定义如下。

输入端 PORT 是通信模块硬件标识符。

输入端 BAUD 用于设定 PLC 与 MM420 进行通信的速率,可在 MM420 的参数 P2010 中进行设置。

输入端 USS_DB 用于引用在用户程序中放置 USS_DRV 指令时创建和初始化的背景数据块。

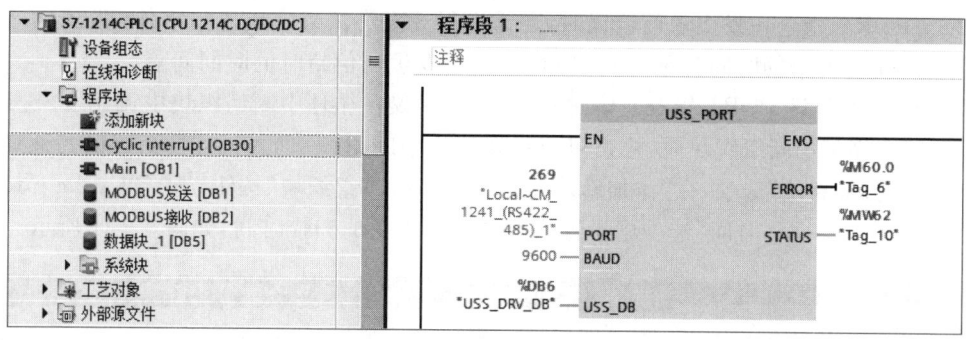

图 9-20　USS_PORT 指令

输出端 ERROR 用于显示输出错误。

输出端 STATUS 用于显示扫描或初始化的状态。

USS_PORT 指令通过 CM 1241 通信模块处理 CPU 和变频器之间的实际通信。每次调用 USS_PORT 指令可处理与一个变频器的一次通信。用户程序必须尽快调用此指令以防止与变频器通信超时。可在主组织块或任何中断组织块中调用此指令。通常从循环中断组织块调用 USS_PORT 指令以防止变频器超时，并使 USS_DRV 指令调用的 USS 数据以保持及时更新。

S7-1200 PLC 与 MM420 的通信与 PLC 本身的扫描周期是不同步的，在完成一次与 MM420 的通信事件之前，S7-1200 PLC 通常完成了多个扫描周期。USS_PORT 指令的通信时间间隔是 S7-1200 PLC 与 MM420 通信所需的时间，不同的波特率对应不同的 USS_PORT 指令的通信间隔时间。表 9-14 列出了不同波特率对应的 USS_PORT 指令的通信时间间隔。

表 9-14　不同波特率对应的 USS_PORT 指令的通信时间间隔

波特率/ bps	最小调用 USS_PORT 指令的 时间间隔/ms	最大调用 USS_PORT 指令的 时间间隔/ms
1 200	790	2 370
2 400	405	1 215
4 800	212.5	638
9 600	116.3	349
19 200	68.2	205
38 400	44.1	133
57 600	36.1	109
115 200	28.1	85

例如当波特率为 57 600 bps 时，最小调用 USS_PORT 指令的时间间隔为 36.1 ms，最大调用 USS_PORT 指令的时间间隔为 109 ms，则调用时间必须要在此范围内。又如，若通信波特率是常用的 9 600 bps，那么 USS_PORT 指令与 MM420 通信的时间间隔应当大于 116.3 ms 且小于 349 ms。所以这里可选择定时中断调用 USS_PORT 指令的时间间隔为 200 ms，符合通信时间间隔的要求。

USS_PORT 指令在发生通信错误时,通常进行 3 次尝试来完成通信事件,那么 S7 - 1200 PLC 与 MM420 通信的时间就是 USS_PORT 指令发生通信超时的时间间隔。

基于以上对 USS_PORT 指令通信时间的处理,建议在循环中断组织块中调用 USS_PORT 指令。在建立循环中断组织块时,用户可以设置循环中断组织块的扫描时间,以满足通信的要求。可双击"添加新块"选项,在"添加新块"对话框中单击"组织块"按钮,选择"Cyclic interrupt [OB30]"选项,在"循环时间"选项中设置循环中断组织块的扫描时间,如图 9 - 21 所示。

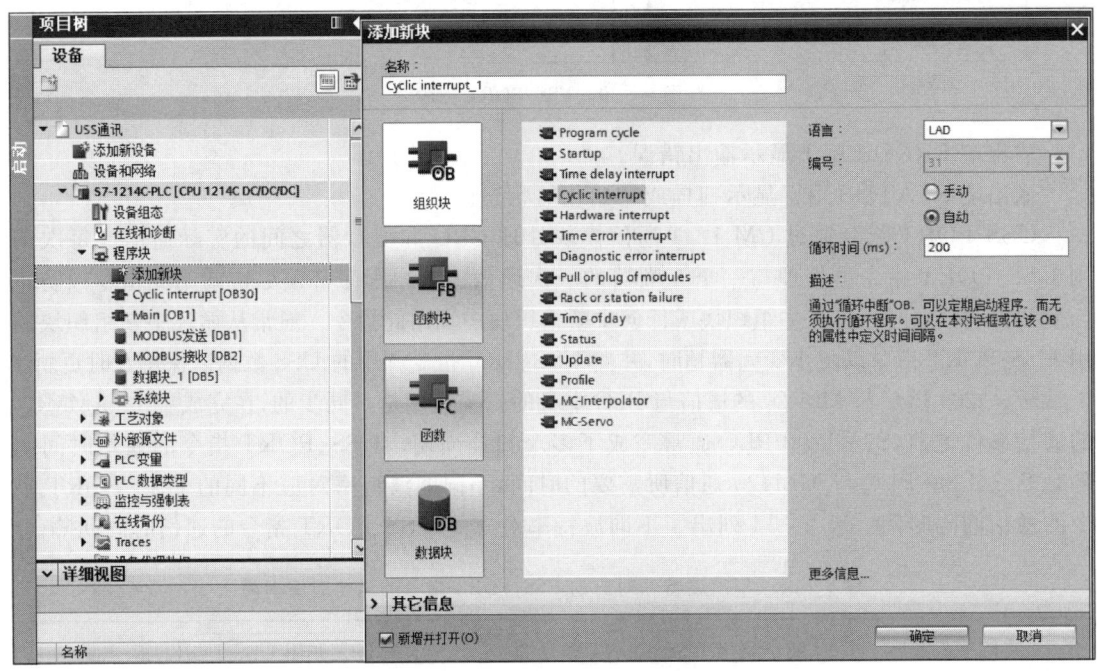

图 9 - 21 循环中断组织块的扫描时间的设置

注意: USS_PORT 指令必须引用在用户程序中放置 USS_DRV 指令时创建和初始化的背景数据块。

(3) USS_WPM 指令。USS_WPM 指令用于在 USS 通信时设置变频器的参数,如图 9 - 22 所示,在 USS_WPM 指令的输入端 REQ 处于上升沿时,系统将 MW62 的值写入 USS 站地址为"1"的变频器 P1082 参数内。

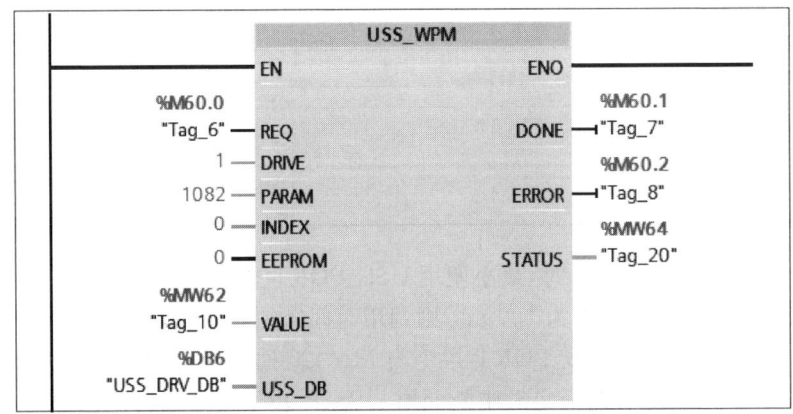

图 9 - 22 USS_WPM 指令

USS_WPM 指令的输入端和输出端的定义如下：

输入端 EN 是指令的使能输入端；

输入端 REQ 是写入参数请求；

输入端 DRIVE 对应变频器的 USS 站地址；

输入端 PARAM 是变频器的参数代码序号；

输入端 INDEX 是变频器的参数索引代码；

输入端 EEPROM 用于把参数存储到变频器的 EEPROM；

输入端 VALUE 用于设置参数的值；

输入端 USS_DB 用于指定变频器进行 USS 通信的数据块；

输出端 DONE 用于指示写入参数完成；

输出端 ERROR 用于指示写入参数错误状态；

输出端 STATUS 用于指示写入参数状态代码；

输出端 ENO 是指令的使能输出端。

注意：对写入参数功能块编程时，各个数据的数据类型一定要正确对应。如果需要设置变量进行写入参数值时，注意 VALUE 端的对应操作数的初始值不能为 0，否则容易产生通信错误。

（4）USS_RPM 指令。USS_RPM 指令用于读取变频器参数，如图 9－23 所示，在 USS_RPM 指令的输入端 REQ 处于上升沿时，系统将 USS 站地址为"1"的变频器 P0068 参数的值读入 MW74。

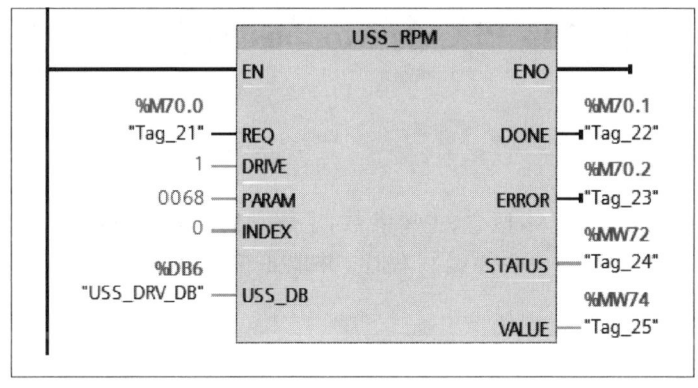

图 9－23　USS_RPM 指令

USS_RPM 指令的输入端和输出端定义如下：

输入端 REQ 用于读取参数请求；

输入端 DRIVE 为变频器的 USS 站地址；

输入端 PARAM 为变频器的参数代码；

输入端 INDEX 为变频器的参数索引代码；

输入端 USS_DB 用于指定变频器进行 USS 通信的数据块；

输出端 DONE 用于指示读取完成；

输出端 ERROR 用于指示读取参数错误；

输出端 STATUS 用于读取参数状态代码；

输出端 VALUE 对应从变频器读取参数的值。

注意：进行 USS_RPM 指令的编程时，各个数据的数据类型一定要正确对应。如果需要设置变量读取参数时，注意该参数变量的初始值不能为 0，否则容易产生通信错误。

2. USS 通信的注意事项

S7 - 1200 PLC 通过 CM 1241 RS485 通信模块与变频器进行 USS 通信时,还需要注意如下几点。

① 当同一个 CM 1241 RS485 通信模块带有多个(最多 16 个)USS 变频器时,通信的数据块 USS_DB 必须是同一个。USS_DRV 指令可以根据变频器数量的多少重复调用,每个 USS_DRV 指令调用时,相对应的 USS 站地址与实际的变频器要一致,且其他的控制参数也要一致。

② 当同一个 S7 - 1200 PLC 带有多个 CM 1241 RS485 通信模块(最多 3 个)时,通信的 USS_DB 的个数应与通信模块的个数对应,同一个 CM 1241 RS485 通信模块的 USS 网络使用相同的 USS_DB,不同的 USS 网络使用不同的 USS_DB。

微视频:S7 - 1200 PLC 和 MM420 变频器的USS通信

③ 当对变频器的参数进行读写操作时,不能同时进行 USS_RPM 指令和 USS_WPM 指令的操作,并且同一时间只能进行一个参数的读或者写操作,而不能进行多个参数的读或者写操作。

互动:项目九任务 2 随堂练习　　例程:S7 - 1200 PLC 的 USS通信下载

五、练习与提高

1. 练习 PLC 通过 USS 通信控制变频器起停电动机。

2. PLC 通过 USS 通信设定变频器运行频率为 25 Hz。

任务 3　　S7 - 1200 PLC 的 Modbus 通信

一、任务目标

1. 掌握 Modbus 通信的基本概念、主要参数,了解它们的主要应用。

2. 能够用 TIA Portal V16 软件编写程序,并能正确使用 PLC 与第三方设备之间实现 Modbus 通信。

二、控制要求

PLC 与各种第三方工控设备之间的 Modbus 通信有着非常广泛的实际应用。本任务将主要介绍如何使用 Modbus 通信协议来实现 S7 - 1200 PLC 与东崎 TE6 - SC18W 型智能温控仪进行通信,实时采集温控仪的当前温度值,并能设定温控仪的设定值。

三、硬件设计

1. 硬件选型

硬件选型见表 9 - 15。

表 9 - 15　硬件选型

名　称	型　号	名　称	型　号
智能温控仪	东崎 TE6 - SC18W	通信模块	CM 1241 RS485
PLC	CPU 1214C DC/DC/DC		

2. I/O 接口分配

本任务要求实现通信控制,所以没有占用 I/O 接口。

3. 接线图

根据 Modbus 通信控制要求,设计接线图。本任务采用西门子 S7－1200 PLC 通过 RS485 接口使用 Modbus RTU 通信协议对智能温控仪进行通信,设定和读取烘箱内部温度,从而控制加热功率元件的通电与断电,极大地减少了线路连接的复杂性,Modbus 通信 PLC 接线图如图 9－24 所示。

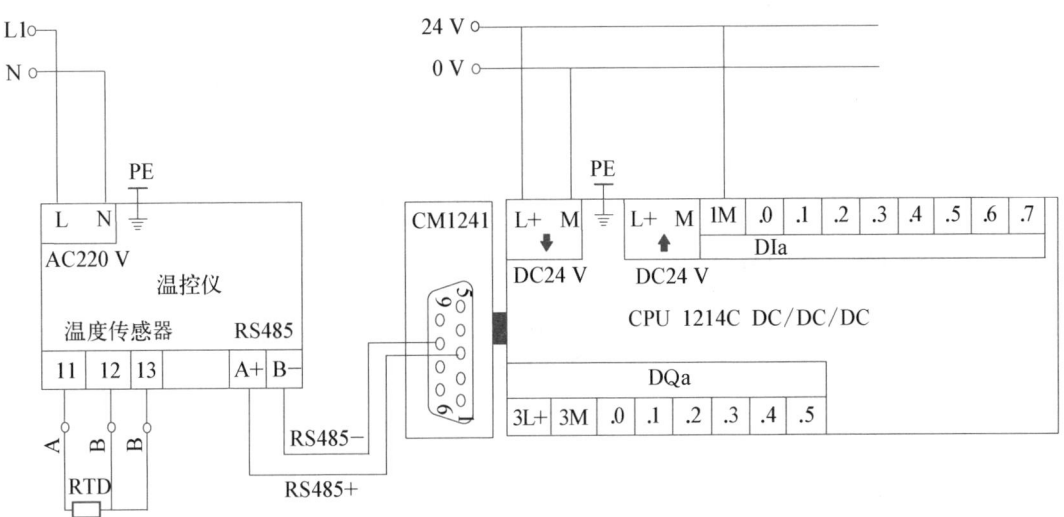

图 9－24　Modbus 通信 PLC 接线图

烘箱温度控制是石油化工、机械制造等各行业的关键技术,其基本的工作原理如下。通过手动或者自动方式使加热元件发热升温,通过测温传感器检测烘箱内的实际温度,当测量的实际温度达到设定温度时,停止加热元件工作。控制系统能保证烘箱内部的温度在生产过程中恒定不变,确保生产工艺的质量。

以前的烘箱温度控制需要操作人员在现场的温控仪表面前工作,费时费力效率低。实现了 PLC 与温控仪的通信后,操作人员可以远程操控烘箱的温度,极大地提高了控制的便捷性和安全性。

4. TE6 智能温控仪表的通信

TE6 智能温控仪的通信采用一种异步串行的主从 ModBus RTU 通信协议,通信网络中只有一个设备(主机)能够建立协议(称为"查询/命令")。其他设备(从机)只能通过提供数据响应主机的"查询/命令",或根据主机的"查询/命令"做出相应的动作。

主机可以是 PLC,从机是指 TE6 智能温控仪表。主机既能对某个从机单独进行通信,也能对所有下位从机发布广播信息。对于单独访问的主机"查询/命令",从机都要返回一个信息(称为"响应"),对于主机发出的广播信息,从机无须反馈响应给主机。

(1)通信数据结构。使用 RTU 模式,消息发送至少要以 3.5 个字符时间的停顿间隔开始。传输的第一个域是设备地址。可以使用的传输字符是十六进制的 0～F。网络设备不断监听包括停顿间隔时间内的网络总线。当接收到第一个域(地址域)时,每个设备都进行解码以判断是否是发给自己的。在最后一个传输字符之后,一个至少 3.5 个字符时间的停顿标定了消息传输的结束。一个新的消息可在此停顿后开始发送。

整个消息帧必须作为一个连续的数据流传输。如果在帧完成之前有超过 1.5 个字符时间的停顿时间,接收设备将刷新不完整的消息并假定下一字节是一个新消息的地址域。同样地,如果一个新消息在小于 3.5 个字符时间内接着前一个消息开始发送,接收设备将认为它是前一个消息的延续。这将导致一个错误,因为在最后的 CRC 域的值不可能是正确的。

TE6 智能温控仪的 Modbus 协议通信数据格式见表 9－16。

表 9－16　TE6 智能温控仪的 Modbus 协议通信数据格式

序　号	通信字节定义	说　明
0	START	3.5 个字符时间,预留必要的间隔时间
1	从机地址码 ADR	通信地址范围:1~247
2	功能码 CMD	03:读取从机参数;06:写入从机参数
3	起始地址高位(高字节)	数据内容,包括功能码参数地址、功能码参数个数、功能码参数值等
4	起始地址低位(低字节)	
5	数据长度高位	
6	数据长度低位	
7	CRC 校验码低位	校验码,即 16 位 CRC 值
8	CRC 校验码高位	
9	END	3.5 个字符时间,预留必要的间隔时间

其中 START 和 END 是通信预留必要的间隔时间,不属于有用的通信数据,真正有用的数据序列是表 9－16 中序号为 1~8 的这 8 个序号所属的数据字节。

(2)主机读取从机参数的 RTU 通信命令数据帧格式。通过功能码 03,主机可读取从机的数据,命令数据帧见表 9－17。

表 9－17　主机读取从机的命令数据帧

序　号	通信字节	数　据	序　号	通信字节	数　据
1	从机地址码	0X01	5	数据字长高位	0X00
2	功能码	0X03	6	数据字长低位	0X01
3	起始地址高位	0X20	7	CRC 校验低位	0X8F
4	起始地址低位	0X00	8	CRC 校验高位	0XCA

表 9－17 中,数据帧前 6 个字节表示主机要求读取(功能码 03 表示读取操作)Modbus 地址为 1 号的从机内部的参数地址为“0X2000”的数据,要读取数据的长度为“0X0001”个字节,最后 2 个字节(合并后的 16 位数据是“0XCA8F”)是前面 6 个字节的 CRC 校验码。参数地址

为"0X2000"的数据是 TE6 智能温控仪的当前温度设定值。

如果 Modbus 地址为 1 号的从机能正确接收到主机发来的要求读取数据的命令数据帧,就返回 TE6 智能温控仪的当前温度设定值,从机响应主机读取命令正确的应答数据帧见表 9－18。

表 9－18　从机响应主机读取命令正确的应答数据帧

序　号	通信字节	数　据	序　号	通信字节	数　据
1	从机地址码	0X01	5	数据低位	0XC8
2	功能码	0X03	6	CRC 校验低位	0XB9
3	数据字节长度	0X02	7	CRC 校验高位	0XD2
4	数据高位	0X00			

返回的应答数据帧表示:Modbus 地址为 1 号的从机当前温度设定值是"0X00C8",对应的十进制数是 200,即 1 号从机的当前温度设定值是 200 ℃。

如果 Modbus 地址为 1 号的从机不能正确接收到主机发来的要求读取数据的命令数据帧,就返回从机响应主机读取命令异常的应答数据帧,见表 9－19。

表 9－19　从机响应主机读取命令异常的应答数据帧

序　号	通信字节	数　据	序　号	通信字节	数　据
1	从机地址码	0X01	6	CRC 校验低位	0XC0
2	功能码	0X83	7	CRC 校验高位	0XF1
3	错误码	0X02			

异常应答时功能码的最高位将被置 1,比如主机请求读取的功能码是"0X03",则从机返回的异常应答功能码不是"0X03",而是"0X83"。错误码是由第三方厂家自行定义的,此处错误码是"0X02",表示地址非法。

(3)主机写入从机参数的 RTU 通信数据帧格式。通过功能码 06,主机可将数据写入从机,命令数据帧见表 9－20。

表 9－20　主机写入从机的命令数据帧

序　号	通信字节	数　据	序　号	通信字节	数　据
1	从机地址码	0X01	5	数据高位	0X00
2	功能码	0X06	6	数据低位	0X96
3	起始地址高位	0X20	7	CRC 校验低位	0X02
4	起始地址低位	0X00	8	CRC 校验高位	0X64

表 9 - 20 中，数据帧前 6 个字节表示主机要求写入（功能码 06 表示写请求操作）Modbus 地址为 1 号的从机内部的参数地址为"0X2000"的数据，要写入的数据为"0X0096"，对应的十进制数是 150，序号为 7 和 8 的字节（合并后的 16 位数据是"0X6402"）是前面 6 个字节的 CRC 校验码。本写入请求通信命令是将 TE6 智能温控仪的参数地址为"0X2000"的数据（当前温度的设定值）修改为 150 ℃。

如果 Modbus 地址为 1 号的从机能正确接收到主机发来的要求写入数据的命令数据帧，1 号从机（TE6 智能温控仪）的当前温度设定值修改为 150 ℃成功后，从机响应主机写入命令正确的应答数据帧见表 9 - 21。

表 9 - 21   从机响应主机写入命令正确的应答数据帧

序　号	通信字节	数　据	序　号	通信字节	数　据
1	从机地址码	0X01	5	数据高位	0X00
2	功能码	0X06	6	数据低位	0X96
3	起始地址高位	0X20	7	CRC 校验低位	0X02
4	起始地址低位	0X00	8	CRC 校验高位	0X64

可以看到，主机写入数据的命令数据帧能被从机正确响应后，从机返回的应答数据帧和主机发出的命令数据帧是一模一样的，通过判断从机返回的数据帧，主机可以获知从机是否正常响应主机的命令。

如果 Modbus 地址为 1 号的从机不能正确接收到主机发来的要求写入数据的命令数据帧，就返回从机响应主机写入命令异常的应答数据帧，见表 9 - 22。

表 9 - 22   从机响应主机写入命令异常的应答数据帧

序　号	通信字节	数　据	序　号	通信字节	数　据
1	从机地址码	0X01	6	CRC 校验低位	0XC3
2	功能码	0X86	7	CRC 校验高位	0XA1
3	错误码	0X02			

异常应答时功能码的最高位将被置 1，比如主机请求写入的功能码是"0X06"，则从机返回的异常应答功能码不是"0X06"，而是将"0X06"这个 2 位十六进制数据的最高位置 1 后的"0X86"。错误码是由第三方厂家根据标准 Modbus 协议自行定义的，此处错误码是"0X02"，表示地址非法。

5. 通信参数的地址定义

通信参数的地址定义用于智能温控仪的运行控制、智能温控仪状态及相关参数设定。有些地址参数只能读取参数，不能更改参数；有些地址参数既不能读取参数，也不能更改参数；有些地址参数在智能温控仪处于运行状态时，不可更改。定义通信参数的地址时，还要注意不同地址参数的范围、单位以及相关说明。

另外,由于 EEPROM 频繁被写入存储,会减少 EEPROM 的使用寿命,所以,有些功能码在通信的模式下,无须反复存储,只要在需要的时候更改一次就可以了。例如,当前温度设定值(SV)就一般不需要频繁修改。

TE6 智能温控仪的部分通信参数地址见表 9-23。

表 9-23　TE6 智能温控仪的部分通信参数地址

参数地址	参 数 描 述	字节数	读 写 允 许	备　注
0X2000	当前温度设定值	1	读取/写入均允许	
0X2001	第 1 路报警值	1	读取/写入均允许	
0X2002	第 1 路报警回差	1	读取/写入均允许	
0X2010	当前温度测量值	1	仅读取允许	
0X2011	当前温度输出量	1	读取/写入均允许	取值范围为 0~100
0X2012	手自动开关	1	读取/写入均允许	0:自动;1:手动
0X2107	小数点	1	读取/写入均允许	
0X2108	显示单位	1	读取/写入均允许	25:摄氏度;26:华氏度
0X210A	比例系数	1	读取/写入均允许	
0X210B	积分时间	1	读取/写入均允许	
0X210C	微分时间	1	读取/写入均允许	

6. TE6 智能温控仪的通信参数设置

TE6 智能温控仪的通信参数设置如下:"波特率"应设置为"9 600 bps";"通信地址"应设置为"1";"数据格式"应固定为"1 位起始位、8 位数据位""无校验""1 位停止位";"应答延时"应设置为"10 ms"。

注意,上位机与智能温控仪设定的波特率、数据格式必须一致,否则通信将无法进行。波特率越大,通信速度越快。

应答延时是指智能温控仪数据接收结束到向上位机发送数据的中间间隔时间。如果应答延时小于系统处理时间,则应答延时以系统处理时间为准,如应答延时大于系统处理时间,则系统处理完数据后,要延迟等待,直到应答延迟时间到,才向上位机发送数据。

四、程序设计

S7-1200 的 CM 1241 通信模块不支持 Modbus ASCII 通信模式,需要用户通过自由口模式编程实现。S7-1200 的 CM 1241 通信模块可作为 Modbus RTU 主站或作为 Modbus RTU 从站进行通信。本任务以 CPU 1214C DC/DC/DC 和 CM 1241 RS422/485 通信模块为例,介绍 S7-1200 Modbus RTU 主站通信组态及编程步骤。

在本任务中,PLC 与 TE6 智能温控仪进行 Modbus RTU 通信,S7-1200 PLC 作为

Modbus RTU 主站,TE6 智能温控仪作为 Modbus RTU 从站,PLC 能采集温控仪当前温度值,并能修改温控仪的温度设定值。

1. PLC 硬件组态

本任务的 TIA Portal 软件版本为 V16。

在 TIA Portal V16 软件中新建一个名为"S7 – 1200 PLC 与 Modbus 通信"的新项目。本任务的具体组态操作可参考之前的项目。

在设备视图中选中 CM 1241(RS422/485)模块,在"属性"选项卡下,选择"RS422/485 接口"选项组下的"IO – Link"选项,设置通信模块接口参数。其中,"操作模式"设置为"半双工(RS485)2 线制模式","波特率"设置为"9.6 Kbps","奇偶校验"设置为"无","数据位"设置为"8 位字符","停止位"设置为"1",其他选项保持默认设置,如图 9 – 25 所示。

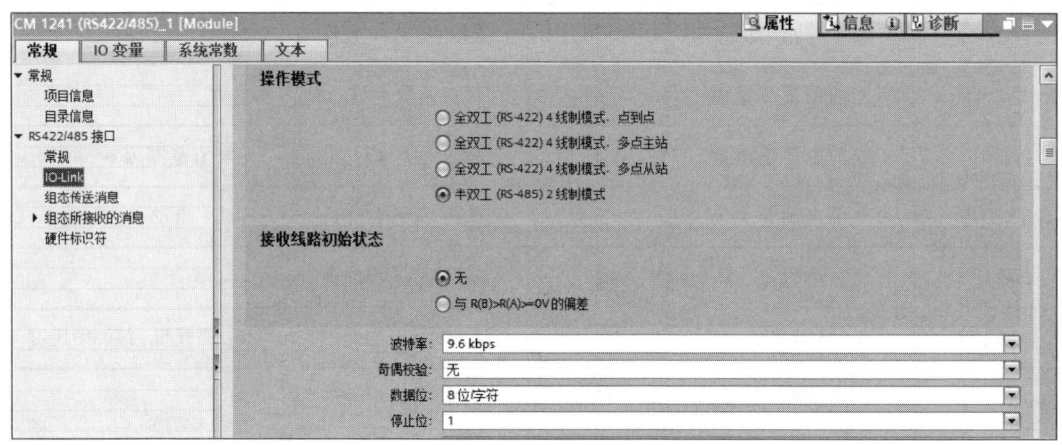

图 9 – 25 设置通信模块接口参数

最后在"硬件标识符"选项中确认"硬件标识符"为"269",如图 9 – 26 所示。

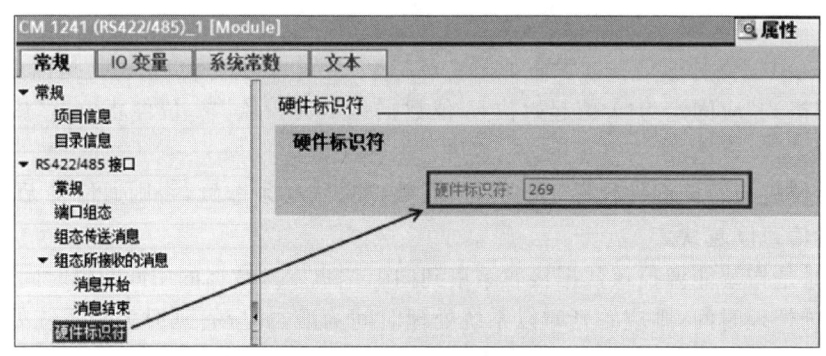

图 9 – 26 确认硬件标识符

2. PLC 软件编程

(1) Modbus RTU 通信指令版本。随着 TIA Portal 软件和 S7 – 1200 PLC 的 CPU 硬件不断更新,S7 – 1200 Modbus RTU 指令也出现了不同的版本。用户需要根据使用的软件和硬件,正确选择使用符合要求的 S7 – 1200 Modbus RTU 指令来实现 Modbus RTU 通信。

TIA Portal V16 版本软件中提供了 2 个版本的 Modbus RTU 指令,如图 9 – 27 所示。

早期版本的 Modbus RTU 指令,如图 9 – 27 中的"MODBUS"文件夹(V2.2)所示,仅可通过 CM 1241 通信模块或 CB 1241 通信板进行 Modbus RTU 通信。

新版本的 Modbus RTU 指令,如图 9－27 中的"MODBUS(RTU)"(V3.1)所示,扩展了 Modbus RTU 的功能,该指令除了支持 CM 1241 通信模块、CB 1241 通信板,还支持 Profinet 或 Profibus 分布式 I/O 机架上的 PTP 通信模块实现 Modbus RTU 通信。

通信		
名称	描述	版本
▶ ▣ S7 通信		V1.3
▶ ▣ 开放式用户通信		V4.1
▶ ▣ WEB 服务器		V1.1
▶ ▣ 其它		
▼ ▣ 通信处理器		
▶ ▣ PtP Communication		V2.3
▶ ▣ USS 通信		V3.1
▼ ▣ MODBUS(RTU)		V3.1
▪ Modbus_Comm_Load	组态 Modbus 的端口	V3.0
▪ Modbus_Master	作为 Modbus 主站通信	V2.4
▪ Modbus_Slave	作为 Modbus 从站通信	V3.0
▶ ▣ 点到点		V1.0
▶ ▣ USS		V1.1
▼ ▣ MODBUS		V2.2
▪ MB_COMM_LOAD	在 PtP 模块上为 Modbus RTU 组态端口	V2.1
▪ MB_MASTER	通过 PtP 端口作为 Modbus 主站通信	V2.2
▪ MB_SLAVE	通过 PtP 端口作为 Modbus 从站来通信	V2.1
▶ ▣ GPRSComm:CP1242-7		V1.3

图 9－27　2 个版本的 Modbus RTU 指令

注意:新版本 Modbus RTU 指令具有使用限制条件,使用需要同时满足以下条件:

① S7－1200 PLC 的 CPU 的硬件版本不能低于 V4.1。

② CM 1241 通信模块或 CB 1241 通信板的硬件版本不能低于 V2.1。

本任务考虑到兼容性,使用"MODBUS"(V2.2)版本的指令集。

(2) Modbus RTU 通信指令。对 CM 1241 通信模块组态并编程调用 MB_COMM_LOAD 指令,可将 PLC 设置为 Modbus RTU 通信模式。通过编程调用 MB_MASTER 指令,CM 1241 通信模块可作为 Modbus RTU 主站,而通过调用 MB_SLAVE 指令,CM 1241 通信模块可作为 Modbus RTU 从站。

注意:无论 CM 1241 通信模块作为 Modbus RTU 的主站还是从站,都需要调用 MB_COMM_LOAD 指令进行编程。

(3) Modbus RTU 主站端口初始化程序。添加启动组织块 OB100,在项目树"CPU 1214C DC/DC/DC"文件夹下的"程序块"文件夹中,双击"添加新块"选项,在弹出的"添加新块"对话框中单击"组织块"按钮,选择"Startup"选项,添加启动组织块 OB100。

为使 RS485 端口一启动就被设置为 Modbus RTU 通信模式,可在启动组织块 OB100 中调用 MB_COMM_LOAD 指令。调用 MB_COMM_LOAD 指令时,系统会自动弹出创建相应背景数据块的界面,如图 9－28 所示。

单击"确定"按钮,为该指令创建背景数据块后,为其输入端和输出端设定参数,如图 9－29 所示。尤其需注意输入端 MB_DB 需指向 MB_MASTER 指令的背景数据块。

注意:MB_COMM_LOAD 指令的输入端 REQ 需使用上升沿触发。由于 OB100 只在 S7－1200 PLC 启动时执行一次,因此,本任务将输入参数 REQ 设为"TRUE"。

MB_COMM_LOAD 指令输入端和输出端的意义见表 9－24。

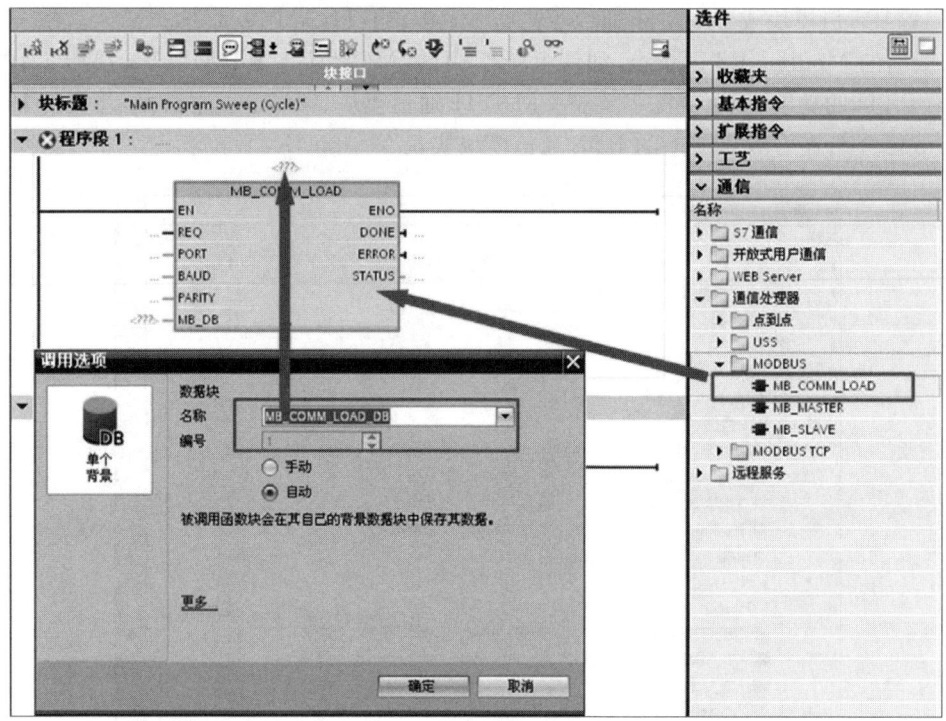

图 9 - 28 调用 MB_COMM_LOAD 指令

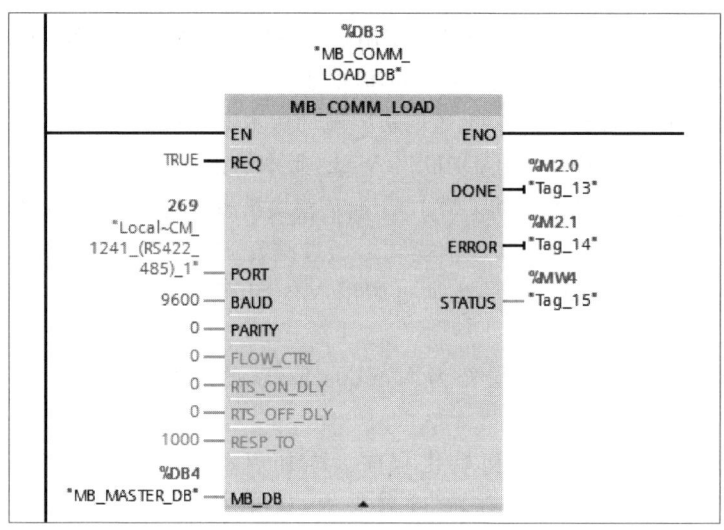

图 9 - 29 为 MB_COMM_LOAD 指令的输入端和输出端设定参数

表 9 - 24 MB_COMM_LOAD 指令输入端和输出端的意义

端　　口	说　　　　明
EN	使能输入端
REQ	上升沿触发
PORT	通信端口的硬件标识符

端　口	说　　　　明
BAUD	用于选择波特率,可选的波特率有:1.2 Kbps、2.4 Kbps、4.8 Kbps、9.6 Kbps、19.2 Kbps、38.4 Kbps、57.6 Kbps、76.8 Kbps、115.2 Kbps
PARITY	奇偶校验选择,0 为无校验,1 为奇校验,2 为偶校验
FLOW_CTRL	流控制选择,0 为默认值,即无流控制
RTS_ON_DLY	RTS 延时选择,0 为默认值
RTS_OFF_DLY	RTS 关断延时选择,0 为默认值
RESP_TO	响应超时,默认值为 1 000 ms。用于设定 MB_MASTER 允许用于从站响应的时间(以 ms 为单位)
MB_DB	对 MB_MASTER 指令或 MB_SLAVE 指令的背景数据块的引用。参数 MB_DB 必须与 MB_MASTER 指令或 MB_SLAVE 指令中的静态变量参数 MB_DB 相连
DONE	如果上一个请求完成并且没有错误,DONE 位将变为 1 并保持一个周期
ERROR	如果上一个请求出错,则 ERROR 位将变为 1 并保持一个周期。参数 STATUS 中的错误代码仅在 ERROR＝1 的周期内有效
STATUS	用于显示错误代码

（4）Modbus RTU 主站通信编程。Modbus RTU 主站通信编程需要调用 MB_COMM_LOAD 指令和 MB_MASTER 指令,其中 MB_COMM_LOAD 指令通过 Modbus RTU 协议对通信模块进行组态,MB_MASTER 指令可通过由 MB_COMM_LOAD 指令组态的端口作为 Modbus 主站进行通信,MB_COMM_LOAD 指令的参数 MB_DB 必须连接到 MB_MASTER 指令的参数 MB_DB。

本任务中 S7－1200 PLC 的 CM 1241 通信模块作为 Modbus RTU 主站,主动发起对 Modbus RTU 从站 TE6 智能温控仪的通信,其相关编程步骤如下。

① 创建 DATA_PTR 数据发送、接收缓冲区:Modbus RTU 主站为了接收 Modbus RTU 从站的应答数据,可以创建 Modbus RTU 主站数据发送、接收缓冲区。

在项目树的"程序块"文件夹下,双击"添加新块"选项,单击"数据块"按钮创建数据块,选择"手动"或"自动",单击"确定"按钮。在数据块中创建"MB_REV"为"Array[0..7] of Word"的数组,如图 9-30 所示。

调用 MB_MASTER 指令执行不同的功能,就需要创建同样数量的发送、接收缓冲区。MB_MASTER 指令能自动根据指令的输入参数组织发送数据,产生询问从机的数据帧。

MB_MASTER 指令的参数 DATA_PTR 用于指向要进行数据写入或数据读取的数据区域地址,该数据区域支持优化访问的数据块或者非优化访问的(标准的)数据块,建议采用非优化访问的数据块。

本任务中使用的数据区域为非优化访问的数据块。右键单击对应的数据块"Data_Master[DB3]",选择"属性"选项,在弹出的对话框中选择左侧的"属性"选项,取消选择"优化的块访问"复选框,即可将数据块修改为非优化访问的数据块,如图 9-31 所示。

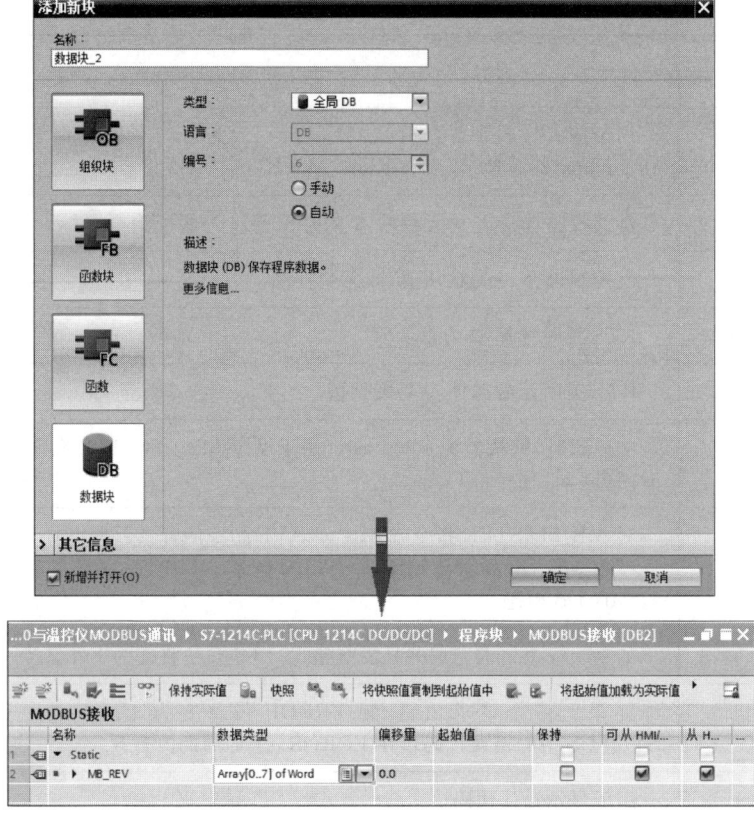

图 9 - 30　创建 DATA_PTR 数据发送、接收缓冲区

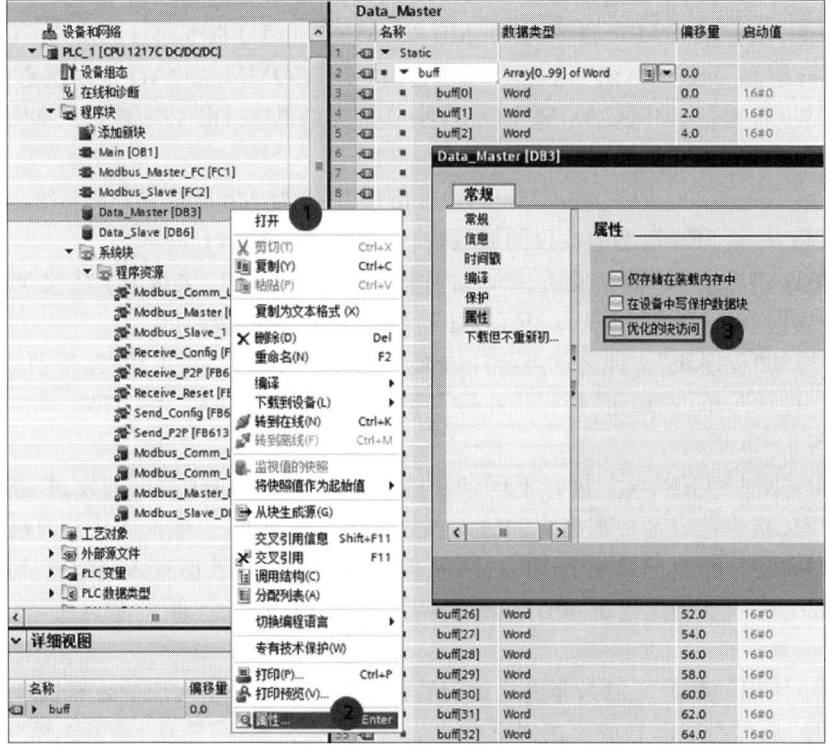

图 9 - 31　将数据块修改为非优化访问的数据块

当 MB_MASTER 指令的参数 DATA_PTR 指向非优化访问的数据块时,该输入参数需要使用指针方式填写,如"P♯DB3.DBX0.0 WORD 8"。

② 调用 MB_MASTER 指令。OB1 中插入 MB_MASTER 指令,调用该指令时会自动弹出创建相应背景数据块的界面,如图 9 - 32 所示。

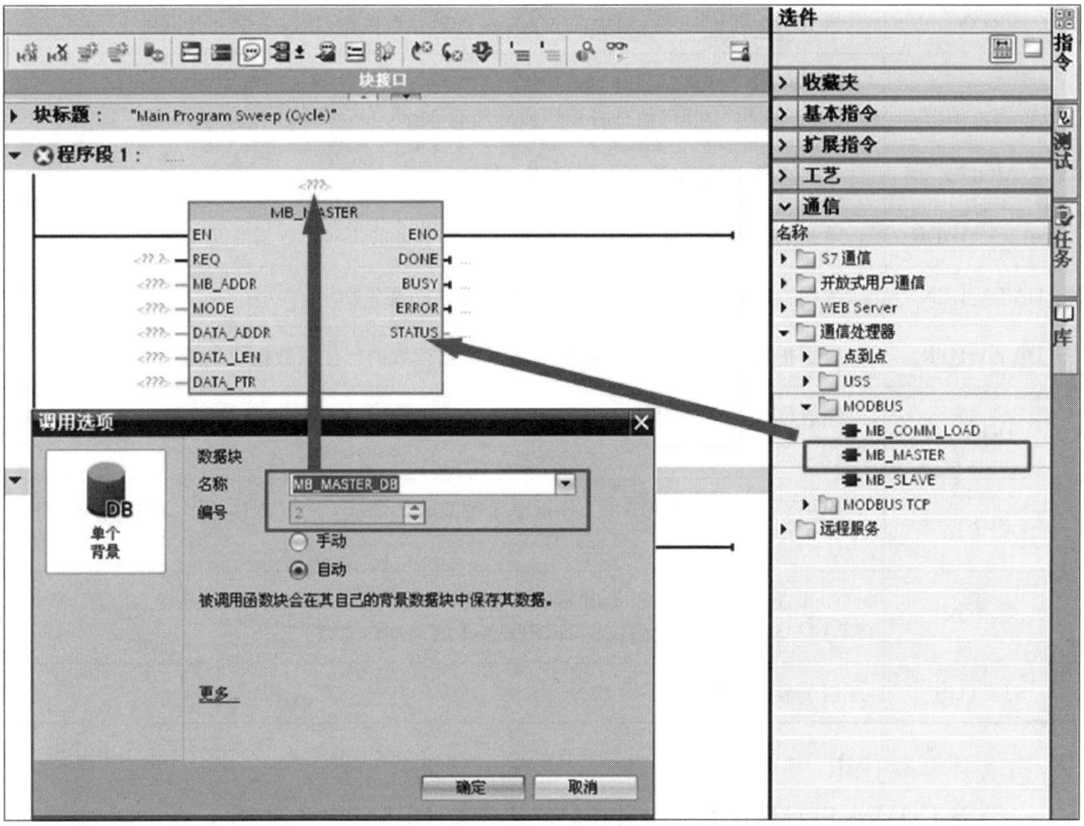

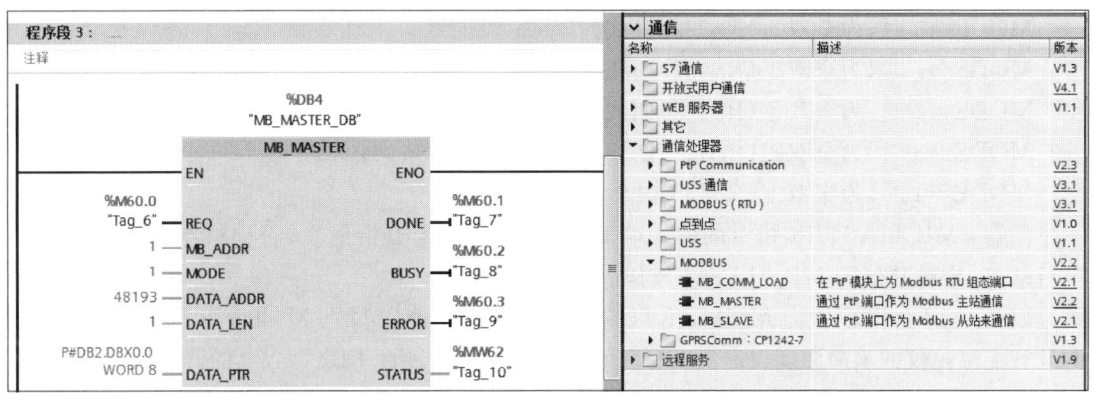

图 9 - 32　调用 MB_MASTER 指令

单击"确定"按钮,为该指令创建背景数据块后,为其输入端和输出端设定参数,如图 9 - 33 所示。

图 9 - 33　为 MB_MASTER 指令的输入端和输出端设定参数

MB_MASTER 指令输入端和输出端的意义见表 9 - 25。

表 9‑25　MB_MASTER 指令输入端和输出端的意义

输入端或输出端	说　　　明
EN	使能输入端
REQ	当 REQ＝TRUE 时，请求向 Modbus 从站发送数据，建议采用上升沿触发
MB_ADDR	Modbus RTU 从站地址，默认地址范围：0～247，扩展地址范围：0～65535。MB_ADDR＝0 时，消息将被广播到所有 Modbus 从站
MODE	模式选择，即指定请求类型（读取或写入）
DATA_ADDR	从站中的起始地址，即指定 Modbus 从站中将供访问的数据的起始地址
DATA_LEN	数据长度，即指定要在该请求中访问的位数或字数
DATA_PTR	数据指针，即指向要进行数据写入或数据读取的标记或数据块地址
DONE	完成位，即上一请求已完成且没有出错后，DONE 位将变为 1，并保持一个扫描周期时间
BUSY	BUSY＝0 时，MB_MASTER 指令无激活的命令；BUSY＝1 时，MB_MASTER 指令正在执行中
ERROR	如果上一个请求完成出错，则 ERROR 位将变为 1 并保持一个周期。参数 STATUS 中的错误代码仅在 ERROR＝1 的周期内有效
STATUS	用于显示错误代码

注意：

① MB_COMM_LOAD 指令不建议在启动组织块 OB100 中调用，建议在 OB1 中调用。MB_COMM_LOAD 指令在 OB1 中调用时，其输入端 REQ 需使用上升沿触发，本任务中该输入位采用系统存储器位"FirstScan"。

② MB_COMM_LOAD 指令背景数据块中的静态变量参数 MODE 用于描述 PTP 模块的工作模式，其有效的工作模式如下。

MODE＝0 时，为全双工（RS232）模式。

MODE＝1 时，为全双工（RS422）四线制模式（点对点）。

MODE＝2 时，为全双工（RS422）四线制模式，即多点主站，CM PtP（ET 200SP）。

MODE＝3 时，为全双工（RS422）四线制模式，即多点从站，CM PtP（ET 200SP）。

MODE＝4 时，为半双工（RS485）二线制模式。

注意：MB_MASTER 指令的输入端 REQ 必须使用上升沿触发，否则该指令会一直占用串行端口，导致其他的 MB_MASTER 指令无法正常执行。

以 S7‑1200 PLC 作为 Modbus RTU 主站，用 F06 功能码写入 Modbus RTU 从站 1，修改 TE6 智能温控仪的当前温度设定值。写入的数据存放在缓冲区 DB2.DBW0 的开始区域。注意，REQ 引脚应当用脉冲信号触发，同时加上通信互锁信号 M50.2（表示其他的 MB_MASTER 指令正在执行）的动断触点，防止 2 条 MB_MASTER 指令同时执行，导致通信错误。参数设定完成后的 MB_MASTER 指令如图 9‑34 所示。

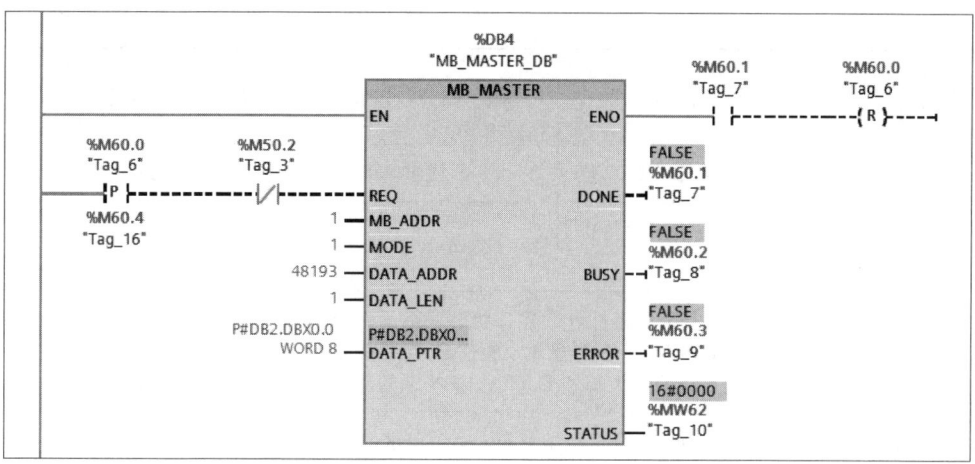

图 9 - 34　参数设定完成后的 MB_MASTER 指令

MB_MASTER 指令设置如下"MB_ADDR＝1，MODE＝1，DATA_ADDR＝48193，DATA_LEN＝1"。Modbus 通信的地址对应关系见表 9 - 26。

表 9 - 26　Modbus 通信的地址对应关系

Modbus RTU 主站 CPU1214C 数据缓冲区地址	Modbus RTU 从站 Modbus 地址
DB2.DBW0	48193

要理解图 9 - 34 所示的梯形图程序，还要知道 S7 - 1200 PLC 的 MB_MASTER 指令 Modbus 地址与功能的对应关系，具体见表 9 - 27。

表 9 - 27　MB_MASTER 指令 Modbus 地址与功能的对应关系

模式	Modbus 功能码	操　作	数 据 长 度	Modbus 地址
0	01H	读取输出位	1～2 000 或 1～1 992 个位	00001 到 09999
0	02H	读取输入位	1～2 000 或 1～1 992 个位	10001 到 19999
0	04H	读取输入字	1～125 或 1～124 个字	30001 到 39999
0	03H	读取一个保持寄存器	1～125 或 1～124 个字	40001 到 49999、400001 到 465535（扩展）
1	05H	写入一个输出位	1 个位（单个位）	00001 到 09999
1	06H	写入一个保持寄存器	1 个字（单个字）	40001 到 49999、400001 到 465535（扩展）
1	15H	写入多个输出位	2～1 968 或 1 960 个位	00001 到 09999
1	16H	写入多个保持寄存器	2～123 或 1～122 个字	40001 到 49999、400001 到 465535（扩展）

模式	Modbus 功能码	操　　作	数 据 长 度	Modbus 地址
2	15H	强制写一个或多个输出位	2～1 968 或 1 960 个位	00001 到 09999
2	16H	强制写一个或多个保持寄存器	2～123 或 1～122 个字	40001 到 49999、 400001 到 465535（扩展）
11		需读出从站的通信状态字和事件计数器。状态字指示指令的执行状态(0：未在执行；0xFFFF：正在执行)。每次成功传送一条消息时，事件计数器值将递增。使用该功能时，忽略 MB_MASTER 指令的 DATA_ADDR 端和 DATA_LEN 端的对应操作数		
80		通过读取错误代码(0x0000)检查从站状态：每个请求的数据长度皆为 1 个字		
81		通过诊断代码 0x000A 复位从站的事件计数器：每个请求的数据长度皆为 1 个字		

MB_MASTER 指令的参数"MB_ADDR＝1"，表示 PLC 主机向 1 号地址的 Modbus 从机发起主动通信。

MB_MASTER 指令的参数"MODE＝1"，表示 PLC 主机将数据写入到 Modbus 从机中去，图 9 - 34 所示是写请求命令(有 4 种写请求命令，对应的 Modbus 功能码分别为 05H、06H、15H、16H，但现在还不能确定是 4 种中的哪种)，而不是读取请求命令。

MB_MASTER 指令的参数"DATA_ADDR＝48193"，它决定了系统采用 4 种写请求命令中的哪一种。根据"48193"这个地址数据，查找表 9 - 27，发现"48193"这个地址数据所在的地址范围(40001 到 49999)对应"写入一个保持寄存器"的 Modbus 功能码是 06H，即 PLC 主机的通信写入请求命令是写入 Modbus 从机中的一个保持寄存器。

写入从机的一个保持寄存器，该 Modbus 从机里的保持寄存器的 Modbus 地址在本任务中是"48193"。这个"48193"的 Modbus 地址应当对应 TE6 智能温控仪的内部某个通信地址参数。但在 TE6 智能温控仪的说明书中，找不到通信地址是"48193"的智能温控仪内部地址参数。这里就涉及 Modbus 通信时的地址参数映射问题，也就是如何通过智能温控仪说明书里的通信地址表，计算出 Modbus 通信时的地址。计算公式如下：

Modbus 地址＝Modbus 功能码的初始地址＋Modbus 从机内部参数地址

Modbus 功能码为 06H 时，Modbus 功能码的初始地址为：40001(十进制)（注意：如果初始地址从 40000 开始计算，实际地址应加 1，即 40001）。

查询智能温控仪通信参数地址(表 9 - 23)可知，"当前温度设定值"的地址是 0X2000。

所以，计算 Modbus 地址如下：

$$\text{Modbus 地址} = (40001)_{10} + (0X2000)_{16}$$
$$= (40001 + 8192)_{10} = (48193)_{10}$$

MB_MASTER 指令的参数"DATA_LEN＝1"，表示数据长度是 1 个字。

MB_MASTER 指令的参数"DATA_PTR"所指向的数据寄存器区域 DB2.DBW0 中预先设置值为：0X0096(十六进制数据)，转换成十进制数为 150。

MB_MASTER 指令正常执行一次，就能通过 CM 1241 通信模块，在 RS485 总线上发出写入命令数据帧，见表 9 - 28。

表 9-28 MB_MASTER 指令写入命令数据帧

序 号	通信字节	数 据	序 号	通信字节	数 据
1	从机地址码	0X01	5	数据高位	0X00
2	功能码	0X06	6	数据低位	0X96
3	起始地址高位	0X20	7	CRC 校验低位	0X02
4	起始地址低位	0X00	8	CRC 校验高位	0X64

以上数据帧就是将 TE6 智能温控仪参数地址为 0X2000 的数据（当前温度设定值）修改为 150 个当前温度单位值。如果当前温度测量单位是 0.1 ℃，那么当前温度设定值就是 15.0 ℃；如果当前温度测量单位是 1 ℃，那么当前温度设定值就是 150 ℃。请根据具体情况，进行温度设定值的小数点转换。不同的温控仪表对此有不同的方法。

若以 S7-1200 PLC 作为 Modbus RTU 主站，用 F03 功能码读取 Modbus RTU 从站 1，获取 TE6 智能温控仪的当前温度测量值。从 TE6 智能温控仪读取到的数据存放在 PLC 数据块的 DB5.DBW0 内。输入端 REQ 串联的 M60.0（表示其他 MB_MASTER 指令将要执行）动断触点为通信互锁信号，防止 2 条 MB_MASTER 指令同时执行，造成错误。参数设定完成后的 MB_MASTER 指令如图 9-35 所示。

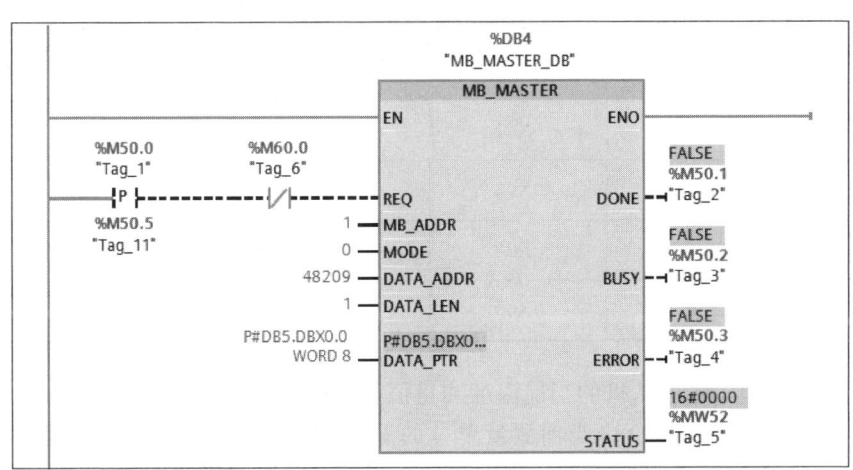

图 9-35 参数设定完成后的 MB_MASTER 指令

查询智能温控仪通信参数地址（表 9-23）可知，"当前温度测量值"的地址是 0X2010。
所以，计算 Modbus 地址如下：

$$Modbus 地址 = (40001)_{10} + (0X2010)_{16}$$
$$= (40001 + 8208)_{10} = (48209)_{10}$$

MB_MASTER 指令的参数"DATA_LEN=1"，表示数据长度是 1 个字。

MB_MASTER 指令的参数"DATA_PTR"所指向的数据寄存器区域 DB5.DBW0 中将保存从 TE6 智能温控仪返回的当前温度测量值。

MB_MASTER 指令正常执行一次，就能通过 CM 1241 通信模块，在 RS485 总线上发出读取命令数据帧,见表 9 - 29。

表 9 - 29　MB_MASTER 指令读取命令数据帧

序　号	通信字节	数　据	序　号	通信字节	数　据
1	从机地址码	0X01	5	数据字长高位	0X00
2	功能码	0X03	6	数据字长低位	0X01
3	起始地址高位	0X20	7	CRC 校验低位	0X84
4	起始地址低位	0X10	8	CRC 校验高位	0X77

表 9 - 29 中,数据帧的前 6 个字节表示主机要求读取(功能码 03 表示读取操作)Modbus 地址为 1 号的从机内部的参数地址为"0X2010"的数据,要读取数据的长度为"0X0001"个字节,最后 2 个字节(合并后的 16 位数据是"0X7784")是前面 6 个字节的 CRC 校验码。参数地址为"0X2010"的数据是 TE6 智能温控仪的当前温度测量值。

如果 Modbus 地址为 1 号的从机能正确接收到主机发来的要求读取数据的命令数据帧,就返回 TE6 智能温控仪的当前温度测量值,从机响应 MB_MASTER 读取命令的应答数据帧见表 9 - 30。

表 9 - 30　从机响应 MB_MASTER 读取命令的应答数据帧

序　号	通信字节	数　据	序　号	通信字节	数　据
1	从机地址码	0X01	5	数据低位	0XC8
2	功能码	0X03	6	CRC 校验低位	0XB9
3	数据字节长度	0X02	7	CRC 校验高位	0XD2
4	数据高位	0X00			

Modbus 地址为 1 号的从机的当前温度测量值是 0X00C8,对应的十进制数是 200,即 1 号从机的当前温度测量值是 200 个当前测量单位的温度值。如果当前测量单位是 0.1 ℃,那么当前温度值就是 20 ℃;如果当前测量单位是 1 ℃,那么当前温度值就是 200 ℃。

通过图 9 - 36 所示的测量单位变换梯形图程序,可将 1 号从机的当前温度测量值进行数据格式转换,由于 TE6 智能温控仪采用 PT100 测温探头时的测量值是以 1 ℃ 为单位整数值,要转换成单位是 0.1 ℃ 的浮点数。

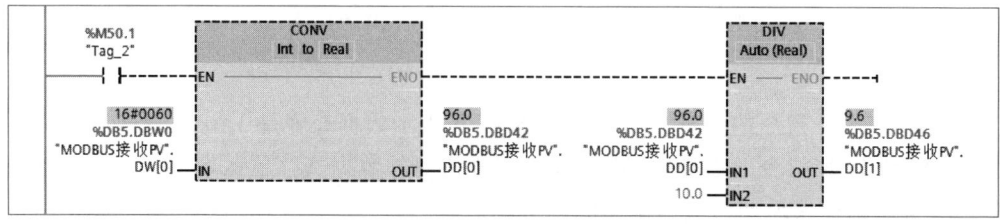

图 9 - 36　测量单位变换梯形图程序

五、练习与提高

1. 练习通过 PLC 读取温控仪当前温度值。

2. 通过 PLC 的 Modbus 通信设定智能温控仪当前温度设定值。

例程：S7 － 1200 PLC 的 Modbus通信下载　　微视频:S7－1200 PLC 的 Modbus通信　　互动：项目九任务3随堂练习

任务 4　S7 － 1200 PLC 的以太网通信

一、任务目标

1. 掌握以太网通信的基本概念、主要参数及编程，了解它们的主要应用。

2. 能够用 TIA Portal V16 软件编写程序，并能正确使用 PLC 与 PLC 实现以太网通信。

二、控制要求

使用 S7 － 1200 PLC 的 CPU 本体上的以太网通信口可以实现 S7 － 1200 PLC 的 CPU 与编程设备的通信、与 S7 － 1200 PLC 的 CPU 之间的通信、与 HMI 触摸屏的通信以及与其他设备通信。

1. 将 PLC1 的 IB0 中的数据发送到 PLC2 的 QB0 中。

2. 将 PLC2 的 IB0 中的数据发送到 PLC1 的 QB0 中。

S7 － 1200 PLC 的 CPU 本体上集成了一个 Profinet 通信口，支持基于以太网和 TCP/IP 协议、UDP 协议的通信标准。这个 Profinet 物理接口是支持 10 Mbps 或 100 Mbps 的 RJ45 端口，支持电缆交叉自适应，因此一个标准的以太网线或是交叉的以太网线都可以用于这个接口的通信。

本任务主要实现 2 个 S7 － 1200 PLC 的 CPU 之间的以太网通信。

三、硬件设计

1. 硬件选型

硬件选型见表 9－31。

表 9－31　硬件选型

名　称	型　号	名　称	型　号
PLC1	CPU 1214C DC/DC/DC	以太网交换机	CSM 1277
PLC2	CPU 1212C DC/DC/DC	按钮	LA 38 － 11BN

2. I/O 接口分配

根据控制要求列出所需的 I/O 接口，并为其分配相应的接口，I/O 接口分配表见表 9－32。

表 9 - 32 I/O 接口分配表

输 入 信 号	
名 称	接 口
测试按钮 SB1~SB8	IB0

3. 接线图

根据以太网控制要求,设计以太网通信 PLC 接线图,可以将通信对象的以太网接口直接用网线连接,或者将 2 个 PLC 的以太网接口分别接到以太网交换机上,如图 9 - 37 所示。

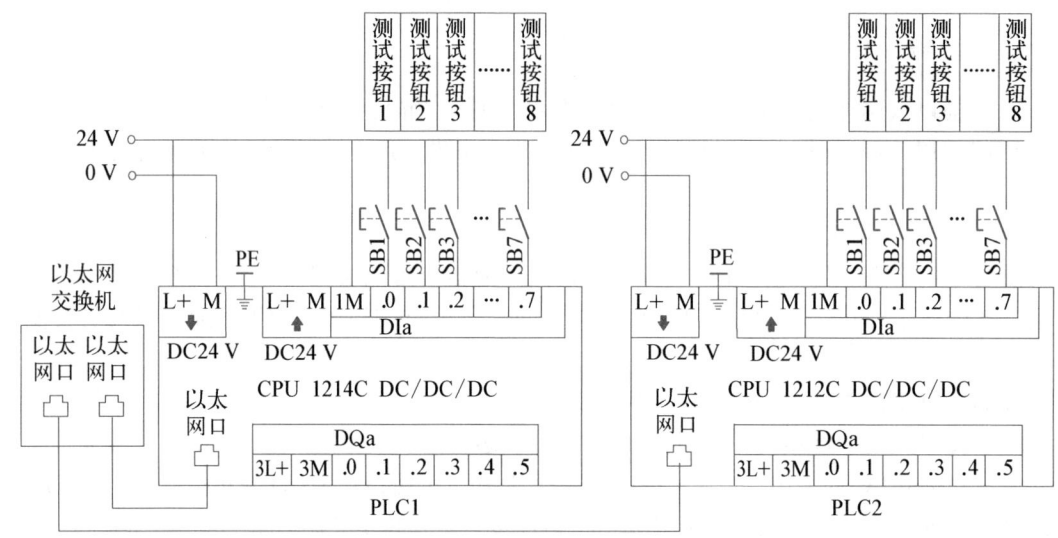

图 9 - 37 以太网通信 PLC 接线图

西门子 PLC 的 Profinet 连接一般有两种以太网通信连接方法:

(1) 直接连接。当一个 S7 - 1200 PLC 与编程设备、HMI 或是另一个 PLC 通信时,也就是说只有两个设备通信时,可以采用直接网络通信。直接连接不需要使用交换机,用网线直接连接两个设备即可,如图 9 - 38 所示。

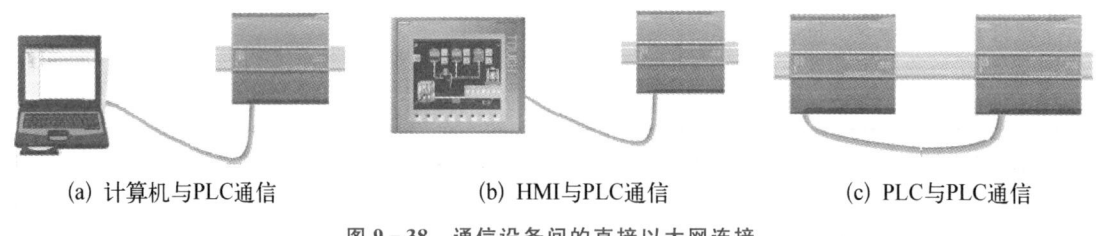

(a) 计算机与PLC通信　　　(b) HMI与PLC通信　　　(c) PLC与PLC通信

图 9 - 38 通信设备间的直接以太网连接

(2) 网络连接。当多个通信设备进行通信时,也就是说通信设备为两个及以上时,彼此通信需采用网络连接实现,如图 9 - 39 所示。

多个通信设备的网络连接需要使用以太网交换机来实现。可以使用西门子 CSM 1277 交换机连接其他 PLC 及 HMI 设备。CSM 1277 交换机是即插即用的,使用前可以不用作任何设置。

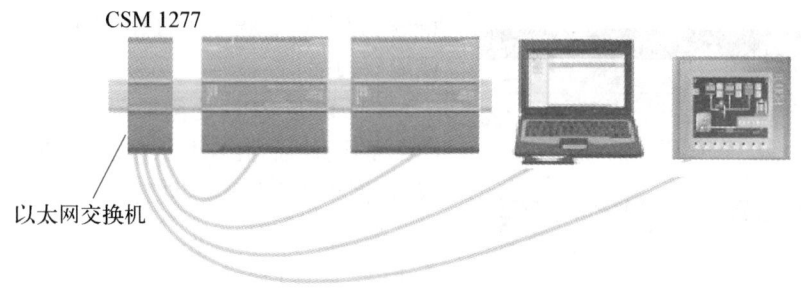

CSM 1277

以太网交换机

图 9 - 39　多个通信设备的网络连接

四、程序设计

1. S7 - 1200 PLC 的 Profinet 以太网通信

(1) 通信口支持的通信协议及服务。通信口支持的通信协议及服务有：TCP、ISO - on - TCP(RCF 1006)、UDP(V1.0 不支持)、S7 通信。

注意：当使用 TIA Portal V10.5 软件时，S7 - 1200 PLC 只支持 S7 通信的服务器(Server)端，使用 TIA Portal V11 及以上版本软件时，S7 - 1200 PLC 支持 S7 通信的服务器与客户端。

(2) S7 - 1200 PLC 的连接资源。S7 - 1200 PLC 分配给每个类别的预留连接资源数为固定值，用户无法更改这些值。但用户可组态 6 个"可用自由连接"，以按照应用要求增加任意类别的连接数，如图 9 - 40 所示。

连接资源		站资源		模块资源
		预留	动态 !	S7-1214C-PLC1 [CPU 1214C DC/DC/DC]
最大资源数：		62	6	68
	最大	已组态	已组态	已组态
PG 通信：	4	-	-	-
HMI 通信：	12	0	0	0
S7 通信：	8	0	0	0
开放式用户通信：	8	0	0	0
Web 通信：	30	-	-	-
其它通信：	-	-	0	0
使用的总资源：		0	0	0
可用资源：		62	6	68

图 9 - 40　S7 - 1200 PLC 的连接资源

图 9 - 40 所示的开放式用户通信具有 8 个可用连接资源、PG 通信具有 4 个可用连接资源、Web 通信具有最大 30 个可用连接资源。

2. PLC 与 PLC 之间通信的过程

(1) 两个 PLC 之间实现通信的步骤。

① 建立硬件通信物理连接：由于 S7 - 1200 PLC 的 Profinet 物理接口支持交叉自适应功能，因此连接两个 CPU 的既可以是标准的以太网线也可以是交叉的以太网线。两个 CPU 的连接可以直接连接，不需要使用交换机。

② 配置硬件设备：在设备视图中配置硬件组态。

③ 配置 IP 地址：为两个 CPU 配置在同一个网段上不同的固定 IP 地址。

④ 在网络连接中建立两个 CPU 间的逻辑网络连接。

⑤ 编程配置连接、发送和接收数据参数。在两个 CPU 里分别调用 TSEND_C 指令、TSEND

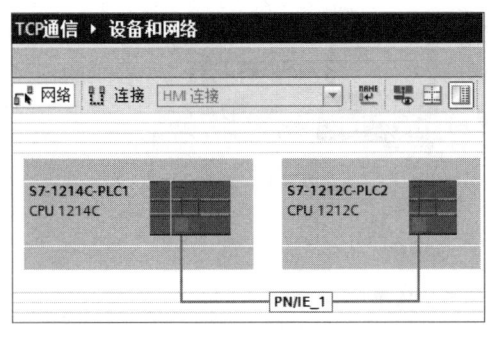

图 9 - 41　配置 CPU 之间的逻辑网络连接

指令、TRCV_C 指令及 TRCV 指令,并配置参数,使能双边通信。

(2) 配置 CPU 之间的逻辑网络连接。配置完 CPU 的硬件后,在项目树"设备和网络"文件夹下,双击"网络视图"选项,创建两个设备的连接。

要想创建 Profinet 的逻辑连接,需按住第一个 PLC 上的 Profinet 通信口的绿色小方框,然后拖曳出一条线到另外一个 PLC 上的 Profinet 通信口上,松开鼠标,连接就建立起来了,如图 9 - 41 所示。

3. 以太网通信程序设计

(1) 打开 TIA Portal V16 软件并新建项目。在 V16 的"Portal 视图"中选择"创建新项目",创建一个新项目。

(2) 添加硬件并命名 PLC。进入"项目视图",在项目树下双击"添加新器件"选项,在对话框中选择所使用的 S7 - 1200 PLC 的 CPU,并将其添加到机架上,命名为 PLC1。用同样方法再添加另一个 S7 - 1200 PLC 的 CPU,命名为 PLC2。

(3) 定义时钟位。为了编程方便,本任务可在 CPU 属性中定义时钟位,定义方法如下:

在项目树的"PLC1"文件夹下的"设备组态"文件夹中,选中 CPU,然后在巡视窗口"属性"选项卡下,选择"系统和时钟储存器"选项,将系统位定义在 MB100 字节,时钟位定义在 MB101 字节。

1 Hz 时钟使用 MB101 字节的 M101.5 位,它是以 1 Hz 的频率在 0 和 1 之间切换的一个标志位。可以使用这个位去自动定时激活发送任务。

(4) 为 Profinet 通信口分配以太网地址。

在设备视图中单击 CPU 上代表 Profinet 通信口的绿色小方块,在巡视窗口会出现 Profinet 接口的属性,在"以太网地址"下分配 IP 地址为"192.168.0.1",子网掩码为"255.255.255.0",并确保"自动生成 PROFINET 设备名称"复选框被勾选,如图 9 - 42 所示。

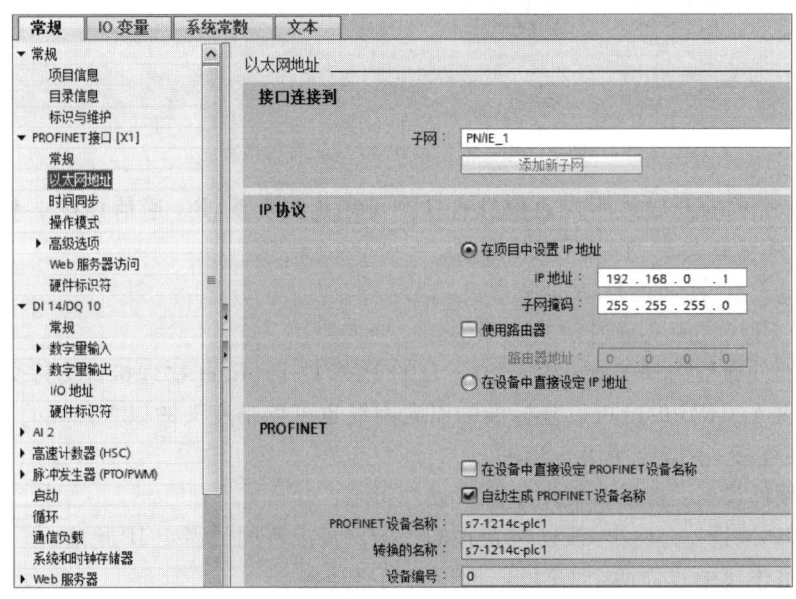

图 9 - 42　为 Profinet 通信口分配以太网地址

用同样的方法,分配另一个 S7-1200 PLC 的 CPU 的 IP 地址为"192.168.0.2"。

(5) 创建 CPU 之间的逻辑网络连接。如前所述,在项目树的"设备和网络"文件夹下,双击"网络视图"选项,创建两个设备的连接。

(6) 定义 PLC1 的 TSEND_C 指令的参数。S7-1200 PLC 互相之间的以太网通信可以通过 TCP 或 ISO-on-TCP 来实现,本任务的通信方式为双边通信,因此 TSEND 指令和 TRCV 指令必须成对出现。

① 在 OB1 内调用 TSEND_C 指令,发送 1 个字节数据到 PLC2 中:进入 PLC1 的主程序中,选择"指令"任务卡的"通信"选项,在"开放式用户通信"文件夹下调用 TSEND_C 指令,如图 9-43 所示。

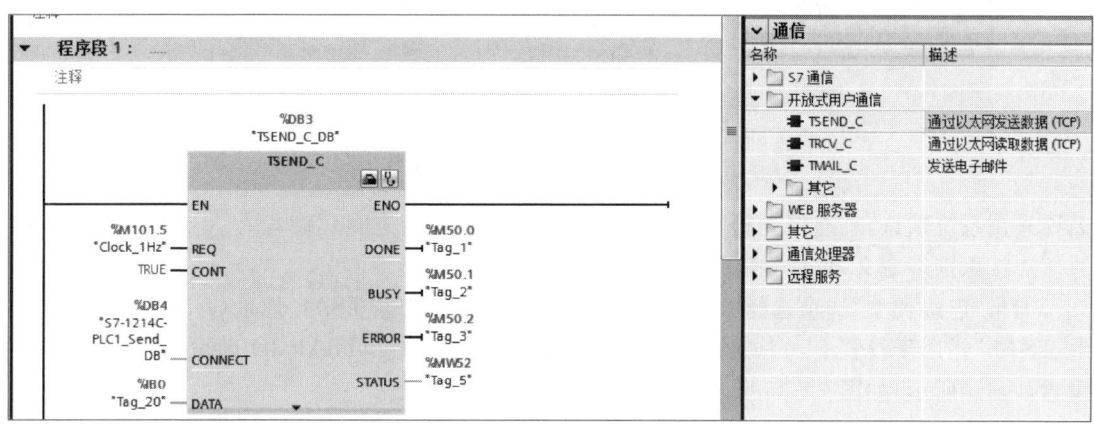

图 9-43　调用 TSEND_C 指令

添加 TSEND_C 指令后,系统会要求为该指令添加背景数据块"TSEND_C_DB",如图 9-44 所示。

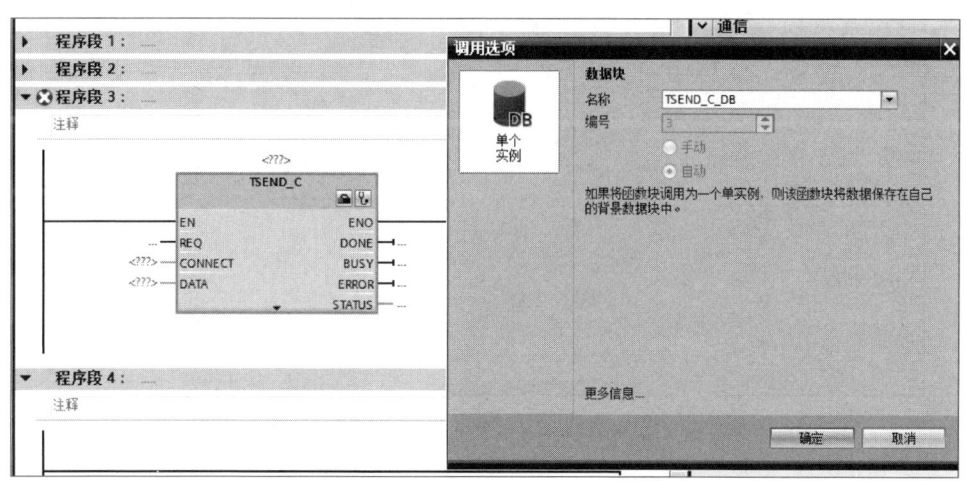

图 9-44　添加背景数据块 TSEND_C_DB

② 定义 PLC1 的连接参数:打开 TSEND_C 指令的巡视窗口,选择"连接参数"选项,配置 PLC1 的连接参数,如图 9-45 所示。

在"端点"的"伙伴"下拉列表选择 PLC2。选择"本地"列下的"主动建立连接"选项。在"本地"和"伙伴"的"连接数据"栏中,单击"新建"按钮,即可生成用于接收数据的连接数据块,

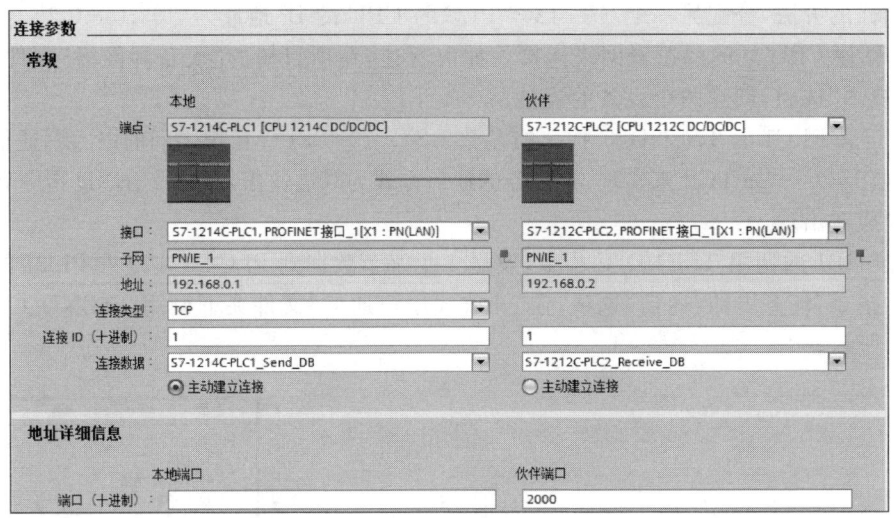

图 9－45　配置 PLC1 的连接参数

名称采用系统默认。"连接类型"选择"TCP"。"连接 ID（十进制）"设置为"1"，用于编程时的通信连接识别。定义"伙伴端口"的端口地址为"2000"。

　　如果"连接类型"选项选择"ISO－on－TCP"，则需要设置 TSAP 地址（ASCII 形式），"本地 TSAP"栏用于设置 PLC1，"伙伴 TSAP"栏用于设置 PLC2，TSAP ID 自动生成，其他栏目设置如前述所示，如图 9－46 所示。

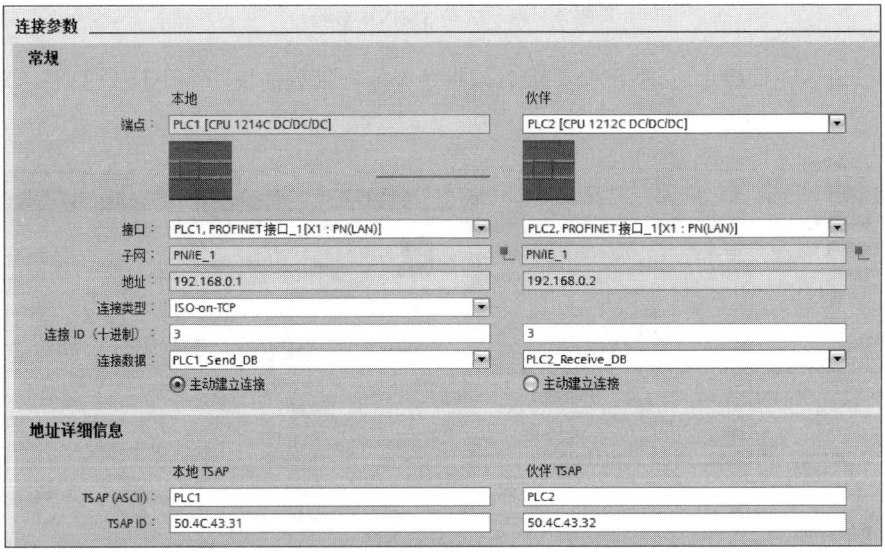

图 9－46　"连接类型"选择"ISO－on－TCP"时的连接参数

　　③ 创建并定义 PLC1 的发送数据块：在项目树的"PLC1"文件夹下的"程序块"文件夹中，双击"添加新块"选项，单击"数据块"按钮，创建数据块，定义发送数据区为若干个字节的数组。数据类型的定义如图 9－47 所示。

　　注意：对于双边编程通信的 CPU，如果通信数据区使用数据块，则可以将数据块定义为符号寻址方式或绝对寻址方式。若使用指针寻址方式，必须创建绝对寻址的数据块，即在数据块的"属性"选项中要取消勾选"优化的块访问"复选框。

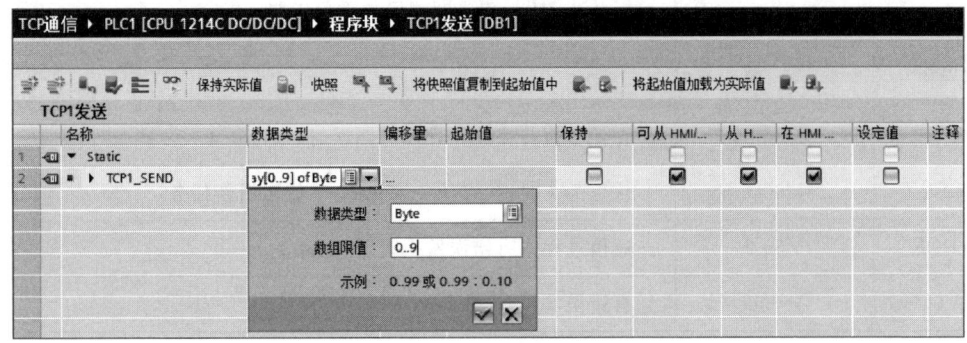

图 9 - 47 数据类型的定义

本任务发送的数据是 IB0 这一个输入寄存器字节。

④ 设定 PLC_1 的 TSEND_C 指令的参数:添加 TSEND_C 指令的参数,如图 9 - 48 所示。

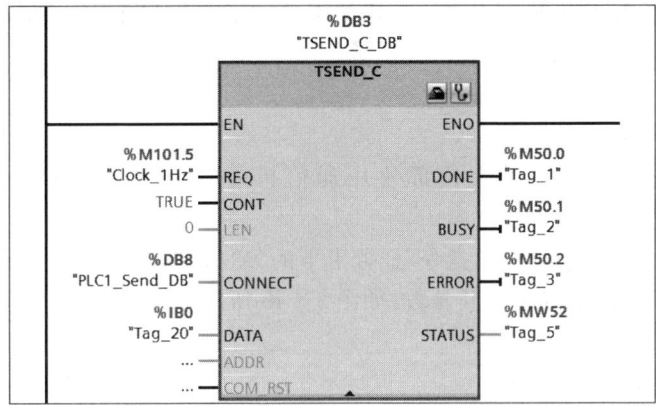

图 9 - 48 添加 TSEND_C 指令的参数

TSEND_C 指令的输入端参数说明见表 9 - 33。

表 9 - 33 TSEND_C 指令的输入端参数说明

输入端	参 数	说 明
REQ	M101.5	使用 1 Hz 的时钟脉冲,通过上升沿激活发送数据任务
CONT	TRUE	CONT=1(TRUE)时,建立并保持通信连接;CONT=0(FALSE)时,断开通信连接
LEN	0	可选参数,要通过作业发送的最大字节数。 如果在 DATA 参数中使用具有优化访问权限的发送区,参数 LEN 必须为 0
CONNECT	PLC1_Send_DB	指向连接描述的指针,参数为该指令自动生成的通信连接数据块
DATA	IB0	发送数据区的数据,如使用指针寻址时,数据块要选用绝对寻址方式

TSEND_C 指令的输出端参数说明见表 9 - 34。

表9－34　TSEND_C指令的输出端参数说明

输出端	参　数	说　　　　明
DONE	M50.0	在任务执行完成并且没有错误时,该位置 **1**
BUSY	M50.1	该位为 **1** 时,代表任务未完成,不能激活新任务
ERROR	M50.2	通信过程中有错误发生时,该位置 **1**
STATUS	MW52	有错误发生时,在此显示错误信息代码

(7) PLC_1 的 TRCV_C 指令及其参数配置。为了实现 PLC_1 接收来自 PLC_2 的数据,应在 PLC_1 的 OB1 中调用 TRCV_C 指令并配置其基本参数。

① 创建并定义PLC_1的接收数据区数据块:在项目树的"PLC1"文件夹下的"程序块"文件夹中,双击"添加新块"指令,单击"数据块"按钮,创建接收数据块,定义接收数据区为若干个字节的数组。

② 在 OB1 内调用 TRCV_C 指令:TRCV_C 指令会按顺序依次实施以下功能:

a. 设置并建立通信连接。

b. 通过现有的通信连接接收数据。

c. 终止或重置通信连接。

TRCV_C 指令相当于自动在内部使用通信指令"TCON""TRCV""T_DIAG""T_RESET"和"TDISCON"。

进入 PLC1 的主程序中,选择"指令"任务卡下的"通信"选项,在"开放式用户通信"文件夹下调用 TRCV_C 指令并配置接口其参数,如图 9－49 所示。

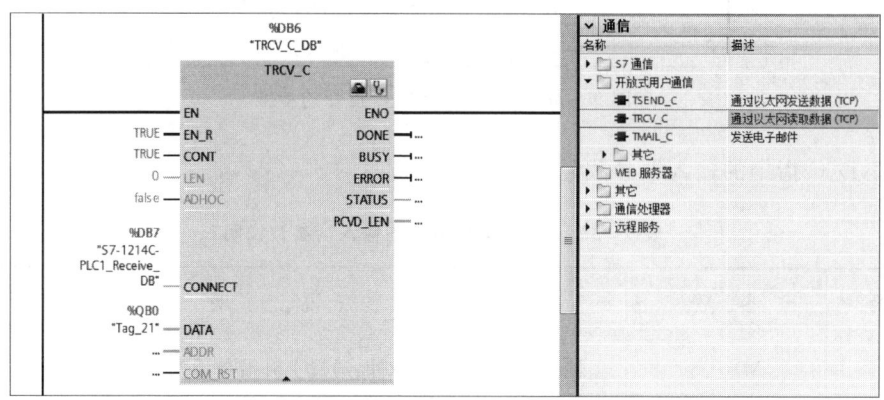

图 9－49　调用 TRCV_C 指令并配置其接口参数

TRCV_C 指令的输入端参数说明见表 9－35。

表9－35　TRCV_C指令输入端参数说明

输入端	参　数	说　　　　明
EN_R	TRUE	EN_R＝1(TRUE)时,表示准备好接收数据
CONT	TRUE	CONT＝**0**(FALSE)时,断开通信连接;CONT＝**1**(TRUE)时,建立通信连接并在接收数据后保持该连接

输入端	参 数	说 明
LEN	0	接收数据长度。如果在 DATA 端对应的操作数中使用具有优化访问权限的接收区,LEN 端对应的操作数必须为 0。LEN 端设置为 65535 时可以接收变长数据
CONNECT	PLC1_Receive_DB	指向连接描述的指针,该指令自动生成的接收通信连接数据块
DATA	QB0	接收数据区的地址。参数也可以是地址指针,如 P♯DB4. DBX0.0 BYTE 100

TRCV_C 指令的输出端参数说明见表 9-36。

表 9-36 TRCV_C 指令输出端参数说明

输出端	说 明
DONE	该位为 1,表明接收任务成功完成
BUSY	该位为 1,代表任务未完成,不能激活新任务
ERROR	通信过程中有错误发生时,该位置 1
STATUS	有错误发生时,在此显示错误信息代码
RCVD_LEN	实际接收数据的字节数

(8) PLC2 编程通信。

① 在 PLC2 中创建接收和发送数据块:根据实际需要,在 PLC2 中创建若干个字节接收和发送的全局数据块,数据类型是数组(数组中每个元素的数据类型根据需要选择,此例选"Bool"),如图 9-50 所示。

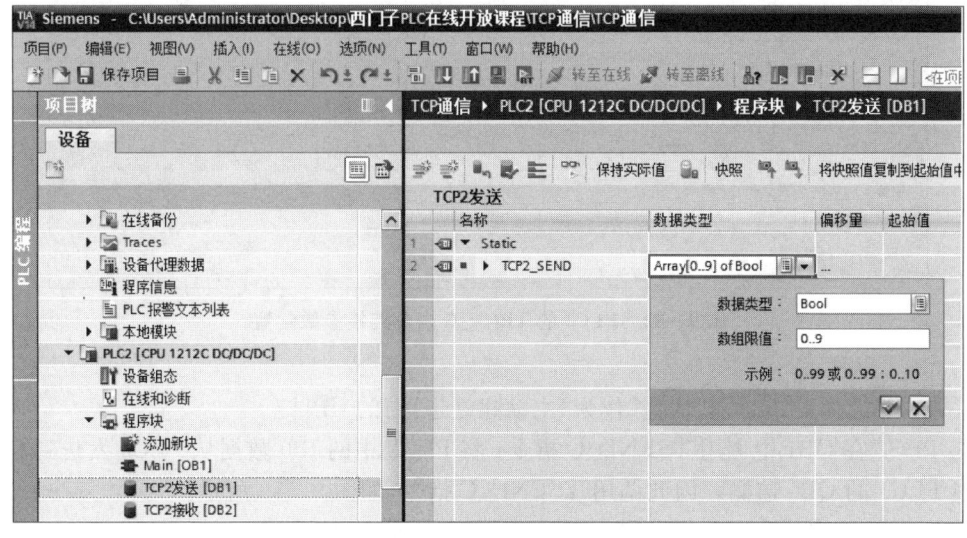

图 9-50 PLC2 中创建数据块

为便于本任务的教学演示,实际发送数据的是 IB0,接收数据的是 QB0。

② 在 PLC2 的 OB1 中调用 TRCV_C 指令:PLC2 接收从 PLC1 发送过来的数据,并在 PLC2 的 QB0 中反映出来,以便于检验通信是否成功。因此调用 TRCV_C 指令,如图 9-51 所示。

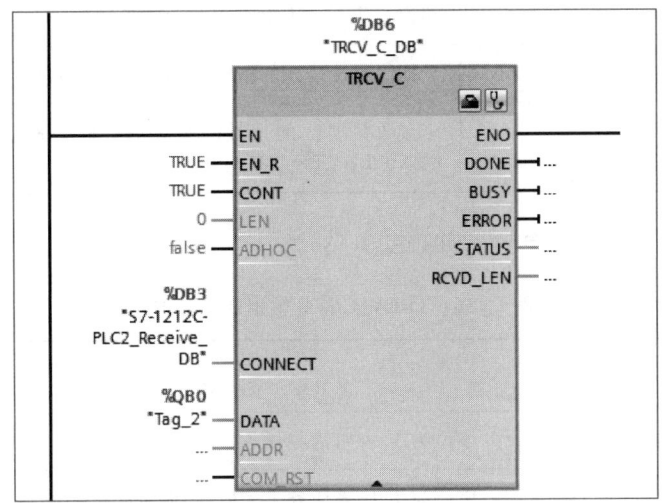

图 9-51 调用 TRCV_C 指令

配置 TRCV_C 指令的方法参照 PLC1 的 TRCV_C 指令,连接参数配置如图 9-52 所示。

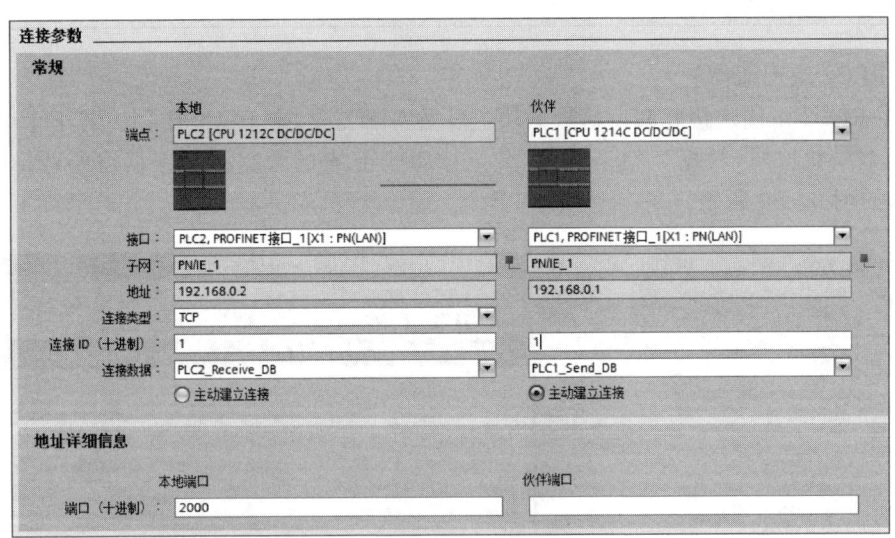

图 9-52 PLC2 的 TRCV_C 指令连接参数配置

注意:要选择 PLC1,即"伙伴"作为"主动建立连接"的 CPU。

③ PLC2 在 OB1 中调用 TSEND_C 指令:将 PLC2 中的 IB0 数据从 PLC2 发送到 PLC1,并通过 PLC1 的 QB0 监测。因此调用 TSEND_C 指令,如图 9-53 所示。

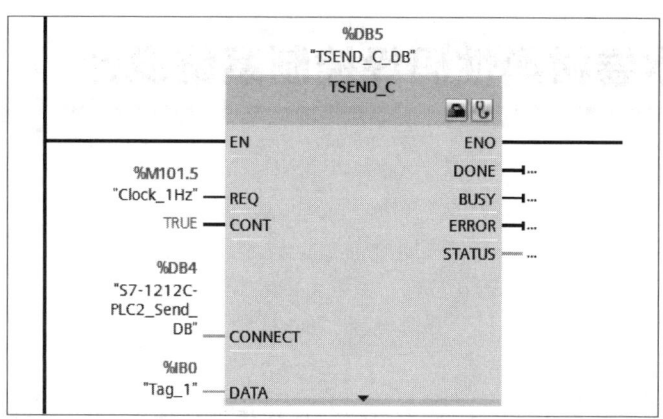

例程：S7－1200 PLC 的以太网通信下载

微视频：S7－1200 PLC 的以太网通信

图 9－53 调用 TSEND_C 指令

五、练习与提高

1. 练习 2 个 PLC 之间的以太网通信指令设置。

2. 设计程序，要求利用以太网通信，通过 PLC1 的 I0.0 启动 PLC2 的 Q0.0，PLC1 的 I0.1 停止 PLC2 的 Q0.0。

互动：项目九任务 4 随堂练习

互动：项目九单元测验

项目描述

　　防水卷材主要用于建筑墙体、屋面、隧道、公路、垃圾填埋场等处,是一种可以抵御外界雨水、地下水渗漏的可卷曲的柔性建材产品。防水卷材作为工程基础与建筑物之间无渗漏连接,是整个工程防水的第一道屏障,起着至关重要的作用。按照主要防水组成材料,它可分为沥青防水材料、高聚物改性防水卷材和合成高分子防水卷材等。传统的机械码垛方式针对不同尺寸的防水卷材需要不断地调节机械结构,而根据卷材材质不同又需要不断改变码垛形式,这就对现有的码垛控制系统提出了更高的要求。本项目以安徽某防水卷材生产企业为背景进行了防水卷材柔性码垛控制系统的设计与开发,以实现控制系统按照所设定的卷材尺寸、码垛形式、码垛数量进行自动配置,实现生产过程的自动化和智能化。本项目采用了机器人码垛代替传统的机械码垛,大大减少了设备的占用空间,提高了生产效率,节约了人力成本。

任务准备

知识点 1　安川机器人的使用和编程

　　工业机器人选择的是安川 MS165,该款机器人为 6 轴通用机器人,可用于搬运、码垛、焊接等多用途场合,最大负载达到 180 kg,重复定位精度为 ±0.2 mm,最大工作范围为 2 702 mm。本项目中的安川机器人作为从站和 S7 - 1200 PLC 进行 Profibus 通信,故添置了 CB3601 从站通信板。

图文:MS165
机器人说明
书

图文:DX200
通信说明书

图文:编程
逻辑语言说
明书

知识点 2　Profibus DP 主从通信的配置方法

　　首先打开 TIA Portal V16 软件,双击项目树中的 PLC 设备对象,将鼠标放置在 1 号槽中的 CPU 模块位置,然后打开右手边的硬件目录文件夹,选择"PLC"中的"CPU 1214C DC/DC/DC",采用"拖曳"或"双击"的方法放置,同理将扩展 I/O 模块 SM1223(24V 16 入/16 出)放置在 PLC 右侧。为了保证 PLC 和机器人之间通信的可靠性和稳定性,我们采用 Profibus DP 总线来交换数据,传输速率可以达到 9.6 Kbps 到 12 Mbps,地址范围 0—127,其中 PLC 作主站,MS165 机器人作为从站。在 PLC 侧选择 DP 主站通信模块 CM1243－5,该模块 DP 从站最大数量可以达到 32 个,将该通信模块拖曳至 PLC 左侧的 101 号槽,右键单击 DP 主站通信模块 CM1243－5 的 DP 接口,通过操作"分配主站系统"来创建 DP 主站。MS165 机器人为了保证和 PLC 进行 DP 通信,在机器人侧添加了 CB3601DP 从站通信板,由于此设备为第三方设备,所以在硬件目录中找不到,此时可通过安装 GSD 文件将该设备添加到系统中,在"选项"菜单中,选择命令"安装设备描述文件",如图 10－1 所示。

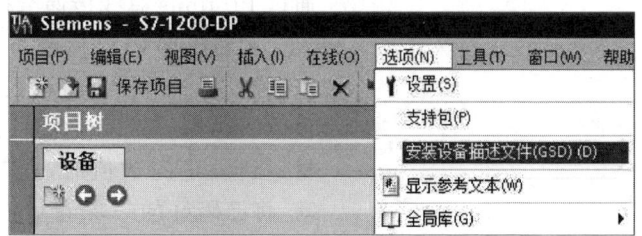

软件:安川机器人 GSD 文件下载

图 10－1　安装设备描述文件(GSD)

安装完成后,在硬件目录的"其他现场设备"文件夹下,就可以找到通过 GSD 文件安装的 DP 从站。将该从站拖曳到网络视图中,并连接到主站模块 CM1243－5,双击进入"属性",选择"32 字节入/32 节字出",配置主/从站通信的起始地址,同时将 DP 从站地址设为"3"。同时进入机器人示教器设置从站地址、通信速率和通信字节数,完成 PLC 和机器人的数据交换。

图文:Profibus DP 配置说明及例程

任务　防水卷材柔性码垛控制系统

一、任务目标

1. 了解防水卷材柔性码垛控制系统的工作流程。
2. 编写项目实施的控制方案和设计任务书。
3. 掌握电气元件选型及控制系统设计。
4. 掌握程序编程思路和设备调试方法。

二、控制要求

1. 托盘输送链机构能够完成空托盘的自动输出。
2. 塑料卷落料机构能够完成塑料卷的自动落料输出。
3. 采用工业机器人完成将塑料卷落料处的塑料卷搬运至码垛工位。
4. 在码垛工位塑料卷的码垛方式分为立式和金字塔堆积式。
5. 通过 HMI 能够自动选择不同卷材的码垛方式和计算卷材摆放位置。

6. 待码垛卷材完成后,输送至成品输送链,等叉车运走。

7. HMI 要实时记录码垛数量、码垛方式,动画显示码垛过程。

8. 要具有掉料保护、托盘库空的声光报警功能。

9. 满足上游生产线的卷材生产节拍。

本项目以安川 MS165 工业机器人和西门子 S7 - 1200 PLC 为基础,以 Profibus 总线来传输各个卷材的码垛坐标,设计并搭建了这套柔性码垛控制系统,如图 10 - 2 所示。在调试过程中,首先托盘输送链会将最底部的托盘输送至码垛工位,然后通过在 HMI 上选择卷材的不同尺寸和码垛形式,PLC 控制系统会根据输入数据迅速计算出卷材的排列方式和码垛坐标,通过 Profibus 总线传递给机器人控制器,机器人控制器根据 PLC 传递的信息,在卷材落料处进行抓取,然后控制机器人末端执行机构执行合适的码垛方式和放置目标。当托盘上的卷材达到设定的数值时,此时输送链会再次起动,将已码好的一垛卷材输送至成品输送链,同时新的托盘进入码垛工作,重复上述过程。

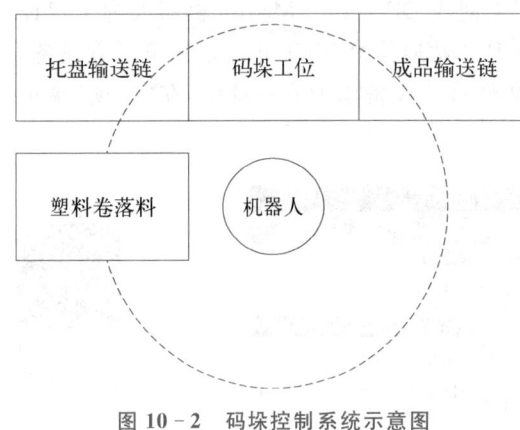

图 10 - 2　码垛控制系统示意图

三、硬件设计

1. 硬件选型

为了满足该系统的设计要求,选用了西门子公司 SIMATIC 1214C 作为主控制器对整条输送链进行控制以及和安川 MS165 工业机器人进行 Profibus 通信,配以 MCGS 的 TCP1061 Ti 触摸屏构成自控系统,根据设计要求,本系统所选用的主要硬件产品如表 10 - 1 所示。

图文:系统设计方案和任务书

表 10 - 1　硬件选型

名　称	型　号
PLC	西门子 1214DC/DC/DC
模块	西门子 SM1223
模块	西门子 CM1243 - 5
触摸屏	MCGS TPC1061 Ti
工业机器人	安川 MS165
Profibus 通信板	安川 CB3601
三色灯-蜂鸣器	天逸电气 JD 系列
低压电器(按钮、中间继电器、交流接触器、空气开关)	施耐德系列
稳压电源	明纬 SE - 350 - 24
光电开关	松下 CX - 442 - P

图文: 设备　文本: 电气
机械结构图　元件BOM清
纸　　　　单

2. I/O 接口分配

防水卷材柔性码垛控制系统 I/O 接口分配表见表 10-2,由于都是选用的直流输出,故全部采用外接中间继电器来进行信号控制。

表 10-2 I/O 接口分配表

输 入 信 号		输 出 信 号	
名　　　称	接　口	名　　　称	接　口
起动按钮 SB1	I0.0	黄灯 KA1	Q0.0
停止按钮 SB2	I0.1	绿灯 KA2	Q0.1
叉车送托完成 SB3	I0.4	红灯 KA3	Q0.2
手动/自动 SA1	I0.5	蜂鸣器 KA4	Q0.3
产品到位光电 SC1	I1.0	托盘挡升 KA5	Q0.4
托盘库检测光电 SC2	I1.1	托盘下降 KA6	Q0.5
托盘挡升伸出 1B1	I1.2	托盘输送 KA7	Q0.6
托盘挡升缩回 1B2	I1.3	码垛工位正转 KA8	Q0.7
托盘下降升出 2B1	I1.4	码垛工位反转 KA9	Q1.0
托盘下降缩回 2B2	I1.5	托盘定位 KA10	Q1.1
托盘到位光电 SC3	I2.0	暂存输送链正转 KA11	Q2.0
码垛定位缩回 3B1	I2.1	暂存输送链反转 KA12	Q2.1
码垛定位伸出 3B2	I2.2	主程序调出 KA17	Q2.2
成品到位光电 SC4	I2.3	报警/错误复位 KA18	Q2.3
成品限位保护 SC5	I2.4	机器人示教模式 KA19	Q2.4
丢料检测光电 SC6	I2.5	掉料保护 KA20	Q2.5
有无塑料卷光电 SC7	I3.0		
塑料卷到位光电 SC8	I3.1		
塑料卷满料光电 SC9	I3.2		

3. 接线图

根据表 10-2 和任务控制要求,设计防水卷材柔性码垛电气控制系统的接线图,如图 10-3 所示。

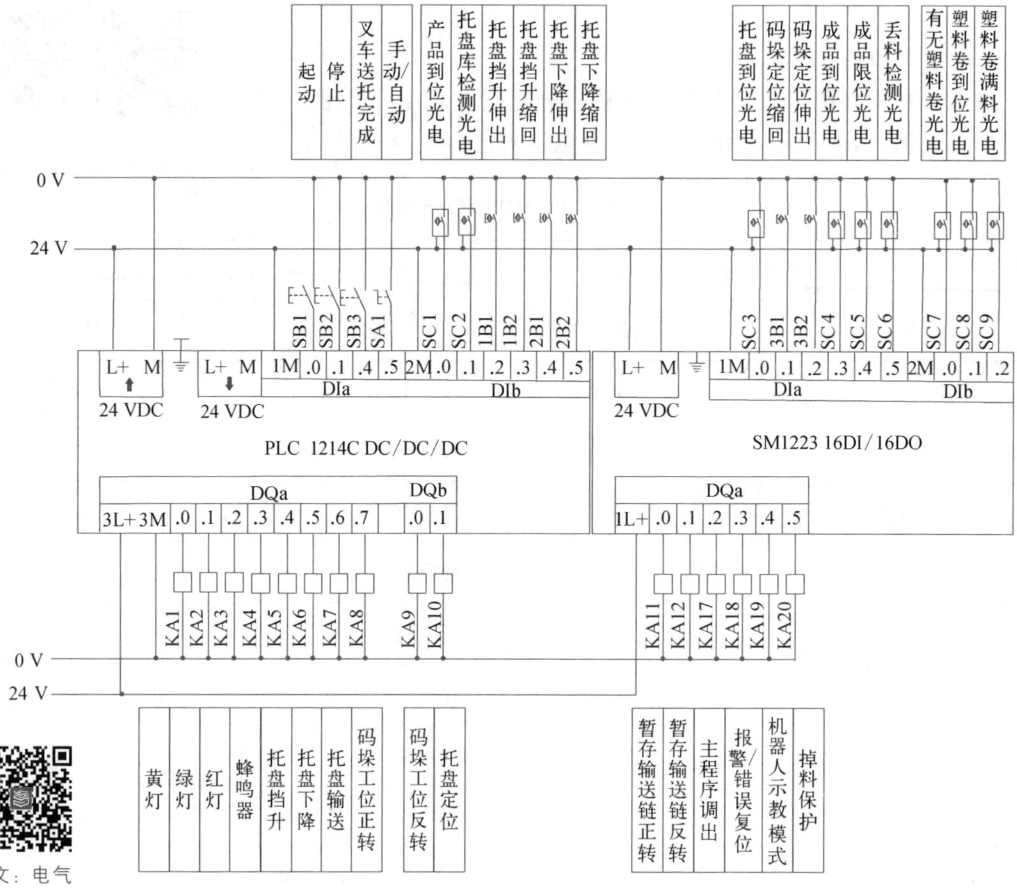

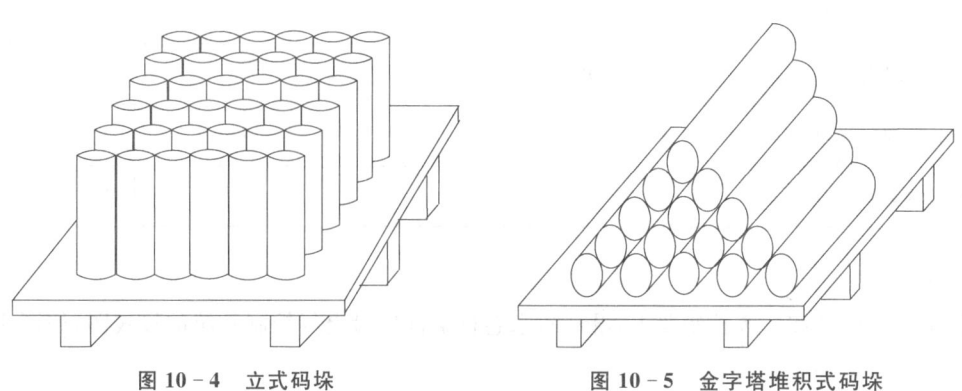

图文：电气
原理图

图 10-3　PLC 接线图

四、程序设计

1. 不同尺寸卷材放置坐标的计算

厂家要求卷材直径为 200~400 mm,产品规格长度为 1 m,内孔有纸管,产品质量为 20~80 kg,每分钟能够码垛 6 卷,根据卷材的材质不同,材质较硬的卷材要求立式码放,同时根据尺寸不同,在托盘处形成 3×3、4×4、5×5、6×6 等不同尺寸的立式码垛,如图 10-4 所示为 6×6 立式码垛,材质较软的卷材立式码放导致卷材会变形,因此要求采用金字塔堆积式码放,如图 10-5 所示。

图 10-4　立式码垛 　　　　　　　　　　 图 10-5　金字塔堆积式码垛

首先通过机器人建立工件坐标系,将立式(实线)和金字塔堆积式(虚线)码垛建立在同一坐标系内,如图 10-6 所示。

无论是立式还是金字塔堆积式的码垛,都是通过示教器确定第一个卷材的坐标,在采用立式码垛时,无须进行 z 轴方向的计算,同时为了使夹具夹取和放置方便,采用斜 45° 对角线放置。此处以 6×6 尺寸为例说明放置顺序,先 1,2,3,…沿对角线放满后,再沿对角线依次减少,放置…,34,35,36。将卷材序号定义为 P,卷材直径定义为 D,那么任意一点的卷材坐标如式(10-1)和式(10-2)所示。

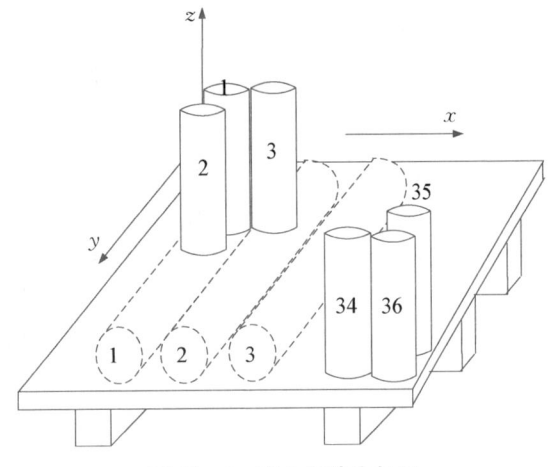

图 10-6　建立工件坐标系

$$X_P = X(1,1) + \Delta X \tag{10-1}$$

$$Y_P = Y(1,1) + \Delta Y \tag{10-2}$$

其中 X_P、Y_P 为第 P 点卷材的坐标,$X(1,1)$ 和 $Y(1,1)$ 为第 1 个卷材的坐标,ΔX、ΔY 是 P 点坐标相对于第 1 个卷材的偏移量。在 x 轴方向定义列,定义列变量 J,J 的取值范围是 1~6;在 y 轴方向定义行,定义行变量 K,K 的取值范围是 1~6;以行列构成两层循环,可计算出所有放置点的偏移量,如式(10-3)与式(10-4)所示,然后将它写入 DB 数据块中,程序调用即可。

$$\Delta X = (K-1) \times D \tag{10-3}$$

$$\Delta Y = (J-1) \times D \tag{10-4}$$

而对于金字塔堆积式码垛来说,只需进行 x 轴和 z 轴的计算,以卷材高度 5 层为例,一层的卷材数量为 J,层数用 K 表示,建立两层循环嵌套,内层以数量 J 为循环变量,取值范围 1~5,一次循环后 J 自动减 1;外层以层数 K 为循环变量,取值范围 1~5,一次循环后 K 自动加 1,则任意卷材的放置点坐标如式(10-5)和式(10-6)所示。

$$X_P = X_1 + \left(\frac{K-1}{2} + J - 1\right) \times D \tag{10-5}$$

$$Z_P = Z_1 + (K-1) \times D \tag{10-6}$$

此时建立多个 DB 数据块存放卷材放置点坐标的偏移量,然后通过 Profibus DP 总线传送给机器人,此时机器人只需示教第一个放置点的坐标即可,其他各点坐标可在程序中自行计算。

2. 机器人路径规划与编程

机器人路径规划就是根据现场的工作条件,规划出一条安全的运行路线,同时高效地完成作业任务。通过设置工作点的形式,使机器人能够在工作空间顺利地通行而不撞到任何障碍物。机器人码垛根据卷材材质不同,有两种码垛方式,即立式和金字塔堆积式,以立式码垛为例,对机器人的运动路线进行设计,首先需要在放料区域建立 x、y、z 轴的工件坐标系,然后机器人的动作路径规划如图 10-7 所示。

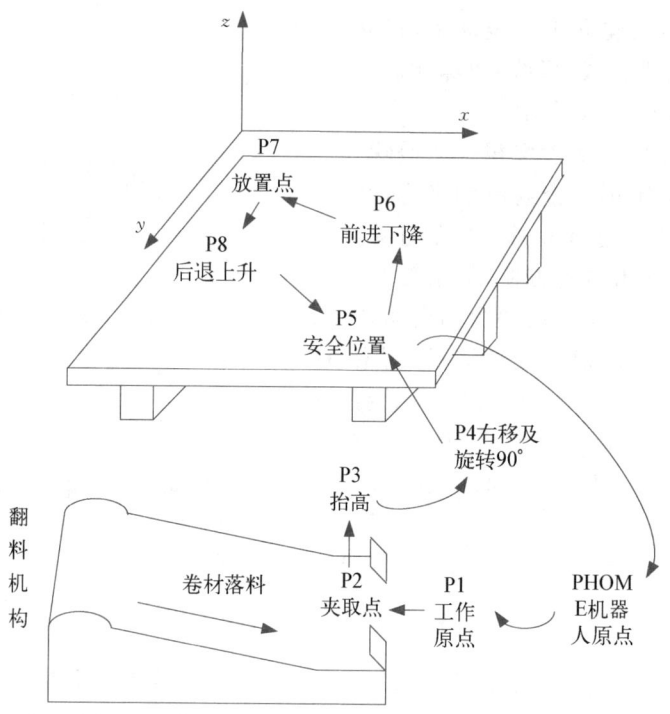

图 10－7　机器人动作路径规划

工业机器人在原点等待,收到起动信号后,运行至工作原点,等待卷材通过翻料机构将卷材放置到夹取点,夹取至安全高度后,旋转 90°并且右移至设定位置。接着进入托盘的安全位置(托盘的对角线 45°)处,一边前进一边下降至放置点,旋转完成后,一边上升一边后退,后退至托盘的安全位置,最后回到原点,如此循环。

根据机器人的路径规划和生产流程的需要,在完成 I/O 信号的设置、程序数据的创建和目标点的示教后,就可以编写相应的机器人程序,安川 MS165 机器人码垛的主程序和子程序如下:

```
MAIN( )! 主程序
CALL JOB: INITALL! 调用初始化子程序
WHILE (B000 = 1)! 等待起动信号
CALL JOB: PICK! 调用拾取卷材子程序
CALL JOB: PLACE IF IN# (43) = ON! 调用放置计算子程序
CALL JOB: PLACE2 IF IN# (42) = ON! 调用竖排码垛子程序
CALL JOB: PLACE3 IF IN# (44) = ON! 调用金字塔形(横排)码垛子程序
ENDWHILE! 循环结束
END! 程序结束
```

例程:安川 MS165 机器 人程序下载

3. 全自动程序设计

设计合理的工作流程,是设备功能实现的关键。在初始状态下,机器人处于原位,托盘输送链、成品工位链、成品输送链均处于停止状态,此时托盘库中会判断有无托盘,若无托盘,则声光报警、顶料上升、气缸动作,并提示叉车进托盘。待托盘放完后,由人工按钮复位,顶料气缸下降,代表托盘库中已装满托盘。此时托盘挡升、气缸动作,将底下倒数第二个托盘托起,成品工位链和托盘输送链会同时动作,将最底层托盘送出。当成品工位链光电检测到有信号后,则成品工位链和托盘输送链同时停止,此时顶料气缸升出,托盘挡升气缸缩回,顶料气缸下降,完成托盘从托盘库到码垛工位的动作。判断成品工位链上是否有托盘,同时落料处是否有卷材,如果满足上述两个条件,则机器人按照事先HMI上设定的卷材尺寸、码垛形式、码垛数量进行码垛,当完成一托盘后,则同时起动托盘输送链、成品工位链、成品输送链。空托盘的输出将重复上述流程。在成品输送链上装有两个光电检测,一个暂存光电,一个是存满光电,一旦存满光电检测有信号,代表整个成品输送链上码好的整托卷材已满,此时将向机器人和三条输送链发出停止信号,等待叉车将其叉走。具体程序流程如图 10-8 所示。

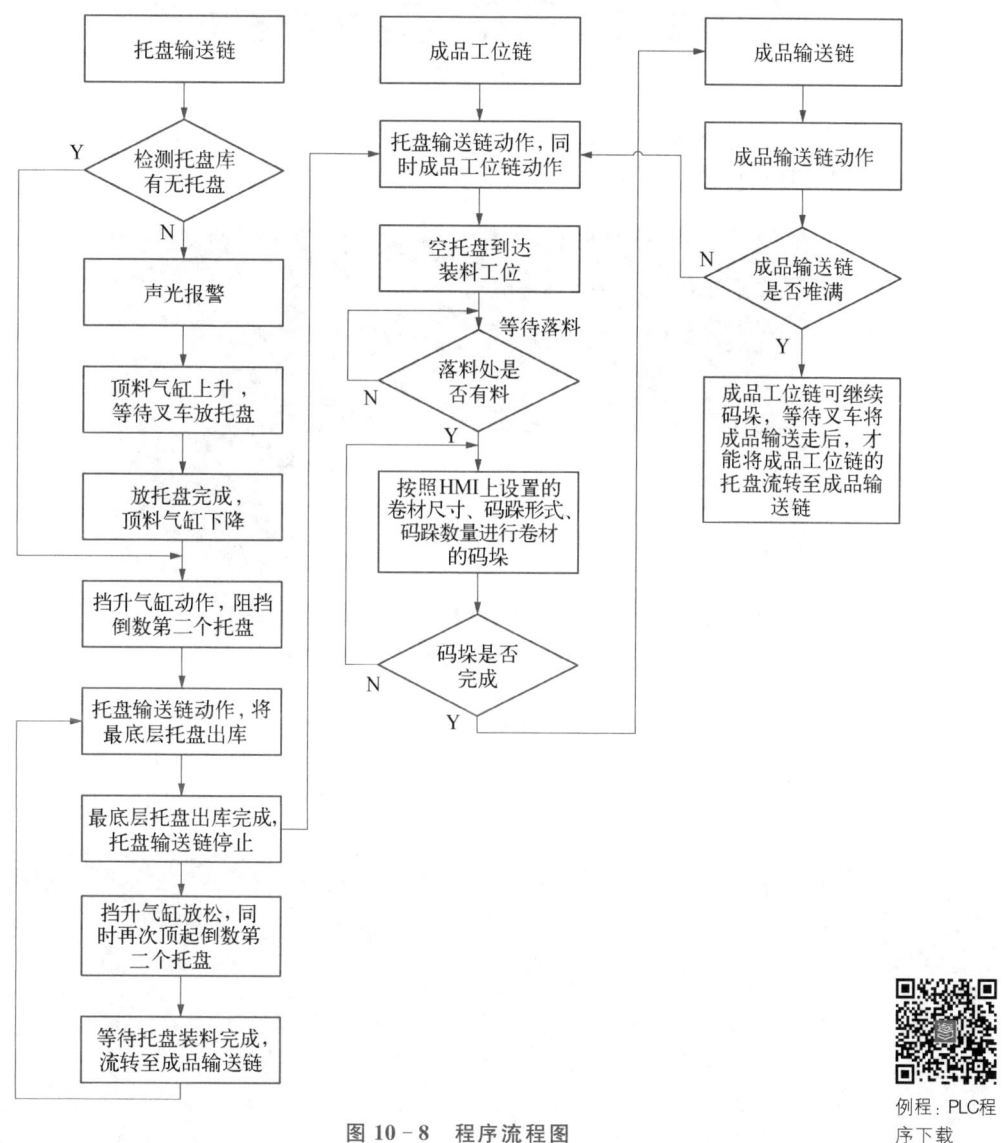

图 10-8 程序流程图

例程:PLC程序下载

4. 人机界面设计

启动 MCGS,进入手动控制画面,该画面可以设置托盘的挡升/下降,自动/手动状态的切换,工位正转/反转等,如图 10-9 所示。

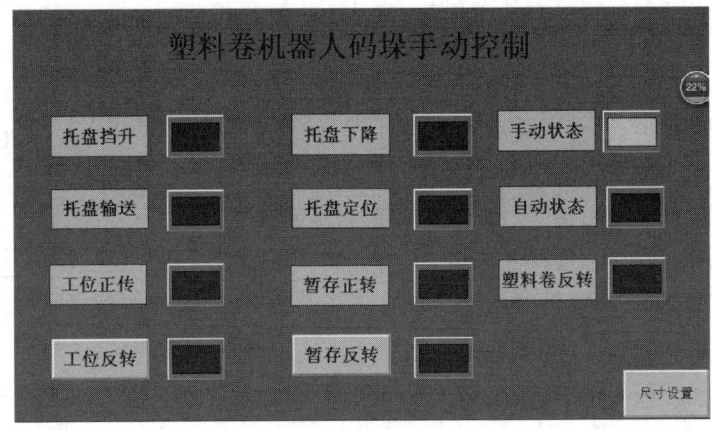

图 10 – 9　手动控制画面

　　点击尺寸设置按钮,进入机器人码垛参数设置画面,此画面可以自由设置塑料卷材的尺寸和码垛方式,然后自动计算出码垛的行列以及各点的坐标,如图 10 – 10 所示。

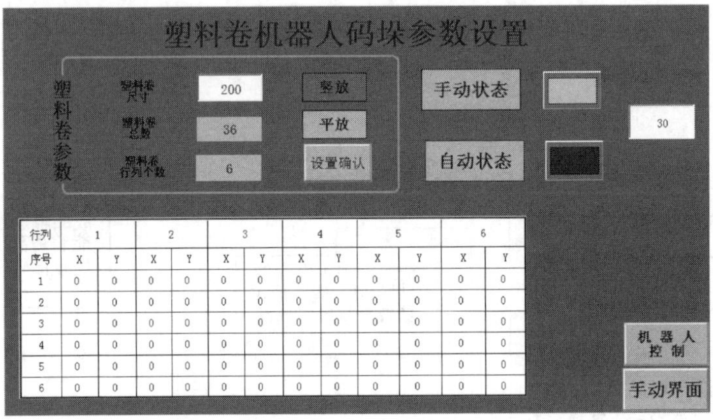

图 10 – 10　机器人码垛参数设置画面

　　点击机器人显示画面,为了防止突发的紧急停止情况,可以手动设定当前托盘上的卷材数量,从当前位置开始码垛,而无须重新开始,在如图 10 – 10 所示的界面中选择码垛形式为平放/竖放后,能够在界面上实时显示塑料卷当前的位置,如图 10 – 11 和图 10 – 12 所示。

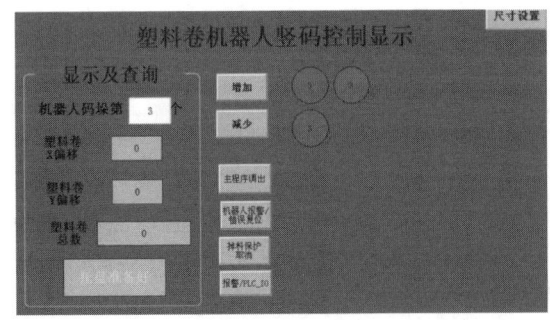

图 10 – 11　塑料卷机器人竖码控制

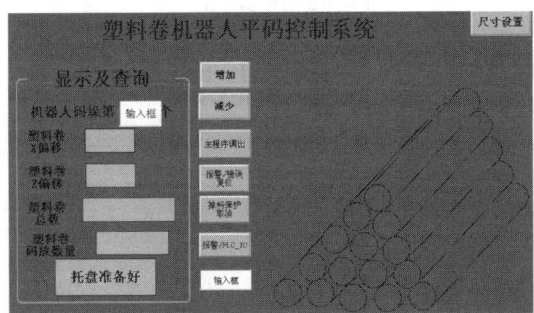

图 10 – 12　塑料卷机器人平码控制

　　设置机器人的报警信息显示以及 I/O 显示,当设备出现问题后,用户能够实时地了解到故障点并及时解决故障,如图 10 – 13 所示。

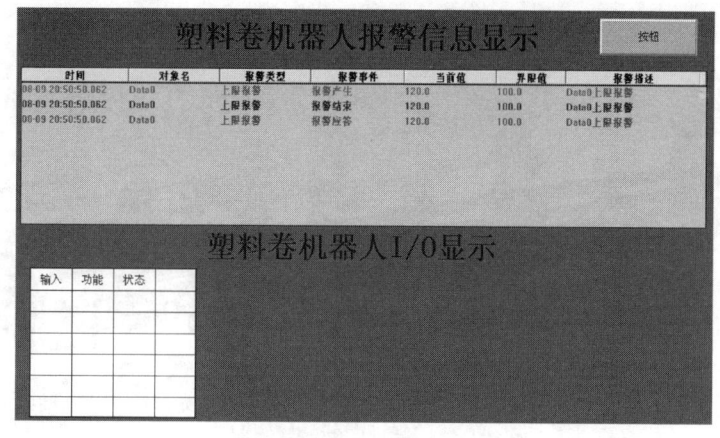

图 10 - 13 塑料卷机器人报警信息显示与 I/O 显示

例程：触摸
屏程序下载

五、运行和分析

自投放运行以来，系统运行稳定、操作方便，可以根据不同的卷材类型、尺寸、码垛形式，实现夹具和码垛形式的柔性调整，同时该条生产线的占地面积从 300 m² 缩减至 125 m²，大大提高了生产效率，某日生产运行记录如表 10 - 3 所示。

表 10 - 3 某日生产运行记录表

码垛形式 时间	时间(s/垛)	平均速度(个/s)
立式码垛	316.8	8.8
金字塔堆积式码垛	82.5	6.5

根据用户需求，1 分钟码 6 卷，也就是 10 s/卷，采用立式码垛时 8.8 s/卷，效率提高了 12%；采用金字塔堆积式码垛时 6.5 s/卷，效率提高了 35%。

微视频：塑料卷材柔性码垛控制系统

六、练习与提高

综合设计题：衣服热转印自动贴花检测生产线电气控制系统设计

1. 设计控制系统

图 10 - 14 为热转印生产线初期方案，初步暂定整个生产线包括从右向左 7 个工位(除人工上料位，其余工位均有向上顶出定位功能)。

① 工位 1 为人工上料位(衣服上料)，流转至工位 2。

② 工位 2 为预压工位，流转至工位 3。

③ 工位 3 为贴花放置位。每件衣服上均有唯一识别码，通过系统选取相应贴花库位的贴花。视觉设备被安装于协作机器人的末端执行器上，可拍摄 500×500(mm×mm)范围，将衣领衣肩作为参照物，利用真空吸盘从库位选择相应的贴花，再修正距离和角度将其贴于正确位置，流转至工位 4。

④ 工位 4 为热转印位，利用气缸下压热印部件对衣物进行热转印(当前气缸下压力暂定为 120 kg)，流转至工位 5。

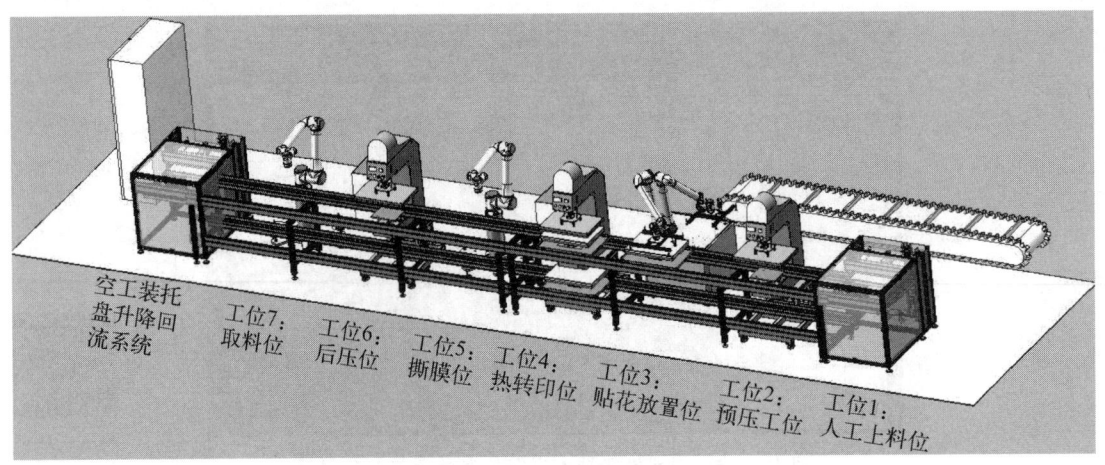

图 10 - 14　热转印生产线设计方案

　　⑤ 工位 5 为撕膜位,利用真空吸盘将贴花膜边角吸出,再利用气缸抓取膜边缘,以小于 45°的角度将膜撕下。同时工位处有压紧装置将衣服边缘压紧,避免撕膜时衣物产生褶皱。再将撕下的膜放置撕膜废料框(3 轴,行程约 1 m,0.6 m,0.5 m),流转至工位 6。

　　⑥ 工位 6 为后压位,流转至工位 7。

　　⑦ 工位 7 为取料位。利用气缸将衣物取下,放置于成品料框。

　　⑧ 经由空工装托盘升降回流系统,重新流至工位 1,完成整套流程。

　　2. 根据衣服热转印自动贴花检测生产线控制系统的设计方案,上网查阅相关资料;根据负载情况,选择现场辅材并询价,提供性价比合适的辅材 BOM 清单。

　　① 计算导线的线径,选择合适的电线(含线径、颜色、单股/多芯、长度)。

　　② 根据导线尺寸,选择合适的冷压端子。

　　③ 根据导线和冷压端子尺寸,选择合适的号码管。

　　④ 根据现场情况,选择电源、信号、电机、网络连接的接插件。

　　⑤ 根据现场机械设备尺寸,选择合适的桥架、弯头。

　　3. 由于本套设备在国内调试,设备供电电压是三相 380 V,若这套设备被日本商家购买,日本的工业供电电压是三相 220 V,如何解决这套设备的供电问题。

　　考虑到三相负载是否平衡以及设备的起动电流,在选择变压器时,应该选择铝或铜、自耦还是隔离变压器? 请给出选择变压器的容量。

　　4. 绘制符合设备电气功能的电柜布置及 I/O 接口图、传感器元件布置图、PLC 接线图。

　　① 本套设备在本地调试后需要运送至日本,设计需要满足易拆卸、易搬运。

　　② 因现场的使用环境限制,需要具有散热及照明功能;同时为了功能扩展,需要预留备用电源和信号接口。

　　5. 完成 PLC 功能编程与调试

　　① 除了完成上述的基本功能配置外,需要具有故障自动检测及报警功能。

　　② 考虑主从控制柜中的信号连接模式,包括主控制器与伺服电动机、协作机器人之间的信号交互。

　　6. 完成协作机器人的功能编程与调试

　　① 取膜机器人的引导定位。

　　② 取膜机器人在放膜时的坐标计算。

③ 取膜机器人和视觉设备之间的信号交互。

7. 完成视觉设备的选型与编程调试

① 光源、镜头、相面的选型。

② 视觉控制流程的编写。

③ 视觉检测领口坐标位置换算。

参考文献

［1］ 廖常初.S7－1200 PLC 编程及应用［M］.4 版.北京：机械工业出版社,2021.

［2］ 张文明,蒋正炎.可编程控制器及网络控制技术［M］.2 版.北京：中国铁道出版社,2015.

［3］ 张林国,黄金花,徐刚.可编程控制器应用［M］.2 版.北京：高等教育出版社,2022.

［4］ 西门子(中国)有限公司.深入浅出西门子 S7－1200 PLC［M］.北京：北京航空航天大学出版社,2009.

［5］ 张福臣.液压与气压传动［M］.2 版.北京：机械工业出版社,2016.

［6］ 郭侠,薛培军.液压与气动技术［M］.北京：化学工业出版社,2015.